LEHRBÜCHER UND MONOGRAPHIEN

AUS DEM GEBIETE DER

EXAKTEN WISSENSCHAFTEN

17

CHEMISCHE REIHE

BAND III

CAROTINOIDE

VON

PAUL KARRER

DIREKTOR DES CHEMISCHEN INSTITUTS DER UNIVERSITÄT ZÜRICH

UND

ERNST JUCKER

WISSENSCHAFTLICHER MITARBEITER AM CHEMISCHEN INSTITUT
DER UNIVERSITÄT ZÜRICH

VERLAG BIRKHÄUSER BASEL

1948

Druck von E. Birkhäuser & Cie. AG., Basel
Printed in Switzerland

VORWORT

Die erste Monographie über Carotinoide schrieb im Jahre 1922 L. S. PALMER (Carotinoids and Related Pigments, New York). Sie konnte, dem damaligen Stand der Carotinoidforschung entsprechend, nur verhältnismäßig wenig über die *Chemie* dieser natürlichen Pigmente aussagen. Das Schwergewicht dieses Werkes lag daher in der Zusammenfassung der Kenntnisse, welche damals über die *Verbreitung* und die *biologische Bedeutung* der Carotinoide bestanden.

1934 erschien das ausgezeichnete Buch von L. ZECHMEISTER «Carotinoide» (Berlin), in welchem sich die großen Fortschritte verzeichnet finden, welche die *Chemie* dieser Polyenfarbstoffe in den Jahren 1927 bis 1934 machte. Seither ist die Aufklärung ihrer chemischen Natur weitergegangen, und auch in der Erkenntnis ihrer biologischen Bedeutung wurden Fortschritte erzielt. In verhältnismäßig kurzer Zeit sammelte sich ein großes Beobachtungsmaterial an.

Das Bedürfnis, die sehr umfangreich gewordene, die Carotinoide betreffende Literatur zu sammeln und zu sichten, führte zu der nunmehr vorliegenden neuen Monographie über diese Klasse natürlicher Pigmente. In dem vorliegenden Buch konnte das Schrifttum bis etwa Ende 1947 berücksichtigt werden. Nicht nur der Chemie, sondern auch der Verbreitung und der biologischen Bedeutung der Carotinoide wurde besondere Beachtung geschenkt. Zahlreiche Tabellen wollen das Bild von den Zusammenhängen zwischen den verschiedenen Farbstoffen vertiefen.

Für die zweckentsprechende Ausstattung des Buches danken wir dem Verlag Birkhäuser, Basel, bestens.

Zürich, August 1948.

P. KARRER,   E. JUCKER.

INHALTSVERZEICHNIS

Allgemeiner Teil

Spezieller Teil

ALLGEMEINER TEIL

—

Einleitung

Unter Carotinoiden versteht man eine Gruppe gelber bis roter, im Pflanzen- und Tierreich vorkommender Pigmente mit folgenden wesentlichen Eigenschaften: sie setzen sich aus Isoprenresten, meistens 8, zusammen, die in der Weise angeordnet sind, daß in der Mitte der Molekeln 2 Methylgruppen in der Stellung 1,6 stehen, während alle anderen Methylseitenketten in 1,5-Stellung zueinander angeordnet sind; der Bau der Carotinoide ist aliphatisch oder aliphatisch-alizyklisch, und ihr chromophores System enthält zahlreiche konjugierte Kohlenstoff-Doppelbindungen.

Alle Carotinoide lösen sich in Fetten und Lipoiden; das hat ihnen auch die Bezeichnung *Lipochrome* eingetragen. Von Wasser werden nur solche Carotinoide aufgenommen, die als Folge vorhandener saurer Gruppen (Carboxyl-, Enolgruppen) wasserlösliche Alkalisalze bilden oder durch Veresterung mit Zuckerresten lyophile Eigenschaften gewonnen haben (Crocin).

Entsprechend ihrem chemischen Bau müssen die Carotinoide als eine Untergruppe der Polyenfarbstoffe aufgefaßt werden; zu letzteren sind aber auch solche Pigmente zu zählen, welche nicht aus Isoprenresten bestehen, sondern eine unverzweigte aliphatische Kette mit konjugierten Doppelbindungen enthalten (z. B. Diphenylpolyene).

Für die Carotinoide ist neuerdings eine besondere Nomenklatur vorgeschlagen worden[1]). Diese konnte in der vorliegenden Monographie keine Berücksichtigung finden, da sie erst nach der Niederschrift dieses Buches aufgestellt worden ist. Man findet daher die einzelnen Pigmente hier unter der Bezeichnung, die sie von ihren Entdeckern erhalten haben.

Das große Interesse, welches die Forschung den Carotinoiden in den letzten zwanzig Jahren entgegenbrachte, wird nicht nur durch ihren interessanten chemischen Bau bedingt, sondern auch durch ihre biologische und physiolo-

---

[1]) The Nomenclature of the Carotenoid Pigments (Report of the Committee on Biochemical Nomenclature of the National Research Council, accepted by the Nomenclature, Spelling and Pronunciation Committee of the American Chemical Society – Chem. Eng. News *24*, 1235 (1946). – Beschlüsse der «Commissions de Réforme de la Nomenclature de Chimie organique et de Chimie biologique». London, Juli 1947.

gische Bedeutung. Verschiedene dieser Pigmente sind Provitamine des Vitamins A und werden damit zu notwendigen Stoffen des tierischen und mensch-
lichen Organismus; ihre Bedeutung für die Pflanzenwelt ist noch weniger er-
forscht, obwohl ihnen auch dort ohne Zweifel wichtige Funktionen zufallen.

Wie aus den folgenden Ausführungen zu entnehmen ist, sind heute schon
etwa 60–70 verschiedene Carotinoide in der Natur aufgefunden worden. Sie
können alle auf denselben Grundkörper, das Lycopin, zurückgeführt werden.
Durch einfache chemische Änderungen, wie Ringschluß, Verschiebung einer
Doppelbindung, partielle Hydrierung, Einführung von Hydroxyl-, Keto-,
Methoxylgruppen oder einer Sauerstoffbrücke usw., wird aus dem Grundkörper
die ganze Palette von Farbstoffen erzeugt, deren Absorptionsspektra ein Gebiet
von etwa 300 mμ umfassen (etwa 400–700 mμ). Die Carotinoide bilden damit
eines der eindrücklichsten Beispiele der mannigfaltigen Abwandlung eines
Grundkörpers durch die pflanzliche und tierische Zelle.

I. Zustand der Carotinoide in Pflanzen und Tieren
Nachweis und Bestimmung der Carotinoidfarbstoffe

Zustand in Pflanzen: Über den Zustand der Carotinoide in der Pflanze liegen nur wenige Angaben vor. Entsprechend ihrer Natur als organische Verbindungen mit unpolarem Charakter sind die meisten natürlichen Polyenfarbstoffe in Wasser unlöslich und können deshalb nicht im Zellsaft gelöst vorliegen. (Eine Ausnahme bildet z. B. Crocetin, das mit Gentiobiose verestert als wasserlösliches Crocin im Zellsaft enthalten ist.) Die Wasserlöslichkeit kann außer durch Veresterung mit Zuckern – wie im Fall des Crocins – noch durch Kupplung mit Eiweiß bewirkt werden. Der erste Fall ist bei Carotinoid-Carbonsäuren (Crocetin, Bixin und Azafrin) möglich; die Kupplung mit Eiweiß wurde bis jetzt hauptsächlich bei in Tieren vorkommenden Polyenfarbstoffen (Astacin) beobachtet. (Vgl. diesbezüglich die Mitteilung von W. MENKE[1]).)

Die meisten pflanzlichen Carotinoide finden sich in den Chromatophoren. Sie sind dort selten kristallisiert; meistens befinden sie sich kolloid gelöst in Zelllipoiden oder sind mit festen oder halbfesten Fetten vermischt. W. MENKE[1]) machte neulich die Feststellung, daß gewisse Carotinoide in den Plastiden an Eiweiß gebunden vorliegen, was mit Beobachtungen von H. JUNGE[2]), welche sich allerdings auf tierische Carotinoidvorkommen beziehen, übereinstimmt. Nach A. M. GOLDOWSKI und M. S. PODOLSKAJA[3]) finden sich die Carotinoide der Sonnenblumensamen in der Gelphase und nicht in der Ölphase vor. Im Gegensatz dazu stehen die Untersuchungen R. SAVELLIS[4]), gemäß welchen die Carotinoide in gesonderten, vorgebildeten Lipoidtröpfchen in den Chlorochromoplasten enthalten sind. Aus diesen – sich zum Teil widersprechenden – Ergebnissen ersieht man, daß dieses Gebiet der Carotinoidforschung noch nicht geklärt ist. Bezüglich weiterer Angaben und Beispiele sei auf die Originalliteratur[5]) verwiesen.

Zustand in Tieren: In neuester Zeit sind zahlreiche Versuche unternommen worden, das Schicksal der mit der pflanzlichen Nahrung aufgenommenen Carotinoide im tierischen Organismus zu verfolgen. Man hat festgestellt, daß

---

[1]) W. MENKE, Naturw. *28*, 31 (1940).

[2]) H. JUNGE, H. *268*, 179 (1941).

[3]) A. M. GOLDOWSKI und M. S. PODOLSKAJA, C. *1939*, II, 2437.

[4]) R. SAVELLI, Protoplasma *29*, 601 (1938); C. *1938*, II, 2126.

[5]) H. MOLISCH, Ber. dtsch. bot. Ges. *36*, 281 (1918). – K. NOACK, Biochem. Z. *183*, 135 (1927). – A. GUILLIERMOND, C. r. *164*, 232 (1917). – COURCHET, Ann. Sci. nat. (7) *7*, 263 (1888). – R. KUHN und H. J. BIELIG, Ber. *73*, 1080 (1940).

ein Teil dieser Pigmente in unverändertem Zustand ausgeschieden, der Rest resorbiert wird. Die resorbierten Carotinoide werden entweder abgelagert (Fettgewebe, Nervengewebe, innere Organe usw.) oder in andere Stoffe verwandelt, welche im tierischen Organismus zum Teil wichtige, physiologische Funktionen zu erfüllen haben (Vitamin A). Im tierischen Organismus liegen die Carotinoide entweder in Fetten gelöst vor, oder sie finden sich an Eiweiß gebunden in der wäßrigen Phase. Auch kolloidale Lösungen treten öfters auf[1]).

Ein typisches Beispiel eines Carotinoid-Protein-Paarlings ist das Astaxanthinproteid Ovoverdin. Dieses wasserlösliche Chromoproteid findet sich z. B. in den grünen Eiern des Hummers und in vielen anderen Crustaceen (vgl. S.234). In der roten Hypodermis des Hummers liegt Astaxanthin hingegen als fettlöslicher Fettsäureester vor, und auch die Netzhaut des Huhnes enthält mindestens zwei verschiedene Ester dieses Farbstoffes[2]).

H. JUNGE[3]) hat in neuester Zeit Untersuchungen über Farbstoffe von Insekten durchgeführt und gefunden, daß manche derselben Carotinoid-Protein-Paarlinge sind. Es wurden Phytoxanthine (Xanthophyll) und epiphasische Carotinoide (β-Carotin) als Bestandteile solcher Chromoproteide festgestellt.

Von Bedeutung ist ferner der Zustand der Carotinoide im Blutserum. Diesbezüglich ist man heute der Ansicht, daß die Carotinoide in wäßriger Lösung an Lipoide und an Eiweiß gebunden vorliegen[4]).

H. v. EULER und E. ADLER[5]) haben das Vorkommen von Carotin in der Netzhaut festgestellt. O. BRUNNER und Mitarbeiter[6]) führten Versuche aus, welche besagen, daß der Farbstoff darin in kolloidalem Zustande enthalten ist.

Nachweis und Bestimmung: Um die Carotinoide an ihrem Ursprungsort nachzuweisen, läßt man auf das getrocknete Material (z. B. Laubblätter oder Blüten) bestimmte Reagenzien, z. B. konzentrierte Schwefelsäure, einwirken, wodurch Färbungen hervorgerufen werden. Nach H. MOLISCH[7]) kann der betreffende Polyenfarbstoff in der Weise festgestellt werden, daß man die ihn umgebenden Begleitstoffe, wie z. B. Fette, zerstört und erst dann den Nachweis mittels Farbreaktionen erbringt. Die praktische Ausführung gestaltet sich in der Art, daß man das Material der Einwirkung von konzentrierter, wäßrig-alkoholischer Lauge unterwirft, welche die Fette auflöst und die Caro-

---

[1]) Vgl. WERNER STRAUS, Diss., S. 50. Zürich 1939.

[2]) R. KUHN, J. STENE und N. A. SÖRENSEN, Ber. *72*, 1688 (1939).

[3]) H. JUNGE, H. *268*, 179 (1941).

[4]) L. PALMER, J. biol. Chem. *23*, 261 (1915). – H. VAN DEN BERGH, P. MULLER und J. BROEKMEYER, Biochem. Z. *108*, 279 (1920). – BENDIEN und SNAPPER, Biochem. Z. *261*, 1 (1933). – E. LEHNARTZ, «Einführung in die chemische Physiologie», S. 353 (1931). – E. v. DÁNIEL und T. BÉRES, H. *238*, 160 (1936). – S. P. L. SØRENSEN, Koll. Z. *53*, 306 (1930). – W. KRAUS, Diss. Zürich 1939.

[5]) H. v. EULER und E. ADLER, Ark. Kemi B. *11*, Nr. 20 (1933).

[6]) O. BRUNNER und Mitarbeiter, H. *236*, 257 (1935).

[7]) H. MOLISCH, «Mikrochemie der Pflanzen», S. 253. Jena 1923.

tinoide freilegt. Dabei werden die Phytoxanthinester[1]) verseift und die Phytoxanthine in Freiheit gesetzt. Oft erhält man auf diese Weise kristalline Carotinoide, welche mikroskopisch erkannt werden können. Sie lassen sich außerdem durch Farbreaktionen nachweisen. Heute ist man jedoch mehr und mehr dazu übergegangen, die Carotinoide zuerst zu isolieren und erst dann zu charakterisieren. Zu diesem Zweck wird oft die Mikromethode von R. KUHN und H. BROCKMANN[2]) benutzt. Es muß jedoch betont werden, daß zur einwandfreien Identifizierung eines Carotinoids die chromatographische Reinigung und Isolierung des Pigmentes in kristallinem Zustand oft notwendig sind.

Farbreaktionen: Die Polyenfarbstoffe geben namentlich mit verschiedenen starken Säuren, wie z. B. konzentrierter Schwefelsäure, Salzsäure, Perchlorsäure, Trichloressigsäure, und mit Säurechloriden, wie Antimontrichlorid oder Arsentrichlorid, intensiv blaue oder blauviolette Lösungen, welche – obwohl nicht spezifisch – zu ihrem Nachweis Verwendung finden[3]).

1. Reaktion mit konzentrierter Schwefelsäure: Diese Reaktion wird so ausgeführt, daß man eine ätherische Lösung des Farbstoffes sehr vorsichtig mit konzentrierter Schwefelsäure unterschichtet, worauf diese eine intensiv dunkelblaue bis blauviolette, bisweilen grünblaue Färbung annimmt, welche durch Zusatz von Wasser verschwindet[4]).

2. Andere starke Säuren: Rauchende Salpetersäure verursacht vorübergehende Blaufärbung.

Konzentrierte Salzsäure: In jüngster Zeit wurden über die Blaufärbung mit konzentrierter wäßriger Salzsäure zahlreiche Beobachtungen veröffentlicht. Soweit man heute überblickt, färben folgende Carotinoide konzentrierte wäßrige Salzsäure blau:

    a) Aldehyde, z. B. β-Citraurin, β-Apo-2-carotinal;

    b) Einige Poly-oxy-carotinoide, z. B. Fucoxanthin, Azafrin;

    c) Carotinoidepoxyde und ihre furanoiden Umwandlungsprodukte: z. B. Violaxanthin, Auroxanthin, Xanthophyllepoxyd, Flavoxanthin, β-Carotin-di-epoxyd, Aurochrom.

Die praktische Ausführung der Salzsäurereaktion gestaltet sich in folgender Art: der Farbstoff wird in wenig Äther gelöst und diese Lösung mit konzentrierter wäßriger Salzsäure versetzt. Nach dem Umschütteln färbt sich die Säureschicht blau. Mit einigen Kohlenwasserstoffepoxyden, wie z. B. α-Carotin-mono-epoxyd, ist die Blaufärbung sehr schwach und nur kurze Zeit beständig.

---

[1]) In der Natur liegen die Phytoxanthine oft verestert, als Farbwachse vor, z. B. Helenien, Physalien usw.

[2]) R. KUHN und H. BROCKMANN, H. *206*, 41 (1932).

[3]) Vgl. auch: H. MOLISCH, «Mikrochemie der Pflanzen». 1923. – C. VAN WISSELINGH, Flora *7*, 371 (1915). – L. ZECHMEISTER, «Carotinoide», S. 82, 126, 235. Berlin (1934), Springer-Verlag.

[4]) R. KUHN und A. WINTERSTEIN, Helv. chim. Acta *11*, 87, 116, 123, 144 (1928).

Im übrigen sei auf die Beschreibung dieser Reaktion bei den einzelnen Carotinoiden verwiesen.

3. Antimontrichlorid-Chloroformlösung (CARR-PRICE-Reagens):

Ähnlich wie Vitamin A geben auch die Carotinoide mit dem CARR-PRICE-Reagens[1]) tiefblaue Färbungen, welche bisweilen charakteristische Absorptionsmaxima besitzen. Diese blaue Färbung kann auch zur quantitativen Bestimmung des Carotinoids benutzt werden[2]).

Spektroskopie: Eine wichtige Rolle in der Charakterisierung eines Carotinoids spielt die Bestimmung seiner Absorptionsmaxima. (Bezüglich der Zusammenhänge zwischen Konstitution und Farbe sowie der Extinktionskurven vgl. S. 59). Bei der Betrachtung der Lösung eines Carotinoids – meistens werden Schwefelkohlenstoff oder Petroläther als Lösungsmittel verwendet – im Gitterspektroskop erkennt man 2–3 meistens sehr scharfe Absorptionsbanden. Deren Lage kann sehr genau (auf etwa 0,5 mμ genau) abgelesen werden und gibt die Wellenlänge der Absorptionsmaxima an. Diese Zahlen sind für jedes Carotinoid charakteristisch und dienen, neben anderen physikalischen Konstanten, zu seiner Identifizierung (bei der Beschreibung der einzelnen Pigmente in der vorliegenden Monographie werden diese Absorptionsbanden angegeben). Nach der von H. v. HALBAN, G. KORTÜM und B. SZIGETI[3]) ausgearbeiteten Methode der photographischen Lösungsspektroskopie oder mittels anderer geeigneter Apparate können die vollständigen Absorptionskurven aufgenommen werden[4]).

Kolorimetrie: Zur kolorimetrischen Bestimmung eines Carotinoids gibt es zahlreiche Methoden, welche alle gemeinsam haben, daß man die unbekannte Menge eines Pigmentes mit einer Standardlösung vergleicht. Als Standardlösungen wurden solche von Kaliumdichromat[5]), Azobenzol[6]), Bixin[7]) und β-Carotin[8]) verwendet. Es finden auch Apparate, welche ohne Standardlösung arbeiten, Gebrauch[9]). Bei der kolorimetrischen Bestimmung von Carotinoiden

---

[1]) F. H. CARR und E. A. PRICE, Biochem. J. *20*, 497 (1926).

[2]) P. KARRER und H. WEHRLI, «25 Jahre Vitamin-A-Forschung», Nova Acta Leopoldina, N. F., *1*, 175 (1933). – A. WINTERSTEIN und C. FUNK, «G. Kleins Handbuch der Pflanzenanalyse», Bd. *4*, S. 1041 (1933). – L. ZECHMEISTER und L. v. CHOLNOKY, A. *465*, 288 (1928). – B. v. EULER und P. KARRER, Helv. chim. Acta *15*, 496 (1932).

[3]) H. v. HALBAN, G. KORTÜM und B. SZIGETI, Z. Elektrochem. *42*, 628 (1936).

[4]) Vgl. auch F. ZSCHEILE, Bot. Rev. *7*, 587 (1941).

[5]) R. WILLSTÄTTER und A. STOLL, «Untersuchungen über Chlorophyll». 1913. – G. FRAPS und Mitarbeiter, J. Agr. Res. *53*, 713 (1936). – K. SJÖBERG, Biochem. Z. *240*, 156 (1931). – S. W. CLAUSEN und A. B. McCOORD, J. biol. Chem. *113*, 89 (1936) usw.

[6]) R. KUHN und H. BROCKMANN, H. *206*, 41 (1932).

[7]) H. N. HOLMES und W. H. BROMUND, J. biol. Chem. *112*, 437 (1936).

[8]) H. R. BRUINS, J. OVERHOFF und L. K. WOLFF, Biochem. J. *25*, 430 (1931).

[9]) FERGUSON und BISHOP, The Analyst *61*, 515 (1936). – MUNSEY, J. Assoc. Off. agr. Chem. *21*, 331 (1938). – H. v. EULER, H. HELLSTRÖM und M. RYBDOM, Mikrochemie, Pregl-Festschrift, *1929*, S. 69.

müssen diese zuerst voneinander getrennt werden, da sonst falsche Werte vorgetäuscht werden.

Fluoreszenzspektrum: Nachdem K. W. HAUSSER und Mitarbeiter[1]) Fluoreszenzspektren verschiedener Diphenylpolyene aufgenommen hatten, untersuchte C. DHÉRÉ[2]) Vitamin A, β-Carotin und Lycopin bei einer Temperatur von -180^0 in dieser Richtung. Im allgemeinen hat aber die Aufnahme von Fluoreszenzspektren keine große Verbreitung gefunden.

II. Entstehung der Carotinoide in der Pflanze und ihre physiologische Bedeutung

Über die Bildungsweise von Carotinoiden in der Pflanze liegen zur Zeit fast keine experimentellen Befunde, sondern nur Hypothesen vor. Es scheint deshalb verfrüht, darüber bestimmte Aussagen zu machen.

P. KARRER, A. HELFENSTEIN, H. WEHRLI und A. WETTSTEIN[3]) ziehen die Möglichkeit in Betracht, daß Lycopin aus Phytolaldehyd durch eine Benzoinkondensation oder eine Pinakonreduktion und anschließende Dehydrierung entstehen könnte.

Die Carotinoide, welche weniger als 40 C-Atome in ihrer Molekel haben, können durch Oxydation aus C-40-Carotinoiden entstanden sein[4]).

Über morphologische Veränderungen in den Früchten während des Reifungsprozesses sind zahlreiche Untersuchungen angestellt worden, welche zum Teil auf S. 120 Erwähnung finden[5]).

Die Bedeutung der Carotinoide in der Pflanze

Obwohl in der letzten Zeit zahlreiche Untersuchungen über die Bedeutung der Carotinoide für den pflanzlichen Organismus angestellt worden sind, wissen wir heute darüber noch sehr wenig und sind nicht in der Lage, uns irgendein abschließendes Urteil darüber zu bilden. Während die ersten Untersuchungen von R. WILLSTÄTTER und seiner Schule[6]) auf diesem Gebiet einen etwaigen

---

[1]) K. W. HAUSSER und Mitarbeiter, Z. phys. Chem. (B) *29*, 391 (1935); *29*, 363 (1935).

[2]) C. DHÉRÉ, Fortschr. Chemie Org. Nat. *II*, 301 (1939).

[3]) P. KARRER, A. HELFENSTEIN, H.WEHRLI und A.WETTSTEIN, Helv. chim. Acta *13*, 1084 (1930).

[4]) R. KUHN und CH. GRUNDMANN, Ber. *65*, 898, 1880 (1932). – R. KUHN und A. WINTERSTEIN, Naturwiss. *21*, 527 (1933); Ber. *67*, 344 (1934); *65*, 646 (1932). – R. KUHN, Forsch. u. Fortschr. *9*, 426 (1933). – R. KUHN und A. DEUTSCH, Ber. *66*, 883 (1933). – P. KARRER und T. TAKAHASHI, Helv. chim. Acta *16*, 287 (1933).

[5]) Eine sehr ausführliche Behandlung dieser Vorgänge findet sich in der Monographie von L. ZECHMEISTER, «Die Carotinoide». Berlin (1934), Springer-Verlag.

[6]) Vgl. R. WILLSTÄTTER und A. STOLL, «Untersuchungen über die Assimilation der Kohlensäure». Berlin 1918.

Einfluß von Carotinoiden auf den Atmungs- und Assimilationsvorgang suchten und ein negatives Resultat zeitigten, versuchen heute verschiedene Forscher, den Einfluß der Carotinoide auf die sexuelle Fortpflanzung verschiedener Pflanzen festzustellen.

Im folgenden sei eine gedrängte Zusammenstellung bisheriger Ergebnisse angeführt, wobei bezüglich Einzelheiten auf die Originalliteratur verwiesen wird.

R. WILLSTÄTTER und A. STOLL[1]) prüften die Rolle des Carotins und Xanthophylls im grünen Laubblatt, in welchem die beiden Carotinoide in ziemlich konstantem Verhältnis zu Chlorophyll vorliegen. Sie konnten keinerlei Einfluß der beiden Pigmente auf den Atmungsvorgang feststellen. Nach K. NOACK[2]) sollen Carotin und Xanthophyll die Rolle eines Lichtfilters für Chlorophyll besitzen, während WENT[3]) die Meinung vertritt, daß sie eher als Lichtschutz für empfindliche Enzyme der Zellen funktionieren. O. WARBURG und E. NEGELEIN[4]) nehmen indessen an, daß Carotin und Xanthophyll photochemisch bei der Assimilation mitwirken. In jüngster Zeit teilen A. FODOR und R. SCHOENFELD[5]) mit, daß kolloidale Carotinlösungen als Wasserstoffakzeptoren wirksam sind und ziehen die Möglichkeit einer solchen Funktion beim Atmungsvorgang in Betracht.

Weiterhin wurde vermutet[6]), daß bestimmten Carotinoiden (γ-Carotin) eine Funktion in der Fortpflanzung der Algen zukommen könnte. Auch diese Hypothese erscheint noch als wenig gesichert. Einige Forscher[7]) nehmen an, daß Carotinoide auf das Wachstum von Pflanzen einen Einfluß ausüben, und E. BÜNNING[8]) versuchte kürzlich das Pigment, welches beim Phototropismus der Pflanzen beteiligt ist, mit β-Carotin zu identifizieren.

Nach R. KUHN, F. MOEWUS und D. JERCHEL[9]) sollen Crocin (Crocetindigentiobioseester) sowie trans- und cis-Crocetindimethylester bei der Fortpflanzung der einzelligen Alge *Chlamydomonas eugametos f. simplex* eine Rolle spielen, indem Crocin die Geißelbildung an den Gameten dieser Pflanze auslösen kann, während Mischungen von trans- und cis-Crocetin die beweglich

---

[1]) Vgl. R. WILLSTÄTTER und A. STOLL, «Untersuchungen über die Assimilation der Kohlensäure» Berlin 1918.

[2]) K. NOACK, Z. Bot. *17*, 481 (1925).

[3]) F. A. F. C. WENT, Rec. Trav. Bot. Neederland *1*, 106 (1904).

[4]) O. WARBURG und E. NEGELEIN, Z. physik. Chem. *106*, 191 (1923); Naturwiss. *10*, 647 (1923).

[5]) A. FODOR und R. SCHOENFELD, Biochem. Z. *233*, 243 (1931).

[6]) R. EMERSON und D. Fox, Proc. Roy. Soc. (B) *128*, 275 (1940). – Vgl. auch P. KARRER und Mitarbeiter, Helv. chim. Acta *26*, 2121 (1943).

[7]) A. H. BLAAUW, Z. Bot. *6*, 641 (1914); *7*, 465 (1915). – H. BORRIS, Planta *22*, 644 (1934). – W. v. BUDDENBROCK, «Grundriß der vergleichenden Physiologie», 1. Bd., S. 10 (1937). – S. HECHT, Naturwiss. *13*, 66 (1925).

[8]) E. BÜNNING, Planta *26*, 719 (1937); *27*, 148, 583 (1937).

[9]) R. KUHN, F. MOEWUS und D. JERCHEL, Ber. *71*, 1541 (1938). Weitere Literatur: «Jahrbücher für wissenschaftliche Botanik».

gewordenen, noch kopulationsunfähigen Gameten in männliche und weibliche Gameten verwandeln, wobei das Mengenverhältnis von cis- zu trans-Crocetin dafür bestimmend wirkt, ob sich männliche oder weibliche Gameten bilden. Diese Versuche bedürfen weiterer Bestätigung.

Nachdem neueste Untersuchungen (vgl. S. 70) ergeben haben, daß verschiedene Carotinoidepoxyde in den Pflanzen weit verbreitet sind, wurde die Vermutung ausgesprochen, daß diese Verbindungen beim Sauerstofftransport bzw. bei Oxydationsreaktionen eine Rolle spielen[1]).

Alle diese Untersuchungen stehen noch im Anfangsstadium, und weitere Forschungen werden notwendig sein, um die Bedeutung der Carotinoide für die Pflanzen aufzuklären.

Die Bedeutung der Carotinoide für den tierischen Organismus

Über die Bedeutung, welche verschiedenen Carotinoiden im tierischen Organismus zukommt, sind wir etwas besser orientiert. Aber auch hier harren noch verschiedene wichtige Probleme der Aufklärung. Einige Carotinoide werden vom tierischen Organismus in Vitamin A verwandelt und spielen daher hier die Rolle von Provitaminen. Weiterhin üben Carotinoide eine noch nicht ganz abgeklärte Funktion beim Sehvorgang aus.

Carotinoide als Provitamine A

Über die Rolle von Carotinoiden als Provitamine A sind zahlreiche Abhandlungen veröffentlicht worden[2]). Wir begnügen uns damit, eine gedrängte Zusammenfassung der genau erforschten Tatsachen zu geben und verweisen im übrigen auf die Originalliteratur.

Vor etwa 30 Jahren vermuteten H. Steenbock und seine Mitarbeiter als erste, daß zwischen den gelben Pflanzenfarbstoffen (Carotin) und dem Vitamin A ein Zusammenhang bestehe[3]). In der darauffolgenden Zeit wurden von verschiedenen Forschern Untersuchungen angestellt, um die Frage der wachstumsfördernden Wirkung des Carotins abzuklären. Die Resultate dieser Untersuchungen waren sehr widersprechend; eine eindeutige Klärung dieser Frage

---

[1]) P. Karrer, E. Jucker, J. Rutschmann und K. Steinlin, Helv. chim. Acta *28*, 1149 (1945).

[2]) P. Karrer und H. Wehrli, «25 Jahre Vitamin-A-Forschung», Nova Acta Leopoldina, N. F., *1*, 175 (1933). – U. Solmssen, Diss. Zürich 1936. – H. R. Rosenberg, «Chemistry and Physiology of the Vitamins», S. 38. New York 1945. – Vgl. auch Otto Walker, Diss. Zürich 1935.

[3]) H. Steenbock, M. T. Sell, E. M. Nelson und M. V. Buell, J. biol. Chem. *46* Proceed XXXII (1921). – Vgl. auch H. Steenbock et al., Science *50*, 352 (1919); J. biol. Chem. *41*, 163 (1920); *40*, 501 (1919); *51*, 63 (1922). Betreffend späterer, zum Teil widersprechender Untersuchungen sei auf folgende Publikation verwiesen: J. C. Drummond und Mitarbeiter, Biochem. J. *19*, 1047 (1925).

gelang erst im Jahre 1929 B. v. EULER, H. v. EULER und P. KARRER[1]). Die Ergebnisse ihrer Untersuchungen bewiesen eindeutig, daß Carotin qualitativ die gleichen biologischen Wirkungen (Heilung des Wachstumsstillstandes) wie Vitamin A entfaltet, somit mit diesem eine gewisse Verwandtschaft besitzen muß. Diese Feststellung schien zunächst unverständlich, da es sich beim Carotin um einen kristallisierten, tieffarbigen Körper handelt, der von dem hellgelben Vitamin A verschieden ist[2]). Spätere Versuche von P. KARRER und Mitarbeitern, welche die Konstitutionsaufklärung des Vitamins A[3]) und des β-Carotins[4]) zur Folge hatten, klärten jedoch die Frage des Zusammenhanges zwischen den beiden Verbindungen auf: Der chemische Bau des β-Carotins läßt voraussehen, daß es durch Wasseraufnahme in 2 Moleküle Vitamin A übergehen kann, womit seine wachstumsfördernde Wirkung ihre Erklärung findet.

In Übereinstimmung mit dieser Auffassung standen die Versuche von TH. MOORE, welcher zeigte, daß Vitamin-A-frei ernährte Ratten, deren Vitamin-A-Gehalt der Leber fast auf Null gesunken war, nach der Zufuhr von β-Carotin wieder Vitamin A in der Leber enthielten[5]). γ-Carotin, das nur *einen* β-Iononring in der Molekel besitzt und durch Wasseranlagerung demnach nur 1 Mol Vitamin A liefern kann, steht in seiner wachstumsfördernden Wirkung dem β-Carotin stark nach[6]).

---

[1]) B. v. EULER, H. v. EULER und P. KARRER, Helv. chim. Acta *12*, 278 (1929).

[2]) Das kristallisierte Vitamin A war zu jener Zeit noch nicht bekannt.

[3]) P. KARRER, R. MORF und K. SCHÖPP, Helv. chim. Acta *14*, 1036, 1431 (1931); Helv. chim. Acta *16*, 557 (1933). – P. KARRER und R. MORF, Helv. chim. Acta *16*, 625 (1933).

[4]) Vgl. S. 133.

[5]) TH. MOORE, Biochem. J. *24*, 692 (1930). – Vgl. H. BROCKMANN und M.-L. TECKLENBURG, H. *221*, 117 (1933). – R. KUHN und H. BROCKMANN, H. *200*, 246 (1932). – R. KUHN, H. BROCKMANN, A. SCHEUNERT und M. SCHIEBLICH, H. *221*, 129 (1933). – H. v. EULER, P. KARRER und A. ZUBRYS, Helv. chim. Acta *17*, 24 (1934).

[6]) P. KARRER, H. v. EULER, H. HELLSTRÖM und M. RYDBOM, Svensk Kem. Tidskr. *43*, 105 (1931).

Über den Mechanismus der Umwandlung von β-Carotin und anderen Provitaminen A wissen wir noch sehr wenig. Es wird vermutet, daß dieser Vorgang durch ein Ferment, die Carotinase, ausgelöst werde. Sehr wahrscheinlich vollzieht sich diese Umwandlung in der Leber[1]) oder im Darm[2]). Wenn im tierischen Körper Vitamin-A-Mangel besteht, so geht die Umwandlung der Provitamine in Vitamin A schnell und ziemlich vollständig (bis zu etwa 70–80%) vor sich. Ist dagegen der Organismus an Vitamin A gesättigt oder führt man hohe Dosen der Provitamine zu, so wird nur ein geringer Teil davon umgewandelt[3]). Aus diesem Grund findet man auch stets Carotin und andere Carotinoide in den Fäzes.

Von ausschlaggebender Bedeutung für die Resorption und die Umwandlung der Provitamine A in Vitamin A ist die Form, in welcher diese dem Organismus zugeführt werden. Sind die Carotinoide in tierischen oder pflanzlichen Fetten gelöst, dann ist die Aufnahme gut, hat man dagegen zur Lösung Paraffinöl oder z. B. Äthyloleat verwendet, so findet praktisch keine Resorption statt[4]). Die Unkenntnis dieser Verhältnisse war zum Teil daran schuld, daß in der Literatur über die Wirksamkeit von Carotin widersprechende Angaben vorliegen[4]).

In der neuesten Zeit wurden verschiedene Versuche unternommen, um β-Carotin *in vitro* in Vitamin A überzuführen. Obwohl solche Versuche gelungen sein sollen, kann dieses Problem noch nicht als endgültig gelöst betrachtet werden, da es in keinem Fall möglich war, das bei dieser Umwandlung entstandene Vitamin A in reiner Form zu fassen und seine Identität einwandfrei sicherzustellen. H. WILLSTAEDT[5]) berichtet über eine solche Umwandlung mittels Leberpräparaten, während R. F. HUNTER und N. E. WILLIAMS[6]) durch Einwirkung von Wasserstoffsuperoxyd und anschließende Reduktion des entstandenen Aldehydes aus β-Carotin Spuren von Vitamin A erhielten.

Interessant ist die Tatsache, daß nicht alle Säugetiere in gleichem Maße Provitamine A in Vitamin A umwandeln können. Am geeignetsten erweist sich

---

[1]) H. S. OLCOTT und D. C. McCANN, J. biol. Chem. *94*, 185 (1931). – B. AHMAD, Biochem. J. *25*, 1195 (1931). – J. L. REA und J. C. DRUMMOND, Z. Vit.-Forsch. *1*, 177 (1932). – J. G. BRAZER, A. C. CURTIS, Arch. internal Med. *65*, 90 (1940).

[2]) J. GLOVER, T. W. GOODWIN und R. A. MORTON, Biochem. J. *41*, Proceed. XLV (1947).

[3]) Vgl. L. ZECHMEISTER, Ergeb. physiobiol. Chem. exper. Pharmakol. *39*, 148 (1937). – C. A. BAUMANN, B. M. RIISING und H. STEENBOCK, J. biol. Chem. *107*, 705 (1934).

[4]) J. C. DRUMMOND, B. AHMAD und R. MORTON, J. Soc. chem. Ind. *49*, Transact. 291 (1929). – Vgl. W. DULIERE, R. A. MORTON und J. C. DRUMMOND, C. *1930*, I, 1639.

[5]) H. WILLSTAEDT, Enzymologia *3*, 228 (1937). – Vgl. auch L. E. BAKER, Proc. Soc. exper. Med. *33*, 124 (1935). – H. S. OLCOTT und D. C. McCANN, J. biol. Chem. *94*, 185 (1931). – J. L. REA und J. C. DRUMMOND, Z. Vit.-Forsch. *1*, 177 (1932). – H. v. EULER und E. KLUSSMANN, Ark. Kemi Mineral. Geol. B. *11*, 6 (1932). – B. WOLFF und TH. MOORE, Lancet *223*, 13 (1932). – J. C. DRUMMOND und R. J. McWALTER, Biochem. J. *27*, 1342 (1933); J. Physiol. *83*, 236 (1934).

[6]) R. F. HUNTER und N. E. WILLIAMS, Soc. *1945*, 554.

in dieser Beziehung die Ratte[1]). Bei Meerschweinchen[2]), Kaninchen[3]), Schweinen[4]) und Rindvieh[5]) ist diese Fähigkeit in etwas reduziertem Maße vorhanden, während sie den Katzen[6]) ganz abgeht und den Hunden[7]) nur in sehr schwachem Maße zukommt. Auch Hühner scheinen zu dieser Umwandlung befähigt zu sein[8]). Über die Verhältnisse bei Süßwasserfischen und Meerfischen sind

Tabelle 1

Provitamine A

Natürlich vorkommende	Partialsynthetische	Totalsynthetische
α-Carotin	β-Carotin-mono-epoxyd	Vitamin-A-methyl-
β-Carotin	β-Carotin-di-epoxyd	äther*)
γ-Carotin	β-Oxycarotin	Vitamin-A-Säure**)
α-Carotinepoxyd	Semi-β-carotinon	
Citroxanthin = Mutato-	Semi-β-carotinon-	
chrom	monoxim	
Kryptoxanthin	Dehydro-β-semi-	
Myxoxanthin	carotinon	
Aphanin	Luteochrom	
Echinenon	β-Apo-2-carotinal	
Torularhodin	β-Apo-2-carotinal-	
	oxim	
	β-Apo-4-carotinal-	
	oxim	
	α-Carotin-di-jodid	
	β-Carotin-di-jodid	
	Verb. aus Zeaxanthin + PBr_3	
	Verb. aus Xanthophyll + PBr_3	
	β-Apo-2-carotinol	

*) W. OROSHNIK, Am. Soc. *67*, 1627 (1945). − O. ISLER, W. HUBER, A. RONCO und M. KOFLER, Exper. *2*, 31 (1946). − Vgl. ferner Festschrift «Emil Barel», S. 31. Basel 1946.
**) D. A. DORP und J. BREM, Nature *157*, 190 (16. Febr. 1946). − P. KARRER, E. JUCKER und E. SCHICK, Helv. chim. Acta *29*, 704 (29. März 1946).

[1]) B. AHMAD und K. MALIK, Indian J. med. Res. *20*, 1033 (1933).
[2]) H. BROCKMANN und M.-L. TECKLENBURG, Z. physiol. Chem. *221*, 117 (1933).
[3]) Dieselben, vgl. diesbezüglich auch H. ROSENBERG, «Chemistry and Physiology of the Vitamins», S. 55. New York 1945.
[4]) TH. MOORE, Biochem. J. *25*, 2131 (1931).
[5]) TH. MOORE, Biochem. J. *26*, 1 (1932).
[6]) H. ROSENBERG, vgl. unter Anmerkung 3).
[7]) A. J. COOMBES, G. L. OTT und W. WISNICKY, North. Am. Vet. *21*, 601 (1940).
[8]) N. S. CAPPER, J. M. W. MCKIBBIN, J. H. PRENTICE, Biochem. J. *25*, 265 (1931).

wir noch nicht genau im Bild. Es scheint jedoch, daß Fische Provitamine A in Vitamin A_1 (und Vitamin A_2)[1] verwandeln können[2].

Nachdem erkannt worden war, daß Carotin aus mehreren Isomeren besteht (vgl. S. 127), und man festgestellt hatte, daß auch dem α-Carotin – wenn auch in vermindertem Maße – Vitamin-A-Wirkung zukommt, setzten von verschiedener Seite Untersuchungen ein, um die Zusammenhänge zwischen der Struktur einer Verbindung und ihrer Vitamin-A-Wirkung festzustellen. Im Verlaufe dieser Arbeiten gelang es, mehrere natürlich vorkommende Carotinoide als Provitamine A zu erkennen und auch bei zahlreichen partialsynthetischen Carotinoiden Zuwachswirkung nachzuweisen. Bevor auf die theoretische Seite dieser Feststellungen eingegangen wird, soll hier eine Übersicht der Verbindungen gegeben werden, welche Vitamin-A-Wirkung besitzen. (Siehe Tabelle 1, Seite 22).

Da alle diese Verbindungen (mit Ausnahme des Vitamin-A-Methyläthers und der Vitamin-A-Säure) in anderem Zusammenhang genau beschrieben und ihre Konstitutionsformeln gegeben werden, verzichten wir hier auf eine Wiedergabe derselben und verweisen auf das alphabetische Inhaltsverzeichnis.

Die Beziehungen, welche zwischen der Vitamin-A-Wirkung einer Verbindung und ihrer chemischen Konstitution bestehen, sind heute aufgeklärt. Um Vitamin-A-Wirkung entfalten zu können, muß die betreffende Verbindung in ihrer Molekel einen unsubstituierten β-Iononring und die ungesättigte Seitenkette – wie sie dem Axerophtol (Vitamin A) eigen ist – enthalten. α-Semicarotinon[3] erfüllt die Bedingung der ungesättigten Seitenkette, nicht aber diejenige des β-Iononringes, und ist biologisch inaktiv. β-Euionon[4] enthält einen unsubstituierten β-Iononring, nicht aber die vollständige Seitenkette und vermag im Tierversuch Vitamin A nicht zu ersetzen.

Auch die sterischen Verhältnisse spielen bei der biologischen Aktivität eines Provitamins A eine Rolle. Auf diesem Gebiet liegen in der Hauptsache Untersuchungen von L. ZECHMEISTER und seinen Mitarbeitern vor[5]. Es hat sich dabei gezeigt, daß im allgemeinen[6] diejenigen Provitamine A die größte biologische Aktivität entwickeln, welche die durchgehende trans-Konfiguration haben. Die folgende Tabelle[7] veranschaulicht diese Verhältnisse.

---

[1] R. A. MORTON und R. H. CREED, Biochem. J. *33*, 318 (1939).
[2] H. ROSENBERG, «Chemistry and Physiology of the Vitamins», S. 50, 73. New York 1945.
[3] P. Karrer, H. v. EULER und U. SOLMSSEN, Helv. chim. Acta *17*, 1169 (1934).
[4] P. KARRER und Mitarbeiter, Helv. chim. Acta *15*, 878 (1932); *17*, 3 (1934).
[5] L. ZECHMEISTER und Mitarbeiter, Arch. Biochem. *5*, 107 (1944); *7*, 247 (1945).
[6] Eine Ausnahme bildet das aus Mimulusblüten (vgl. S. 168) isolierte γ-Carotin.
[7] Die vorliegende Tabelle wurde in unveränderter Form der Mitteilung von L. ZECHMEISTER und Mitarbeitern, Arch. Biochem. *7*, 247 (1945), entnommen.

Tabelle 2

Zusammenhang zwischen der Vitamin-A-Wirkung und der Konfiguration einiger Carotinoide[1])

β-Carotin, durchgehende trans-Konfiguration	100%
Neo-β-carotin U (wahrscheinlich 1 cis-Bindung)	38%
Neo-β-carotin B (wahrscheinlich 2 cis-Bindungen)	53%
α-Carotin, durchgehende trans-Konfiguration	53%
Neo-α-carotin U (wahrscheinlich 1 cis-Bindung)	13%
Neo-α-carotin B (wahrscheinlich 2 cis-Bindungen)	16%
γ-Carotin, durchgehende trans-Konfiguration*)	28%
Pro-γ-carotin (wahrscheinlich 5 cis-Bindungen)	44%

*) Nach R. Kuhn und H. Brockmann, Klin. Wschr. *12*, 972 (1933), besitzt γ-Carotin die gleiche Vitamin-A-Wirkung wie α-Carotin und nicht nur die halbe, wie hier angegeben wird.

Die Tatsache, daß α-Carotin-mono-epoxyd, β-Carotin-mono-epoxyd, β-Carotin-di-epoxyd und Luteochrom Vitamin-A-wirksam sind, obwohl sie (mit Ausnahme des β-Carotin-mono-epoxyds) keinen unsubstituierten β-Iononring enthalten, bedarf besonderer Erwähnung[2]). Es kann daraus der Schluß gezogen werden, daß sie im Organismus der Ratte teilweise desoxydiert werden.

Tabelle 3

Vergleich der biologischen Aktivität von einigen Carotinoidepoxyden [2])

Carotinoid	Wirksame Tagesdosis
β-Carotin	2,5 γ
α-Carotinepoxyd	10 γ
β-Carotin-di-epoxyd . .	17 γ
Luteochrom*)	18 γ

*) P. Karrer und E. Jucker, Helv. chim. Acta *28*, 429, 430 (1945).

Bedeutung der Carotinoide beim Sehvorgang.

Einigen Carotinoiden scheint weiterhin eine Bedeutung beim *Sehvorgang* zuzukommen[3]). Obwohl über die mutmaßliche Rolle dieser Polyenfarbstoffe beim Sehvorgang verschiedene Vermutungen und Hypothesen ausgesprochen worden sind und auch zahlreiche experimentelle Versuche nicht fehlen, be-

---

[1]) Als Standard für den Vergleich der Wirksamkeiten wurde die Wirkung des reinen β-Carotins genommen und gleich 100% gesetzt.

[2]) H. v. Euler, Helv. chim. Acta *28*, 1150 (1945),

[3]) Vgl. ein zusammenfassendes Referat von P. Karrer, Documenta Ophthalmologica, *1938*. S. 259.

findet sich dieses Forschungsgebiet noch im Anfangsstadium. Das experimentell gesicherte Material läßt noch keine eindeutigen Schlüsse über die Rolle der Carotinoide beim Sehakt zu; deshalb sollen die folgenden Betrachtungen nur den Zweck einer kurzen Orientierung haben.

Die Vermutung, daß der Sehpurpur ein Carotinoid sei, wurde vor rund 70 Jahren erstmals von F. Boll[1]) ausgesprochen. Lange Zeit hindurch blieb aber diese Frage ohne nähere Bearbeitung, wohl weil die Wissenschaft damals zu wenig weit vorgeschritten war. 1923 stellten Blegvad[2]) und 1924 Bloch[3]) fest, daß der Mangel an Vitamin A zu Xerophthalmie, einer sklerotischen Augenentzündung, führt. 1925 erkannten Fridericia und Holm[4]), daß die Nachtblindheit, Hemeralopie, eine direkte Folge des Vitamin-A-Mangels ist, welche auf das Unvermögen, Sehpurpur in den Stäbchen der Netzhaut zu bilden, zurückgeführt werden muß.

Nachdem ein Zusammenhang mit gewissen Vorgängen in den Augen und dem Vitamin A bzw. den Carotinoiden gezeigt worden war, setzten von verschiedener Seite Untersuchungen ein, welche das Ziel verfolgten, die in Frage kommenden Farbstoffe aus dem Auge zu isolieren und zu identifizieren. Diese Aufgabe erwies sich indessen als schwierig. Die Augen der untersuchten Tiere enthalten nur sehr geringe Farbstoffmengen und außerdem sind diese Pigmente unbeständig und zum Teil lichtempfindlich. Die ersten Erfolge erzielten H. v. Euler und E. Adler[5]), welche aus der Pigment-Epithelschicht von Ochsen- und Fischaugen Verbindungen von Carotinoidnatur isolieren konnten. Bald darauf gelang G. Wald[6]) der Nachweis des Axerophtols in der Retina von Ochsen und Fröschen. Später[7]) konnte G. Wald zeigen, daß die Retina von Fröschen Xanthophyllester enthält, und vor kurzem fanden G. Wald und H. Zussman[8]) in den Sehzapfen vieler Vögel und Reptilien stark gefärbte Ölplättchen, welche beim Huhn rot, golden und gelbgrün sind. Aus diesen ließen sich 3 Carotinoide isolieren, wovon das eine mit Astacin (verestert) identisch zu sein scheint, während die anderen beiden unbekannter Natur sind. Honigmann[9]) berichtet ferner über ein photolabiles Pigment, welches er in den Sehzäpfchen der Retina junger Hühner gefunden hat. Dieses Pigment entspricht dem Rhodopsin und dem Porphyropsin (vergleiche weiter unten), ist aber von ihnen verschieden und scheint Carotinoidnatur zu besitzen.

---

[1]) F. Boll, Arch. Anat. Physiol. Abt. *1877*, 4.

[2]) Blegvad, Diss. Kopenhagen 1923.

[3]) Bloch, J. Dairy Sci. (USA.) *7*, 1 (1924).

[4]) Fridericia und Holm, Am. J. Physiol. *73*, 63 (1925).

[5]) H. v. Euler und Adler, Ark. Kemi Mineral. Geol. 1933, Bd. *11*, Nr. 20, 21 (1934).

[6]) G. Wald, Nature *132*, 316 (1933); *134*, 65 (1934); J. Gen. Physiol. *18*, 905 (1934).

[7]) G. Wald, J. Gen. Physiol. *19*, 351 (1935).

[8]) G. Wald und H. Zussman, Nature *140*, 197 (1937).

[9]) Honigmann, Arch. Ges. Physiol. *189*, 1 (1921). Vgl. G. Wald, Nature *140*, 545 (1937).

Durch die Ergebnisse der soeben angeführten Untersuchungen steht es fest, daß Carotinoide, oder sehr ähnliche Farbstoffe, in den Augen zahlreicher Tiere vorkommen. Ihre Rolle ist noch nicht aufgeklärt, doch liegt der Gedanke nahe, daß sie als Lichtfilter dienen und bewirken, daß nur Strahlen gewisser Wellenlänge in das Auge gelangen und die photolabile Substanz erreichen. Es stellt sich nun die Frage, welcher Art diese photolabile Substanz ist. G. WALD[1]) zeigte, daß nach kurzer Belichtung der Augen von Fröschen und von Säugetieren aus dem Sehpurpur = Rhodopsin ein neues Pigment entsteht, das ein anderes spektrales Verhalten zeigt. Er schlägt für diesen gelben Farbstoff die Bezeichnung Retinin vor. Retinin geht hierauf in Vitamin A über und dieses verwandelt sich im Dunkeln wieder in Rhodopsin. Retinin kann teilweise auch direkt in Rhodopsin übergeführt werden. Sowohl Retinin als auch Vitamin A sind im Auge stets mit Protein verbunden[2]). Die genannten Umwandlungen lassen sich schematisch folgenderweise zusammenfassen.

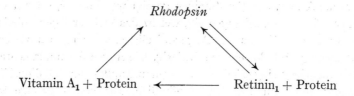

$$\textit{Rhodopsin}$$

$$\text{Vitamin A}_1 + \text{Protein} \quad \longleftarrow \quad \text{Retinin}_1 + \text{Protein}$$

Nach G. WALD[1]) läßt sich Retinin aus dunkel adaptierten Augen auch ohne Belichtung durch Extraktion mit Chloroform aus dem Sehpurpur direkt gewinnen. Aus dieser Tatsache sowie aus verschiedenen anderen Erwägungen nimmt G. WALD an, daß Rhodopsin eine Carotinoid-(Retinin)-Eiweiß-Verbindung ist, die durch Belichtung, Hitze oder durch geeignete Lösungsmittel, wie Chloroform, zerstört werden kann, wobei das an Eiweiß gebundene Carotinoid (Retinin) in Freiheit gesetzt wird. Es muß erwähnt werden, daß weder Retinin noch Rhodopsin je in kristallinem Zustand gefaßt und analysiert worden sind. Wichtig ist indessen die Tatsache, daß beim Sehakt offenbar das chromophore System der Carotinoide ausgenützt wird und daß in den Augen von Säugetieren und vieler mariner Fische[3]) – z. B. *Prionotus carolinus, Centropristes stiratus, Stenotomus chrysops* – Rhodopsin, Retinin und Vitamin A festgestellt wurden und auch der Zyklus zwischen diesen Stoffen derselbe zu sein scheint.

Viele Süßwasserfische enthalten an Stelle von Rhodopsin ein anderes lichtempfindliches Pigment, das Porphyropsin[4]). G. WALD[5]) untersuchte die Vor-

[1]) G. WALD, J. Gen. Physiol. *19*, 351 (1935).
[2]) G. WALD, J. Gen. Physiol. *21*, 93 (1937).
[3]) G. WALD, Nature *136*, 913 (1935).
[4]) E. KÖTTGEN und C. ABELSDORFF, Z. Psychol. Physiol. Sinnesorgane *12*, 161 (1896).
[5]) G. WALD, Nature *139*, 1017 (1937).

gänge, welche sich beim Sehakt solcher Süßwasserfische, z. B. *Morone americana*, *Perca flavescens*, *Esox reticulatus*, abspielen und konnte feststellen, daß diese im Prinzip mit jenen, welche unter Mitwirkung von Rhodopsin verlaufen, übereinstimmen. Bei der Belichtung des Porphyropsins entsteht das Retinin$_2$ und dieses wandelt sich hierauf in Vitamin A$_2$ um.

In neuester Zeit wird angenommen[1]), daß Retinin$_1$ mit Vitamin-A$_1$-Aldehyd, Retinin$_2$ mit Vitamin-A$_2$-Aldehyd identisch sei. Der ganze Fragenkomplex darf jedoch noch nicht als abgeklärt betrachtet werden.

III. Isolierung von Carotinoiden

Die Isolierung von Carotinoiden aus pflanzlichem oder tierischem Material bereitet oft größere Schwierigkeiten, wenn man auf diesem Gebiet nicht über ausgedehnte Erfahrung verfügt. Es soll im vorliegenden Abschnitt deshalb versucht werden, einige allgemeine Isolierungsmethoden zu beschreiben. Diese müssen allerdings von Fall zu Fall abgeändert und dem jeweiligen Zustand der Pigmente und den Begleitstoffen angepaßt werden.

Der übliche Gang der Isolierung besteht aus folgenden Teilen:

1. Vorbereitung des zu untersuchenden Materials und Extraktion der Carotinoide.

2. Unterteilung der Carotinoide in hypophasische und epiphasische.

3. Trennung der Farbstoffe der beiden Phasen und deren Darstellung in kristallinem Zustand.

Im Folgenden werden die einzelnen Phasen der Isolierung näher betrachtet. Es ist nicht die Aufgabe dieses Abschnittes, *alle* üblichen Isolierungsmethoden zusammenzufassen; vielmehr handelt es sich um einige der erprobten und gebräuchlichen Vorschriften, welche in den meisten Fällen zum Erfolg führen.

1. *Extraktion der Carotinoide*

Bevor mit der Extraktion der Carotinoide begonnen werden kann, muß das pflanzliche oder tierische Material getrocknet (entwässert) werden. Bei Blüten oder Früchten sowie anderen Pflanzenteilen geschieht dies am einfachsten durch Trocknen an der Sonne (am besten im Luftzug) oder in einem auf etwa 40–50° C geheizten und gut durchlüfteten Raum. Es ist darauf zu achten, daß das Trockengut nur in dünner Schicht liegt und von Zeit zu Zeit gewendet wird, um ein möglichst gleichmäßiges Trocknen zu gewährleisten und eine Gärung

---

[1]) S. Ball, T. W. Goodwin und R. A. Morton, Biochem. J. *40*, Proceed. LIX (1946). – R. A. Morton, Nature, London, *153*, 69 (1944). – R. A. Morton und T. W. Goodwin, Nature, London, *153*, 405 (1944).

zu vermeiden, welche das Zerstören von Carotinoiden zur Folge hätte. Kann das Material auf diese Weise nicht getrocknet werden, was z. B. bisweilen bei Algen, Wasserpflanzen oder Tieren der Fall ist, so erfolgt die Entwässerung durch Einlegen in Lösungsmittel wie Aceton, Methanol, Äthanol usw.

Die Extraktion wird durch verschiedenste Lösungsmittel bewerkstelligt. Am häufigsten wendet man die folgenden an: Benzol, Petroläther, Äther (peroxydfrei), Schwefelkohlenstoff, Chloroform (salzsäurefrei), Äthanol, Methanol und Aceton. Die Extraktion bei Raumtemperatur wird durch Stehenlassen des Materials mit Lösungsmittel in Pulverflaschen oder Perkolatoren (mit Kohlensäure oder Stickstoff aufgefüllt) durchgeführt. Hat man hingegen große Mengen Material zu extrahieren, so können mit Vorteil große Metallextraktoren zur Anwendung gelangen, welche auch erlauben, bei erhöhter Temperatur zu arbeiten. Die Extrakte müssen möglichst schnell im Vakuum eingeengt und die so erhaltenen Konzentrate in großen Ampullen im Vakuum bis zur weiteren Verarbeitung eingeschmolzen werden.

2. Trennung in hypophasische und epiphasische Carotinoide

Seit den grundlegenden Forschungen von WILLSTÄTTER und STOLL[1] werden die extrahierten Carotinoide durch Entmischen zwischen zwei nicht mischbaren Lösungsmitteln in zwei Gruppen aufgeteilt. Dabei erfaßt man alle Carotinoide mit 2 und mehr Hydroxylgruppen als hypophasische, und solche ohne Hydroxylgruppen als epiphasische Pigmente. Mono-hydroxy-Verbindungen, wie Kryptoxanthin und Rubixanthin, nehmen eine Mittelstellung ein, indem sie sich sowohl in der Epiphase als auch in der Hypophase vorfinden. Die folgende Zusammenstellung gibt einen Überblick über die epiphasischen und die hypophasischen Carotinoide (siehe Tabelle 4, s. 29).

Da die hydroxylhaltigen Carotinoide in der Natur zum großen Teil verestert als sogenannte «Farbwachse» vorliegen, ist es notwendig, vor der Verteilung zwischen Methanol—Petroläther eine Verseifung vorzunehmen. Diese kann mit etwa 12%iger methanolischer Kalilauge bei Raumtemperatur durchgeführt werden. Das zu verseifende Carotinoidgemisch wird in diesem Fall in Petroläther gelöst und mit einer genügenden Menge Lauge versetzt. Ist diese Lösung homogen, so läßt man sie einfach etwa 20 Stunden stehen. Bilden sich hingegen 2 Phasen, so muß auf der Maschine geschüttelt werden. Auf jeden Fall soll der Raum über dem Reaktionsgemisch mit einem inerten Gas (H_2, N_2) gefüllt sein, um eine Oxydation durch Luftsauerstoff zu verhindern.

---

[1] R. WILLSTÄTTER und A. STOLL, «Untersuchungen über das Chlorophyll», Berlin 1913; «Untersuchungen über die Assimilation der Kohlensäure», Berlin 1918. – Vgl. auch R. KUHN und H. BROCKMANN, H. *206*, 41 (1932).

Tabelle 4

Einteilung der natürlichen Carotinoide in hypophasische und epiphasische auf Grund der Verteilung zwischen Petroläther und 90%igem Methanol

Epiphasisch	Annähernd gleiche Aufteilung zwischen Epiphase und Hypophase	Hypophasisch
Actinioerythrin	Celaxanthin	Antheraxanthin
Aphanin	Gazaniaxanthin	Auroxanthin
Aphanicin	Kryptoxanthin	Aphanizophyll
α-Carotin	Lycoxanthin	Astacin
α-Carotinepoxyd	Rhodoxanthin	Astaxanthin
β-Carotin	Rubichrom	Azafrin
γ-Carotin	Rubixanthin	Bixin
δ-Carotin (?)	Sarcinaxanthin	Capsanthin
Citroxanthin = Mutato-		Capsorubin
chrom		β-Citraurin
Echinenon		Chrysanthemaxanthin
Flavorhodin		Crocetin
Hämatoxanthin		Cynthiaxanthin
Leprotin		Flavoxanthin
Lycopin		Fucoxanthin
Myxoxanthin		Glycymerin
Pro-γ-carotin		Kanarienxanthophyll
Prolycopin		Lycophyll
Rhodopsin		Mytiloxanthin
Rhodopurpurin		Myxoxanthophyll
Rhodovibrin		Oscillaxanthin
Rhodoviolascin		Pectenoxanthin
Sarcinin		Pentaxanthin
Torulin		Petaloxanthin
		Picofulvin
		Salmensäure
		Seideneiche-Carotinoid
		Sulcatoxanthin
		Taraxanthin
		Torularhodin
		Trollixanthin
		Violaxanthin
		Violerythrin
		Xanthophyll
		Xanthophyllepoxyd
		Zeaxanthin

    In manchen Fällen zieht man der methanolischen Kalilauge eine alkoholische Natriumalkoholatlösung vor. Auch kann die Verseifung in der Wärme (etwa 60–70° C) vorgenommen werden. In diesem Fall genügt meistens eine Laugekonzentration von etwa 5%.

Nach beendeter Verseifung fügt man Petroläther hinzu und versetzt mit soviel Wasser, daß gerade Entmischung eintritt. Die obere Schicht enthält dabei größtenteils epiphasische Carotinoide und die untere die hypophasischen. Anschließend schüttelt man die petrolätherische Phase wiederholt mit 90%igem Methanol aus, die methanolische hingegen mit Petroläther und vereinigt die entsprechenden Lösungen. Die Lösung der epiphasischen Pigmente wird mit Wasser gewaschen, getrocknet (Natriumsulfat), im Vakuum eingeengt und kann anschließend an geeigneten Adsorbenzien chromatographiert werden. Die wäßrig-methanolische Lösung versetzt man mit Äther und treibt die Carotinoide durch Wasserzusatz in diesen über. Nach dem Waschen und Trocknen dieser ätherischen Lösung destilliert man das Lösungsmittel im Vakuum ab, löst den Rückstand in einem geeigneten Lösungsmittel und unterwirft ihn ebenfalls der chromatographischen Adsorption.

3. *Trennung der Carotinoidgemische aus den beiden Phasen*

Abgesehen von wenigen Ausnahmen, kommt heute für die Trennung eines natürlichen Carotinoidgemisches nur noch die Tswettsche Adsorptionsanalyse in Frage. Man geht sicherlich nicht zu weit, wenn man behauptet, daß der außerordentliche Aufschwung der Carotinoidforschung in den letzten 20 Jahren in wesentlichen Teilen der Tswettschen Chromatographie zu verdanken ist. Es erscheint aus diesem Grunde angebracht, über die *Chromatographie* auf dem Gebiete der Polyenfarbstoffe etwas ausführlicher zu berichten[1]). Da indessen verschiedene vorzügliche Monographien über die Tswettsche Chromatographie existieren, beschränken wir uns hier auf die Schilderung der praktischen Anwendung des Verfahrens zur Trennung von Carotinoidpigmenten.

Obwohl der russische Botaniker M. Tswett[2]) schon im Jahre 1906 eine erste Beschreibung seiner chromatographischen Adsorptionsanalyse veröffentlicht und auf die Leistungsfähigkeit und mannigfaltigen Anwendungsmöglichkeiten der Methode hingewiesen hatte, vergingen rund 25 Jahre, in deren Verlauf nur sehr selten von der Chromatographie Gebrauch gemacht wurde[3]). Erst

---

[1]) Über die Chromatographie existiert ein reichhaltiges Schrifttum. Es sei hier z. B. auf folgende Werke verwiesen: L. Zechmeister und L. v. Cholnoky, «Die chromatographische Adsorptionsanalyse». Berlin 1938. – H. Brockmann, «Die chromatographische Adsorption», erschienen in: «Neuere Methoden der präparativen organischen Chemie». Berlin 1943. – Gerhard Hesse, «Adsorptionsmethoden im chemischen Laboratorium». Berlin 1943. – Annals of the New York Academy of Sciences. Vol. XLIX, Art. 2, Pages 141–326: Chromatography by H. G. Gassidy et al. New York 1948.

[2]) M. Tswett, B. bot. Ges. *24*, 316, 384 (1906). – M. Tswett, «Die Chromophylle in der Pflanzen- und Tierwelt», russisch. Warschau 1910.

[3]) Vgl. L. Palmer, «Carotinoids and related Pigments». New York 1922.

1931, als die alten Trennungsmethoden nicht mehr ausreichten, wurde die in der Zwischenzeit nur von Dhéré[1]) bisweilen angewandte Adsorptionsanalyse durch R. Kuhn, durch P. Karrer sowie L. Zechmeister wieder eingeführt. Der dadurch erzielte Erfolg läßt sich am besten an Hand folgender kleinen Übersicht ermessen:

Tabelle 5

Übersicht über die Anzahl der isolierten natürlichen Carotinoide
in den Jahren 1922–46

Jahr	Anzahl der isolierten Carotinoide
bis 1922	7
,, 1933	etwa 15
,, 1937	etwa 30
,, 1946	etwa 70

Entscheidend für diese sprunghafte Entwicklung war die Tatsache, daß die Adsorptionsfähigkeit der Polyenfarbstoffe schon durch sehr geringfügige Unterschiede im Molekülbau relativ stark beeinflußt wird und sich daher auch sehr nahe verwandte Pigmente im Chromatogrammrohr voneinander trennen lassen. Ein klassisches Beispiel für diese Leistungsfähigkeit ist die Trennung des γ-Carotins von der α- und der β-Komponente des Rohcarotins, obwohl dessen Menge nur etwa $^1/_{1000}$ der gesamten Carotinmenge beträgt. Auch Verschiedenheiten im sterischen Bau der Pigmente genügen zur quantitativen Trennung, wie dies die Untersuchungen von A. Winterstein und G. Stein[2]) an cis- und trans-Crocetinmethylestern zuerst aufzeigten.

Die verschiedene Adsorptionsfähigkeit der Carotinoide an bestimmten Adsorptionsmitteln beruht auf ihrem verschiedenartigen Molekülbau. Den größten Einfluß haben in dieser Beziehung die Hydroxylgruppen. (Von carboxylhaltigen Carotinoiden wird hier abgesehen). Von zwei Carotinoiden mit sonst übereinstimmendem Bau haftet dasjenige stärker, welches

a) mehr Hydroxylgruppen hat,
b) einen höheren Gehalt an Carbonylgruppen aufweist,
c) die größere Anzahl veresterter Hydroxylgruppen besitzt oder
d) mehr Doppelbindungen hat.

Die Wirksamkeit der funktionellen Gruppen auf die Haftfestigkeit nimmt in der folgenden Reihenfolge ab: Hydroxyl, Carbonyl, veresterte Hydroxylgruppe, Doppelbindung.

---

[1]) C. Dhéré, C. R. Acad. Sc. CLVIII, 64–66 (1914). – Vergl. auch C. Dhéré, Candollea X, 60 (1943).
[2]) A. Winterstein und G. Stein, H. *220*, 251 (1934).

Die folgende Zusammenstellung gibt einen Überblick über die Lage einiger Carotinoide (solcher mit einem bekannten Gehalt an funktionellen Gruppen) im Chromatogramm. Am Anfang der Tabelle stehen die Farbstoffe mit der größten Haftfestigkeit, am Ende jene mit der geringsten.

Tabelle 6

Lage von Carotinoiden im Chromatogramm

Carotinoid	OH	CO	Äther-O	Konjug. ⎓	Isolierte ⎓
Myxoxanthophyll . . .	6	1	0	10	0
Fucoxanthin	4–6		?	10 ?	?
Astaxanthin	2	2	0	11	0
Capsorubin	2	2	0	9	0
Capsanthin	2	1	0	10	0
Auroxanthin	2	0	2	7	2
Violaxanthin	2	0	2	9	0
Antheraxanthin	2	0	1	10	0
Lycophyll*)	2	0	0	13	0
Eschscholtzxanthin . .	2	0	0	12**)	0
Flavoxanthin	2	0	1	9	1
Chrysanthemaxanthin .	2	0	1	9	1
Xanthophyll-epoxyd . .	2	0	1	10	0
Zeaxanthin	2	0	0	11	0
Xanthophyll	2	0	0	10	1
Rubichrom	1	0	1	10	1
Lycoxanthin	1	0	0	13	0
Rubixanthin	1	0	0	11	1
Kryptoxanthin	1	0	0	11	0
Rhodoxanthin	0	2	0	12	0
Myxoxanthin	0	1	0	11	1
Aphanin	0	1	0	11	0
Citroxanthin	0	0	1	9	1
Flavochrom	0	0	1	8	2
α-Carotin-epoxyd . . .	0	0	1	9	1
Physalien		Diester		11	0
Helenien		Diester		10	1
Lycopin	0	0	0	11	2
Prolycopin	0	0	0	11	2
γ-Carotin	0	0	0	11	1
Pro-γ-carotin	0	0	0	11	1
δ-Carotin	0	0	0	11	0
α-Carotin	0	0	0	10	1

*) Die relative Lage im Chromatogramm von Antheraxanthin und Lycophyll ist noch ungewiß.
**) Es ist mit der Möglichkeit zu rechnen, daß 11 Doppelbindungen konjugiert und 1 isoliert sind.

Die praktische Ausführung der Adsorptionsanalyse besteht darin, daß man die Lösung der Carotinoide durch eine, der Menge der zu trennenden Farbstoffe angepaßte, lange Schicht eines geeigneten Adsorptionsmittels filtriert und anschließend die einzelnen Zonen durch längeres Nachwaschen mit demselben (oder einem anderen) Lösungsmittel auseinanderzieht (entwickelt). Die Lösung der Carotinoide wird in ein Rohr gegossen, das bis zu etwa vier Fünftel mit einem Adsorptionsmittel gefüllt und das mit einer evakuierten Saugflasche verbunden ist. Sobald die eingegossene Lösung fast vollständig in die Säule eingedrungen ist, wäscht man mit einem organischen Lösungsmittel (meistens mit demselben, das zur Herstellung der Lösung benutzt worden war) nach, bis man eine optimale Trennung der Schichten erreicht hat. Es ist von größter Bedeutung, daß das Chromatogramm nie trocken läuft, da hierbei eine Zerstörung der Polyenfarbstoffe durch Luftsauerstoff stattfindet und die Säule in ihrem oberen Ende schrumpft, was eine Verzerrung der Schichten zur Folge hat. Sobald die optimale Trennung der einzelnen Farbstoffe erreicht ist, was durch farblose Zonen zwischen den einzelnen gefärbten Schichten angezeigt wird, hört man mit dem «Entwickeln» auf, nimmt die Adsorptionssäule aus dem Rohr heraus und zerlegt die einzelnen Zonen mechanisch. Diese werden sofort in bereitgestellte Gefäße abgefüllt, welche bereits mit einem Elutionsmittel beschickt sind. Sobald das gesamte Chromatogramm zerlegt ist, werden die Farbstofflösungen der einzelnen Zonen filtriert, das Lösungsmittel abdestilliert und der Rückstand kristallisiert. War die Trennung noch unvollständig, so kann das Elutionsmittel, das in den meisten Fällen Methanol ist, mit Wasser sorgfältig ausgeschüttelt werden, die verbleibende Lösung wird getrocknet, eingeengt und erneut chromatographiert.

Die Adsorptionsmittel

Für die chromatographische Trennung von Carotinoiden sind folgende, feingepulverte Stoffe verwendet worden: Aluminiumoxyd, Bleicherden, Calciumcarbonat, Calciumhydroxyd, Kaolin, Kieselgur, Magnesiumoxyd, Talkum, Zinkcarbonat, Norit A, Fasertonerde u.a.m. Es ist jedoch zu sagen, daß man meistens mit folgenden 4 Adsorptionsmitteln auskommt, welche sich bewährt haben: Aluminiumoxyd[1]), Calciumhydroxyd, Calciumcarbonat, Zinkcarbonat. Mit Hilfe dieser Adsorptionsmittel sollte es möglich sein, alle chromatographischen Trennungen von Carotinoiden mit Erfolg auszuführen.

Aluminiumoxyd Al_2O_3: Eignet sich zur Trennung von Carotinoidkohlenwasserstoffen, wird aber heute zum Teil wegen des hohen Preises weniger verwendet.

---

[1]) Aluminiumoxyd ist im Handel in verschiedenen, standardisierten Adsorptionsgraden erhältlich. Aluminiumoxyd nach H. BROCKMANN, vgl. «Neuere Methoden der präparativen organischen Chemie», S. 553. 1943.

Calciumhydroxyd Ca(OH)$_2$: P. KARRER und O. WALKER[1]) führten 1933 Calciumhydroxyd zur Trennung von Carotinoidkohlenwasserstoffen ein, und seither ist es das zu diesem Zwecke meistgebrauchte Adsorptionsmittel geworden. Es ist billig und erlaubt eine vollkommene Trennung der epiphasischen Carotinoide.

Calciumcarbonat CaCO$_3$: Schon M. TSWETT verwendete Calciumcarbonat zur Trennung von Carotinoiden. Seit 1931 wird es häufig zur Trennung von Phytoxanthinen benützt.

Zinkcarbonat ZnCO$_3$: Namentlich in letzter Zeit findet Zinkcarbonat sehr häufige Anwendung. Es wurde von P. KARRER eingeführt und leistet ausgezeichnete Dienste zur Trennung von Phytoxanthinen. Diese haften auf Zinkcarbonat etwas stärker als auf Calciumcarbonat.

In der folgenden Zusammenstellung werden einige Adsorptionsmittel genannt, deren Aktivität in der aufgeführten Reihenfolge abnimmt: Aluminiumoxyd, Aluminiumhydroxyd, Magnesiumoxyd, Calciumoxyd, Calciumhydroxyd, Zinkcarbonat, Calciumcarbonat, Calciumsulfat, Calciumphosphat, Talk, Zukker, Inulin[1]).

Die Lösungsmittel

Von ausschlaggebender Bedeutung für das Gelingen eines Chromatogramms ist die Reinheit der angewendeten Lösungsmittel. Diese müssen trocken und frei von Verunreinigungen, wie Alkohol, Pyridin, schwefelhaltigen Verbindungen usw., sein. Zum Chromatographieren von epiphasischen Carotinoiden wird meistens Petroläther (Kp. 70–80° C) oder ein Gemisch von Petroläther und Benzol oder Äther verwendet. In letzter Zeit findet Petroläther-Aceton-Gemisch häufig Anwendung[2]).

Für hypophasische Carotinoide benutzt man meistens Benzol oder eine Mischung von Benzol und Äther oder Petroläther. Auch andere Lösungsmittel, wie Schwefelkohlenstoff, Essigester usw., finden Anwendung, doch kommt man mit den zuerst genannten in den meisten Fällen aus. In der folgenden Zusammenstellung von Lösungsmitteln, welche dem ausgezeichneten Werk von G. HESSE[3]) entnommen wurde, sind diese so angeordnet, daß die Elutionswirkung zunimmt, die Adsorptionsfähigkeit des darin gelösten Stoffes hingegen abnimmt: Petroläther, Tetrachlorkohlenstoff, Trichloräthylen, Benzol, Methylenchlorid, Chloroform, Äther, Essigester, Aceton, n-Propylalkohol, Äthanol, Methanol, Wasser, Pyridin.

---

[1]) Vgl. G. HESSE, «Die Adsorptionsmethoden im chemischen Laboratorium», S. 31. Berlin 1943.

[2]) Betreffend Literaturangaben sei auf Seite 48 verwiesen.

[3]) G. HESSE, «Die Adsorptionsmethoden im chemischen Laboratorium», S. 31. Berlin 1943.

Experimentelles

Nachdem durch Vorversuche mit kleinen Substanzmengen das geeignete Adsorptionsmittel und Lösungsmittel sowie die Größe der Chromatogramm-röhre und die Menge des Adsorptionsmittels ermittelt worden sind, geht man zum Hauptversuch über. Vorerst muß das Chromatogrammrohr mit Adsorptions-mittel gefüllt werden. Es wurden alle möglichen, mehr oder weniger umständlichen Vorrichtungen zum Chromatographieren beschrieben[1]). Wir begnügen uns mit einer einfachen Vorrichtung, welche jederzeit zusammengestellt werden kann, wenig kostet und allen Ansprüchen genügt. Zu dieser Apparatur benötigt man eine Saugflasche, ein kurzes Glasrohr von etwa 10 mm Weite und zwei gute Gummistopfen. Diese werden mit den größeren Flächen gegeneinander auf das Glasrohr gesteckt und die Saugflasche mit dem einen, das Chromatogrammrohr mit dem anderen Gummistopfen verbunden. Am besten veranschaulicht dies das nebenstehende Bild. Das Füllen des Rohres mit dem Adsorptionsmittel kann auf verschiedene Weise vor sich gehen. Meistens wird so gearbeitet, daß man eine kleine Menge des Adsorptionsmittels einfüllt und dieses gut zusammenstampft. Dazu verwendet man am einfachsten einen halb durchbohrten Korken, der auf einem Glasstab steckt. Für große Röhren empfiehlt L. ZECHMEISTER einen Holzstöpsel, der am Ende einen Durchmesser von etwa zwei Drittel des Rohrdurchmessers besitzt. Nachdem eine Schicht gut zusammengestampft wurde, füllt man wieder etwas Adsorptionsmittel nach und wiederholt diese Operation so oft, bis das Chromatogrammrohr genügend gefüllt ist. Es ist von Wichtigkeit, daß das Rohr gut gestopft und sehr gleichmäßig beschickt ist, da man sonst verzerrte Farbzonen erhält, deren Trennung nur schwierig gelingt. Zum Schluß, nach beendeter Rohrfüllung, wird das Vakuum angelegt und das Stampfen und Klopfen (von außen) so lange fortgesetzt, bis das Adsorptionsmittel nicht mehr nach unten wandert. Dann ist Gewähr gegeben, daß beim Eingießen des Lösungsmittels keine Schrumpfung eintritt.

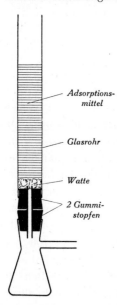

Adsorptions-mittel

Glasrohr

Watte

2 Gummi-stopfen

A. WINTERSTEIN und G. STEIN[2]) empfehlen für große Röhren das Adsorptionsmittel mit dem Lösungsmittel anzufeuchten und so in das Rohr einzugießen.

Sobald die Säule fertig gestopft ist, gießt man die Lösung der Carotinoide auf und wartet, bis sie fast vollständig eingedrungen ist. Erst dann wäscht man mit dem Lösungsmittel nach, wodurch das Chromatogramm «entwickelt» wird. Das Nachwaschen geschieht am besten in der Weise, daß man an die Saugflasche Vakuum anlegt und hierauf mittels eines Quetschhahns die Wasserstrahl-pumpe ausschaltet. Erst wenn die Durchflußgeschwindigkeit des Lösungsmittels stark nachgelassen hat, evakuiert man wieder. Es ist wichtig, daß die Durchfluß-geschwindigkeit nicht zu groß und andererseits nicht zu klein ist. Im ersten Fall

---

[1]) Vgl. z. B. H. BROCKMANN, «Die chromatographische Adsorption» in «Neuere Methoden der präparativen organischen Chemie». Berlin 1943.

[2]) A. WINTERSTEIN und G. STEIN, H. *220*, 273 (1933). – Vgl. D. C. CASTLE, A. E. GILLAM, J. M. HEILBRON und H. W. THOMPSON, Biochem. J. *28*, 1702 (1934).

werden die Zonen verzerrt und im zweiten bilden sich keine scharfen Schichten aus, weil die Diffusion der Farbstoffe wegen der zu kleinen Durchflußgeschwindigkeit überhand nimmt. Nach beendetem Entwickeln saugt man das Lösungsmittel so stark ab, daß die Säule als nicht bröckelige, kompakte Masse erscheint und sich, ohne in Stücke zu zerfallen, herausstoßen läßt. Nach mechanischer Trennung der Farbzonen eluiert man die Farbstoffe der einzelnen Schichten mit dem benützten Lösungsmittel, dem etwas (ungefähr 2–5%) Methanol beigemischt ist. Die Eluate werden im Vakuum zur Trockene verdampft und der Rückstand jeder Zone entweder kristallisiert oder, wenn der Farbstoff noch nicht einheitlich ist, erneut der Adsorption unterworfen.

Kristallisation

Die Kristallisation von Carotinoiden erfordert, namentlich wenn es sich um sehr geringe Mengen handelt, einige Übung. Es gelingt nicht immer, ein Carotinoid aus einem einheitlichen Lösungsmittel umzukristallisieren; manchmal muß man zu Lösungsmittelgemischen greifen. In diesem Fall handelt es sich durchwegs um solche Gemische, in deren einer Komponente der Farbstoff gut, in der andern schlecht löslich ist. Es würde zu weit führen, hier alle zu diesem Zweck verwendeten Lösungsmittel aufzählen. Anhaltspunkte vermitteln die Angaben, welche später bei der Beschreibung der einzelnen Carotinoide gemacht werden. Sehr oft gelingt es, epiphasische Carotinoide aus Petroläther oder einem Gemisch von Äther und Methanol oder Benzol und Methanol auszukristallisieren. Für hypophasische Pigmente verwendet man oft Benzol-Methanol-Gemische oder Äther-Methanol-Gemische. Auch Methanol allein findet Anwendung. Bei einzelnen Carotinoiden (Violaxanthin, Fucoxanthin, Zeaxanthin) gelingt es, aus der mit Petroläther überschichteten methanolischen Lösung des Pigmentes dieses mit Wasser auszufällen. Der Wasserzusatz geschieht in sehr kleinen Portionen, wobei Kratzen an der Glaswand mit einem Glasstab häufig die Kristallisation beschleunigt.

IV. Die chemische Konstitution der Carotinoide

Von den etwa 70 zur Zeit bekannten natürlichen Carotinoiden sind etwa 35 konstitutionell vollständig oder größtenteils aufgeklärt. Alle diese Farbstoffe stehen sich chemisch sehr nahe. Ihr charakteristisches Merkmal ist die große Anzahl konjugierter Doppelbindungen, welche sie als eine Gruppe der Polyene erscheinen lassen. Charakteristisch ist ferner, daß von den 50 Carotinoiden, deren Bruttoformeln bekannt sind, 45 40-C-Atome haben und nur 5 eine andere Anzahl Kohlenstoffatome in ihrer Molekel besitzen.

Schon R. WILLSTÄTTER und W. MIEG haben erkannt[1]), daß zwischen den Carotinoiden und Isopren ein Zusammenhang besteht. Heute wissen wir, daß letzteres ein Baustein der Carotinoidfarbstoffe ist, die man sich aus 8 Isoprenmolekeln entstanden denken kann. Charakteristisch für alle Carotinoide ist die Tatsache, daß in der Anordnung der Isoprenreste in der Mitte der Carotinoidmolekeln eine Umstellung stattgefunden hat[2]), und zwar in der Weise, daß die mittelständigen Methylgruppen nicht in 1,5-, sondern in 1,6-Stellung zueinander stehen. Als Beispiel für dieses Bauprinzip kann die Lycopinformel dienen:

$$
\begin{array}{c}
\text{CH}_3 \quad \text{CH}_3 \\
\text{C} \\
\text{CH} \quad \text{CH} \cdot \text{CH} \ddagger \text{CH} \cdot \text{C} = \text{CHCH} \ddagger \text{CH} \cdot \text{C} = \text{CHCH} \ddagger \text{CHCH} = \text{C} \cdot \text{CH} \ddagger \text{CHCH} = \text{C} \cdot \text{CH} \ddagger \text{CH} \cdot \text{CH} \quad \text{CH} \\
\text{CH}_2 \quad \text{C} \cdot \text{CH}_3 \qquad \qquad \text{Lycopin} \qquad \qquad \text{H}_3\text{C} \cdot \text{C} \quad \text{CH}_2 \\
\text{CH}_2 \qquad \qquad \qquad \qquad \qquad \text{CH}_2
\end{array}
$$

Das wichtige Prinzip der «Umstellung» der mittleren Isoprenreste verleitet zur Hypothese, daß eine Carotinoidmolekel von der Pflanze vielleicht aus zwei gleichen Molekelresten, z. B. zwei partiell dehydrierten Phytylgruppen, durch Verbindung der endständigen Kohlenstoffatome entstanden sein könnte.

Tabelle 7

Formeln der natürlichen, konstitutionell aufgeklärten Carotinoide

$$
\begin{array}{c}
\text{CH}_3 \quad \text{CH}_3 \\
\text{C} \\
\text{CH} \quad \text{CH} \cdot \text{CH} = \text{CH} \cdot \text{C} = \text{CHCH} = \text{CH} \cdot \text{C} = \text{CHCH} = \text{CHCH} = \text{C} \cdot \text{CH} = \text{CHCH} = \text{C} \cdot \text{CH} = \text{CH} \cdot \text{CH} \quad \text{CH} \\
\text{CH}_2 \quad \text{C} \cdot \text{CH}_3 \qquad \qquad \text{Lycopin} \qquad \qquad \text{H}_3\text{C} \cdot \text{C} \quad \text{CH}_2 \\
\text{CH}_2 \qquad \qquad \qquad \qquad \qquad \text{CH}_2
\end{array}
$$

$$
\begin{array}{c}
\text{CH}_3 \quad \text{CH}_3 \\
\text{C} \\
\text{CH} \quad \text{CH} \cdot \text{CH} = \text{CH} \cdot \text{C} = \text{CHCH} = \text{CH} \cdot \text{C} = \text{CHCH} = \text{CHCH} = \text{C} \cdot \text{CH} = \text{CHCH} = \text{C} \cdot \text{CH} = \text{CH} \cdot \text{C} \quad \text{CH}_2 \\
\text{CH}_2 \quad \text{C} \cdot \text{CH}_3 \qquad \qquad \gamma\text{-Carotin} \qquad \qquad \text{H}_3\text{C} \cdot \text{C} \quad \text{CH}_2 \\
\text{CH}_2 \qquad \qquad \qquad \qquad \qquad \text{CH}_2
\end{array}
$$

---

[1]) R. WILLSTÄTTER und W. MIEG, A. *355*, 1 (1907).

[2]) P. KARRER, A. HELFENSTEIN, H. WEHRLI und A. WETTSTEIN, Helv. chim. Acta *13*, 1084 (1930).

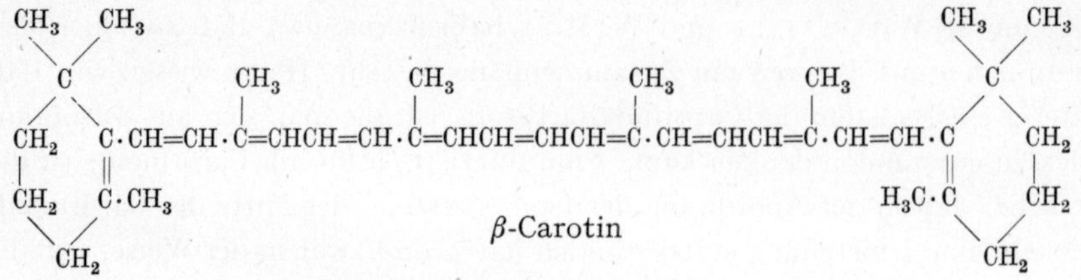

CH_3 CH_3

C CH_3 CH_3 CH_3 CH_3 CH_3 CH_3

C

CH_2 C·CH=CH·C=CHCH=CH·C=CHCH=CHCH=C·CH=CHCH=C·CH=CH·C CH_2

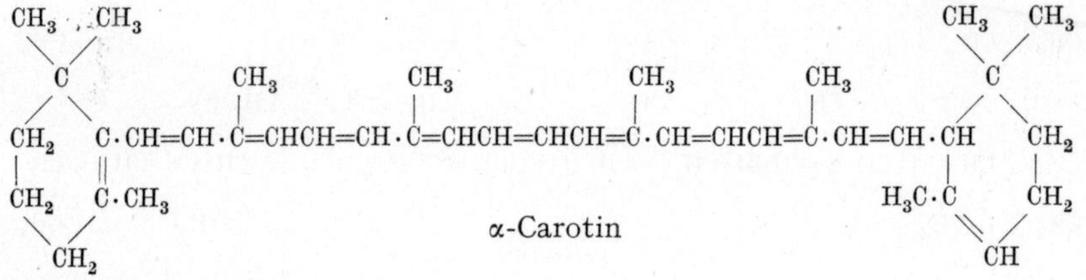

CH_2 C·CH_3 H_3C·C CH_2

CH_2 **β-Carotin** CH_2

CH_3 CH_3

C CH_3 CH_3 CH_3 CH_3 CH_3 CH_3

C

CH_2 C·CH=CH·C=CHCH=CH·C=CHCH=CHCH=C·CH=CHCH=C·CH=CH·CH CH_2

CH_2 C·CH_3 H_3C·C CH_2

CH_2 **α-Carotin**   CH

CH_3 CH_3

C CH_3 CH_3

CH_2 C——CH CH_3 CH_2 CH_3 CH_3 C

CH_2 C   CH·C=CHCH=CH·C=CHCH=CHCH=C·CH=CHCH=C·CH=CH·C CH_2

CH_2 O H_3C·C CH_2

CH_3 **Mutatochrom=Citroxanthin** CH_2

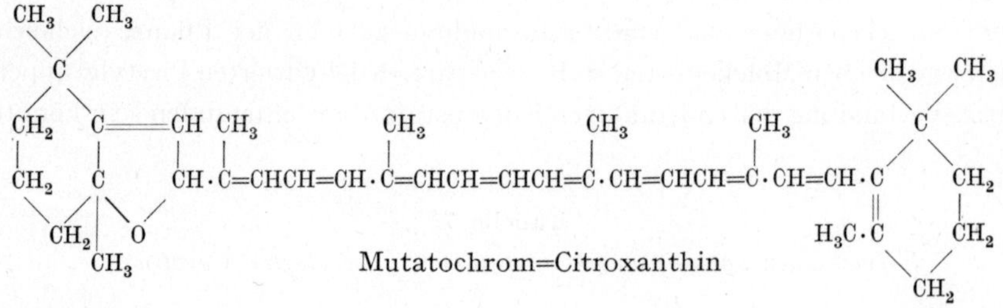

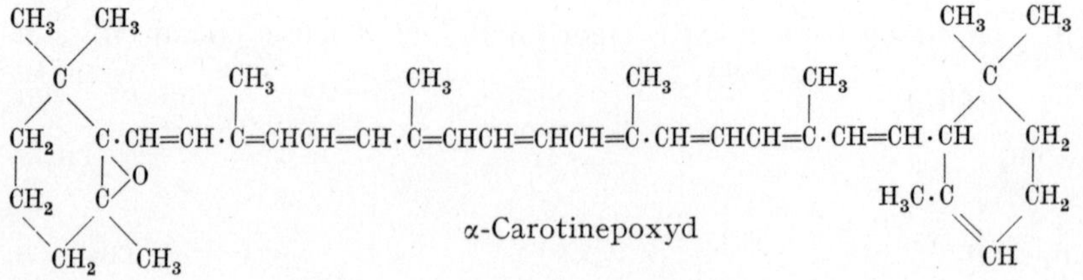

CH_3 CH_3

C CH_3 CH_3 CH_3 CH_3 CH_3 CH_3

C

CH_2 C·CH=CH·C=CHCH=CH·C=CHCH=CHCH=C·CH=CHCH=C·CH=CH·CH CH_2

CH_2 C O H_3C·C CH_2

CH_2 CH_3 **α-Carotinepoxyd**   CH

CH_3 CH_3

C CH_3 CH_3 CH_3 CH_3 CH_3 CH_3

C

CH   CH·CH=CH·C=CHCH=CH·C=CHCH=CHCH=C·CH=CHCH=C·CH=CH·CH   CH

CH_2 C·CH_3 H_3C·C   CHOH

CH_2 **Lycoxanthin** CH_2

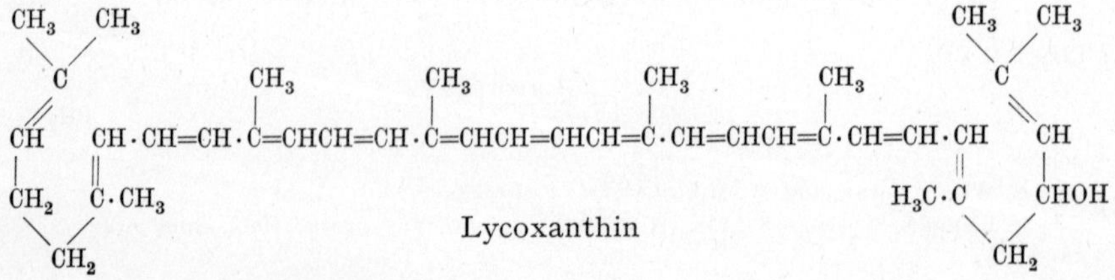

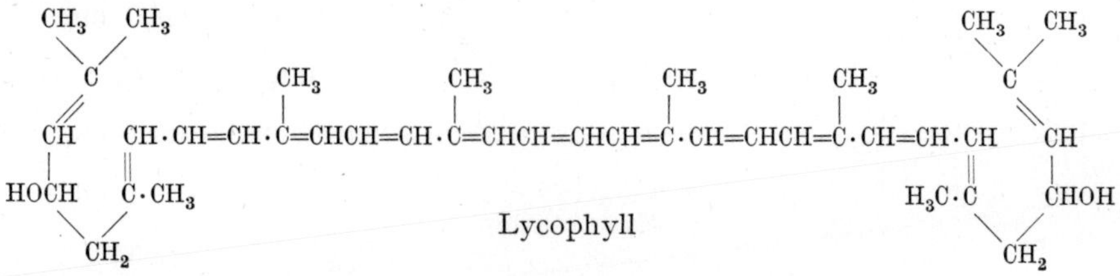

$$\begin{matrix} CH_3 & CH_3 \\ & C \\ CH & CH\cdot CH=CH\cdot C=CHCH=CH\cdot C=CHCH=CHCH=C\cdot CH=CHCH=C\cdot CH=CH\cdot CH & CH \\ HOCH & C\cdot CH_3 & H_3C\cdot C & CHOH \\ & CH_2 & & CH_2 \end{matrix}$$

with methyl groups CH_3, CH_3, CH_3, CH_3 along the chain and terminal CH_3 CH_3 at right.

Lycophyll

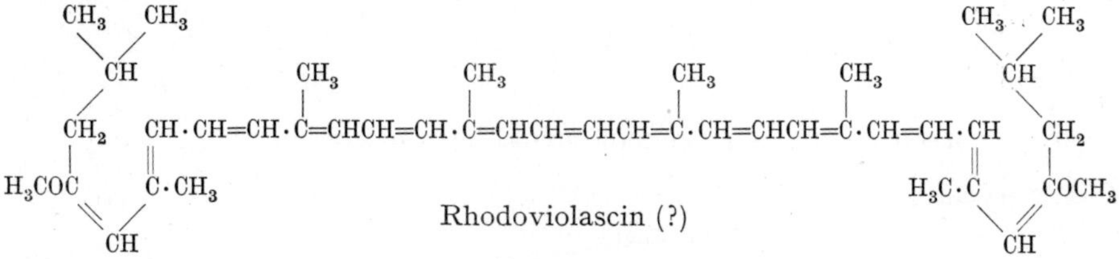

$$\begin{matrix} CH_3 & CH_3 \\ & CH \\ CH_2 & CH\cdot CH=CH\cdot C=CHCH=CH\cdot C=CHCH=CHCH=C\cdot CH=CHCH=C\cdot CH=CH\cdot CH & CH_2 \\ H_3COC & C\cdot CH_3 & H_3C\cdot C & COCH_3 \\ & CH & & CH \end{matrix}$$

Rhodoviolascin (?)

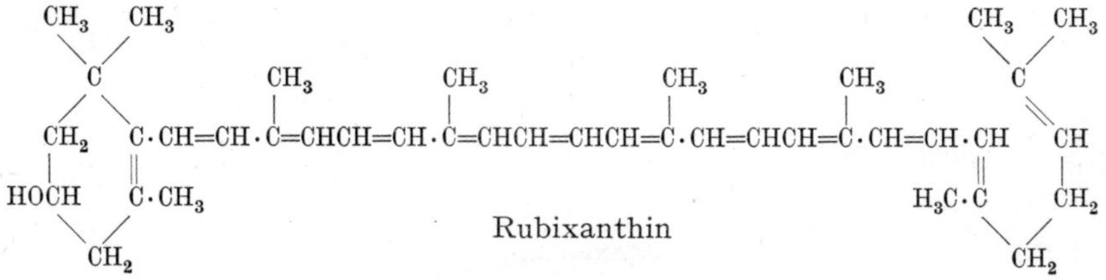

$$\begin{matrix} CH_3 & CH_3 \\ & C \\ CH_2 & C\cdot CH=CH\cdot C=CHCH=CH\cdot C=CHCH=CHCH=C\cdot CH=CHCH=C\cdot CH=CH\cdot CH & CH \\ HOCH & C\cdot CH_3 & H_3C\cdot C & CH_2 \\ & CH_2 & & CH_2 \end{matrix}$$

Rubixanthin

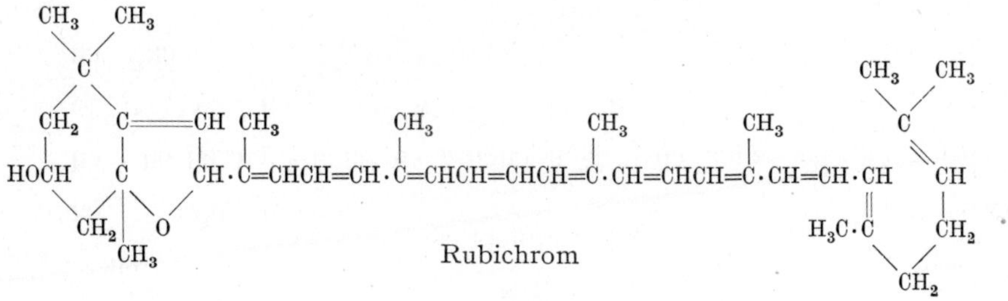

$$\begin{matrix} CH_3 & CH_3 \\ & C \\ CH_2 & C=\!\!=CH \; CH_3 \\ HOCH & C & CH\cdot C=CHCH=CH\cdot C=CHCH=CHCH=C\cdot CH=CHCH=C\cdot CH=CH\cdot CH & CH \\ & CH_2 \; | \; O & H_3C\cdot C & CH_2 \\ & CH_3 & & CH_2 \end{matrix}$$

Rubichrom

$$\begin{matrix} CH_3 & CH_3 \\ & C \\ CH_2 & C\cdot CH=CH\cdot C=CHCH=CH\cdot C=CHCH=CHCH=C\cdot CH=CHCH=C\cdot CH=CH\cdot C & CH_2 \\ CH_2 & C\cdot CH_3 & H_3C\cdot C & CHOH \\ & CH_2 & & CH_2 \end{matrix}$$

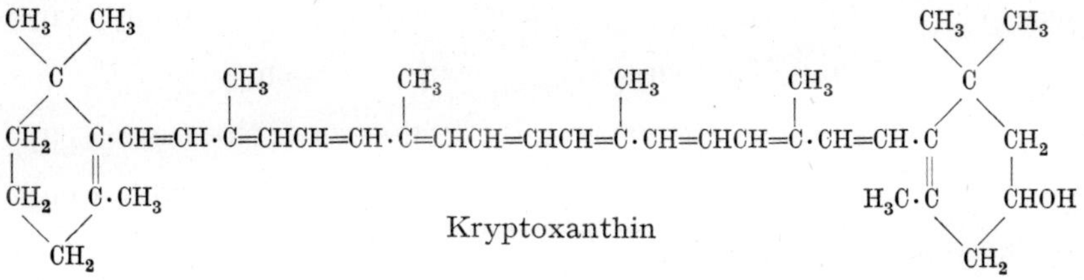

Kryptoxanthin

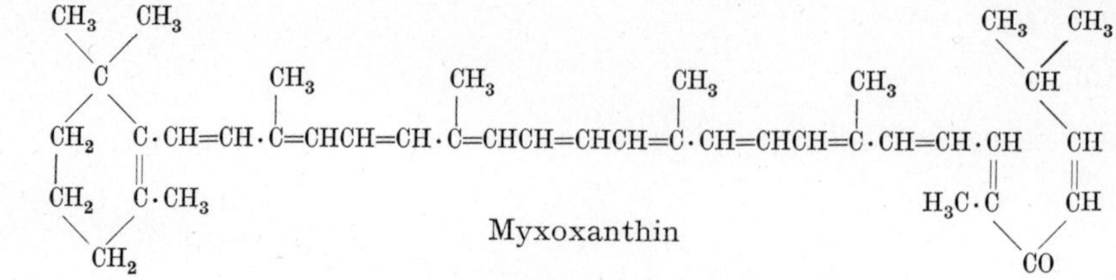

$$
\begin{array}{c}
CH_3 \quad CH_3 \\
\diagdown C \diagup \\
CH_2 \quad C \cdot CH=CH \cdot \underset{\underset{CH_3}{|}}{C}=CHCH=CH \cdot \underset{\underset{CH_3}{|}}{C}=CHCH=CHCH=\underset{\underset{CH_3}{|}}{C} \cdot CH=CHCH=\underset{\underset{CH_3}{|}}{C} \cdot CH=CH \cdot CH \\
| \quad \| \\
CH_2 \quad C \cdot CH_3 \\
| \\
CH_2
\end{array}
$$

Myxoxanthin

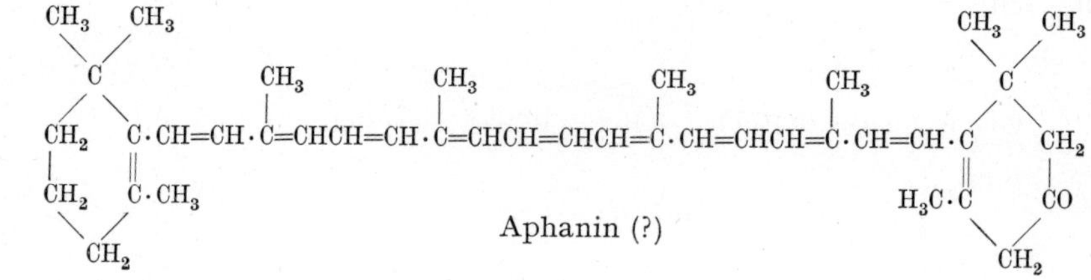

Aphanin (?)

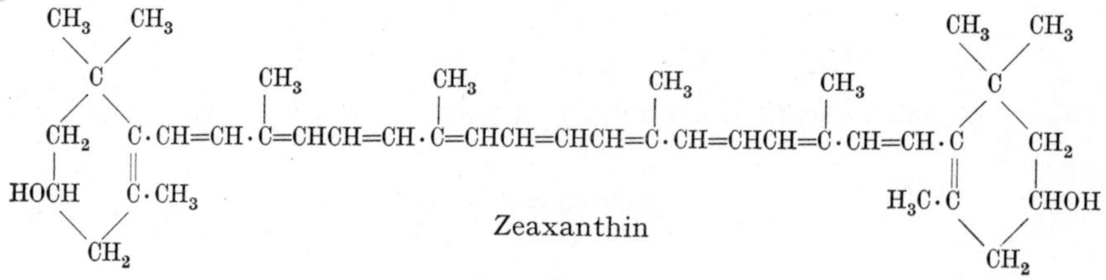

Zeaxanthin

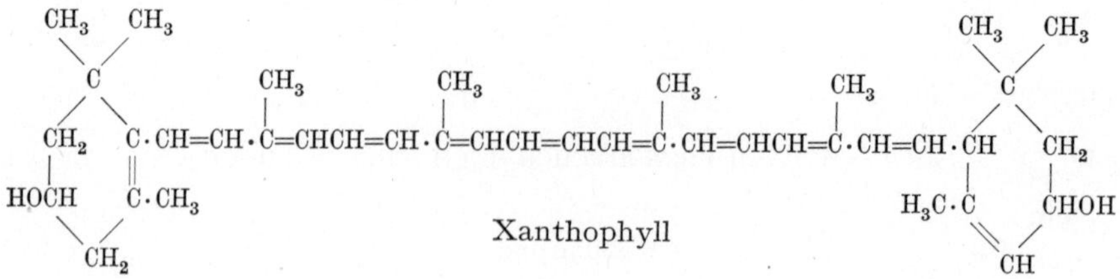

Xanthophyll

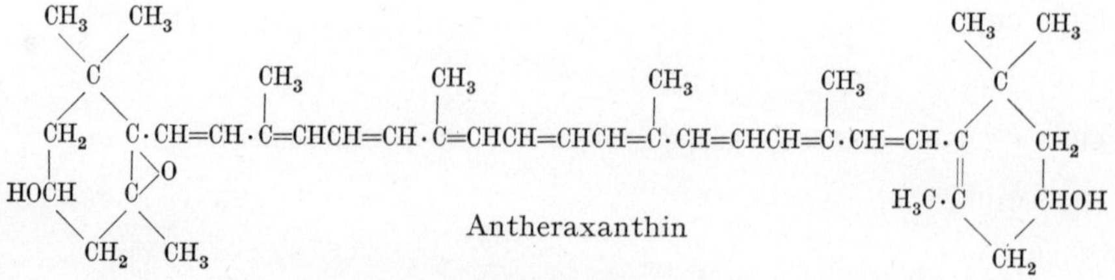

Antheraxanthin

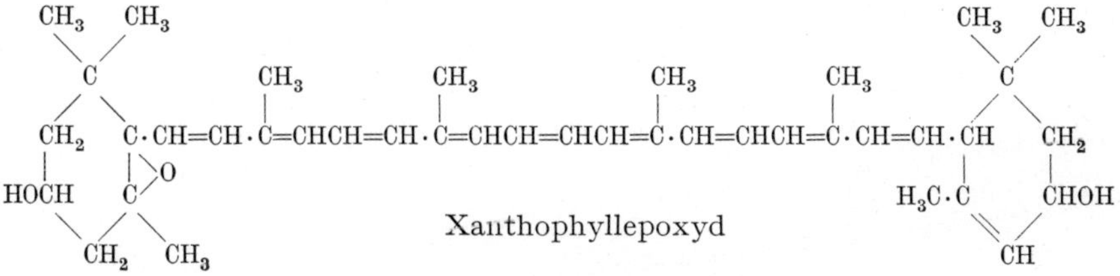

$$\text{CH}_3 \quad \text{CH}_3$$
$$|$$
$$\text{C}$$
$$\overset{\text{CH}_3}{|} \qquad \overset{\text{CH}_3}{|} \qquad \overset{\text{CH}_3}{|} \qquad \overset{\text{CH}_3}{|} \qquad \text{CH}_3 \quad \text{CH}_3$$
$$\text{CH}_2 \quad \text{C·CH=CH·C=CHCH=CH·C=CHCH=CHCH=C·CH=CHCH=C·CH=CH·CH}$$
$$\text{HOCH} \quad \text{C} \qquad \qquad \qquad \qquad \qquad \qquad \qquad \qquad \qquad \qquad \text{H}_3\text{C·C} \quad \text{CHOH}$$
$$\text{CH}_2 \quad \text{CH}_3 \qquad \qquad \qquad \qquad \text{CH}$$

Xanthophyllepoxyd

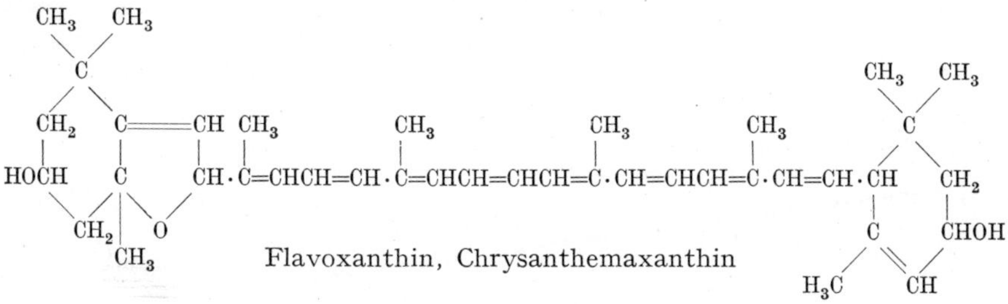

Flavoxanthin, Chrysanthemaxanthin

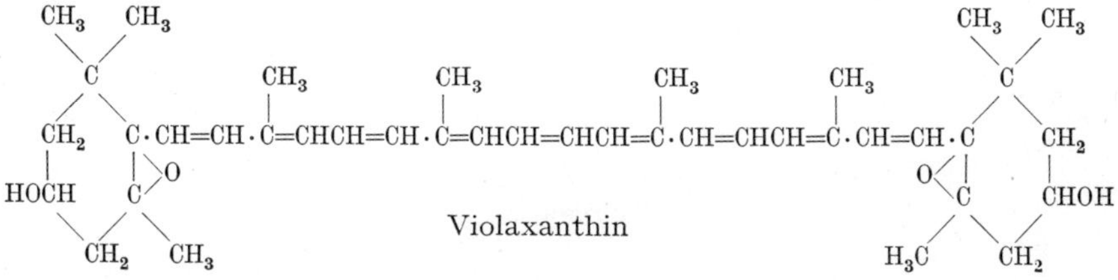

Violaxanthin

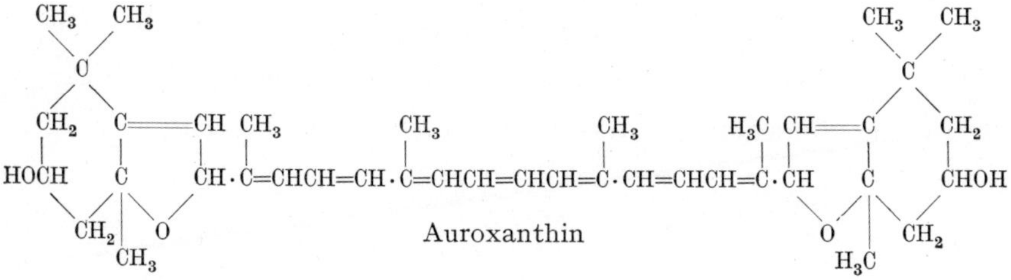

Auroxanthin

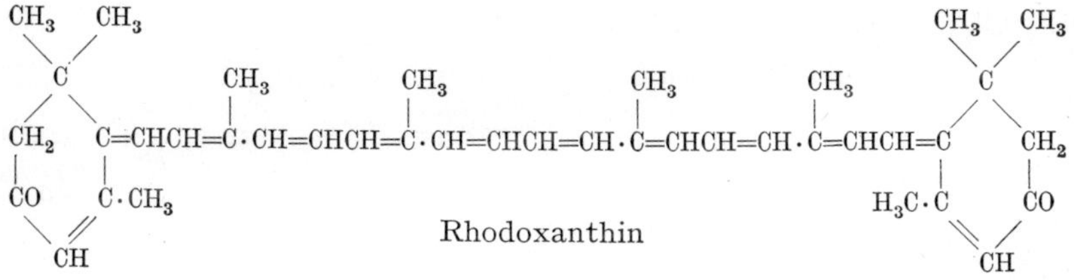

Rhodoxanthin

$$CH_3 \quad CH_3$$
$$C$$
$$CH_3 \qquad CH_3 \qquad CH_3 \qquad CH_3 \qquad CH_3 \quad CH_3$$
$$C$$
$$CH_2 \quad C \cdot CH=CH \cdot C=CHCH=CH \cdot C=CHCH=CHCH=C \cdot CH=CHCH=C \cdot CH=CH \cdot CO \qquad CH_2$$
$$HOCH \quad C \cdot CH_3 \qquad\qquad\qquad\qquad\qquad\qquad\qquad\qquad\qquad\qquad H_3C \cdot CH_2 \quad CHOH$$
$$CH_2 \qquad\qquad\qquad \text{Capsanthin} \qquad\qquad\qquad\qquad\qquad\qquad CH_2$$

$$CH_3 \quad CH_3 \qquad\qquad\qquad\qquad\qquad\qquad\qquad\qquad\qquad\qquad CH_3 \quad CH_3$$
$$C \qquad\qquad\qquad\qquad\qquad\qquad\qquad\qquad\qquad\qquad\qquad\qquad C$$
$$\qquad\qquad CH_3 \qquad CH_3 \qquad CH_3 \qquad CH_3$$
$$CH_2 \quad CO \cdot CH=CH \cdot C=CHCH=CH \cdot C=CHCH=CHCH=C \cdot CH=CHCH=C \cdot CH=CH \cdot CO \qquad CH_2$$
$$HOCH \quad CH_2 \cdot CH_3 \qquad\qquad\qquad\qquad\qquad\qquad\qquad\qquad\qquad\qquad H_3C \cdot CH_2 \quad CHOH$$
$$CH_2 \qquad\qquad\qquad\qquad \text{Capsorubin} \qquad\qquad\qquad\qquad\qquad CH_2$$

$$CH_3 \quad CH_3 \qquad\qquad\qquad\qquad\qquad\qquad\qquad\qquad\qquad\qquad CH_3 \quad CH_3$$
$$C \qquad\qquad\qquad\qquad\qquad\qquad\qquad\qquad\qquad\qquad\qquad\qquad C$$
$$\qquad\qquad CH_3 \qquad CH_3 \qquad CH_3 \qquad CH_3$$
$$CH_2 \quad C \cdot CH=CH \cdot C=CHCH=CH \cdot C=CHCH=CHCH=C \cdot CH=CHCH=C \cdot CH=CH \cdot C \qquad CH_2$$
$$HOCH \quad C \cdot CH_3 \qquad\qquad\qquad\qquad\qquad\qquad\qquad\qquad\qquad\qquad H_3C \cdot C \quad CHOH$$
$$CO \qquad\qquad\qquad\qquad \text{Astaxanthin} \qquad\qquad\qquad\qquad\qquad CO$$

$$CH_3 \quad CH_3 \qquad\qquad\qquad\qquad\qquad\qquad\qquad\qquad\qquad\qquad CH_3 \quad CH_3$$
$$C \qquad\qquad\qquad\qquad\qquad\qquad\qquad\qquad\qquad\qquad\qquad\qquad C$$
$$\qquad\qquad CH_3 \qquad CH_3 \qquad CH_3 \qquad CH_3$$
$$CH_2 \quad C \cdot CH=CH \cdot C=CHCH=CH \cdot C=CHCH=CHCH=C \cdot CH=CHCH=C \cdot CH=CH \cdot C \qquad CH_2$$
$$CO \quad C \cdot CH_3 \qquad\qquad\qquad\qquad\qquad\qquad\qquad\qquad\qquad\qquad H_3C \cdot C \quad CO$$
$$CO \qquad\qquad\qquad\qquad \text{Astacin} \qquad\qquad\qquad\qquad\qquad CO$$

$$CH_3 \quad CH_3$$
$$C$$
$$\qquad\qquad CH_3 \qquad CH_3 \qquad CH_3 \qquad CH_3$$
$$CH_2 \quad C \cdot CH=CH \cdot C=CHCH=CH \cdot C=CHCH=CHCH=C \cdot CH=CHCH=C \cdot CH=CH \cdot CH \qquad COOH$$
$$CH_2 \quad C \cdot CH_3 \qquad\qquad\qquad\qquad\qquad\qquad\qquad\qquad\qquad\qquad H_3C \cdot C \quad CH$$
$$CH_2 \qquad\qquad\qquad \text{Torularhodin (?)} \qquad\qquad\qquad\qquad\qquad CH$$

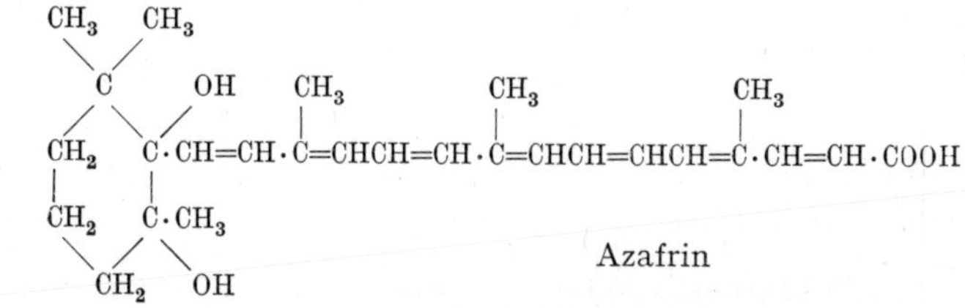

CH₃   CH₃
   \ /
    C   OH   CH₃   CH₃   CH₃
   / \ | | | |
 CH₂ C·CH=CH·C=CHCH=CH·C=CHCH=CHCH=C·CH=CH·COOH
  | |
 CH₂ C·CH₃
   \ /
   CH₂   OH

Azafrin

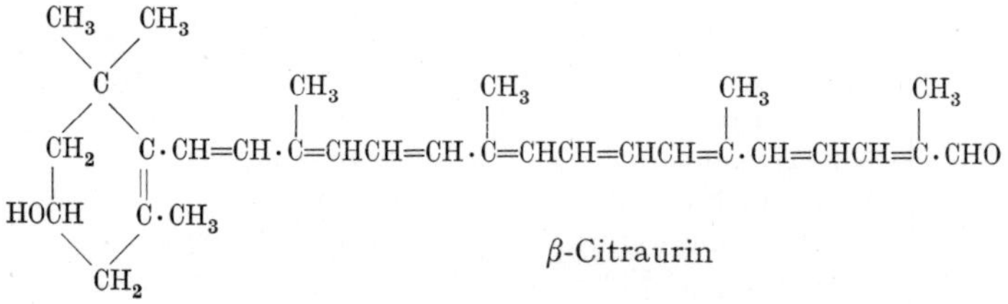

CH₃   CH₃
   \ /
    C   CH₃   CH₃   CH₃   CH₃
   / \ | | | |
 CH₂ C·CH=CH·C=CHCH=CH·C=CHCH=CHCH=C·CH=CHCH=C·CHO
  | ‖
 HOCH C·CH₃
   \ /
   CH₂

β-Citraurin

        CH₃   CH₃   CH₃   CH₃
         | | | |
HOOC·C=CHCH=CH·C=CHCH=CHCH=C·CH=CHCH=C·COOH

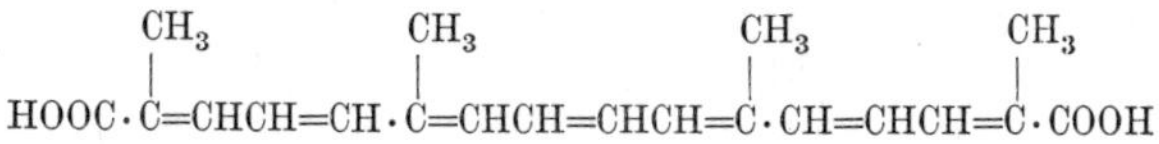

Crocetin

        CH₃   CH₃   CH₃   CH₃
         | | | |
HOOC·CH=CH·C=CHCH=CH·C=CHCH=CHCH=C·CH=CHCH=C·CH=CH·COOCH₃

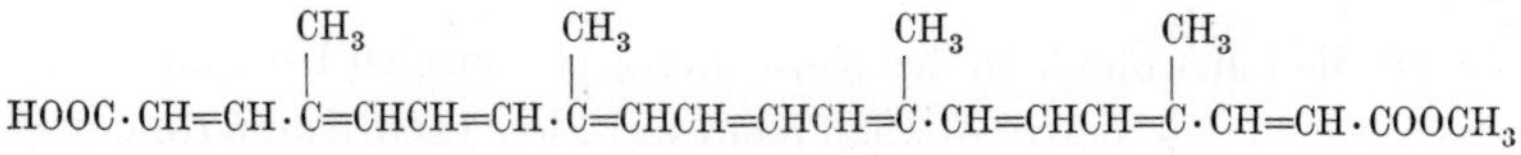

Bixin

Bei der Betrachtung der vorstehenden Tabelle, welche die Konstitutionsformeln aller bisher konstitutionell aufgeklärten Carotinoide enthält, fällt die
nahe Verwandtschaft dieser Verbindungen auf. Formal lassen sie sich alle auf
Lycopin zurückführen, aus dem durch ein- oder beidseitigen Ringschluß
γ-Carotin, β-Carotin oder α-Carotin, durch oxydativen Abbau Bixin und Crocetin entstehen können. Aus Lycopin selbst sowie aus den drei genannten Carotinen gehen dann durch Einführung von Sauerstoff, Hydroxyl, Methoxyl oder
Carbonylgruppen zahlreiche andere Pigmente hervor. Und schließlich entstehen aus einzelnen dieser Verbindungen durch Oxydation Aldehyde oder
Carbonsäuren der Carotinreihe, wie sie etwa im β-Citraurin oder Azafrin vorliegen.

Tabelle 8

Gruppierung einiger Carotinoide als Derivate des Lycopins und der Carotine

Lycopin
{
Lycoxanthin = 3-Oxylycopin
Lycophyll = 3, 3'-Dioxylycopin
Rhodoviolascin (?)
}

γ-Carotin
{
Rubixanthin = 3-Oxy-γ-carotin
Rubichrom = furanoides Oxyd des Rubixanthins
Eschscholtzxanthin = Dioxy-γ-carotin (?)
}

β-Carotin
{
Celaxanthin = 4, 5-Dehydro-3-oxy-β-carotin (?)
Kryptoxanthin = 3-Oxy-β-carotin
Citroxanthin = furanoides Monoxyd des β-Carotins
Zeaxanthin = 3, 3'-Dioxy-β-carotin
Antheraxanthin = Zeaxanthin-mono-epoxyd
Violaxanthin = Zeaxanthin-di-epoxyd
Auroxanthin = furanoides Zeaxanthin-di-oxyd
Aphanin = 3'-Keto-β-carotin (?)
Rhodoxanthin = 3, 3'-Diketo-β-carotin
Astacin = 3, 4, 3', 4'-Tetra-keto-β-carotin
Astaxanthin = 3, 3'-Dioxy-4, 4'-diketo-β-carotin
Capsanthin
Capsorubin
}

α-Carotin
{
α-Carotinepoxyd
Xanthophyll = 3, 3'-Dioxy-α-carotin
Xanthophyllepoxyd
Flavoxanthin = furanoides Xanthophylloxyd
Chrysanthemaxanthin = furanoides Xanthophylloxyd
}

Wie weit die Carotinoide in der Natur der gegenseitigen Umwandlung fähig sind, wissen wir in den meisten Fällen nicht mit Sicherheit. Immerhin erscheint es sehr wahrscheinlich, daß z. B. Carotinoidepoxyde, wie α-Carotinepoxyd oder Xanthophyllepoxyd, in der Pflanze durch Oxydation der entsprechenden Carotinoide (α-Carotin, Xanthophyll) entstehen und daß sie andererseits durch die Säuren der Pflanzenzelle in die furanoiden Oxyde (z. B. Flavoxanthin usw.[1])) umgelagert werden können.

V. Cis-trans-Isomerie bei Carotinoiden

Die cis-trans-Isomerie der Äthylenverbindungen ist auch bei Carotinoiden bekannt. Entsprechend der großen Zahl von Kohlenstoff-Doppelbindungen, die sich in ihnen findet, kann theoretisch eine sehr bedeutende Anzahl geometrisch isomerer Formen eines Carotinoidfarbstoffes vorausgesehen werden. Beispielsweise berechnen sich für ein Polyen der Formel

---

[1]) P. Karrer und E. Jucker, Helv. chim. Acta *28*, 304 (1945).

$$R(CH=CH)_9R'$$

das 9 Doppelbindungen enthält, 512 verschiedene cis-trans-isomere Formen.

1923 haben J. HERZIG und F. FALTIS[1]) festgestellt, daß Bixin in zwei Isomeren vorkommt, und P. KARRER und Mitarbeiter[2]) konnten 1929 beweisen, daß diese beiden Formen cis-trans-Isomere sind. Bixin ist die labilere Form; sie wird leicht in Isobixin umgelagert, welches sich durch seine größere Beständigkeit als trans-Form zu erkennen gibt. Später haben R. KUHN und A. WINTERSTEIN[3]) im Safran neben dem Hauptpigment, dem Crocetin, in kleiner Menge das Isocrocetin gefunden, das mit Crocetin geometrisch isomer ist. In ihm liegt die labile Form vor, indem es durch Jod und andere katalytische Einflüsse sehr leicht in das beständigere Crocetin umgelagert wird.

1935 stellten A. E. GILLAM und M. S. EL RIDI[4]) fest, daß bei wiederholter Adsorption von homogenem β-Carotin in der Chromatogrammsäule zwei Zonen auftreten, von denen die obere β-Carotin, die untere aber ein neues Pigment, das Pseudo-α-carotin enthält. Dieses Isomere des β-Carotins entsteht vielleicht nicht, wie A. E. GILLAM und Mitarbeiter vermutet haben, bei der Adsorption, sondern spontan in der Lösung des Pigmentes[5]).

In neuester Zeit haben namentlich L. ZECHMEISTER und Mitarbeiter reversible Umlagerungen von Carotinoiden, als deren Ursache sie cis-trans-Isomerie betrachten, eingehend bearbeitet. Obwohl heute schon ein umfangreiches Beobachtungsmaterial (vor allem über spektroskopische und chromatographische Eigenschaften der einzelnen Isomeren) vorliegt, harrt dieses Gebiet noch des weiteren Ausbaues, da die meisten dieser Umlagerungsprodukte bisher nicht in kristallisierter Form isoliert worden sind. Im folgenden soll ein kurzer Überblick über diese Untersuchungen gegeben werden. Die Eigenschaften der einzelnen Isomeren werden bei den entsprechenden Ausgangscarotinoiden eine Besprechung erfahren.

Auf Grund neuerer Untersuchungen mittelst Röntgenstrahlen[6]), Spektralanalyse[7]) und chromatographischer Analyse darf angenommen werden, daß mit sehr wenigen Ausnahmen (z. B. Bixin, Pro-γ-carotin, Pro-lycopin) die natürlichen Carotinoide durchgehende trans-Konfiguration besitzen. Diese Tatsache ist insofern verständlich, als die trans-Form diejenige mit dem kleinsten

---

[1]) J. HERZIG und F. FALTIS, A. *431*, 40 (1923).

[2]) P. KARRER und Mitarbeiter, Helv. chim. Acta *12*, 741 (1929).

[3]) R. KUHN und A. WINTERSTEIN, Ber. *66*, 209 (1933).

[4]) A. E. GILLAM und M. S. EL RIDI, Nature *136*, 914 (1935); Biochem. J. *30*, 1735 (1936); *31*, 251 (1937).

[5]) A. E. GILLAM und Mitarbeiter, A. *530*, 291 (1937); Nature *141*, 249 (1938); L. ZECHMEISTER und Mitarbeiter, Biochem. J. *32*, 1305 (1938).

[6]) J. HENGSTENBERG und R. KUHN, Z. Kryst. Mineral. *75*, 301 (1930); *76*, 174 (1930). – G. MACKINNEY, Am. Soc. *56*, 488 (1934).

[7]) R. S. MULLIKEN, J. Chem. Phys. *7*, 364 (1939); Rev. modern Phys. *14*, 265 (1942).

Energiegehalt und der größten Stabilität ist. Natürliches β-Carotin hat demnach folgenden Bau:

Auf Grund theoretischer Überlegungen nehmen L. ZECHMEISTER, L. PAULING und Mitarbeiter[1]) an, daß nicht alle Doppelbindungen einer Carotinmolekel an den cis-trans-Umlagerungen beteiligt sein können, sondern nur Lückenbindungen von der Art —C=CH— und die Doppelbindung in der Mitte der Molekel. CH_3

Für cis-trans-Isomerie des β-Carotins kämen somit nur die Doppelbindungen 3, 5, 6, 7, 9 in Betracht. An den restlichen Doppelbindungen soll stets trans-Konfiguration bestehen, was auf eine sterische Hinderung zurückgeführt wird.

Die Umlagerung selbst kann auf folgende Arten bewirkt werden:

a) Kochen der Lösung eines Carotinoids in einem organischen Lösungsmittel am Rückfluß;

b) Schmelzen der Kristalle;

c) Jodbehandlung[2]);

d) Säurebehandlung und

e) Bestrahlung mit Licht.

Die Trennung der einzelnen Umlagerungsprodukte erfolgt mittels chromatographischer Analyse.

Alle bis jetzt hergestellten Umlagerungsprodukte von natürlichen trans-Carotinoiden lassen gemeinsame Eigenschaften und Merkmale erkennen[3]):

1. Die Farbintensität der Farbstofflösung nimmt nach der Umlagerung ab.

2. Die Umlagerungsprodukte besitzen größere Löslichkeit als die Ausgangscarotinoide.

3. Der Schmelzpunkt eines cis-Isomeren liegt tiefer als beim Pigment mit der durchgehenden trans-Konfiguration.

4. Verschiedene Umlagerungsprodukte lagern sich bei der Kristallisation in den Farbstoff mit der durchgehenden trans-Konfiguration um. Andere kristallisieren uneinheitlich, was sich dadurch bemerkbar macht, daß frische

---

[1]) L. ZECHMEISTER, L. PAULING und Mitarbeiter, Am. Soc. *65*, 1940 (1943); L. ZECHMEISTER, Chem. Rev. *34*, 267 (1944).

[2]) P. KARRER und Mitarbeiter, Helv. chim. Acta *12*, 741 (1929).

[3]) L. ZECHMEISTER, Chem. Rev. *34*, 267 (1944).

Lösungen dieser Kristalle im Chromatogramm mehrere Zonen ergeben. Dies ist z. B. beim Pseudo-α-carotin, Neocarotin und Neo-α-carotin[1]) der Fall.

5. Bei Anwesenheit von asymmetrischen C-Atomen erleidet die optische Drehung unter Umständen große Änderungen.

6. Die Haftfähigkeit der umgelagerten Carotinoide in der Tswett-Säule ist deutlich von derjenigen der trans-Farbstoffe verschieden.

7. Die Umlagerungsprodukte adsorbieren im sichtbaren Spektralbereich immer kürzerwellig als die Ausgangscarotinoide mit der trans-Konfiguration. Läßt man Jod auf ein labiles Umlagerungsprodukt einwirken, so verschieben sich die Absorptionsmaxima nach längeren Wellenlängen; sie erreichen aber nie die Absorptionsmaxima des (trans)-Ausgangscarotinoids. L. ZECHMEISTER und Mitarbeiter erklären dies damit, daß bei solchen Isomerisierungen immer ein Gleichgewichtszustand erreicht wird, so daß die Umlagerung zum durchgehenden trans-Pigment nie vollständig ist.

8. Der Extinktionskoeffizient der Umlagerungsprodukte ist tiefer als derjenige der entsprechenden Verbindung mit der durchgehenden trans-Konfiguration.

9. Charakteristisch für die Umlagerungsprodukte ist das Auftreten eines neuen Maximums in einer bestimmten Gegend des UV.-Spektrums. Nach L. ZECHMEISTER und A. POLGÁR bezeichnet man das neue Maximum als «cis-Gipfel» (cis-peak). Die folgende schematische Darstellung deutet diese Erscheinung an:

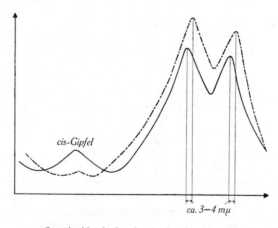

ca. 3—4 mμ

—·—·—·— Carotinoid mit der durchgehenden trans-Konfiguration

———— Umlagerungsverbindung

---

[1]) L. ZECHMEISTER, Chem. Rev. *34*, 293 (1944). – Vgl. A. E. GILLAM, M. S. EL RIDI und S. K. KON, Biochem. J. *31*, 1605 (1937).

Der Schwerpunkt des «cis-Gipfels» ist bei allen bisher untersuchten Umlagerungsprodukten um 142 ($\pm$2) mμ vom längerwelligen Maximum entfernt (in Hexan).

Über die theoretische Deutung dieser Erscheinung vergleiche die Zusammenfassung von Zechmeister[1]).

Im Rahmen dieses Werkes kann auf die weiteren Einzelheiten dieser Umlagerungen nicht näher eingegangen werden. Über die Eigenschaften der einzelnen Isomeren wird jeweils kurz beim entsprechenden Ausgangscarotinoid berichtet. Die folgende Tabelle hat den Zweck, alle bis jetzt auf cis-trans-Isomerie untersuchten Carotinoide zusammenzufassen und eine Orientierung in der zuständigen Literatur zu erleichtern.

Tabelle 9

Auf cis-trans-Isomerie untersuchte Carotinoide

Pigment	Literaturangaben
α-Carotin	L. Zechmeister und Mitarbeiter, Am. Soc. *65*, 1522 (1943); *66*, 137 (1944); Arch. Biochem. *6*, 157 (1945). – A. E. Gillam, M. S. El Ridi und S. K. Kon, Biochem. J. *31*, 1605 (1937). – F. Zscheile und Mitarbeiter, Arch. Biochem. *5*, 77, 211 (1944).
β-Carotin	A. E. Gillam und M. S. El Ridi, Nature (London) *136*, 914 (1935); Biochem. J. *30*, 1735 (1936); *31*, 251 (1937). – L. Zechmeister und Mitarbeiter, Am. Soc. *64*, 1856 (1942); *65*, 1528 (1943); Arch. Biochem. *5*, 107 (1944); Arch. Biochem. *7*, 247 (1945); Ber. *72*, 1340 (1939); Nature (London) *141*, 249 (1938); Biochem. J. *32*, 1305 (1938); Am. Soc. *66*, 137 (1944).
γ-Carotin	L. Zechmeister und A. Polgár, Am. Soc. *67*, 108 (1945). – L. Zechmeister und Mitarbeiter, Arch. Biochem. *5*, 365 (1944). – Vgl. auch: R. F. Hunter und A. D. Scott, Biochem. J. *35*, 31 (1941). – L. Zechmeister und Mitarbeiter, Plant Physiol. *17*, 91 (1942), Fußnote 2. – L. Zechmeister, L. Pauling und Mitarbeiter, Am. Soc. *65*, 1940 (1943).
Lycopin	L. Zechmeister und Mitarbeiter, Nature (London) *141*, 249 (1938); Ber. *72*, 1340 (1939); Biochem. J. *32*, 1305 (1938); Am. Soc. *65*, 1942 (1943); *66*, 137 (1944).
Prolycopin	L. Zechmeister und Mitarbeiter, Am. Soc. *65*, 1940 (1943).
Pro-γ-carotin	L. Zechmeister und Mitarbeiter, Am. Soc. *64*, 1173 (1942); *65*, 1940 (1943).
Kryptoxanthin	L. Zechmeister und Mitarbeiter, Nature (London) *141*, 249 (1938); Biochem. J. *32*, 1305 (1938); Ber. *72*, 1340 (1939); Am. Soc. *66*, 317 (1944).
Zeaxanthin	L. Zechmeister und Mitarbeiter, Ber. *72*, 1340, 1678, 2039 (1939); Am. Soc. *66*, 317 (1944).

---

[1]) L. Zechmeister, Chem. Rev. *34*, 267 (1944).

Pigment	Literaturangaben
Physalien	L. ZECHMEISTER und Mitarbeiter, Ber. *72*, 1340, 1678, 2039 (1939); Am. Soc. *66*, 317 (1944).
Capsanthin	L. ZECHMEISTER und Mitarbeiter, A. *530*, 291 (1937); *543*, 248 (1940); Am. Soc. *66*, 186 (1944).
Capsorubin	L. ZECHMEISTER, L. v. CHOLNOKY, A. *543*, 248 (1940); A. POLGÁR und L. ZECHMEISTER Am. Soc. *66*, 186 (1944).
Xanthophyll	H. H. STRAIN, J. biol. Chem. *127*, 191 (1938). – L. ZECHMEISTER und Mitarbeiter, Ber. *72*, 1340 (1939); Am. Soc. *65*, 1951 (1943); *66*, 137 (1944).
Taraxanthin	L. ZECHMEISTER und P. TUZSON, Ber. *72*, 1340 (1939).
Gazaniaxanthin	L. ZECHMEISTER und W. A. SCHROEDER, Am. Soc. *65*, 1535 (1943).
Spirilloxanthin	L. ZECHMEISTER und Mitarbeiter, Arch. Biochem. *5*, 243 (1944).
Celaxanthin	A. L. LE ROSEN und L. ZECHMEISTER, Arch. Biochem. *1*, 17 (1942).
Fucoxanthin	H. H. STRAIN und W. M. MANNING, Am. Soc. *64*, 1235 (1942).

VI. Methoden der Konstitutionsermittlung

Die Ermittlung der Konstitution eines Carotinoids ist keine ganz leichte Aufgabe, woraus es sich erklären dürfte, daß es erst in den letzten 20 Jahren gelungen ist, Einblick in die chemische Struktur dieser Verbindungen zu gewinnen, obwohl Carotin und einige wenige seiner Verwandten schon sehr lange bekannt sind. Die folgenden Ausführungen sollen einen kurzen Überblick über die Methoden vermitteln, welche bei der Konstitutionserforschung der Carotinoide hauptsächlich Anwendung fanden. Dabei wird allerdings davon abgesehen, die experimentelle Methodik genauer zu beschreiben; diesbezüglich sei auf die Originalabhandlungen verwiesen.

1. *Ermittlung der Doppelbindungen*

Die charakteristische Eigenschaft der Polyenfarbstoffe ist die große Anzahl von Doppelbindungen in ihren Molekeln. Wir sind heute über den Zusammenhang zwischen der Anzahl der Doppelbindungen und dem Absorptionsspektrum genau orientiert und können in Kenntnis einer dieser beiden Eigenschaften Aussagen über die Art der anderen machen. Für die Konstitutionsermittlung eines Carotinoides ist es wichtig, mit kleinen Substanzmengen (etwa 5 mg) die Anzahl der in ihm vorhandenen Kohlenstoff-Doppelbindungen bestimmen zu können. Dafür kommen quantitative Messungen der Addition von Wasserstoff, von Halogen oder Chlorjod oder von Sauerstoff in Betracht. Die genauesten Ergebnisse werden ohne Zweifel bei der Hydrierung erzielt; die beiden anderen

Verfahren haben aber mehrmals zur Bestätigung der durch katalytische Hydrierung gewonnenen Ergebnisse gedient.

Die katalytische Hydrierung kann im Makro- oder im Mikromaßstab ausgeführt werden. In beiden Fällen werden *alle* Doppelbindungen der Molekel erfaßt und auch die Carbonylgruppen aushydriert. Bei der katalytischen Hydrierung wird auch eine Epoxydgruppierung unter Bildung einer Hydroxylgruppe reduziert[1]).

Als Katalysator kommen Platinmohr[2]), Platinoxyd[3]), Palladiumoxyd[3]), Platin auf Kieselgur[4]) in Frage.

Geeignete Lösungsmittel sind: Eisessig (frei von höheren Homologen), Alkohol, Essigester, Eisessig-Äthanol-Gemisch, Cyclohexan, Hexan, Dekalin usw. Oft sind die zu hydrierenden Carotinoide so schwer löslich, daß sie in Suspension reduziert werden müssen. Dabei ist die Reaktionsdauer bedeutend länger. Eine Eigenart der Carotinoidreduktion ist ferner die verhältnismäßig große Katalysatormenge, welche für einen vollständigen Reaktionsverlauf benötigt wird.

Die *Mikrohydrierung* von Polyenfarbstoffen wurde von R. KUHN und E. F. MÖLLER[4]) näher beschrieben und leistet hier, wegen der geringen, für die Ausführung des Versuchs benötigten Substanzmenge, vortreffliche Dienste. Dank dieser Methode konnten zahlreiche, in der Natur nur in sehr kleinen Mengen vorkommende Carotinoide hinsichtlich der Anzahl der in ihren Molekeln auftretenden Doppelbindungen untersucht werden. Über die benötigten Apparaturen und Reagenzien sowie über die Arbeitsweise gibt die Mitteilung der beiden genannten Autoren[4]) Auskunft.

L. ZECHMEISTER und P. TUZSON[5]) fanden, daß Polyene in Chloroformlösung Brom addieren. Der Nachteil des darauf gegründeten Titrierverfahrens besteht indessen darin, daß nicht alle Doppelbindungen erfaßt werden. So nehmen nach L. ZECHMEISTER Carotin und Xanthophyll statt 11 nur 8 Mol Brom auf. Ein geeigneteres Reagens ist in dieser Beziehung das von R. PUMMERER und L. REBMANN und von R. PUMMERER, L. REBMANN und W. REINDEL[6]) gefundene Chlorjod, das in den meisten Fällen alle Lückenbindungen erfaßt.

Auch durch Sauerstoffaddition lassen sich nach R. PUMMERER und L. REBMANN und R. PUMMERER L. REBMANN und W. REINDEL[6]) die Doppelbindungen absättigen. Die praktische Ausführung des Verfahrens besteht darin, daß man

---

[1]) P. KARRER und E. JUCKER, Helv. chim. Acta *28*, 300 (1945).

[2]) R. WILLSTÄTTER und E. WALDSCHMIDT-LEITZ, Ber. *54*, 113 (1921).

[3]) R. ADAMS und R. L. SHRINER, Am. Soc. *45*, 2171 (1923). – R. L. SHRINER und R. ADAMS, Am. Soc. *46*, 1683 (1924). – M. FRÄNKEL, «Abderhaldens Handbuch der biologischen Arbeitsmethoden», Abt. I, Teil 12, H. 1. – Vgl. auch H. GILMAN und A. H. BLATT, ed. «Organic Syntheses», Col. Vol. I, 2nd ed., p. 463. 1941.

[4]) R. KUHN und E. F. MÖLLER, Z. angew. Chem. *47*, 145 (1934).

[5]) L. ZECHMEISTER und P. TUZSON, Ber. *62*, 2226 (1929).

[6]) R. PUMMERER und L. REBMANN B. *61*, 1099 (1928); R. PUMMERER, L. REBMANN und W. REINDEL, B. *62*, 1411 (1929).

auf das zu untersuchende Carotinoid in Chloroformlösung Benzopersäure einwirken läßt und nach beendeter Sauerstoffaufnahme die verbleibende Benzopersäure zurücktitriert.

Aber auch die Oxydation mit Benzopersäure vermag nicht immer, alle
Doppelbindungen zu erfassen, so daß als die einzige zuverlässige Bestimmungs-
methode der Anzahl der Doppelbindungen die Hydrierung mit katalytisch
angeregtem Wasserstoff verbleibt.

2. *Die Bestimmung der seitenständigen Methylgruppen*

Als erstes Verfahren zur Bestimmung von seitenständigen Methylgruppen
verwendeten R. KUHN, A. WINTERSTEIN und L. KARLOVITZ[1] die Kaliumpermanganatoxydation in alkalischem Medium, wobei sich eine seitenständige
Methylgruppe und das mit ihr verbundene C-Atom der Hauptkette als Essigsäure zu erkennen geben. Dieses Verfahren mußte jedoch der zuverlässigeren
Chromsäureoxydation[2] weichen.

Untersuchungen von P. KARRER, A. HELFENSTEIN, H. WEHRLI und
A. WETTSTEIN[3] zeigten, daß mit Hilfe des alkalischen Permanganatabbaues
nur Gruppierungen von folgendem Sättigungszustand

$$=CH-\underset{\underset{CH_3}{|}}{C}=$$

erfaßt werden, während sich stärker gesättigte Gruppen, wie z. B.

$$-CH_2-\underset{\underset{CH_3}{|}}{C}=$$

nur unvollständig oder gar nicht zu Essigsäure oxydieren lassen. Eine Mikromethode zur Bestimmung von seitenständigen Methylgruppen wurde von
R. KUHN und H. ROTH[4] angegeben.

3. *Ermittlung von Isopropylidengruppen*

Zur Bestimmung der Isopropylidengruppierung $(CH_3)_2C=C\ldots$ dient ein
von P. KARRER, A. HELFENSTEIN, B. PIEPER und A. WETTSTEIN[5] ein-
geführtes und von R. KUHN und H. ROTH etwas abgeändertes[6] Verfahren.

---

[1] R. KUHN, A. WINTERSTEIN und L. KARLOVITZ, Helv. chim. Acta *12*, 64 (1929).

[2] R. KUHN und L. EHMANN, Helv. chim. Acta *12*, 907 (1929); P. KARRER, A. HELFENSTEIN,
H. WEHRLI und A. WETTSTEIN, Helv. chim. Acta *13*, 1084 (1930). – R. KUHN und F. L'ORSA,
Ber. *64*, 1732 (1931); Z. angew. Chem. *44*, 847 (1931).

[3] P. KARRER, A. HELFENSTEIN, H. WEHRLI und A. WETTSTEIN, Helv. chim. Acta *13*, 1084
(1930).

[4] R. KUHN und H. ROTH, Ber. *66*, 1274 (1933).

[5] P. KARRER, A. HELFENSTEIN, B. PIEPER und A. WETTSTEIN, Helv. chim. Acta *14*, 435 (1931).

[6] R. KUHN und H. ROTH, Ber. *65*, 1285 (1932).

Das Prinzip besteht darin, die Isopropylidengruppe durch Ozonabbau in Aceton überzuführen und dieses jodometrisch zu bestimmen. Die Mikrobestimmung von R. KUHN und H. ROTH beruht auf dem gleichen Prinzip; in ihr wird indessen nach der Ozonisierung noch eine Permanganatoxydation angeschlossen, wodurch die Ausbeute an Aceton verbessert werden soll.

4. Bestimmung der Hydroxylgruppen

P. KARRER, A. HELFENSTEIN und H. WEHRLI[1]) stellten durch Bestimmung der aktiven H-Atome mit der Methode von ZEREWITINOFF fest, daß die Sauerstoffatome im Xanthophyll nicht – wie man früher vermutet hatte – ätherartig gebunden, sondern als Hydroxyle vorliegen. Eine zur ZEREWITINOFF-Bestimmung geeignete Apparatur wurde von B. FLASCHENTRÄGER[2]) entwickelt; ein etwas modifiziertes Verfahren hat H. ROTH beschrieben[3]).

Bei der Auswertung von Ergebnissen einer ZEREWITINOFF-Bestimmung müssen folgende Erfahrungstatsachen berücksichtigt werden: Bei Anwesenheit von vielen Hydroxylgruppen (4–6) in der Polyenmolekel werden möglicherweise *nicht alle* OH-Gruppen erfaßt. Bei Anwesenheit von 2 Hydroxylen liefert die Bestimmung unter Umständen etwas zu hohe Werte[4]). Auch Ketone, welche zur Enolisierung neigen, geben zur Entwicklung von Methan Anlaß und täuschen auf diese Art Hydroxylgruppen vor[5]).

Die Ermittlung der Lage der Hydroxylgruppen in der Polyenmolekel bereitet bedeutend größere Schwierigkeiten als die Bestimmung deren Anzahl. Vergl. hierzu die S. 206 besprochenen Untersuchungen. Es ist namentlich das Ausbleiben von bestimmten Oxydationsprodukten, aus dem oft auf die Stellung der OH-Gruppe geschlossen werden kann.

Die Entscheidung der Frage, ob zwei Hydroxyle benachbart liegen, läßt sich bisweilen, wie im Falle des Azafrins (vgl. S. 292), mittels der Methode von R. CRIEGEE[6]) herbeiführen.

5. Die Bestimmung der Methoxylgruppe

Unter den natürlich vorkommenden Carotinoiden ist bis jetzt Rhodoviolascin das einzige, das Methoxylgruppen enthält. Diese können in üblicher Weise mit der Methode von ZEISEL[7]) bestimmt werden.

---

[1]) P. KARRER, A. HELFENSTEIN und H. WEHRLI, Helv. chim. Acta *13*, 87 (1930); *13*, 268 (1930).

[2]) B. FLASCHENTRÄGER, H. *146*, 219 (1925).

[3]) H. ROTH, Mikrochem. *11*, 140 (1932). – Vgl. auch PREGL-ROTH, «Quantitative organische Mikroanalyse». 5. Aufl., Springer-Verlag. Wien 1947.

[4]) P. KARRER und E. JUCKER, Helv. chim. Acta *28*, 302 (1945).

[5]) R. KUHN und H. BROCKMANN, Ber. *66*, 828 (1933).

[6]) R. CRIEGEE, Ber. *64*, 260 (1931).

[7]) PREGL-ROTH, «Quantitative organische Mikroanalyse». 5. Aufl., Springer-Verlag. Wien 1947.

6. Nachweis und Bestimmung der Carbonylgruppe

Der Nachweis der Carbonylgruppen in Polyenfarbstoffen bereitet oft Schwierigkeiten, da diese nicht immer mit den üblichen Carbonylreagenzien (Hydroxylamin, Semicarbazid usw.) in Umsatz treten. Bei einzelnen Carotinoiden müssen spezielle Oximierungsmethoden angewandt werden[1]). Andere lassen sich nach den zur Zeit zur Verfügung stehenden Methoden überhaupt nicht oximieren (z. B. Capsanthin). In diesem Fall werden die Hydroxylgruppen ermittelt, anschließend eine andere Probe des Farbstoffes durchreduziert und die ZEREWITINOFF-Bestimmung wiederholt. Ist nun die Anzahl der OH-Gruppen gestiegen, so deutet dies auf eine Carbonylgruppe hin, welche zu einem sekundären oder primären Alkohol reduziert wurde.

Wenn die Carbonylgruppe mit dem System konjugierter Doppelbindungen in Konjugation steht, so gibt sie sich durch eine starke Rotverschiebung der Absorptionsmaxima zu erkennen (vgl. S. 62).

Tabelle 10

Natürliche Carotinoide mit Carbonylgruppen[2])

Carotinoid	Anzahl CO	Art der Bestimmung der CO-Gruppen
Aphanin . . .	1	Oximherstellung
Astacin . . .	4	Herstellung eines Dioxims, Bis-phenazinderivat
Astaxanthin .	2	Analogie zu Astacin, aber 2 OH-Gruppen
Capsanthin . .	1	Spektrum, MEERWEIN-PONNDORF-Reduktion zu Capsanthol
Capsorubin ,	2	Analogie zu Capsanthin, aber noch nicht restlos bewiesen
β-Citraurin . .	1	Aldehydgruppe, bildet ein Oxim
Myxoxanthin .	1	Oxim
Rhodoxanthin	2	Dioxim

7. Bestimmung der Carboxylgruppe

Die Bestimmung der Carboxylgruppe erfolgt durch Titration mit Lauge. Vor der Titration kann das betreffende Carotinoid perhydriert werden, wo-

---

[1]) Meistens wird zur Herstellung eines Oxims in der Reihe der Polyenfarbstoffe mit Hydroxylaminacetat gearbeitet. Oft ist es aber nötig, freies Hydroxylamin zu verwenden. Vgl. diesbezüglich R. KUHN und H. BROCKMANN, Ber. *66*, 828 (1933).

[2]) In diese Tabelle wurden nur solche Carotinoide aufgenommen, die ganz oder größtenteils in ihrer Struktur aufgeklärt sind. Bixin, Crocetin und Azafrin, welche *Carboxyle* besitzen, wurden in die Tabelle nicht miteinbezogen.

durch die Titration einfacher auszuführen ist. Vorschriften für die Titration finden sich in den Abhandlungen von R. KUHN und Mitarbeitern[1]).

8. *Oxydation mit Permanganat und Ozon*

Für die Konstitutionsermittlung der Carotinoide war die Einführung des oxydativen Abbaus mit Kaliumpermanganat von entscheidender Bedeutung. Mit ihrer Hilfe gelang es erstmals, zu größeren Spaltstücken zu gelangen (Dicarbonsäuren usw.), welche Einblicke in den Aufbau dieser Pigmente erlaubten. Über diese Oxydationen wird ausführlich bei der Behandlung der einzelnen Carotinoide gesprochen (vgl. S. 133). Gleichzeitig verweisen wir auf die Originalliteratur[2]). Die Ergebnisse oxydativen Abbaues sind so zuverlässig, daß man sogar durch das *Ausbleiben* bestimmter Abbauprodukte Schlüsse auf den Bau des oxydierten Carotinoids ziehen kann (vgl. z. B. unter Xanthophyll, S. 206).

So entsteht durch Kaliumpermanganatabbau aus einem unsubstituierten β-Iononring Dimethylmalonsäure, αα-Dimethylbernsteinsäure und αα-Dimethylglutarsäure. Aus einem α-Iononring bilden sich die gleichen Abbauprodukte.

Auch der Abbau mittels Ozon spielt bei der Konstitutionsaufklärung der Carotinoide eine wichtige Rolle. Mit seiner Hilfe gelang es, z. B. die Endgruppen des Lycopins als Isopropylidengruppen zu charakterisieren[3]). Desgleichen ließ sich in der Molekel des γ-Carotins eine Isopropylidengruppe auf diese Art nachweisen. Ferner gelang es R. PUMMERER, L. REBMANN und W. REINDEL[4]) bei einer vergleichenden Ozonspaltung von β-Carotin und β-Ionon übereinstimmende, größere Spaltstücke zu isolieren, die alle mit den durch Permanganatabbau erhaltenen Verbindungen im Einklang stehen.

Von Bedeutung für die Konstitutionsaufklärung der Carotine war die Beobachtung von P. KARRER und Mitarbeitern[5]), daß aus β-Carotin außer den schon durch Permanganatabbau erhaltenen Abbauprodukten Geronsäure = αα-Dimethyl-δ-acetyl-valeriansäure entsteht und aus α-Carotin neben dieser die Isogeronsäure = γγ-Dimethyl-δ-acetyl-valeriansäure[6]) gebildet wird.

---

[1]) R. KUHN und Mitarbeiter, Helv. chim. Acta *11*, 716 (1928); Ber. *64*, 333 (1931).

[2]) P. KARRER und A. HELFENSTEIN, Helv. chim. Acta *12*, 1142 (1929). – P. KARRER, A. HELFENSTEIN, H. WEHRLI und A. WETTSTEIN, Helv. chim. Acta *13*, 1084 (1930). – Vgl. auch R. KUHN und A. DEUTSCH, Ber. *66*, 883 (1933). – P. KARRER, Helv. *12*, 558 (1929).

[3]) P. KARRER und W. E. BACHMANN, Helv. chim. Acta *12*, 285 (1929). – P. KARRER, A. HELFENSTEIN, B. PIEPER und A. WETTSTEIN, Helv. chim. Acta *14*, 435 (1931).

[4]) R. PUMMERER, L. REBMANN und W. REINDEL, Ber. *64*, 492 (1931).

[5]) P. KARRER, A. HELFENSTEIN, H. WEHRLI und A. WETTSTEIN, Helv. chim. Acta *13*, 1084 (1930).

[6]) P. KARRER, R. MORF und O. WALKER, Helv. chim. Acta *16*, 975 (1933).

9. Gemäßigter Abbau von Carotinoiden mit Permanganat und Chromsäure

Einen wesentlichen Beitrag zur Konstitutionsaufklärung von Carotinoiden leistete der stufenweise Abbau mit sodaalkalischem Permanganat (P. KARRER und Mitarbeiter[1])) und die gemäßigte Oxydation mit Chromsäure (R. KUHN und H. BROCKMANN)[2]). Beide Verfahren gestatten, größere Spaltstücke zu isolieren, aus deren Struktur auf die Konstitution des oxydierten Pigments Schlüsse gezogen werden dürfen. So gelang es P. KARRER und Mitarbeitern[1]), durch stufenweisen Abbau des β-Carotins β-Apo-2-carotinal, β-Apo-3-carotinal und β-Apo-4-carotinal herzustellen (vgl. S. 147). Bei der gemäßigten Chrom-

Tabelle 11

Verzeichnis von Carotinoiden, welche partiell oxydiert worden sind[3])

Carotinoid	Oxydations-mittel	Abbauprodukte
α-Carotin . .	CrO_3	Oxy-α-carotin, α-Semi-carotinon, α-Caroton
	$KMnO_4$	α-Apo-2-carotinal
β-Carotin . .	CrO_3	β-Oxycarotin, Semi-β-carotinon, β-Oxy-semi-carotinon, β-Carotinon, β-Carotinon-aldehyd, Neo-oxy-β-carotin
	$KMnO_4$	β-Apo-2-carotinal, β-Apo-3-carotinal, β-Apo-4-carotinal
Azafrin. . . .	CrO_3	Azafrinon, «Azafrinal-1-methylester»
	$KMnO_4$	Apo-1-azafrinal (Azafrinal-2-methylester)
Bixin	$KMnO_4$	Apo-1-norbixinal-methylester (stabiler), Apo-2-norbixinal-methylester (stabiler), Apo-3-norbixinal-methylester, (labiler), Apo-1-norbixinal-methylester, (labiler), Apo-2-norbixinal-methylester
Capsanthin . .	CrO_3	Capsanthinon, Capsanthylal, Capsylaldehyd, 4-Oxy-β-carotinon-aldehyd
Lycopin . . .	$KMnO_4$	Apo-3-lycopinal
	CrO_3	Bixindialdehyd, Apo-2-lycopinal, Apo-3, 12-lycopin-dial, Apo-2, 12-lycopin-dial
Rhodoviolascin	$KMnO_4$	Komplizierter Dialdehyd
Xanthophyll .	$KMnO_4$	α-Citraurin
Physalien. . .	CrO_3	Physalienon
Zeaxanthin . .	$KMnO_4$	β-Citraurin

[1]) P. KARRER und Mitarbeiter, Helv. chim. Acta *20*, 682 (1937); *20*, 1020, 1312 (1937); *21*, 1171 (1938).

[2]) R. KUHN und H. BROCKMANN, vgl. S. 135.

[3]) Die Angaben über die einzelnen Abbauprodukte sowie Angaben der Originalliteratur finden sich bei der Besprechung der betreffenden Carotinoide im speziellen Teil dieses Buches.

säureoxydation erhielten R. KUHN und H. BROCKMANN aus β-Carotin (vgl. S. 142) je nach der angewandten Menge des Oxydationsmittels verschiedene Ketone, wie z. B. β-Carotinon und Semi-β-carotinon.

Diese gemäßigten Oxydationen sind auch deshalb von Interesse, weil sie gestatten, einzelne Carotinoide ineinander überzuführen und damit die nahe Verwandtschaft dieser Verbindungen nachzuweisen.

10. *Thermische Zersetzung*

Die thermische Zersetzung der Carotinoide wird heute kaum mehr angewandt. Das rührt zum Teil davon her, daß die Ausbeute an identifizierbaren Abbauprodukten nur sehr gering ist und diese für sich allein keine sicheren Schlüsse auf die Struktur des Carotinoids erlauben. Ein Vorteil der thermischen Zersetzung besteht aber darin, daß die dabei entstehenden Verbindungen Rückschlüsse auf die gegenseitige Stellung der seitenständigen Methylgruppen erlauben.

So erhielt z. B. J. F. B. VAN HASSELT[1]) aus Bixin m-Xylol, das nach R. KUHN und A. WINTERSTEIN[2]) dem offenen Teil der aliphatischen Kette entstammt:

Eine analoge Beobachtung machten L. ZECHMEISTER und L. V. CHOLNOKY[3]) am Capsanthin. Später haben R. KUHN und A. WINTERSTEIN die Frage der thermischen Zersetzung erneut studiert und dabei aus verschiedenen Carotinoiden das 2,6-Dimethyl-naphthalin isoliert[4]). Dieses kann naturgemäß nur aus dem Mittelstück des Polyens stammen:

[1]) J. F. B. VAN HASSELT, Rec. Trav. chim. Pays-Bas et Belg. *30*, 1 (1911); *33*, 192 (1914). Vgl. J. HERZIG und F. FALTIS, Mh. Chem. *35*, 997 (1914).

[2]) R. KUHN und A. WINTERSTEIN, Helv. chim. Acta *11*, 427 (1928).

[3]) L. ZECHMEISTER und L. V. CHOLNOKY, A. *478*, 95 (1930).

[4]) R. KUHN und A. WINTERSTEIN, Ber. *65*, 1873 (1932); *66*, 429 (1933); *66*, 1733 (1933).

11. *Bestimmung der optischen Drehung*

Um die Frage zu beantworten, ob eine Carotinoidmolekel symmetrischen oder asymmetrischen Bau besitzt, untersucht man die optische Aktivität. Sehr häufig findet dabei die von L. ZECHMEISTER und P. TUZSON[1]) vorgeschlagene C-Linie (656,3 mμ) Anwendung. R. KUHN, A. WINTERSTEIN und E. LEDERER schlagen hingegen als stärkere Lichtquelle eine Quarz-Cadmium-Lampe vor *(Siemens & Halske)*[2]).

12. *Zusammenhang zwischen Konstitution und biologischen Eigenschaften*

Wie auf Seite 23 näher erläutert wird, bestehen zwischen Vitamin-A-Wirksamkeit eines Carotinoids und seiner Struktur insofern bestimmte Beziehungen, als letztere an das Vorliegen eines unsubstituierten β-Iononringes gebunden zu sein scheint. Man ist demnach in der Lage, aus der Feststellung, ob ein Polyenfarbstoff Vitamin-A-wirksam oder -unwirksam ist, und aus der Größe dieser Wirkung Schlüsse bezüglich seines Gehaltes an β-Iononringen zu ziehen. Es ist hier jedoch in Betracht zu ziehen, daß gewisse Carotinoide (z. B. β-Carotin-di-epoxyd), welche keinen unsubstituierten β-Iononring enthalten, doch Vitamin-A-wirksam sein können, indem sie im tierischen Organismus bestimmten Umwandlungen unterliegen (vg. S. 153)[3]).

13. *Konstitution und Farbe*

Wir haben weiter oben erwähnt, daß die Farbe der Carotinoide eines ihrer wichtigsten Merkmale darstellt und daß es oft möglich ist, aus dem Absorptionsspektrum eines Polyenfarbstoffes Schlüsse bezüglich seiner Struktur zu ziehen. Es liegt auf diesem Gebiet ein umfangreiches Beobachtungsmaterial vor, welches zahlreiche Zusammenhänge erkennen läßt[4]).

Das kurzwelligste Absorptionsspektrum, das bis jetzt bei einem natürlichen Carotinoid beobachtet worden ist, besitzt Auroxanthin (S. 199), Absorptionsmaxima in CS_2: 454, 423 mμ. Das längstwellige Spektrum kommt dem Torularhodin (S. 340) zu: Absorptionsmaxima in CS_2: 582, 541, 502 mμ[5]).

Die Absorptionsspektren werden durch folgende Faktoren bestimmt:

a) Anzahl und Art der Doppelbindungen;

---

[1]) L. ZECHMEISTER und P. TUZSON, Ber. *62*, 2226 (1929).

[2]) R. KUHN, A. WINTERSTEIN und E. LEDERER, H. *197*, 141 (1931). – Vgl. auch P. KARRER und O. WALKER, Helv. chim. Acta *16*, 641 (1933).

[3]) Vgl. die Mitteilung von P. KARRER und J. RUTSCHMANN, Helv. chim. Acta *29*, 355 (1946).

[4]) Vgl. diesbezüglich: P. KARRER, «Die bisher bekannten natürlichen Carotinoide und ihre Absorptionsspektren», erschienen in der Vjschr. Naturf. Ges. in Zürich, XC (1945).

[5]) Von Interesse ist in diesem Zusammenhang das partialsynthetisch dargestellte Dehydrolycopin (S. 123), dessen längstwelliges Absorptionsmaximum in CS_2 bei 601 mμ liegt.

b) Anzahl und Art der Carbonylgruppen;

c) Anzahl der Epoxydgruppen;

d) Anzahl und Lage der Carboxylgruppen;

e) Anzahl der Hydroxylgruppen und

f) Konfiguration des betreffenden Carotinoids.

In neuester Zeit wurden, namentlich von R. KUHN und Mitarbeitern[1]), von K. W. HAUSSER und A. SMAKULA[2]) sowie von P. KARRER und Mitarbeitern[3]) nähere Zusammenhänge zwischen Konstitution und Farbe bei Carotinoiden ermittelt, welche weiter unten genauer betrachtet werden.

14. *Schlußfolgerungen bezüglich Konstitution durch Vergleich mit partial-synthetischen Polyenfarbstoffen*

Namentlich in neuester Zeit wurde der Vergleich zwischen natürlichen Carotinoiden unbekannter Struktur mit solchen, die auf partialsynthetischem Weg hergestellt worden sind, vielfach mit Erfolg zur Konstitutionsaufklärung ersterer benutzt. Es sei hier z. B. auf den Vergleich zwischen β-Citraurin (S. 221) und β-Apo-2-carotinal (S. 147), die sich nach P. KARRER und U. SOLMSSEN[4]) nur durch den Mehrgehalt einer Hydroxylgruppe (im β-Citraurin) unterscheiden, hingewiesen. Dieser Vergleich führte dann zur völligen Konstitutionsaufklärung des β-Citraurins.

Ferner ist es P. KARRER und E. JUCKER kürzlich gelungen, zahlreiche, Carotinoide durch Vergleich mit partialsynthetischen Farbstoffen, strukturell aufzuklären. So haben sich beispielsweise folgende Paare von natürlichen und partialsynthetisierten Pigmenten identisch erwiesen: Flavoxanthin = Xanthophylloxyd, Antheraxanthin = Zeaxanthin-mono-epoxyd, Violaxanthin = Zeaxanthin-di-epoxyd, Citroxanthin = Mutatochrom usw.

15. *Bestimmung des Molekulargewichtes*

Es finden hier das übliche Verfahren nach RAST[5]) sowie die Methoden der Kryoskopie und Ebullioskopie Anwendung. Auch das röntgenometrische Verfahren ist benützt worden[6]).

---

[1]) R. KUHN und H. BROCKMANN, Ber. *65*, 894 (1932); *66*, 407 (1933); *66*, 828 (1933); *66*, 1319 (1933). – R. KUHN und CH. GRUNDMANN, Ber. *65*, 898 (1932); *65*, 1880 (1932). – R. KUHN und A. DEUTSCH, Ber. *66*, 883 (1933).

[2]) K. W. HAUSSER und A. SMAKULA, Z. Angew. Chem. *47*, 663 (1934); *48*, 152 (1935).

[3]) P. KARRER und E. WÜRGLER, Helv. chim. Acta *23*, 955 (1940); *26*, 116 (1943). – E. WÜRGLER, Diss. Zürich 1943.

[4]) P. KARRER und U. SOLMSSEN, Helv. chim. Acta *20*, 682 (1937).

[5]) Vgl. PREGL-ROTH, «Die quantitative Mikroanalyse». Wien 1947.

[6]) Vgl. z. B. G. MACKINNEY, Am. Soc. *56*, 488 (1934). – H. WALDMANN und E. BRANDENBERGER, Z. Krystallogr. *82*, 77 (1932).

VII. Beziehungen zwischen Konstitution und Farbe bei Carotinoiden

Es wurde schon hervorgehoben, daß ein wesentliches Merkmal der Carotinoide ihre gelbe bis violette Farbe ist. So ist es auch zu verstehen, daß seit den Anfängen der Carotinoidforschung immer wieder Versuche unternommen wurden, die Zusammenhänge zwischen Struktur und Farbe aufzuklären und letztere, bzw. das Absorptionsspektrum, in den Dienst der Charakterisierung und Identifizierung von Polyenfarbstoffen zu stellen. Namentlich in den letzten 20 Jahren sind auf diesem Gebiet Erfolge erzielt worden, so daß heute aus dem Absorptionsspektrum eines Carotinoids Rückschlüsse auf seine Konstitution gezogen werden dürfen; umgekehrt läßt eine Änderung in der Struktur bestimmte Verschiebungen des Spektrums erwarten.

Die Absorptionsspektren der Carotinoide sind – obwohl diese Pigmente relativ komplizierte Struktur besitzen – verhältnismäßig einfacher Art. Die meisten zeigen im sichtbaren Gebiet des Spektrums 3 (selten 4) Absorptionsmaxima, welche in einem einfachen Abhängigkeitsverhältnis zur Konstitution der betreffenden Farbstoffe stehen. Bedeutend komplizierter liegen die Verhältnisse bei den Ultraviolettspektren der Polyenfarbstoffe. Auf diese wirken sich die besonderen konstitutionellen Momente der einzelnen Pigmente stärker aus, so daß es heute noch nicht möglich erscheint, aus der Konstitution eines Carotinoids seine Ultraviolettabsorption vorauszubestimmen. Die hier abgebildete Absorptionskurve des Xanthophylls ist ein Beispiel eines Carotinoid-Absorptionsspektrums.

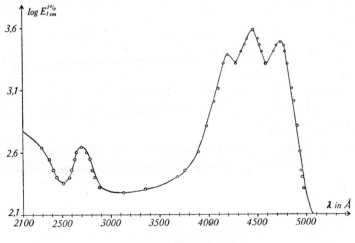

Xanthophyll in Hexan.

Die meisten natürlichen Carotinoide und auch ihre Abbauprodukte, wie β-Apo-2-carotinal, β-Apo-2-carotinol, α-Citraurin, β-Carotinon usw., besitzen Absorptionsspektren, die ähnlich dem abgebildeten aussehen. Die Verschiebungen der Absorptionsmaxima von einem Carotinoid zum andern stehen – wie schon gesagt – in einem einfachen Verhältnis zu der Struktur der Farbstoffe, was im folgenden noch näher erläutert werden soll.

Durch Untersuchungen verschiedener Forscher sind folgende experimentell ermittelte Zusammenhänge zwischen Konstitution und Absorptionsspektrum eines Polyens bekannt geworden:

1. Tritt bei sonst gleichbleibendem Bau in eine Polyenmolekel eine neue konjugierte Doppelbindung ein, so bewirkt sie eine Verschiebung der Absorptionsbanden im sichtbaren Gebiet in Richtung der längeren Wellenlängen um 20–22 mμ (in Schwefelkohlenstofflösung). Den umgekehrten Effekt hat das Verschwinden einer konjugierten Doppelbindung.

Beispiel:

Crocetin, 7 konjugierte C-Doppelbindungen, längstwelliges Maximum in CS$_2$ 482 mμ.

Bixin, 9 konjugierte C-Doppelbindungen, längstwelliges Maximum in CS$_2$ 523,5 mμ.

2. Rückt eine der konjugierten Kohlenstoffdoppelbindungen aus der Konjugation und wird zu einer isolierten Kohlenstoffdoppelbindung, so hat sie nur noch eine Verschiebung von 8–9 mμ der längstwelligen Absorptionsbande zur Folge.

Beispiele:

β-Carotin, 11 konjugierte C-Doppelbindungen, längstwelliges Maximum in CS$_2$ 520 mμ.

α-Carotin, 10 konjugierte + 1 isolierte C-Doppelbindung, längstwelliges Maximum in CS$_2$ 509 mμ.

Zeaxanthin, 11 konjugierte C-Doppelbindungen, längstwelliges Maximum in CS$_2$ 517 mμ.

Xanthophyll, 10 konjugierte + 1 isolierte C-Doppelbindung, längstwelliges Maximum in CS$_2$ 508 mμ.

Eine zweite, neu hinzutretende *isolierte* Doppelbindung übt den gleichen Einfluß aus. Das längstwellige Absorptionsmaximum erfährt eine Rotverschiebung um 8–9 mμ.

3. Tritt an Stelle einer endständigen konjugierten Doppelbindung eine Epoxyd-gruppe ein, so bewirkt sie eine Blauverschiebung von 6–9 mμ.

Beispiele:

α-Carotin, 10 konjugierte, 1 isolierte C-Doppelbindung, längstwelliges Maximum in CS$_2$ 509 mμ.

α-Carotinepoxyd, 9 konjugierte, 1 isolierte Doppelbindung, 1 Epoxydgruppe, längstwelliges Maximum in CS$_2$ 503 mμ.

Xanthophyll, 10 konjugierte + 1 isolierte Doppelbindung, längstwelliges Maximum in CS_2 508 mμ.

Xanthophyllepoxyd, 9 konjugierte, 1 isolierte Doppelbindung + 1 Epoxydgruppe, längstwelliges Maximum in CS_2 501,5 mμ.

β-Carotin, 11 konjugierte Doppelbindungen, längstwelliges Maximum in CS_2 520 mμ.

β-Carotin-mono-epoxyd, 10 konjugierte Doppelbindungen + 1 Epoxydgruppe, längstwelliges Maximum in CS_2 511 mμ.

Beim Übergang eines Mono-epoxyds in ein Di-epoxyd wird das Absorptionsspektrum um weitere 6–9 mμ kürzerwellig.

4. Beim Übergang eines Carotinoid-mono-epoxyds in das isomere, furanoide Oxyd erfolgt Blauverschiebung der Absorptionskurve. Für die längstwellige Bande beträgt diese 19–22 mμ.

Beispiele:

β-Carotin-mono-epoxyd . . . . . .   längstwelliges Maximum in CS_2 511 mμ.
Mutatochrom . . . .   längstwelliges Maximum in CS_2 489 mμ.
α-Carotin-mono-epoxyd . . . . . .   längstwelliges Maximum in CS_2 503 mμ.
Flavochrom . . . .   längstwelliges Maximum in CS_2 482 mμ.
Capsanthin-mono-epoxyd . . . . .   längstwelliges Maximum in CS_2 534 mμ.
Capsochrom . . . .   längstwelliges Maximum in CS_2 515 mμ.

Beim Übergang eines Di-epoxyds in das Isomere mit 2 Furanringen beträgt die Verschiebung etwa das Doppelte, d. h. etwa 40 mμ.

5. Einige Carotinoide sind ganz (Lycopin) oder zur Hälfte (γ-Carotin) offenkettig gebaut. Wird eine solche offene Kette durch *eine* Ringbildung geschlossen, so hat dies eine Violettverschiebung des Absorptionsspektrums um etwa 4–5 mμ zur Folge. Wird die offene Kette beidseitig durch doppelte Ringbildung begrenzt, so verschiebt sich das längstwellige Maximum um etwa 10 mμ.

Beispiele:

γ-Carotin, 11 konjugierte + 1 isolierte Doppelbindung. Als Lage des längstwelligen Absorptionsmaximums berechnet sich, wenn man von β-Carotin (längstwelliges Absorptionsmaximum in CS_2 520 mμ) mit 11 konjugierten Doppelbindungen ausgeht 529–530 mμ (in CS_2). Das längstwellige Maximum von γ-Carotin liegt dagegen bei 533,5 mμ.

Lycopin, 11 konjugierte + 2 isolierte Doppelbindungen. Als Lage des längstwelligen Maximums berechnet sich, ausgehend von β-Carotin, etwa 538–540 mμ (in CS_2). Das längstwellige Maximum des Lycopins liegt demgegenüber bei 548 mμ.

6. Eine eingetretene alkoholische Hydroxylgruppe übt auf das Absorptionsspektrum nur einen geringen Einfluß (1–2 mμ) im Sinne einer Violettverschiebung aus.

Beispiele:

β-Carotin . . . .   1. Absorptionsmaximum in CS_2 520 mμ.
α-Carotin . . . .   1. Absorptionsmaximum in CS_2 509 mμ.
Lycopin . . . .   1. Absorptionsmaximum in CS_2 548 mμ.

Zeaxanthin (Dioxy-β-carotin)   . . .   1. Absorptionsmaximum in CS_2 517 mμ.
Xanthophyll (Dioxy-α-carotin) . . .   1. Absorptionsmaximum in CS_2 508 mμ.
Lycophyll (Dioxy-lycopin). . . . .   1. Absorptionsmaximum in CS_2 546 mμ.

7. Einen großen Einfluß auf das Absorptionsspektrum haben Carbonyl-gruppen (Keton-, Aldehyd- oder Carboxylgruppen), wenn sie mit dem System konjugierter Doppelbindungen in Konjugation stehen. Sie bewirken eine Rot-verschiebung, deren Betrag jedoch von Fall zu Fall verschieden ist. Wenn die Einführung der Carbonylgruppe gleichzeitig eine Ringöffnung nach sich zieht, überlagern sich natürlich beide Einflüsse. Eine zweite, in Konjugation auf-tretende Carbonylgruppe übt auf die Lage der Absorptionsmaxima einen ge-ringeren Einfluß aus.

Beispiele:

β-Apo-2-carotinal, 9 konjugierte Kohlenstoffdoppelbindungen. Diese allein würden ein längstwelliges Absorptionsmaximum bei etwa 480–485 mμ bedingen. Dieses findet sich aber bei 525 mμ, so daß die Differenz von 40–45 mμ der Carbonylgruppe zu-zuschreiben ist.

Capsanthin,   die 10 konjugierten Doppelbindungen allein hätten ein längstwelliges Absorptionsmaximum bei etwa 500–505 mμ zur Folge. Dieses liegt jedoch bei 542 mμ, so daß die Dif-ferenz der Carbonylgruppe zugeschrieben werden muß.

8. Auch die cis-trans-Konfiguration übt einen bestimmten, wenn auch kleinen Einfluß auf die Lage der Absorptionsmaxima aus. Die Verbindung besitzt, wenn nur die Substituenten an *einer* Doppelbindung cis-Lage haben, ein Absorptionsspektrum, dessen längstwelliges Maximum gegenüber jener mit vollständiger Transkonfiguration um etwa 3–4 mμ nach kürzeren Wellen verschoben ist.

Beispiele:

Stabiles (trans-) Bixin . . . . .   längstwelliges Maximum in CS_2 526,5 mμ
Labiles (cis-) Bixin . . . .   längstwelliges Maximum in CS_2 523,5 mμ
Stabiles (trans-) Crocetin . . . .   längstwelliges Maximum in CS_2 463   mμ
Labiles (cis-) Crocetin. . . . . .   längstwelliges Maximum in CS_2 458   mμ

Nachdem hier des Einflusses verschiedener Atomgruppen auf die Lage der Absorptionsmaxima gedacht wurde, sollen im folgenden die Zusammenhänge zwischen dem Lösungsmittel und der Lage der optischen Schwerpunkte be-sprochen werden. Durch Vergleich der experimentellen Befunde haben sich hier folgende Zusammenhänge ergeben: Das Lösungsmittel ist von großem Ein-fluß auf die Lage und die feinere Differenzierung der Absorptionsmaxima. Auch auf die Höhe des Absorptionskoeffizienten übt es einen Einfluß aus. Über die Wechselwirkung zwischen polaren Lösungsmitteln, wie Alkohol, und Caro-tinoiden mit Carbonylgruppen, wie Capsanthin, wird weiter unten berichtet.

Tabelle 12

Verschiebung der Lage der Maxima durch verschiedene Lösungsmittel

Farbstoff	Maxima in CS$_2$	Hexan	Äthanol	Chloroform*)
α-Carotin	509 mμ	478 mμ		485 mμ
Xanthophyll . .	508 mμ	476 mμ	479 mμ	487 mμ
β-Carotin	520 mμ	482 mμ		497 mμ
Kryptoxanthin. .	519 mμ	484 mμ	486 mμ	497 mμ
Zeaxanthin . . .	517 mμ	482,5 mμ	483 mμ	495 mμ
γ-Carotin	533,5 mμ	494 mμ		508,5 mμ
Rubixanthin . .	533 mμ	494 mμ	496 mμ	509 mμ
Lycopin	548 mμ	506 mμ		517 mμ

*) Es werden nur die längstwelligen Maxima angegeben. Statt Hexan wurde zum Teil Petroläther verwendet.

An Hand dieser Zusammenstellung sieht man, daß die Absorptionsmaxima der meisten Carotinoide in Hexan und Alkohol, verglichen mit jenen in Schwefelkohlenstoff, etwa um 30–40 mμ nach dem kürzerwelligen Spektralbereich verschoben sind. In Chloroform ist diese Verschiebung durchschnittlich 24 mμ. Die Unterschiede der Lage der Maxima in Hexan und Schwefelkohlenstoff sind um so größer, je längerwellig das betreffende Carotinoid absorbiert.

Bei Carotinoiden mit Carbonylgruppen, wie z. B. Capsanthin, β-Apo-2-carotinal usw., sind die Zusammenhänge komplizierter, da in diesem Fall zwischen dem Farbstoff und bestimmten Lösungsmitteln, wie z. B. Alkohol, Wechselwirkungen eintreten können. So ist z. B. das Spektrum des Capsanthins in Alkohol vollkommen verschwommen. Dasselbe Verhalten zeigen auch β-Apo-2-carotinal und andere Polyenketone, deren Carbonylgruppe mit den Doppelbindungen in Konjugation steht. Sobald die Konjugation zwischen den Äthylendoppelbindungen und der Carbonylgruppe unterbrochen ist[1]), sind die Absorptionsmaxima jedoch normal ausgebildet.

Die hier kurz geschilderten Beziehungen zwischen Konstitution der Carotinoide und ihren Absorptionsspektren haben weitgehend Gültigkeit. Abweichungen, welche bisweilen beobachtet werden, müssen wohl auf besondere Stabilitätsverhältnisse der betreffenden Farbstoffmolekeln zurückgeführt werden. Diese zahlenmäßig unbedeutenden Abweichungen vermögen nicht, die große Bedeutung der Spektroskopie für die Carotinoidforschung zu beeinträchtigen.

[1]) K. W. HAUSSER und A. SMAKULA, Z. angew. Chem. 47, 657 (1934).

Tabelle 13

Natürliche Carotinoide und ihre Absorptionsspektren

	Formel	Abs.-Maxima in CS_2			Anz. F	Anz. OH	Anz. CO
		1. Bde.	2. Bde.	3. Bde.			
(Violerythrin)*) . . .		625	576	540	?	?	?
Torularhodin	$C_{37}H_{48}O_2$	582	541	502	12	0	1
(Actinioerythrin)*) .		574	533	495	?	?	?
Rhodoviolascin . . .	$C_{42}H_{60}O_2$	573,5	534	496	13	0	0
Bacterioruberin . . .		571	532	498	?	?	?
Oscillaxanthin . . .		568	528	494	?	?	?
Torulin		565	525	491	?	?	?
Rhodoxanthin . . .	$C_{40}H_{50}O_2$	564	525	491	12	0	2
Celaxanthin	$C_{40}H_{56}O(-H_2?)$	562	521	487	13?	?	?
Rhodovibrin		556	517		?	?	?
Rhodopurpurin . . .		550	511	479	?	?	?
Astacin	$C_{40}H_{48}O_4$	ca. 550–450, Maximum 510			11	0	4
Astaxanthin	$C_{40}H_{52}O_4$	?	?	?	11	2	2
Lycopin	$C_{40}H_{56}$	548	507,5	477	13	0	0
Rhodopin	$C_{40}H_{58}O(-H_2?)$	547	508	478	12	1	?
Lycoxanthin . . .	$C_{40}H_{56}O$	547	507	473	13	1	0
Aphanizophyll**) . .		547	506	474	?	?	?
Lycophyll	$C_{40}H_{56}O_2$	546	506	472	13	2	0
Myxoxanthophyll**).	$C_{40}H_{56}O_7$	544	508	479	10	6	1
Capsanthin	$C_{40}H_{58}O_3$	542	503		10	2	1
Capsorubin	$C_{40}H_{60}O_4$	541	503	468	9	2	2
Eschscholtzxanthin .	$C_{40}H_{54}O_2(\pm H_2)$	536	502	475	12	2	0
γ-Carotin	$C_{40}H_{56}$	533,5	496	463	12	0	0
Rubixanthin	$C_{40}H_{56}O$	533	494	461	12	1	0
Aphanin***)	$C_{40}H_{54}O$	533	494		11	0	1
Aphanicin***) . . .		533	494		?	?	?
Gazaniaxanthin . . .	$C_{40}H_{56}O(\pm H_2)$	531	494,5	461	11?	1	0
β-Citraurin	$C_{30}H_{40}O_2$	525	490	457	9	1	1
Bixin (labil)	$C_{25}H_{30}O_4$	523,5	489	457	9	0	2
β-Carotin	$C_{40}H_{56}$	520	485	450	11	0	0
Echinenon****) . . .	$C_{40}H_{56}O(\pm_2H)$	(520)	488	(450)	?	0?	1?

*) Die Zugehörigkeit dieses Farbstoffes zur Carotinoidreihe ist unsicher.

**) Die Angaben über Absorptionsmaxima beziehen sich auf veresterten Farbstoff.

***) Bezüglich der Eigenart der Absorptionsmaxima (breiter Absorptionsbezirk) sei auf S. 311 verwiesen.

****) Bezüglich des Absorptionsspektrums sei auf die Beschreibung im speziellen Teil verwiesen.

Tabelle 13 (Fortsetzung)

	Formel	Abs. Maxima in CS_2			Anz. F	Anz. OH	Anz. CO
		1. Bde.	2. Bde.	3. Bde.			
Kryptoxanthin . . .	$C_{40}H_{56}O$	519	483	452	11	1	0
Pectenoxanthin . . .	$C_{40}H_{54}O_3(\pm H_2)$	518	486	452	11	2	?
Zeaxanthin.	$C_{40}H_{56}O_2$	517	482	450	11	2	0
Cynthiaxanthin . . .		517	483	451	?	?	?
Leprotin	$C_{40}H_{54}$	517	479	447	12	0	0
Sulcatoxanthin . · .	$C_{40}H_{52}O_8$	516	482	450	?	?	?
Petaloxanthin . . .	$C_{40}H_{56}O_3(+H_2?)$	514,5	481		?	2?	?
Hämatoxanthin*) . .		1 Bande Max. 513			?	?	?
Fucoxanthin	$C_{40}H_{56}O_6$	510	477	445	10?	?	?
Antheraxanthin. . .	$C_{40}H_{56}O_3$	510	478	445	10	2	0
α-Carotin	$C_{40}H_{56}$	509	477		11	0	0
Xanthophyll	$C_{40}H_{56}O_2$	508	475	445	11	2	0
Pentaxanthin. . . .	$C_{40}H_{56}O_5(\pm H_2)$	506	474	444	?	3?	?
Rubichrom.	$C_{40}H_{56}O_2$	506	476		11	1	0
α-Carotinepoxyd . .	$C_{40}H_{56}O$	503	471		10	0	0
Flavorhodin		502	472		?	?	?
Xanthophyllepoxyd .	$C_{40}H_{56}O_3$	501,5	472		10	2	0
Taraxanthin	$C_{40}H_{56}O_4$	501	469	440	?	?	?
Violaxanthin	$C_{40}H_{56}O_4$	500,5	469	440	9	2	0
Trollixanthin. . . .	$C_{40}H_{56}O_4(?)$	501	473		?	3?	?
Prolycopin	$C_{40}H_{56}$	500,5	469,5		11	0	0
Mytiloxanthin . . .		1 Bande Max. 500			?	?	?
Sarcinaxanthin . . .		499	466,5	436	?	?	?
Sarcinin**).		?	?	?	?	?	?
Glycymerin		1 Bande Max. 495			?	?	?
Pro-γ-carotin . . .	$C_{40}H_{56}$	493,5	460,5		12	0	0
Flavacin		490	457	424	?	?	?
Mutatochrom . . . (Citroxanthin)	$C_{40}H_{56}O$	489,5	459		10	0	0
Myxoxanthin. . . .	$C_{40}H_{54}O$	1 Bande Max. 488			12	0	1
Azafrin	$C_{27}H_{38}O_4$	486	457		7	2	1
Crocetin (stabiles). .	$C_{20}H_{24}O_4$	482	453		7	0	2
Chrysanthemaxanth.	$C_{40}H_{56}O_3$	480	451		10	2	0
Flavoxanthin. . . .	$C_{40}H_{56}O_3$	478	447,5	420	10	2	0
Auroxanthin	$C_{40}H_{56}O_4$	454	423		9	2	0

*) Bezüglich des Absorptionsspektrums sei auf die Beschreibung im speziellen Teil verwiesen.

**) In Petroläther liegen die Absorptionsmaxima bei 469 und 440 mμ.

VIII. Synthesen in der Carotinoidreihe

Obwohl es an zahlreichen Versuchen nicht gefehlt hat, ist es bis heute nicht gelungen, ein natürliches Carotinoid totalsynthetisch herzustellen. Dagegen gewannen R. Kuhn und seine Mitarbeiter[1]) zahlreiche carotinoidähnliche Diphenylpolyene und Polyendicarbonsäuren synthetisch und lieferten damit wertvolles Material für den Vergleich von Struktur und Farbe bei Polyenen.

In drei Fällen gelang es P. Karrer und seinen Mitarbeitern Perhydro-derivate natürlicher Carotinoide zu synthetisieren und durch Vergleich mit perhydrierten natürlichen Farbstoffen deren Konstitution zu sichern. Diese Verbindungen sind: Perhydrolycopin[2]), Perhydro-nor-bixin[3]) und Perhydro-crocetin[4]).

P. Karrer und U. Solmssen[5]) konnten erstmals ein natürliches Carotinoid in ein anderes überführen, indem sie das Dihydro-rhodoxanthin mittels Aluminiumisopropylat und Isopropylalkohol zu Zeaxanthin reduzierten (S. 184). Eine weitere partialsynthetische Darstellung eines natürlichen Carotinoids ist der oxidative Abbau von Zeaxanthin (und Xanthophyll) zu β-Citraurin[6]) so-wie die Überführung von Lycopin in Norbixin[7]). Ferner konnten P. Karrer und J. Rutschmann (vgl. S. 123) durch Einwirkung von Bromsuccinimid auf Lycopin das Dehydrolycopin, einen Carotinoidfarbstoff mit 15 konjugierten Doppelbindungen, erhalten.

Vor kurzem gelang es P. Karrer und E. Jucker, natürliche Carotinoide, welche in ihrer Molekel eine isolierte Doppelbindung enthalten, in andere, ebenfalls in der Natur vorkommende Pigmente zu verwandeln[8]). Aus α-Carotin ließ sich durch Einwirkung von Natriumalkoholat in der Wärme β-Carotin, und aus Xanthophyll auf die gleiche Weise Zeaxanthin herstellen. Diese Umlage-rungen sind insofern von Interesse, als sie zeigen, daß isolierte Doppelbindungen in Konjugation gedrängt werden können.

Wie die soeben gegebene kurze Übersicht zeigt, waren bis vor kurzem nur wenige natürliche Carotinoide partialsynthetisch erhalten worden. In neuester Zeit haben indessen P. Karrer und E. Jucker[9]) durch Einführung von Sauer-

---

[1]) Vgl. z. B. R. Kuhn und Mitarbeiter, Z. angew. Chem. *50*, 703 (1937); Ber. *69*, 1757, 1979 (1936); *71*, 1889 (1938).

[2]) P. Karrer, A. Helfenstein und Rosa Widmer, Helv. chim. Acta *11*, 1201 (1928).

[3]) P. Karrer und Mitarbeiter, Helv. chim. Acta *15*, 1218, 1399 (1932).

[4]) P. Karrer, F. Benz und M. Stoll, Helv. chim. Acta *16*, 297 (1933).

[5]) P. Karrer und U. Solmssen, Helv. chim. Acta *18*, 477 (1935).

[6]) Vgl. S. 186, später konnten L. Zechmeister und L. v. Cholnoky bei der hydrolytischen Spaltung von Capsanthin β-Citraurin gewinnen, vgl. S. 254.

[7]) R. Kuhn, Ch. Grundmann, Ber. *65*, 898, 1880 (1932).

[8]) P. Karrer und E. Jucker, Helv. chim. Acta *30*, 266 (1947).

[9]) P. Karrer und E. Jucker (z. T. mit Mitarbeitern), Helv. chim. Acta *28*, 300 (1945); *28*, 427, 471, 474, 717, 1143, 1146, 1156 (1945); *30*, 531 (1947).

stoff mittels Phthalmonopersäure in verschiedene Carotinoidfarbstoffe, etwa 20, teils neue, teils bekannte, aber vordem konstitutionell unaufgeklärte Carotinoide partialsynthetisiert, von denen manche in der Natur vorkommen.

R. PUMMERER und Mitarbeiter[1]) benutzten die Anlagerung von Sauerstoff durch Benzopersäure zur Bestimmung der Anzahl Doppelbindungen einer Polyenmolekel (vgl. S. 50). P. KARRER und O. WALKER[2]) haben vor einigen Jahren aus β-Carotin mittels Benzopersäure «β-Carotinoxyd» hergestellt, welches von P. KARRER und E. JUCKER[3]) als Mutatochrom erkannt worden ist. Zahlreiche Untersuchungen der beiden letztgenannten Autoren[4]) haben gezeigt, daß bei Anwendung kleiner Mengen Phthalmonopersäure die Möglichkeit besteht, nur einzelne Doppelbindungen einer Carotinoidmolekel zu oxydieren. Man erhält dabei wohldefinierte, gut kristallisierende Verbindungen, welche gemäß der angewandten Oxydationsmethode und ihren Eigenschaften als 1,2-Epoxyde zu betrachten sind. Ihre Eigenschaften zeigen, daß in ihnen nur die Doppelbindung eines β-Iononringes oxydiert worden ist, so daß man – entsprechend der Anzahl der β-Iononringe in der Carotinoidmolekel – Monoepoxyde und Di-epoxyde erhält. Bis jetzt ist kein Beispiel in der Carotinoidreihe bekannt, bei dem die isolierte Doppelbindung des α-Iononringes oxydiert worden wäre. So konnte man aus β-Carotin ein Monoepoxyd I und ein Diepoxyd II isolieren:

I   II

Aus α-Carotin entsteht hingegen nur ein Monoepoxyd.

Die bemerkenswerteste Eigenschaft dieser Epoxyde ist ihre außerordentliche Empfindlichkeit gegen verdünnte mineralische Säure. Schon Spuren von Chlorwasserstoff, wie sie in längere Zeit aufbewahrtem Chloroform vorkommen, genügen, um den Epoxydring zu sprengen[4]). Dabei entsteht das isomere furanoide Oxyd und als Nebenprodukt das durch Abgabe des Oxidosauerstoffs gebildete ursprüngliche Carotinoid[5]):

---

[1]) R. PUMMERER und Mitarbeiter, Ber. *61*, 1099 (1928); *62*, 1411 (1929).

[2]) H. v. EULER, P. KARRER und O. WALKER, Helv. chim. Acta *15*, 1507 (1932).

[3]) P. KARRER und E. JUCKER, Helv. chim. Acta *28*, 427 (1945).

[4]) P. KARRER und E. JUCKER (z. T. mit Mitarbeitern), Helv. chim. Acta *28*, 300 (1945); *28*, 427, 471, 474, 717, 1143, 1146, 1156 (1945); *30*, 531 (1947).

[5]) Diese Beobachtung gilt für alle bisher partialsynthetisch hergestellten Epoxyde. Vgl. diesbezüglich Tab. 14.

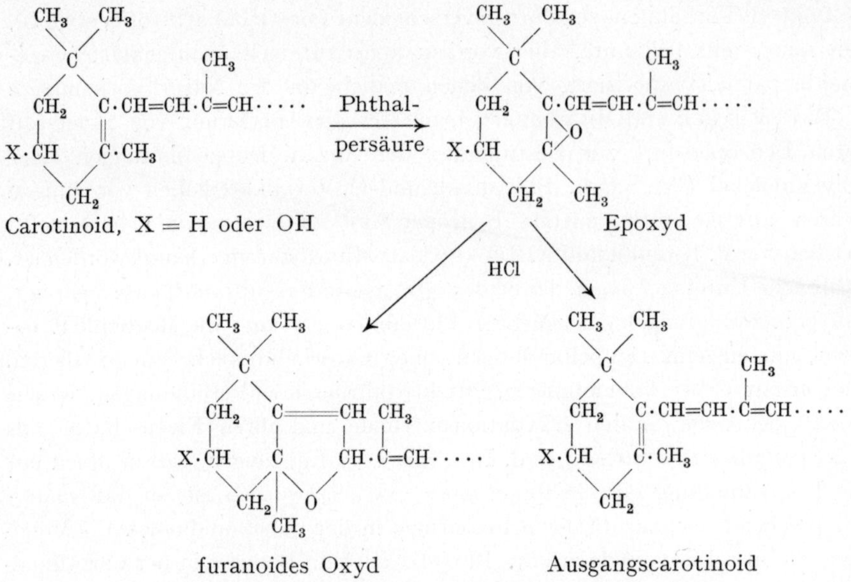

$$CH_3 \quad CH_3$$
$$C$$
$$CH_2 \quad C \cdot CH{=}CH \cdot C{=}CH \cdots$$
$$X \cdot CH \quad C \cdot CH_3$$
$$CH_2$$

Carotinoid, X = H oder OH

Phthal-
persäure $\longrightarrow$

$$CH_3 \quad CH_3$$
$$C$$
$$CH_2 \quad C \cdot CH{=}CH \cdot C{=}CH \cdots$$
$$X \cdot CH \quad C{\diagdown}O$$
$$CH_2 \quad CH_3$$

Epoxyd

HCl

$$CH_3 \quad CH_3$$
$$C$$
$$CH_2 \quad C{=}CH \quad CH_3$$
$$X \cdot CH \quad C \quad CH \cdot C{=}CH \cdots$$
$$CH_2 \quad O$$
$$CH_3$$

furanoides Oxyd

$$CH_3 \quad CH_3$$
$$C$$
$$CH_2 \quad C \cdot CH{=}CH \cdot C{=}CH \cdots$$
$$X \cdot CH \quad C \cdot CH_3$$
$$CH_2$$

Ausgangscarotinoid

Die Tatsache, daß der Oxidosauerstoff dieser Epoxyde so leicht abgespalten werden kann, legt den Gedanken nahe, daß in ihnen der Sauerstoff in einer besonderen Bindungsart vorliegt, welche besser als die «epoxydische» Bindung seine leichte Abgabe zu deuten vermag. P. KARRER[1]) schlägt für diese eine polare Formulierung vor, welche die leichte Überführung in das furanoide Oxyd und zugleich die Sauerstoffabspaltung verständlich macht:

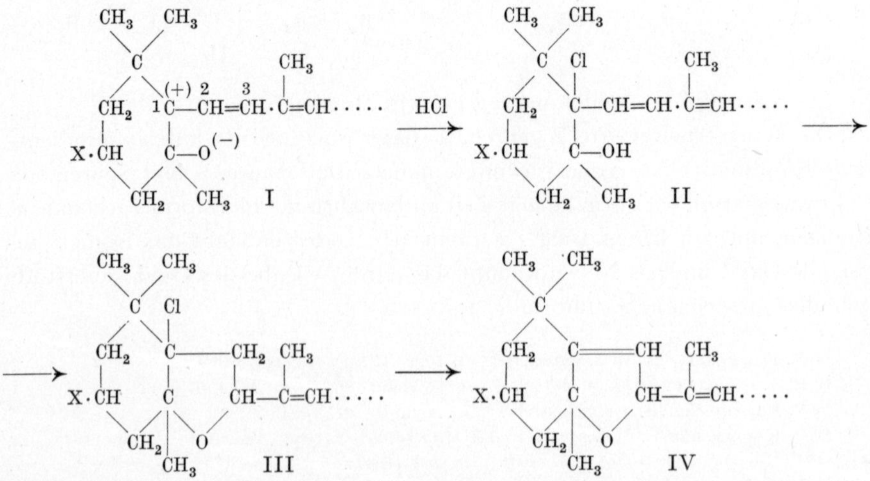

$$CH_3 \quad CH_3$$
$$C$$
$$CH_2 \quad {}^{1}C{-}CH{=}CH \cdot C{=}CH \cdots$$
$$X \cdot CH \quad C{-}O^{(-)}$$
$$CH_2 \quad CH_3 \quad I$$

HCl $\longrightarrow$

$$CH_3 \quad CH_3$$
$$C \quad Cl$$
$$CH_2 \quad C{-}CH{=}CH \cdot C{=}CH \cdots$$
$$X \cdot CH \quad C{-}OH$$
$$CH_2 \quad CH_3 \quad II$$

$\longrightarrow$

$\longrightarrow$

$$CH_3 \quad CH_3$$
$$C \quad Cl$$
$$CH_2 \quad C{-}CH_2 \quad CH_3$$
$$X \cdot CH \quad C \quad CH{-}C{=}CH \cdots$$
$$CH_2 \quad O$$
$$CH_3 \quad III$$

$\longrightarrow$

$$CH_3 \quad CH_3$$
$$C$$
$$CH_2 \quad C{=}CH \quad CH_3$$
$$X \cdot CH \quad C \quad CH{-}C{=}CH \cdots$$
$$CH_2 \quad O$$
$$CH_3 \quad IV$$

---

[1]) P. KARRER, Helv. chim. Acta *28*, 474 (1945).

Nach dieser Auffassung wird Chlorwasserstoff an das polare Oxyd I unter Bildung von II angelagert. Dieses erleidet schließlich die Umformung in III und daraus entsteht nach Abspaltung von HCl das furanoide Oxyd IV.

Eine andere Möglichkeit, den Übergang des «polaren» Oxyds I in das furanoide IV zu deuten, ist folgende: Ein Elektronenpaar zwischen den C-Atomen 2 und 3 (Formel I) verschiebt sich unter dem Einfluß des positiven C-Atoms zwischen die C-Atome 1 und 2, und gleichzeitig tritt der Sauerstoff mit einem Elektronenpaar an das C-Atom 3; damit ist die Umlagerung zum furanoiden Oxyd IV vollzogen.

Schon die ersten Versuche von P. KARRER und E. JUCKER[1]) ergaben die überraschende Feststellung, daß einige natürliche Carotinoide, deren Konstitution man bis anhin nicht erkannt hatte, solche furanoide Oxyde bekannter Carotinoide sind. Als Beispiele seien Flavoxanthin, identisch mit furanoidem Xanthophylloxyd, und Auroxanthin, identisch mit furanoidem Zeaxanthin-di-oxyd, angeführt.

Durch Einwirkung von Alkylmagnesiumsalzen auf Carotinoidepoxyde bilden sich dieselben Produkte wie bei der Reaktion mit Chlorwasserstoff, d. h. furanoide Oxyde und als Nebenprodukt das durch Verlust des Oxidosauerstoffs entstandene Ausgangscarotinoid[2]).

Tabelle 14

Partialsynthetische Carotinoidepoxyde und ihre Eigenschaften

Epoxyd	Abs. Max. in CS_2		Smp.	Blaufärbung mit konz. HCl
α-Carotin-mono-epoxyd . .	503	471 mμ	175⁰	sehr schwach, unbeständig
Xanthophyll-mono-epoxyd	501,5	472 mμ	192⁰	blau, ziemlich beständig
β-Carotin-mono-epoxyd . .	511	479 mμ	160⁰	schwach blau, unbeständig
Kryptoxanthin-mono-epoxyd	512	479 mμ	154⁰	blau, unbeständig
Zeaxanthin-mono-epoxyd*)	510	478 mμ	205⁰	blau, unbeständig
Rubixanthin-mono-epoxyd	526	491 mμ	171⁰	blau, beständig
Capsanthin-mono-epoxyd .	534	499 mμ	189⁰	blau, unbeständig
β-Carotin-di-epoxyd . . .	502	470 mμ	184⁰	tiefblau, beständig
Kryptoxanthin-di-epoxyd .	503	473 mμ	194⁰	tiefblau, beständig
Zeaxanthin-di-epoxyd**) .	500	469 mμ	200⁰	tiefblau, beständig

*) Zeaxanthin-mono-epoxyd = Antheraxanthin.
**) Zeaxanthin-di-epoxyd = Violaxanthin.

[1]) P. KARRER und E. JUCKER, Helv. chim. Acta *28*, 300 (1945).
[2]) P. KARRER, E. JUCKER und K. STEINLIN, Helv. chim. Acta *28*, 233 (1945).

Bezüglich der Konstitutionsaufklärung der Epoxyde und der furanoiden Oxyde sei auf die Originalmitteilung[1]) verwiesen.

Tabelle 15

Partialsynthetische, furanoide Carotinoidoxyde und ihre Eigenschaften

Oxyd	Abs.-Max. in CS_2		Smp.	Reaktion mit konz. HCl
Flavochrom	482	451 mμ	189⁰	sehr schwach, unbeständig
Flavoxanthin	479	449 mμ	180⁰	blau, ziemlich beständig
Chrysanthemaxanthin . .	479	449 mμ	185⁰	blau, ziemlich beständig
Mutatochrom	489	459 mμ	164⁰	schwach blau, unbeständig
Kryptoflavin	490	459 mμ	171⁰	blau, unbeständig
Mutatoxanthin	488	459 mμ	177⁰	blau, unbeständig
Rubichrom	506	476 mμ	154⁰	blau, beständig
Capsochrom	515	482 mμ	195⁰	blau, unbeständig
Aurochrom	457	426 mμ	185⁰	tiefblau, beständig
Kryptochrom	456	424 mμ	?	tiefblau, beständig
Auroxanthin	454	423 mμ	203⁰	tiefblau, beständig
Luteochrom	482	451 mμ	176⁰	tiefblau, beständig

Bei der Untersuchung der Carotinoidepoxyde und der isomeren, furanoiden Oxyde ist das spektrale Verhalten dieser Verbindungen von Bedeutung. Einige experimentell gesicherte Gesetzmäßigkeiten, die bei diesen Arbeiten gefunden wurden, sind folgende:

Beim Übergang eines Carotinoidfarbstoffes in ein Monoepoxyd tritt eine Verschiebung der Absorptionsbanden in Richtung Violett ein. Der Unterschied der längstwelligen Banden beträgt in Schwefelkohlenstoff durchschnittlich 8 mμ. Bei der Bildung eines Diepoxyds verschiebt sich diese Bande um etwa 17 mμ. Die Verschiebung des Absorptionsspektrums gegen das kurzwellige Spektralgebiet beim Übergang eines Monoepoxyds in das isomere, furanoide Oxyd ist bedeutend größer und beträgt durchschnittlich 21 mμ. Für ein Diepoxyd ist der Unterschied etwa doppelt so groß.

Diese Gesetzmäßigkeiten erlauben eine sichere Voraussage, welche Absorptionsspektra den erwarteten Epoxyden und ihren furanoiden Isomeren zukommen müssen.

Von den bis jetzt hergestellten Carotinoidepoxyden und furanoiden Oxyden konnten bisher folgende in der Natur aufgefunden werden:

α-Carotin-mono-epoxyd

Flavochrom

---

[1]) P. KARRER und E. JUCKER, Helv. chim. Acta *28*, 300 (1945).

(β-Carotin-mono-epoxyd)[1])

Citroxanthin = Mutatochrom

Zeaxanthin-mono-epoxyd = Antheraxanthin

Zeaxanthin-di-epoxyd = Violaxanthin

Xanthophyll-mono-epoxyd

Flavoxanthin

Chrysanthemaxanthin

Auroxanthin

Rubichrom.

Ferner hat sich gezeigt, daß Trollixanthin[2]), ein kürzlich aus Blüten von *Trollius europaeus* isoliertes Pigment, ebenfalls Epoxydnatur besitzt.

Bei der weiten Verbreitung der Carotinoidepoxyde in Pflanzen ist die Frage berechtigt, welche Bedeutung ihnen dort zukommt. Wir wissen darüber heute noch nichts Sicheres. Es besteht jedenfalls die Möglichkeit, daß sie, da sie ihren Oxidosauerstoff so leicht abgeben, bei Oxydationsreaktionen oder anderen biologischen Vorgängen in den Pflanzen eine Rolle spielen. Es wird Aufgabe späterer Untersuchungen sein, diese Frage zu klären.

IX. Die Verbreitung der Carotinoide in der Natur

Seit der Entdeckung des Carotins (WACKENRODER 1831) sind sehr viele Untersuchungen über die Verbreitung der Carotinoide in der Natur durchgeführt worden. Das auf diesem Gebiet vorliegende Material ist außerordentlich umfangreich, hat es sich doch gezeigt, daß die Polyenfarbstoffe im gesamten Pflanzen- und Tierreich anzutreffen sind.

Im folgenden Abschnitt werden in tabellarischer Form die Vorkommen von Polyenfarbstoffen zusammengefaßt; dabei schien es vorteilhaft, folgende Unterteilung des gesamten Materials zu treffen:

A. Carotinoide in Pflanzen:

    I. Phanerogamen

        α) Unterirdische Pflanzenteile

        β) Oberirdische Pflanzenteile

        γ) Blüten

        δ) Früchte

    II. Kryptogamen

---

[1]) β-Carotin-mono-epoxyd wurde noch nicht in der Natur festgestellt; da jedoch Mutatochrom = Citroxanthin ein Naturfarbstoff ist, darf man annehmen, daß β-Carotin-mono-epoxyd, aus welchem Citroxanthin entstanden sein muß, ebenfalls in Pflanzen vorkommt.

[2]) P. KARRER und E. JUCKER, Helv. chim. Acta *29*, 1539 (1946).

B. Carotinoide in Tieren:

    I. Evertebraten

        α) Arthropoden

        β) Mollusken

        γ) Echinodermen

        δ) Würmer

        ε) Coelenteraten und Spongien

    II. Vertebraten

        α) Säugetiere

        β) Vögel

        γ) Fische

        δ) Amphibien

        ε) Reptilien

Es soll hier erwähnt werden, daß ältere Untersuchungen, welche noch ohne Anwendung der Tswettschen Chromatographie durchgeführt worden sind, zum Teil nur relative Bedeutung besitzen. Sie sagen in den meisten Fällen lediglich aus, daß im untersuchten Objekt mit dem Vorkommen von Carotinoiden zu rechnen ist; über die Natur der einzelnen Farbstoffe darf man erst nach mehrmaliger chromatographischer Adsorption Aussagen machen. Aus diesem Grunde wurde bei solchen älteren Untersuchungen auch auf eine heute nicht mehr gebrauchte Namengebung der Farbstoffe verzichtet.

A. Carotinoide in Pflanzen[1])[2])

1. *Phanerogamen*

α) Carotinoide in unterirdischen Pflanzenteilen

Tabelle 16

Carotinoide in Wurzeln

Beta vulgaris[1]).
Brassica campestris[2]).
Brassica Rapa[3]).
Celastus scandens[4]): β-Carotin (?).
Daucus Carota[5]): α-Carotin, β-Carotin, γ-Carotin, ein K. W. unbekannter Konstitution (Absorptionsmaxima in CS_2: 482, 453 mμ), ein zweiter K. W. unbekannter Konstitution (Absorp-

tionsmaxima in CS_2 499, 469 mμ), Xanthophyll.
Escobedia scabrifolia[6]): Azafrin.
Ipomoea Batatas[7]): α-Carotin, β-Carotin.
An Gelbfleckigkeit erkrankte Kartoffeln[8]): Taraxanthin oder Violaxanthin, Xanthophyll, α-Carotin (?).
Süße Kartoffeln[9]): Carotin.
Pastinaca sativa[10]).

---

[1]) In den Tabellen dieses Kapitels werden folgende Zeichen verwendet:

    + = isoliert in kristallinem Zustand;

    ++ = eindeutig nachgewiesen;

    +++ = wahrscheinlich vorhanden.

[2]) Die Literaturangaben zu den Tabellen dieses Kapitels sind am Schluß des allgemeinen Teils zusammengestellt (siehe S. 106).

β) Carotinoide in oberirdischen Pflanzenteilen

Grüne Pflanzenteile

Seit langem ist es bekannt, daß *alle* grünen Pflanzenteile neben Chlorophyll Carotinoide enthalten[1]. Diese sind hauptsächlich β-Carotin, Xanthophyll, sowie – nach neuesten Untersuchungen[2] – Xanthophyllepoxyd; daneben enthalten die grünen Pflanzenteile fast immer geringe Mengen α-Carotin. Die Carotinoide befinden sich zusammen mit Chlorophyll in den Chromatophoren, wo sie in amorphem oder in kristallinem Zustande vorhanden sein können.

Über das Verhältnis von Carotin zu Xanthophyll im grünen Blatt liegen Untersuchungen von R. WILLSTÄTTER und A. STOLL[3] und von P. KARRER und Mitarbeitern[4] vor. Während die ersteren als Verhältniszahl etwa 1,7 angeben, erhielten die zuletzt genannten Autoren Werte, welche stark gegen 1 neigen. In allen diesen älteren Untersuchungen wurde die Tatsache noch nicht berücksichtigt, daß die sog. Xanthophyllfraktion des Blattes aus *zwei* Hauptfarbstoffen besteht, dem Xanthophyll selbst und dem Xanthophyllepoxyd.

Die Literaturangaben über das Vorkommen von Carotinoiden in grünen Pflanzenteilen, namentlich in grünen Laubblättern, sind so zahlreich, daß es nicht zweckmäßig erscheint, sie hier anzuführen. Es sei hier lediglich auf die wichtigsten Arbeiten dieses Gebietes hingewiesen[1].

Nichtgrüne Laubblätter

Über die Farbstoffe, welche den *etiolierten Blättern* die gelbliche Farbe verleihen, sind zahlreiche Untersuchungen angestellt worden[5]. Ein großer Teil dieser Arbeiten wurde indessen in der Frühzeit der Carotinoidforschung ausgeführt. Neuere Untersuchungen zeigen[2], daß neben wasserlöslichen Pig-

---

[1] H. v. EULER, V. DEMOLE, P. KARRER und O. WALKER, Helv. chim. Acta *13*, 1078 (1930). – R. WILLSTÄTTER und A. STOLL, «Untersuchungen über das Chlorophyll», Berlin 1913; «Untersuchungen über die Assimilation der Kohlensäure», Berlin 1918. – R. KUHN und H. BROCKMANN, Ber. *64*, 1859 (1931). – P. KARRER und W. SCHLIENTZ, Helv. chim. Acta *17*, 7 (1934). – R. KUHN, A. WINTERSTEIN und E. LEDERER, H. *197*, 141 (1931). – G. MACKINNEY, J. biol. Chem. *111*, 75 (1935). – H. H. STRAIN, Leaf Xanthophylls, Washington 1938.

[2] P. KARRER, E. JUCKER, J. RUTSCHMANN und K. STEINLIN, Helv. chim. Acta *28*, 1146 (1945). P. KARRER, E. KRAUSE-VOITH, K. STEINLIN, Helv. chim. Acta *31*, 113 (1948).

[3] R. WILLSTÄTTER und A. STOLL, l. c. unter Anmerkung 1.

[4] H. v. EULER, V. DEMOLE, P. KARRER und O. WALKER, Helv. chim. Acta *13*, 1078 (1930).

[5] SORBY, Quart. J. mikrosk. Sci. *19*, 215 (1871). – KRAUS, «Zur Kenntnis der Chlorophyllfarbstoffe und ihrer Verwandten», S. 1–131. Stuttgart 1874. – ARNAUD, C. r. *109*, 911 (1889). – IMMENDORF, Landw. Jber. *18*, 507 (1889). – H. MOLISCH, Ber. bot. Ges. *14*, 18 (1896). – T. TAMMES, Flora *87*, 205 (1900). – F. G. KOHL, «Untersuchungen über das Carotin und seine physiologische Bedeutung in den Pflanzen», 1–165. Berlin 1902. – C. A. SCHUNCK, Proc. Roy. Soc., London, *72*, 165 (1903). – R. WILLSTÄTTER und A. STOLL, «Untersuchungen über die Assimilation der Kohlensäure». Berlin 1918.

menten in den etiolierten Blättern auch Carotinoide, insbesondere Xanthophyll, vorkommen.

Mangelhaft sind unsere Kenntnisse der Farbstoffe von *gelben Blättern* (Aureavarietäten). Die letzten Untersuchungen dieser Pigmente stammen von R. WILLSTÄTTER und A. STOLL[1]) und ergeben das Vorliegen von Carotinoiden und von wasserlöslichen Farbstoffen. Da jedoch die Menge der ersteren sehr gering war, ist es fraglich, ob die gelbe Blattfarbe durch sie verursacht wird.

Unsere Kenntnisse der Farbstoffe aus *gelben Herbstblättern* sind, dank verschiedenen neueren Untersuchungen, etwas besser. Obwohl auch hier die Verhältnisse ziemlich kompliziert liegen, gelang es, die einzelnen Stadien des Farbstoffabbaus in qualitativer Hinsicht festzuhalten. Nachdem im Herbst das Chlorophyll abgebaut ist, verbleiben in den Blättern die Carotinoide (evtl. auch die Anthocyane[2])), welche die bekannten, herrlichen Färbungen hervorrufen. Nach und nach werden jedoch auch die Polyenfarbstoffe abgebaut, und zwar scheint das Carotin eine schnellere Zersetzung als das Xanthophyll zu erleiden. In den letzten Phasen der Nekrobiose treten dann die bekannten braunen Farbstoffe auf, welchen das gefallene Laub seine braune Färbung verdankt. Diese Farbstoffe stellen offenbar Oxydations- und Zersetzungsprodukte dar; sie lösen sich in Wasser und geben mit Alkalien tiefgelbe bis braune Färbungen.

Wichtig ist die Aufklärung der Frage, ob im Verlauf der Nekrobiose nur die schon im grünen Blatt vorhandenen Carotinoide hervortreten oder ob neue gebildet werden. Nach R. WILLSTÄTTER und A. STOLL[3]) soll die Summe der Polyenfarbstoffe in Herbstblättern etwa gleich groß sein wie in grünen Blättern. In Übereinstimmung damit stehen die Untersuchungen von E. GOERRIG[4]). Interessant ist die Angabe, daß, während die Carotinmenge im Laufe der Nekrobiose abnimmt, diejenige des Xanthophylls zunimmt[5]). Die Gelbfärbung des Laubes vor der postmortalen Phase rührt nach M. TSWETT[6]) von carotinoidartigen Pigmenten her, welche trotz epiphasischem Verhalten aus petrolätherischer Lösung von Calciumcarbonat (im Gegensatz zu Carotin) adsorbiert werden. Er nannte diese Carotinoide «Herbstxanthophylle». Diese sind nach

---

[1]) Vgl. ältere Literatur: J. L. W. THUDICHUM, Proc. Roy. Soc., London, *17*, 253 (1869). – L. DIPPEL, Flora *61*, 17 (1878). – T. TAMMES, vgl. unter Anmerkung 5, S. 73. – F. G. KOHL, vgl. unter Anmerkung 5), S. 73. – C. VAN WISSELINGH, Flora *107*, 371 (1914).

[2]) WHELDALE, «The Anthocyanine Pigments of Plants». Cambridge 1916. Univ. Press.

[3]) R. WILLSTÄTTER und A. STOLL, «Untersuchungen über die Assimilation der Kohlensäure». 1918.

[4]) E. GOERRIG, Beih. bot. Zbl. *35*, 342 (1917).

[5]) IMMENDORF, Landw. Jb. *18*, 507 (1889). – F. G. KOHL, «Untersuchungen über das Carotin und seine physiologische Bedeutung in Pflanzen», S. 1–165. Berlin 1902. – C. A. SCHUNCK, Proc. Roy. Soc., London, *72*, 165 (1903). – M. TSWETT, Ber. bot. Ges. *26*, 88 (1908). – R. WILLSTÄTTER und A. STOLL, vgl. Anmerkung 3). – H. v. EULER, V. DEMOLE, A. WEINHAGEN und P. KARRER, Helv. chim. Acta *14*, 831 (1931).

[6]) M. TSWETT, Ber. bot. Ges. *26*, 88 (1908).

R. Kuhn und H. Brockmann[1]), welche ebenfalls ein Verschwinden des Carotins im Verlauf der Nekrobiose feststellten, Phytoxanthinester, welche erst im Herbst durch Veresterung von freien Phytoxanthinen entstanden sein sollen. Dieser Sachverhalt ist indessen noch nicht aufgeklärt, da kristallisierte Farbstoffe, mit einer Ausnahme[2]), nicht erhalten werden konnten. P. Karrer und O. Walker konnten die Carotinoide dadurch isolieren, daß sie sie als schwerlösliche Jodide ausfällten und anschließend mit Natriumthiosulfat regenerierten[3]).

Die Versuche von P. Karrer und O. Walker[3]) ergeben folgendes: In dem Maß, wie die Blätter absterben, nimmt der Gehalt an Carotin und Xanthophyll ab, und zwar ersterer schneller. Xanthophyll konnte, noch lange nachdem kein Carotin mehr nachweisbar war, in kristallinem Zustand gefaßt werden. Später verschwindet jedoch auch Xanthophyll vollständig. Die von M. Tswett beobachteten «Herbstxanthophylle» wurden ebenfalls festgestellt. Gleich zu Beginn der Nekrobiose treten diese Verbindungen auf und ihr Gehalt nimmt ständig auf Kosten der Carotinoide zu, so daß kurz vor der postmortalen Phase die Färbung der Blätter hauptsächlich durch sie hervorgerufen wird. Über die Natur dieser Farbstoffe kann noch nichts ausgesagt werden. Es scheint, daß in ihnen Oxydations- und Abbauprodukte des Xanthophylls vorliegen. Daneben kommen Farbstoffe vor, welche stärker im Ultraviolett absorbieren. Es wäre von Interesse, diese «Herbstxanthophylle» einer weiteren Untersuchung zu unterziehen.

Die Pigmente der *winterroten Blätter* haben das Interesse der Forscher seit langem in Anspruch genommen. Es hat sich gezeigt, daß gewisse Blätter diese rote Färbung den Anthocyanen verdanken, andere Rhodoxanthin enthalten.

Carotinoide in Blüten

Bei der Verteilung der Carotinoide auf die Blüten hat sich die Natur verschwenderisch gezeigt, wurden doch bis heute etwa 35 verschiedene Blütencarotinoide isoliert, d. h. mehr als die Hälfte aller bekannten Polyenfarbstoffe. Diese Mannigfaltigkeit ist um so auffallender, als man bis heute noch nichts über die Bedeutung der Carotinoide in den Blüten aussagen kann.

Im folgenden wird eine Zusammenstellung der bis Ende 1946 untersuchten Blüten gegeben. Zahlreiche Untersuchungen, z. B. diejenigen von Courchet, T. Tammes und C. van Wisselingh sind älteren Datums und zum Teil mit unzulänglichen Mitteln ausgeführt worden; diesen Arbeiten kommt deshalb nur beschränkte Bedeutung zu.

---

[1]) R. Kuhn und H. Brockmann, H. *206*, 41 (1932).
[2]) R. Willstätter und A. Stoll, Anmerkung 3), S. 74.
[3]) P. Karrer und O. Walker, Helv. chim. Acta *17*, 43 (1934).

Tabelle 17

Carotinoide in Blüten

A. Monocotyledoneae

Gramineae
  Ungarische Weizenblüten[427]): Xanthophyll, Carotin.

Bromeliaceae
  Tillandsia splendens[12]).

Liliaceae
  Allium siculum[13]).
  Aloe vera[14]): Rhodoxanthin[+++].
  Asphodelus cerasiferus[13]).
  Bulbine semibarbata[13]).
  Fritillaria imperialis[15]) [16]).
  Hemerocallis Middendorffii[16]).
  Kniphofia aloides[12]).
  Lilium bulbiferum[17]).
  Lilium bulbiferum ssp. croceum[16]).
  Lilium candidum[19]): Antheraxanthin[++] (?), Violaxanthin[++].
  Lilium tigrinum (Staubbeutel)[18]): Antheraxanthin[+], Capsanthin[+].
  Tulipa Gesneriana[16]).
  Tulipa hortensis[16]).
  Tulpen, gelbe Kultur-Varietät[20]): Violaxanthin[++].
  Uvularia grandiflora[12]).

Amaryllidaceae
  Clivia miniata[16]).
  Narcissus poeticus[13]) [16]) [21]).

Narcissus Pseudonarcissus[22]): Xanthophyll[++].
Narcissus Tazetta[23]).

Iridaceae
  Crocus luteus[25]): Crocetin[+].
  Crocus neapolitanus[25]): Crocetin[+].
  Crocus reticulatus[25]) [27]): Crocetin[++].
  Crocus sativus[25]): Crocetin[+].
  Crocus variegatus[25]) [27]): Crocetin[++].
  Iris Pseudacorus[16]) [24]): β-Carotin, Xanthophyll, Violaxanthin.
  Safran (*Crocus sativus*)[26]): α-Carotin[++], β-Carotin[++], γ-Carotin[++], Lycopin[++], Zeaxanthin[++], Crocetin[+].
  Tritonia aurea = Ixia crocata[25]) [27]): Crocetin[++].

Musaceae
  Strelitzia Reginae[12]) [15]).

Orchidaceae
  Cypripedium Argus[23]).
  Cypripedium Boxallii[23]).
  Cypripedium insigne[23]).
  Dendrobium thyrsiflorum[16]).
  Gongora galeata[16]).
  Lycaste aromatica[12]).
  Masdevallia Veitchiana[23]).
  Odontoglossum-Species[23]).
  Oncidium-Species[23]).

B. Dicotyledoneae

Proteaceae
  Grevillea robusta[69]): β-Carotin[+], Kryptoxanthin[+], Xanthophyll[+], unbekanntes Carotinoid[+] (vgl. S. 351).

Nymphaceae
  Nuphar luteum[16]).

Ranunculaceae
  Adonis vernalis[12]).
  Caltha palustris[31]) [434]): Xanthophyll[+], Xanthophyllepoxyd[++], Trollixanthin[++], β-Carotin[++], α-Carotin[++].

Eranthis hiemalis[12]) [16]).
Ranunculus acer (*R. Steveni?*)[28]) [29]) [30]): Violaxanthin[++], Xanthophyll[+], Flavoxanthin[+], Chrysanthemaxanthin[+], Flavochrom[+], Xanthophyllepoxyd[++], α-Carotinepoxyd[++], α-Carotin[++], β-Carotin[++], Taraxanthin[-].
Ranunculus arvensis[31]): Carotin[++], Xanthophyll[+].
Ranunculus auricomus[12]) [15]).
Ranunculus Ficaria[12]) [15]).

Ranunculus gramineus[12]).
Ranunculus repens[12]) [15]).
Ranunculus Steveni[32]): Xanthophyll+.
Trollius asiaticus[12]).
Trollius europaeus[31]) [33]): β-Carotin++, Xanthophyll+, Xanthophyllepoxyd++, Trollixanthin+, unbekanntes Epoxyd++.

Berberidaceae
Epimedium macranthum[12]).

Magnoliaceae
Liriodendron tulipifera[34]).

Papaveraceae
Chelidonium majus[12]) [16]).
Corydalis lutea[16]).
Eschscholtzia californica[13]) [35]) [36]): Eschscholtzxanthin+.
Glaucium luteum[37]).
Meconopsis cambrica[16]).

Cruciferae
Alyssum saxatile[12]).
Cheiranthus Cheiri[23]) [28]).
Cheiranthus Senoneri[22]): Xanthophyll++.
Erysimum Perofskianum[16]).
Isatis tinctoria[16]).
Nasturtium-Species[23]).
Raphanus Raphanistrum[28]).
Sinapis officinalis[31]): Carotin++, Violaxanthin+.
Sisymbrium Sophia[12]).

Saxifragaceae
Ribes aureum[15]).

Rosaceae
Geum coccineum[13]).
Geum montanum[38]).
Kerria japonica[15]) [38]) [12]) [16]) [39]) [33]): Xanthophyll+, Xanthophyllepoxyd++, β-Carotin++.
Potentilla erecta (*Tormentilla*)[74]): β-Carotin, Xanthophyll, Zeaxanthin(?), Flavoxanthin(?).
Rosa, gelbe Species[15]) [17]).
Waldsteinia geoides[12]).

Leguminosae
Acacia decurrens var. mollis[10]) [40]): Carotin++, Xanthophyll++.
Acacia discolor[10]): Carotin+, Xanthophyll+.
Acacia linifolia[10]): Carotin+, Xanthophyll+.
Acacia longifolia[10]): Carotin+, Xanthophyll+.
Colutea media[38]).
Cytisus sagittalis[16]).
Genista racemosa[13]).
Genista tinctoria[13]).
Genista tridentata[41]): α-Carotin+, β-Carotin+, Xanthophyll+.
Laburnum anagyroides[31]) [33]): Carotin++, Violaxanthin++, β-Carotin++, Xanthophyll++, Xanthophyllepoxyd++.
Lotus corniculatus[42]): α-Carotin++, β-Carotin++, Xanthophyll++, Xanthophyllepoxyd++, Violaxanthin++, unbekanntes Carotinoid++.
Melilotus officinalis[38]).
Sarothamnus scoparius[43]) [137]): α-Carotin++, β-Carotin++, Xanthophyll+, Xanthophyllepoxyd+, Chrysanthemaxanthin+, Flavoxanthin+.
Spartium junceum[16]).
Thermopsis lanceolata[16]).
Ulex europaeus[28]) [41]): α-Carotin+, β-Carotin+, Violaxanthin+, Taraxanthin+, Xanthophyllisomeres+(?) und ein unbekanntes, im spektralen Verhalten an Flavoxanthin erinnerndes Carotinoid.
Ulex Gallii[41]): α-Carotin+, β-Carotin+, Violaxanthin+, Taraxanthin+, Xanthophyllisomeres+(?), Flavoxanthin+++(?).
Vicia, violettblaue Arten[31]): Lycopin.

Meliaceae
Cedrela Toona[44]): Crocetin+.

Tropaeolaceae
Tropaeolum majus[15]) [22]): Xanthophyll++.

Malvaceae
  Abutilon Darwini[12]).
  Abutilon megapotamicum[12]).
  Abutilon nervosum[15]).

Balsaminaceae
  Impatiens noli tangere[45]): Taraxanthin[+].

Violaceae
  Viola biflora[38]).
  Viola cornuta var. Daldowie[16]).
  Viola lutea[12]) [38]).
  Viola odorata[15]) [46]).
  Viola tricolor[47]) [48]): Violaxanthin[+], Zeaxanthin[++], Flavoxanthin[++], Xanthophyll[+], Auroxanthin[+], Carotin[++].

Loasaceae
  Loasa (Cajophora) lateritia[15]).

Oenotheraceae
  Oenothera biennis[12]) [15]).

Umbelliferae
  Ferula-Species[16]).

Primulaceae
  Primula acaulis[51]).
  Primula officinalis[12]) [15]).

Plumbaginaceae
  Armeria vulgaris[13]).

Oleaceae
  Forsythia Fortunei[12]).
  Forsythia viridissima[12]) [15]) [38]).
  Jasminum Sambac[27]): Crocetin[+++].
  Nyctanthes Arbor-tristis[44]) [49]) [50]): Crocetin[+].

Asclepiadaceae
  Asclepias curassavica[16]).

Boraginaceae
  Nonnea lutea[12]).

Labiatae
  Ladanum hybridum[15]).

Solanaceae
  Atropa Belladonna[13]).
  Fabiana indica[25]) [52]): Crocetin[+].

Scrophulariaceae
  Calceolaria-Species[28]).
  Calceolaria rugosa[16]).
  Calceolaria scabiosaefolia[14]).
  Mimulus longiflorus[53]): β-Carotin[+], γ-Carotin[++], Lycopin[+], Kryptoxanthin[++], Zeaxanthin[+], Pro-γ-carotin, Prolycopin[54]).
  Mimulus moschatus[28]).
  Verbascum-Species[15]).
  Verbascum Thapsus[55]): Crocetin[+].

Rubiaceae
  Manettia bicolor[12]).

Cucurbitaceae
  Cucurbita foetidissima[15]).
  Cucurbita melanosperma[16]).
  Cucurbita Pepo[56]): Carotin[+], Kryptoxanthin[+], Xanthophyll[+], Zeaxanthin[+], Petaloxanthin[+].
  Momordica Balsamina[57]).

Campanulaceae
  Siphocampylus bicolor[12]).

Compositae
  Arnica montana[22]) [42]): Xanthophyll[+], Xanthophyllepoxyd[++], Zeaxanthin[+].
  Aster-Species[13]).
  Buphthalmum salicifolium[38]).
  Cacalia coccinea[38]).
  Calendula arvensis[16]).
  Calendula officinalis[58]), dunkle Variante: Carotin[+], Lycopin[+], Xanthophyll[+], Violaxanthin[+], γ-Carotin[+++] (?), hellgelbe Variante: Lycopin fehlt.
  Chrysanthemum frutescens[28]) [16]).
  Chrysanthemum segetum[59]).
  Chrysanthemum (Winterastern)[60]): Xanthophyll[+], Xanthophyllepoxyd[+], Chrysanthemaxanthin[+] (Carotin[++]).
  Crepis-Species[138]).
  Crepis aurea[42]): α-Carotin[++], β-Carotin[++], Xanthophyll[++], Violaxanthin[++], unbekanntes Pigment, Absorptionsmaxima in CS_2 501, 470 mμ.

Dahlien (Staubbeutel)[19] :Lycopin++.

Dimorphotheca aurantiaca[31] : Lyco-
pin+.

Doronicum Columnae[15] [12] [38]).

Doronicum Pardalianches[22]) : Xanto-
phyll++.

Doronicum plantagineum[16]).

Doronicum excelsum[16]).

Gaillardia splendens[38]).

Gazania rigens, a) in Portugal gewachsen[61]) : Xanthophyll+, Rubi-
xanthin+, Gazaniaxanthin+, unbekanntes Carotinoid, β-Carotin+, γ-
Carotin;
b) in Kalifornien gewachsen[62]) :
Xanthophyll+, Gazaniaxanthin+,
Kryptoxanthin+, Lycopin+, β-Ca-
rotin+, γ-Carotin+.

Gazania splendens[15] [16]).

Helenium autumnale[40]) : Xanthophyll.

Helenium autumnale var. *grandice-
phalum*[22]) : Xanthophyll.

Helianthus annuus[40][63]) : Xantho-
phyll+, Taraxanthin+, Kryptoxan-
thin+, Carotin+.

Heliopsis scabra major[22]) : Xanthophyll.

Heliopsis scabra cinniaeflorae[22]) :
Xanthophyll.

Hieracium aurantiacum[28]).

Hieracium murorum[16]).

Hieracium Pilosella[13]).

Inula Helenium[16]).

Kleinia Galpinii[16]).

Leontodon autumnalis[45]) : Xantho-
phyll+, Taraxanthin+.

Rudbeckia Neumannii[40]) : Xanthophyll.

Senecio Doronicum[31]) : Zeaxanthin+.

Senecio vernalis[29]) : Flavoxanthin+.

Silphium perfoliatum[26]) : Xanthophyll.

Tagetes aurea[26]) : Xanthophyll++.

Tagetes erecta[40]) : Xanthophyll+.

Tagetes grandiflora[40]) :Xanthophyll+,
Violaxanthin++.

Tagetes nana[40]) : Xanthophyll+.

Tagetes patula[40] [64]) : Xanthophyll+,
Xanthophyllepoxyd+, Rubixan-
thin++, Rubichrom+, α-Carotin++,
β-Carotin++.

Taraxacum officinale[65] [66] [67]) : Xan-
thophyll+, Flavoxanthin+, Viola-
xanthin++, Taraxanthin+(?).

Telekia speciosissima[38]).

Tragopogon pratensis[30] [31]) : α-Caro-
tin++, β-Carotin++, α-Carotinepo-
xyd++, Xanthophyll+, Xantho-
phyllepoxyd++, Violaxanthin+,
Flavoxanthin+.

Tussilago Farfara[68]) : Taraxanthin+,
Violaxanthin+.

Tabelle 18

Carotinoide in Früchten und Samen

I. Gymnospermae

Taxaceae

Taxus baccata (Arillus)[70]) : Rhodoxanthin.

II. Angiospermae

a) Monocotyledonen

Pandanaceae

Pandanus polycephalus[6]) : Lycopin+.

Gramineae

Avena sativa[71]).

Gerstenkeimlinge[72]).

Hordeum sativum[71]).

Oryza sativa[71]).

Roggenkeimöl[80]) : α-Carotin++, β-Ca-
rotin++, γ-Carotin+++, Xantho-
phyll++, Zeaxanthin++.

Triticum vulgare[71]: β-Carotin[++],
Xanthophyll[++].
Weizenembryo[78] [79]: Xanthophyll,
Carotin (?).
Zea Mays[75][77]: γ-Carotin[++], Krypto-
xanthin[+], Xanthophyll[++], Zeaxan-
thin[+]. [76]) Hydroxy-α-carotin. [434]
β-Carotin, α-Carotin, K-Carotin (?),
Neo-Kryptoxanthin.

Palmae

Actinophloeus angustifolia[6]: Lyco-
pin[++].
Actinophloeus Macarthurii[6]: Lyco-
pin[+81]).
Archontophoenix Alexandrae[6]: Lyco-
pin[++].
Areca Alicae[6]: Lycopin[++].
Attalea gomphococca[82]: Carotin.
Calyptrocalyx spicatus[6]: Lycopin.
Elaeis guineensis[83]: β-Carotin[+++],
Lycopin[+++84]).
Elaeis melanococca[83]: β-Carotin[+++],
Lycopin[+++].
Nenga Polycephalus[6]: Lycopin[++].
Palmenfrüchte[90]: Zeaxanthin, Caro-
tin.
Palmöl[85]): α-Carotin[+], β-Carotin[+],
γ-Carotin[++], Lycopin[+], Neolyco-
pin[+], Neo-γ-carotin(?), unbekannte
Farbstoffe.
Palmöl aus verschiedenen Arten[87]
[88][89]: α-Carotin[+], β-Carotin, γ-Ca-
rotin[++], Lycopin[++].
Ptychandra elegans[6]: Lycopin[++].
Ptychandra glauca[6]: Lycopin.

Sabal (serenaea) serrulatum[86]:
β-Carotin[+].
Synaspadix petrichiana[6]: Lycopin[++].

Araceae

Aglaonema commutatum[12] [16]).
Aglaonema nitidum[6]: Lycopin.
Aglaonema oblongifolium[6]: Lyco-
pin[++].
*Aglaonema oblongifolium var. Cur-
tisii*[6]: Lcyopin[++].
Aglaonema simplex[6]: Lycopin[++].
Arum italicum[6] [91] [92]: Lycopin[++].
Arum maculatum[93]: Lycopin[++].
Arum orientale[94]: Lycopin[++], β-Ca-
rotin[++], Xanthophyll.

Bromeliaceae

Ananas sativus[73]: Carotin, Xanthophyll.

Liliaceae

Asparagus officinalis[96]: Zeaxanthin[++].
Convallaria majalis[96] [97]: α-Carotin[++], β-Carotin[+], γ-Carotin[+], Lycopin[+], Xanthophyll[+].

Dioscoraceae

Tamus communis[98] [99]: Lycopin[+],
Lycoxanthin[+], Lycophyll[+].

Muscaceae

Musa paradisiaca[100]: Carotin[+],
Xanthophyll[+].

Amaryllidaceae

Clivia-Species[15]).

b) Dicotyledonen

Moraceae
Cannabis sativa[71]).

Polygonaceae
Fagopyrum esculentum[95]).

Berberidaceae
Berberis vulgaris[15]).

Anonaceae
Polyalthia-Species[91]).

Myristicaceae
Myristica fragrans[92] [15]).

Cruciferae
Brassica campestris[101]).
Brassica nigra[101]).

Rosaceae
«*Aprikosepfirsich*»[102]: Carotin[++].
Lycopin[++], Xanthophyll[++].
Cotoneaster-Species[15]).

Cotoneaster occidentalis[103]) : Viola-xanthin[++], Xanthophyll.

Crategus Crus galli[104]).

Prunus armeniaca[105]) : β-Carotin[+], γ-Carotin[++], Lycopin[+].

Prunus persica[72]) : β-Carotin, Kryptoxanthin, Xanthophyll, Zeaxanthin, unbestimmte Carotinoide.

Rosa canina[32)][106)][107]) : Lycopin[+], β-Carotin[+], γ-Carotin[++], Rubixanthin[+], Zeaxanthin[++], Xanthophyll[++], Taraxanthin[++].

Rosa damascena[107]) : die gleichen Pigmente wie vorstehend.

Rosa rubiginosa[107]) : die gleichen Carotinoide wie in der *Rosa canina*.

Rosa rugosa Thumb.[108]) : α-Carotin[+], β-Carotin[+], γ-Carotin[+], Lycopin[+], Rubixanthin[+].

Rubus Chamaemorus[110]) : α-Carotin, β-Carotin, γ-Carotin(?), Lycopin, Rubixanthin, Zeaxanthin.

Sorbus Aria[12)][16]).

Sorbus aucuparia[109]) : α-Carotin[+], β-Carotin[+].

Sorbus aucuparia dulcis[111]) : Carotin.

Sorbus suecica[92]).

Leguminosae

Afzelia cunazensis[34]).

Sojabohnen[113)][428)][430]) : α-Carotin, β-Carotin.

Vigna sinensis[112]) : β-Carotin[+], Xanthophyll[++].

Linaceae

Linum usitatissimum[114]).

Erythroxylaceae

Erythroxylon coca[94]) : Lycopin[++].

Erythroxylon novogranatense[81)][94]) : Lycopin[+].

Rutaceae

Citrus aurantium[115)][116)][117)][118]) : β-Carotin[+], Lycopin[+++], Kryptoxanthin[+], Xanthophyll[+], Violaxanthin[++], Zeaxanthin[+], β-Citraurin[+], Citroxanthin[+] (= Mutatochrom).

Citrus grandis[120]) : β-Carotin, Lycopin.

Citrus grandis Osbeck[119]) : Lycopin.

Citrus Limonum[15)][38]).

Citrus madurensis[121]) : β-Carotin[+], Xanthophyll[+], Kryptoxanthin[+], Violaxanthin[+++](?), Zeaxanthin[+++](?).

Citrus poonensis hort.[122]) : β-Carotin[+], Kryptoxanthin[+], Violaxanthin[+++](?), Xanthophyll[++].

Anacardiaceae

Mangifera indica[123)][124]) : α-Carotin[+], β-Carotin[+], Xanthophyll[+], unbekannte Carotinoide.

Celastraceae

Celastrus scandens[125]).

Evonymus europaeus[126]) : Zeaxanthin[++].

Evonymus japonicus[13)][94]) : Lycopin[++].

Evonymus latifolia[12)][16]).

Icacinaceae

Gonocaryum obovatum[94)][97]) : α-Carotin[+], β-Carotin[+], γ-Carotin[++], Lycopin[+].

Gonocaryum pyriforme[94)][97]) : α-Carotin[+], β-Carotin[+], γ-Carotin[++], δ-Carotin[++](?), Lycopin[+].

Vitaceae

Ampelopsis hoderucea[17)][15]).

Malvaceae

Gossypium hirsutum[127)][71]).

Gossypium-Arten[128)][129]) : Carotin[++], Xanthophyll[++].

Bixaceae

Bixa orellana (vgl. S. 260) : Bixin[+].

Passifloraceae

Passiflora coerulea[13)][130]) : Lycopin[+].

Caricaceae

Carica Papaya[131)][132]) : Kryptoxanthin[+], Violaxanthin[+].

Myrtaceae

Eugenia uniflora[13]).

Elaegnaceae

Hippophae rhamnoides[93]) : Zeaxanthin[+].

Ericaceae
  Vaccinium Vitis idaea[161]): Lyco-
    pin[++], β-Carotin[++] (?), Zeaxan-
    thin[++], Xanthophyll[++].
  Arbutus Unedo[135]): α-Carotin[++],
    β-Carotin[+], Lycopin[++], Krypto-
    xanthin[+], Xanthophyll[+], Zeaxan-
    thin[+], Violaxanthin[+].

Ebenaceae
  Capsicum frutescens jap.[142) 162]): Cap-
    santhin[+], Carotin[+].
  Diospyros costata[134]): α-Carotin[++],
    β-Carotin[+], Lycopin[+], Kryptoxan-
    thin[+].
  Diospyros Kaki[133]): Lycopin[++], Zea-
    xanthin[++].

Apocynaceae
  Tabernae-montana pentasticta[6]):
    Lycopin++.

Solanaceae
  Lycium carolinianum[92]).
  Lycium barbarum[96]): Zeaxanthin[+].
  Lycium halimifolium[143]): Zeaxan-
    thin[+].
  Lycium ovatum[92]).
  Lycopersicum ceraciforme[92]).
  Lycopersicum esculentum[144) 145]): Ly-
    copin[+].
  Physalis Alkekengi[146]): Kryptoxan-
    thin[+], Zeaxanthin[+].
  Physalis Franchetii[146]): Kryptoxan-
    thin[+], Zeaxanthin[+].
  Solanum Balbisii[92]).
  Solanum decasepalum[94]): Lycopin[+].
  Solanum Dulcamara[99]): Lycopin[+],
    Lycophyll[+], Lycoxanthin[+].
  Solanum Hendersonii[96]): Zeaxan-
    thin[+].
  Solanum corymbosum[13]).

Solanum Lycopersicum[147]): Carotin,
  Lycopin, Xanthophyll.
Solanum Pseudocapsicum[92]).

Pedaliaceae
  Sesamum indicum[114]).

Rubiaceae
  Gardenia grandiflora[25]): Crocetin[+].
  Gardenia jasminoides[150) 151]): Croce-
    tin[+++].
  Gardenia lucida[27]): Crocetin[++].
  Nertera depressa[94]): Lycopin[++].

Caprifoliaceae
  Lonicera tatarica[139]).
  Lonicera Xylosteum[139) 46) 15) 148]).
  Sambucus nigra[148]).
  Viburnum Opulus[16) 148) 149]).
  Viburnum Lantana[148) 16) 149]).

Cucurbitaceae
  Bryonia dioica[94) 96]): Lycopin[+].
  Citrullus vulgaris[152) 153]): Lycopin[+],
    α-Carotin[+], β-Carotin[+], γ-Carotin[+].
  Cucumis Melo[13]).
  Cucurbita maxima[154) 155]): α-Caro-
    tin[+], β-Carotin[+], Xanthophyll[+],
    Violaxanthin[+].
  Cucurbita Pepo[156]).
  Luffa-Species[157]): β-Carotin[++], Xan-
    thophyll[+].
  Momordica Balsamina[158) 159]): Xan-
    thophyll[++], Lycopin[++].
  Momordica Charantia[159]): β-Caro-
    tin[++], Lycopin[++].
  Trichosanthes-Species[160]): Lyco-
    pin[++].

Compositae
  Helianthus annuus[101]).
  Sonnenblumenöl[163]): ein unbestimm-
    tes Carotinoid.

2. *Kryptogamen*[1])

Über die Carotinoide aus Kryptogamen sind wir schlechter orientiert als
über diejenigen der Phanerogamen. Schuld daran ist wohl zum Teil die schwie-
rige Beschaffung des Materials. Neueste Untersuchungen haben aber derart

---

[1]) Die Gruppen wurden in der Reihenfolge des ENGLER'schen Systems angeordnet. Innerhalb
der Gruppen stehen die Gattungen in alphabetischer Reihenfolge.

interessante Ergebnisse gezeitigt, daß eine vermehrte Erforschung dieses Gebietes wünschenswert erscheint.

Speziell die Untersuchungen der Bakterienfarbstoffe, welche infolge Materialmangel Schwierigkeiten bereiten, ergaben in neuester Zeit Beobachtungsmaterial, welches zeigt, daß die Spaltpilze Carotinoide zu erzeugen vermögen, welche bis jetzt in den höheren Pflanzen nicht aufgefunden werden konnten (z. B. Rhodoviolascin, Sarcinin, Sarcinaxanthin, Leprotin, Rhodopin usw.). Das weitere Studium der Bakterien-Carotinoide verspricht daher neue Erkenntnisse.

Über die Carotinoide der Pilze liegen verschiedene, zum Teil neuere Untersuchungen vor. In einigen Pilzen wurden außer Carotin andere, spezifische Pigmente aufgefunden (z. B. Torulin, Torularhodin), so daß die Frage gestellt werden muß, ob die Pilze diese Farbstoffe durch Abbau anderer Carotinoide oder aber durch Totalsynthese erzeugen.

Über die Carotinoide aus Algen liegen zahlreiche Literaturangaben vor. Viele davon sind älteren Datums und besitzen nur relative Bedeutung. Andere dagegen stammen aus der neuesten Zeit und haben zum Teil interessante Ergebnisse gezeitigt. Es seien in diesem Zusammenhang die zusammenfassenden, neueren Untersuchungen H. KYLINS[1]) und J. M. HEILBRONS[2]) erwähnt.

Am schlechtesten unterrichtet sind wir über die Carotinoide aus Archegoniaten. Es liegen über diese fast keine Untersuchungen vor. Es ist jedoch anzunehmen, daß die grünen Organe dieser Pflanzen neben Chlorophyll auch Carotin, Xanthophyll, sowie Xanthophyllepoxyd enthalten. Bei der Besprechung des Rhodoxanthins (S. 224) wird ferner erwähnt, daß dieser Farbstoff in den Internodien von *Equisetum*-Species und in *Selaginella* aufgefunden wurde.

Tabelle 19

Carotinoide in Kryptogamen

Schizophyta

a) Bakterien

Bacillus Grasberger[261]): β-Carotin, γ-Carotin, Lycopin und ein capsanthinähnlicher Farbstoff.

Bacillus Lombardo Pellegrini[261]): β-Carotin, γ-Carotin, unbekanntes Phytoxanthin.

Bacterium chrysogloea[243]).

Bacterium egregium[243]).

Bacterium halobium[165) 244]): α-Bacterioruberin, β-Bacterioruberin, Hypoph. Pigment, Absorptionsmaxima in CS_2: 571, 532 mμ (entmethyliertes Rhodoviolascin(?)).

Corynebacterium[245]): β-Carotin.

Corynebacterium carotenum[255) 256) 257]): β-Carotin, gelber, Vitamin-A-wirksamer Farbstoff.

[1]) H. KYLIN, Chem. Abstr. *1940*, 7994 (Kgl. Fysiogr. Sällskap. Lund Förh. *9*, 213 (1939)).

[2]) J. M. HEILBRON, J. Chem. Soc. London *1942*, 79.

Micrococcus erythromyxa[243]): Astacin (?).

Micrococcus rhodochrous[243]): Astacin (?).

Mycobacterium lacticola[265]): β-Carotin, 2 ähnliche Farbstoffe, Astacin.

Mycobacterium leprae[258] [259) 260]):
gelbe Lipochrome, Leprotin.

Mycobacterium phlei[240) 246)247]): β-Carotin, γ-Carotin, Kryptoxanthin,
Xanthophyll, Zeaxanthin, Azafrin-
ester, Leprotin, Azafrin, α-Carotin.

Purpurbakterien (schwefelfrei)[264]):
lycopinähnlicher K. W. und ein
unbekanntes Phytoxanthin.

Rhodobacillus palustris[432]).

Rhodovibrio-Bacterien[252]): Rhodoviolascin, Rhodopin, Rhodovibrin,
Rhodopurpurin, Flavorhodin,
β-Carotin (?).

Sarcina aurantiaca[238]): β-Carotin,
Lycopin (?), Zeaxanthin[239]).

Sarcina lutea[240) 239) 241) 242]): Sarcinin, neues hypophasisches Pig-
ment, gelber Phytoxanthinester,
Sarcinaxanthin.

Sphaerotilus roseus[175]): unbestimm-
ter Farbstoff, Absorptionsmaxima in Petroläther: 494, 449 mμ.

Spirillum rubrum Esmarch[262) 263]):
Bacteriochlorophyll, Rhodoviolascin = Spirilloxanthin und 2 unbekannte Farbstoffe.

Staphylococcus pyrogenes aureus[243)
240]): Zeaxanthin.

Strepotothrix corallinus[238]): Coralin
(Absorptionsmaxima in Äther:
495, 457 mμ).

Thiocystis-Bacterien[249) 250) 251]): Lycopin, α-Carotin, β-Carotin, Flavorhodin, Rhodoviolascin, Rhodopin,
Rhodovibrin, Rhodopurpurin, Bacteriochlorophyll, Bacteriopurpurin.

Timotheegras-Bakterien[248]): β-Carotin, unbestimmte Pigmente.

Torula rubra[253) 254]): β-Carotin, Torulin, Torularhodin.

b) Cyanophyceae

Anabaena flos-aquae[12) 16]).

Aphanizomenon flos-aquae[231]): β-Carotin, Aphanin, Aphanicin, Aphanizophyll, Flavacin.

Calothrix-Species[232) 194]).

Calothrix-scopulorum[199) 231]): Xanthophyll, Myxoxanthin, Myxoxanthophyll.

Microcystis flos aquae[221]).

Nodularia-Species[16]).

Nostoc-Species[232) 16]).

Oscillatoria[184) 185) 233]).

Oscillatoria limosa[232) 234]).

Oscillatoria lapotricha[235]).

Oscillatoria Froelichii[12) 15]).

Oscillatoria rubescens[236) 237]): β-Carotin, Myxoxanthin, Myxoxanthophyll, Oscillaxanthin, Zeaxanthin,
Xanthophyll.

Phormidium vulgare[195) 15]).

Rivularia-Species[15]).

Rivularia nitida[198]): Carotin, Myxoxanthin, Xanthophyll.

Rivularia atra[198]): Carotin, Myxoxanthin, Myxoxanthophyll.

Tolypothrix-Species[15]).

Myxomycetes

Lycogala epidendron[164]): Torulin (?)
Rhodoviolascin (?), β-Carotin
(β-Carotin in den Sporangien[165])).

Lycogala flavofuscum[164]).

Stemonitis ferruginea[164]).

Stemonitis fusca[164]).

Flagellatae

a) Chrysomonadales

Apistonema Carteri[198]) :Carotin, Xanthophyll, Fucoxanthin.
Chromulina Rosanoffii[224]) [225]).
Chrysomonadina[226]).
Glenochrysis maritima[198]) : Carotin, Xanthophyll, Fucoxanthin.

Hydrurus penicillatus[195]).
Thallochrysis litoralis[198]) : Carotin, Xanthophyll, Fucoxanthin.

b) Euglenales

Euglena heliorubescens[228]) : Astacin.
Euglena sanguinea[229]) [230]).

Euglena viridis[226]) [227]) [206]).

c) Dinoflagellatae

Ceratium tripos[223]).
Ceratium fusus[223]).
Ceratium furco[223]).
Dinophysis acuta[223]).
Dinophysis laevis[223]).

Glenodinium-Species[223]).
Gymnodinium helix[223]).
Peridinium divergens[223]).
Prorocentrum micans[223]).

d) Heterocontae

Botrydium granulatum[198]) : Carotin, Fucoxanthin.

Botrydium-Species[202]).

Bacillariophyta

Diatomeae

Achnantidium lanceolata[212]).
Cymatopleura solea[181]).
Eunotia pectinalis[212]).
Fragilaria-Species[12]).
Gomphonema-Species[221]) [15]).
Melosira-Species[195]).
Navicula-Species[15]) [181]).
Navicula torquatum[425]) : β-Carotin,
ε-Carotin.

Nitzschia closterium[189]) [205]) [222]) :
β-Carotin, Kryptoxanthin, Xanthophyll, Isoxanthophyll (?), unbekannte Farbstoffe.
Nitzschia Paleu[101]).
Nitzschia sigmoidea[181]).
Nitzschia-Species[194]).

Conjugatae

Prasiola-Species[194]).
Spirogyra crassa[203]) [204]) [12]) [15]) [194]).
Spirogyra maxima[203]) [16]) [194]).

Zygnema cruciatum[16]).
Zygnema pectinatum[198]) : Carotin, Xanthophyll, Fucoxanthin.

Chlorophyceae

a) Protococcales

Chlorella protothecoides[16]).
Chlorella variegata[16]).
Haematococcus pluvialis = Sphaerella pluvialis[213])[202])[214])[215])[15])[16])[216])[217])
[218]) (vgl. auch H. *267*, 281 (1941)) :
α-Carotin, β-Carotin, Xanthophyll,

Zeaxanthin, Hämatoxanthin, Astacin. (In früheren Untersuchungen gab J. TISCHER ein neues Pigment, Euglenarhodon an, das sich jedoch mit Astacin identisch erwiesen hat.)
Hydrodictyon utriculatum[12]).

Palmellococcus miniatus[220]).
Phyllobium dimorphum[219]).
Phyllobium incertum[219]).
Phyllobium Naegelii[198]): Carotin,
  Xanthophyll.

*Protococcus pluvialis = Pleurococcus
  pluvialis*[213]) [212]).
Protococcus vulgaris[16]).
Scotinosphaera paradoxa[219]).
Volvox-Species[201]).

b) Ulothrichales

Cephaleurus laevis[206]) [207]).
Cephaleurus solutus[206]) [207]).
Cephaleurus albidus[206]) [207]).
Cephaleurus parasiticus[206]) [207]).
Cephaleurus minimus[206]) [207]).
Phycopeltis epiphyton[206]) [207]).
Phycopeltis aurea[206]) [207]).
Phycopeltis amboinemis[206]) [207]).
Phycopeltis Treubii[206]) [207]).
Phycopeltis maritima[206]) [207]).
Trentepohlia aurea[198]) [202]) [172]) [208]) [165]):
  α-Carotin, β-Carotin, Xanthophyll,
  Zeaxanthin.

Trentepohlia-aureum-tomentosum[209])
  [211]).
Trentepohlia bisporangiata[206]) [207]).
Trentepohlia crassiaepta[206]) [207]).
Trentepohlia. Cyania[206]) [207]).
Trentepohlia jolithus[206]) [207]) [15]):
  α-Carotin, β-Carotin, Xanthophyll,
  Zeaxanthin.
Trentepohlia moniliformis[206]) [207]).
Trentepohlia umbrina[209]) [210]) [208]) [172]):
  α-Carotin, β-Carotin, Xanthophyll,
  Zeaxanthin.

c) Ulvales

Enteromorpha compressa[198]): Carotin, Xanthophyll.
Enteromorpha intestinalis[12]) [194]) [199]):
  α-Carotin, β-Carotin, Xanthophyll,
  Violaxanthin (?).

Ulva lactuca[198]) [188]) [194]): Carotin,
  Xanthophyll.

d) Oedogoniales

Bulbochaete setigera[15]).
Bulbochaete-Species[200]) [201]).

Oedogonium-Species[12]) [15]) [16]) [196]) [198]):
  α-Carotin, β-Carotin, Xanthophyll,
  Taraxanthin.

e) Cladophorales

Cladophora glomerata[195]) [12]) [15]) [16]).
Cladophora rupestris[199]): β-Carotin,
  Xanthophyll, Violaxanthin.

Cladophora Sauteri[196]) [198]): β-Carotin, Xanthophyll, Taraxanthin.
Spaeroplea-Species[201]).

f) Siphonales

Vaucheria hamata[198]): Carotin, Xanthophyll, Violaxanthin.

Vaucheria-Species[195]).

Charophyta

Chara ceratophylla Wallr.[197]): β-Carotin, γ-Carotin, Lycopin.
Chara fragilis[12]) [15]).
Nitella opaca[198]): Carotin, Xanthophyll.

Nitella-Sporen[16]).
Nitella syncarpa (Thuill.)[197]): β-Carotin, γ-Carotin, Lycopin.

Phaeophyceae

Ascophyllum nodosum[12] [180]): Carotin+, [16] [198]) Fucoxanthin.

Chorda Filum[198]): Carotin, Fucoxanthin.

Cladostephus spongiosus[198]): Carotin, Fucoxanthin.

Cutleria multifida[183] [181]).

Cystosira abrontanifolia[181]).

Desmarestia aculeata[185]).

Dictyota dichotoma[181] [183] [188] [198]): Carotin, Fucoxanthin, Xanthophyll.

Dictyota polypodioides[12] [181] [180]).

Ectocarpaceae-Species[192]).

Ectocarpus siliculosus[199]): β-Carotin, Fucoxanthin, Xanthophyll, Violaxanthin, Zeaxanthin.

Ectocarpus tomentosus[198]): Carotin, Xanthophyll, Fucoxanthin.

Elachistea-Species[183] [181]).

Fucus ceranoides[198]): Carotin, Fucoxanthin.

Fucus nodosus[183]).

Fucus serratus[183] [184] [185] [12] [186] [181] [187] [180] [16] [188]): Fucoxanthin+, Carotin++, Xanthophyll.

Fucus-Species[182]).

Fucus versoides[181]).

Fucus vesiculosus[183] [189] [12] [190] [180] [16] [191] [198] [199]): β-Carotin, Fucoxanthin, Xanthophyll, Violaxanthin, Zeaxanthin.

Halydryssiliquosa[183] [185] [181] [180] [198]): Carotin, Fucoxanthin.

Haliseris polypodioides [183] [181] [426]): β-Carotin, Zeaxanthin.

Laminaria digitata[12] [181] [180] [16] [188] [198]): Carotin, Fucoxanthin, Xanthophyll.

Laminaria saccharina[183] [185] [12] [181] [180] [187] [16]).

Leathesia marina[183] [181]).

Padina Pavonia[181]).

Pilayella littoralis[180] [198] [199]): Carotin, Fucoxanthin, Xanthophyll, Violaxanthin.

Sphacellaria cirrhosa[198]): Carotin, Fucoxanthin.

Stypocaulon scoparium[198]): Carotin, Fucoxanthin.

Rhodophyceae

Ahnfeltia plicata[198]): Carotin, Xanthophyll.

Bangia-Species[15] [195]).

Batrachospermum moniliforme[185] [195] [15]).

Callithamnion hiemale[193]).

Ceramium diaphanum[193]).

Ceramium rubrum[193] [194] [198] [199]): Carotin, Xanthophyll, wenig Taraxanthin (Carotin setzt sich aus α-Carotin und β-Carotin zusammen).

Chantransia-Species[15] [195]).

Chondrus crispus[198] [16]): Carotin, Xanthophyll.

Corallina officinalis[193] [198]): Carotin, Xanthophyll.

Cystoclonium purpurascens[193]).

Delesseria sanguinea[193]).

Dilsea edulis[194] [199]): Carotin, Xanthophyll [198]).

Dumontia filiformis[193]).

Furcellaria fastigiata[193] [194]).

Gelidium corneum[198]): Carotin, Xanthophyll.

Gigartina stellata[198]): Carotin, Xanthophyll.

Laurencia pinnatifida[193]).

Lemania fluviatilis[195] [15]).

Lemania mamillosa[198]): Carotin, Xanthophyll.

Nemalion multifidum[194]).

Odonthalia dentata[194]).

Phyllophora Brodiaei[180]).

Phyllophora membranifolia[180]).

Phyllophora membranifolia[198]): Carotin, Xanthophyll.

Plocamium coccineum[198]): Carotin, Xanthophyll.
Polyides rotundus[193] [194] [198]): Carotin, Xanthophyll.
Polysiphonia fastigiata[198]): Carotin, Xanthophyll.
Polysiphonia nigrescens[193] [194] [198]): Carotin, Xanthophyll, Fucoxanthin.
Polysiphonia-Species[12]).

Porphyra hiemalis[193]).
Porphyra laciniata[12] [194]).
Porphyra umbilicalis[198]): Carotin, Xanthophyll.
Porphyra vulgaris[184]).
Rhodomela subfusca[193]).
Rhodomela virgata[193]).
Rhodymenia palmata[196] [198]): β-Carotin, Xanthophyll, Taraxanthin.
Spermothamnion roseolum[193]).

Fungi

a) Phycomycetes

Chytridium-Species[15]).
Mucor flavus[15] [16]).
Phycomyces[167]).
Pilobolus crystallinus[15] [166]): Xanthophyll(?).

Pilobolus Kleinii[15] [166] [167]): Carotin, Xanthophyll(?).
Pilobolus Oedipus[166]): Xanthophyll.
Pleotrachelus fulgens[166]).

b) Eumycetes

1. Ascomycetes

Ascobolus-Species[171] [172]).
Leotia lubrica[172] [173]).
Nectria cinnabarina[174] [175] [15] [16]).
Peziza aurantia[172]).
Peziza (Lachnum) bicolor[174]).
Peziza (Lachnea) scutellata[174]).
Polystigma ochraceum = Polystigma fulvum[175]).
Polystigma rubrum[167] [175]): Lycoxanthin und ein saures Pigment.
Saccharomyces-Species[168]): Carotin.
Spathularia flavida[15] [172]).
Sphaerostilbe coccaphili[16]).
Sporobolomyces roseus[165]): Torulin, saure Farbstoffe.
Sporobolomyces salmonicolor[165]): Torulin, saure Farbstoffe.
Torula rubra[169] [170]): β-Carotin, Torulin, Torularhodin.

2. Basidiomycetes

Aecidio- und Basidio-Sporen[15]) verschiedener Uredinales-Arten.
Aleuria aurantiaca[165]): α-Carotin, β-Carotin, Rubixanthin(?).
Allomyces[179]): β-Carotin, zeitweise auch γ-Carotin.
Calocera cornea[16]).

Calocera palmata[16]).
Calocera viscosa[16] [171]).
Cantharellus cibarius[178]): α-Carotin, β-Carotin, Lycopin und 2 unbekannte Carotinoide.
Cantharellus infundibuliformis[178]): die gleichen Pigmente wie beim *Cantharellus lutescens*.
Cantharellus lutescens[178]): Lycopin, unbekanntes Carotinoid.
Coleosporium pulsatilla[178] [177]).
Coleosporium senecionis[165]): α-Carotin, β-Carotin, saures Pigment.
Dacryomyces stillatus[171]).
Ditiola radicata[175]).
Gymnosporangium juniperi-viriginianae[136]): α-, β-, γ-Carotin.
Gymnosporangium juniperinum[174]).
Melampsora aecidioides[176] [177]).
Melampsora salicis capreae[174]).
Phragmidium violaceum[176]).
Puccinia coronata[174]).
Puccinia coronifera[165]): β-Carotin und saure Farbstoffe.
Tremella mesenterica[165]): β-Carotin.
Triphragmium ulmariae[174]).
Uredo (Coleosporium) euphrasie[177]).
Uromyces alchemille[174]).

B. Carotinoide in Tieren

1. *Evertebraten*

Mit der Verbreitung der Carotinoide in Evertebraten beschäftigen sich zahlreiche, obwohl zum Teil veraltete Untersuchungen. Neuere Arbeiten auf diesem Gebiet haben gezeigt, daß verschiedene Wirbellose spezifische Carotinoide enthalten. Ob diese Farbstoffe vom Tier synthetisiert worden sind oder aus der aufgenommenen Nahrung stammen, kann zur Zeit nicht in allen Fällen mit Sicherheit entschieden werden. Zu diesem Zweck sollten die niederen Pflanzen, welche als Nahrung dieser Tierarten in Frage kommen, noch genauer untersucht werden.

α) Arthropoden

Tabelle 20

Carotinoide in Arthropoden

Insekten

Bombyx mori[274] [275] [276] [266]: Carotin, Xanthophyll.

Carausius morosus[278]: an Eiweiß gebundene Carotinoide.

Coccinella septempunctata[269]: α-Carotin, β-Carotin, Lycopin.

Clythra quadripunctata[272]: Carotin.

Coleoptera coccinella[269]: α-Carotin, β-Carotin, Lycopin.

Locusta viridissima[278]: an Eiweiß gebundene Carotinoide.

Locustiden[278]: an Eiweiß gebundene Carotinoide.

Oedipoda coerulescens[303]: Spuren von Carotinoiden.

Oedipoda miniata[269]: β-Carotin und ein unbekannter Farbstoff.

Perillus bioculatus[273]: Carotin.

Pieris brassicae[277]: Carotin, Xanthophyll.

Pyrrhocoris apterus[268] [269]: Lycopin.

Raupe des Kohlweißlings[279]: α-Carotin, Taraxanthin.

Rhynchota[267].

Schizonema lanigna[270].

Sphinx Ligustei[278]: an Eiweiß gebundene Carotinoide.

Tritogenaphis rudbeckiae[271].

Crustaceen[1][2]

Ampelisca tenuicornis[282]: Carotin, Xanthophyll.

Anapagurus chiroacanthus[281]: Astacin (?).

Astacus fluviatilis[287]: Astacin.

Astacus gammarus[288] [289]: Astacin, Carotin.

Astacus[290]: Astacin (Schale).

Balanus balanus[281].

Balanus crenatus[282]: Carotin, Xanthophyll.

Calanus finmarchianus[291]: Astacin, Carotin.

Calocaris macandreae[282]: Carotin, Xanthophyll.

---

[1] Bei der Übersicht der Farbstoffe der Crustaceen konnten wir uns im allgemeinen an die Dissertation von O. WALKER, Zürich 1935, halten. Seine Zusammenstellung wurde bis 1946 nachgeführt und vervollständigt.

[2] Die Angaben betreffend das Vorkommen von Carotin und Xanthophyll sind mit Vorbehalt aufzunehmen, da diese beiden Farbstoffe nur in den seltensten Fällen isoliert werden konnten.

Cancer pagurus[283] [284]): Astacin, Carotin.

Carcinus maenas[281]): Carotin.

Crangon allmani[282]): Carotin, Xanthophyll.

Diaptomus bacillifer[279]): Carotin.

Ebalia tumefacta[282]): Carotin, Xanthophyll.

Eupagurus prideauxii[291]): Astacin.

Eurynome aspera[281]).

Galathea intermedia[282]): Astacin, Carotin, Xanthophyll.

Haploops tubicula[281]).

Hyas araneus[281]).

Idothea baltica[281]).

Idothea emarginata[282]): Carotin, Xanthophyll.

Idothea neglecta[282]): Carotin, Xanthophyll.

Idya furcata[280]).

Leander serratus[283]): Astacin.

Maja squinado[285] [286]): Astacin.

Munida banffia[282]): Astacin, Carotin, Xanthophyll.

Mysis flexuosa[282]): Carotin.

Neohela monstrosa[281]).

Nephrops norwegicus[282] [283]): Astacin, Carotin, Xanthophyll.

Pagurus bernhardus[281]): Carotin, Xanthophyll.

Pagurus rubescens[282]): Carotin.

Palaemon fabricii[281] [282]): Astacin, Carotin, Xanthophyll.

Palaemon serratus[283]): Astacin.

Palinurus vulgaris[283]): Astacin.

Pandalus brevirostris[282]): Astacin, Carotin, Xanthophyll.

Pandalus borealis[282]): Astacin (?).

Pandalus montagui[281]): Astacin, Carotin.

Pontophilus spinosus[281]).

Porcellana longicornis[282]): Carotin.

Portunus depurator[282]): Carotin.

Portunus longicornis[282]): Carotin, Xanthophyll (?).

Portunus persillus[282]): Carotin, Xanthophyll (?).

Portunus puber[283]): Astacin.

Potamobius astacus = Astacus fluviatilis[283]): Astacin.

Scalpellum scalpellum[281]).

Spirontocaris lilljeborgii[281]).

Stenorhynchus-Species[281]).

Bezüglich weiterer orientierender Angaben über Corotinoide aus Crustaceen sei auf die Untersuchungen LÖNNBERGS[1]) verwiesen.

β) Mollusken[2])

Auch über die Carotinoide aus Mollusken sind viele Untersuchungen angestellt worden. Neuere Arbeiten auf diesem Gebiet stammen hauptsächlich von E. LÖNNBERG und von E. LEDERER.

Tabelle 21
Carotinoide in Mollusken

Amphineuren

Lepidopleurus cancellatus[295]): Carotin, Xanthophyll.

Tonicella marmorea[296]): Carotin (?), Xanthophyll.

Chaetoderma nitidulum[296]): Carotin.

---

[1]) E. LÖNNBERG, Ark. Zool. *22*, A Nr. 14; *23*, A Nr. 15 (1931); *25*, A Nr. 1 (1932); *26*, A Nr. 7.

[2]) Nur in den wenigsten Fällen konnten kristallisierte Farbstoffe isoliert werden; die Angaben über die einzelnen Farbstoffe sind deshalb mit Vorbehalt aufzunehmen.

Lamellibranchier

Anomia ephippium[296]: Carotin.
Astarte banksi[295].
Astarte sulcata[296]: Carotin.
Axinus flexuosus[295].
Cardium echinatum[296]: Carotin,
Xanthophyll(?).
Cardium norvegicum[296].
Cardium tuberculatum[293]: Xantho-
phyll(?).
Cochleodesma praetenue[296]: Carotin.
Corbuta gibba[295].
Cultellus pellucidus[296]: Carotin,
Xanthophyll.
Cyprina islandica[296] [297] [300]: Caro-
tin.
Dosina exoleta[296] [297]: Xantho-
phyll(?).
Leda pernula[296]: Carotin, Xantho-
phyll(?).
Lima loscombi[296]: Carotin, Xantho-
phyll(?).
Lima hians[300].
Lucina borealis[296]: Carotin(?).
Lyonsia norvegica[295] [299].
Modiolaria marmorata[296]: Carotin(?),
Xanthophyll(?).
Mya truncata[296]: Carotin(?), Xan-
thophyll(?).
Mytilus californianus[301]: Zeaxan-
thin, Mytiloxanthin.
Mytilus edulis[297] [300]: Carotin
(krist.), Xanthophyll(?).
Nucula sulcata[295] [296]: Carotin(?),
Xanthophyll.
Pecten jacobaeus[293]: Pectenoxan-
thin(?).

Pecten maximus[294]: Pectenoxan-
thin.
Pecten opercularis[296]: Carotin, Xan-
thophyll(?).
Pecten septemradiatus[295].
Pecten striatus[296]: Carotin.
Pecten tigrinus[295].
Pectunculus glycimeris[297] [292]: Gly-
cymerin (bei einer zweiten Unter-
suchung[292] fand man kein Glycy-
merin mehr vor, sondern ein Caro-
tinoidgemisch).
Psammobia feroensis[296]: Carotin,
Xanthophyll.
Saxicava rugosa[296]: Carotin, Xan-
thophyll.
Solen ensis[296]: Carotin, Xantho-
phyll.
Spisula solida[296]: Carotin(?), Xan-
thophyll(?).
Spisula subtruncata[296]: Carotin,
Xanthophyll(?).
Syndosmia alba[295] [296]: Carotin(?).
Syndosmia nitida[295].
Tapes pullastra[296]: Carotin, Xan-
thophyll.
Tellina crassa[296]: Carotin.
Thracia convexa[296]: Carotin.
Venus fasciata[296]: Carotin.
Venus gallina[296]: Carotin.
Venus ovata[296]: Carotin.
Volsella barbata[296]: Carotin, Xan-
thophyll(?).
Volsella modiolus[296] [300]: Carotin,
Xanthophyll(?).

Scaphopoda

Dentalium cutale[296]: Xanthophyll.

Gastropoda

Opisthobranchia:

Aeolis papillosa[295].
Acera bullata[296] [299]: Carotin.
Aplysia rosea[295].
Dendronotus frondosus[296]: Xantho-
phyll.
Doris repanda[295].

Doto coronata[296]: Carotin.
Philline aperta[296]: Carotin(?), Xan-
thophyll.
Pleurobranchus-Species[293] [296]: Asta-
cin(?).
Tritoma hombergi[296] [299].

Prosobranchia

Acmaea virginea[295]).

Aporrhais pes pelecani[296]) : Carotin, Xanthophyll.

Buccinum undatum[296]) : Carotin, Xanthophyll.

Calliostoma miliare[296]) : Carotin, Xanthophyll.

Capulus hungaricus[296]) : Carotin, Xanthophyll.

Emarginula crassa[295]).

Emarginula fissura[295]).

Gibbula cineraria[295]) : Carotin, Xanthophyll.

Gibbula tumida[296]) : Carotin, Xanthophyll (?).

Lacuna divaricata[295]) : Carotin, Xanthophyll.

Littorina littorea[296]) [300]) : Carotin, Xanthophyll.

Nacella pellucida.

Nassa incrassata[296]) : Carotin.

Nassa reticulata[296]) : Carotin.

Natica nitida[296]) : Carotin, Xanthophyll (?).

Neptunea antiqua[295]) [300]).

Patella vulgaris[296]) : Carotin, Xanthophyll.

Purpurea lapillus[296]) : Carotin, Xanthophyll.

Rissoa-Species[296]) : Carotin, Xanthophyll.

Scalaria elathrus[295]) [299]).

Stylifer stylifer[299]).

Trivia europaea[296]) : Carotin.

Trochus zizyphinus[296]) : Carotin, Xanthophyll (?).

Turritella communis[296]) : Carotin, Xanthophyll (?).

Velutina velutina[296]) : Carotin, Xanthophyll (?).

γ) Echinodermen

Unter den Echinodermen finden sich zahlreiche Vertreter, welche Carotinoide enthalten. Auch hier hat es sich gezeigt, daß einzelne dieser Tiere spezifische Polyenfarbstoffe besitzen. Ob diese jedoch aus der Nahrung stammen oder synthetisiert wurden, läßt sich zur Zeit nicht entscheiden. Die meisten Angaben über das Vorkommen von Carotinoiden in Echinodermen sind nur qualitativer Art und deshalb nicht als gesichert aufzufassen.

Tabelle 22

Carotinoide in Echinodermen

Asteroidea

Asterias glacialis[304]) : Carotin, Xanthophyll (?), [296]).

Asterias mülleri[295]) [304]).

Asterias rubens[296]) [304]) [305]) : Asterinsäure (?) [307]).

Asterina gibbosa[306]) [298]) : Xanthophyll.

Astropecten irregularis[295]) [304]) : Xanthophyll (?), Carotin.

Astropecten aurantiacus[306]) : Xanthophyll.

Asteracanthion glacialis[306]) : Xanthophyll.

Cribella oculata[298]) : Carotin.

Crossaster papposus[296]) [304]) : Carotin, Xanthophyll (?).

Goniaster equestris[298]) : Carotin.

Henricia sanguinolenta[296]) : Carotin, Xanthophyll[304]).

Hippasteria phrygiana[296]) : Astacin, Carotin, Xanthophyll.

Luidia sarsii[296]) [304]) : Carotin.

Ophidiaster ophidianus[303]) : Astacin.

Porania pulvillus[296]) : Carotin, Xanthophyll.

Solaster papposa[298]) : Carotin.

Stichastrella endeca[305]).

Stichastrella rosea[295]).

Ophiuroidea

Amphiura chiajei[296] [304]) : Carotin(?),
Xanthophyll.
Amphiura filiformis[304]).
Ophiocomina nigra[296]) [304]) : Caro-
tin(?), Xanthophyll.
Ophiopholis aculeata[296]) [304]).

Ophiotherix fragilis[296]) [304]) : Astacin,
Carotin (?).
Ophiura affinis[304]).
Ophiura texturata[296]) [304]) : Carotin (?),
Xanthophyll.

Crinoidea

Antedon petasus[296]) [304]) : Xanthophyll.

Echinoidea

Brissopsis lyrifera[296]) : Xanthophyll.
Echinaster sepositus[293]) : Astacin.
Echinus esculentus[296]) : Xantho-
phyll (?)[305]).
Psammechinus miliaris[296]) : Xantho-
phyll.
Spalangus purpureus[296]) : Carotin,
Xanthophyll.
Strongylocentrotus diobachiensis[296]) :
Carotin, Xanthophyll.
Strongylocentrotus lividus[308]) : α-Caro-
tin, β-Carotin, Echinenon, Penta-
xanthin.

Holothurioidea
Cucumaria elongata[296]) : Carotin,
Xanthophyll (?).
Cucumaria lactea[296]) [304]).
Holothuria brunneus[298]) : Astacin (?).
Holothuria nigra[298]) : Astacin (?).
Holothuria poli[306]) : Astacin (?).
Holothuria tubulosa[302]) : Astacin (?).
Mesothuria intestinalis[296]) [304]) : Xan-
thophyll.
Phyllophorus lucidus[296])[304]) : Carotin.
Psolus phantapus[296]) [304]).
Thyone fusus[296]) [304]).

δ) Carotinoide in Würmern

In letzter Zeit haben namentlich E. LÖNNBERG und E. LÖNNBERG und
H. HELLSTRÖM Carotinoide aus Würmern untersucht. Obwohl ihre Angaben
nur auf spektroskopischen Daten basieren, scheint es sehr wahrscheinlich, daß
in diesen Tieren Carotin und Xanthophyll vorkommen. Die roten Carotinoide
mit dem einbandigen Absorptionsspektrum, welche z. B. von C. FR. W. KRUKEN-
BERG beobachtet worden sind, konnten die zuerst genannten Autoren nicht mehr
feststellen. Im folgenden wird eine Zusammenstellung über Carotinoide aus
Würmern gegeben, welche zum großen Teil der Dissertation von O. WALKER[1])
entnommen ist und auf den heutigen Stand der Forschung gebracht wurde.

Tabelle 23
Carotinoide in Würmern und benachbarten Gruppen

Nemertini
Amphiporus pulcher[295]).
Carinella annulata[295]).

Cerebratulus fuscus[295]).
Cerebratulus marginatus[295]).
Malacobdella grossa[296]) : Xanthophyll.

---

[1]) O. WALKER, Diss. Zürich 1935.

Polychaeta

Amphitrite affinis[295]).
Aphrodite aculeata[295]).
Arenicola marina[295]).
Arenicola piscatorium[295]).
Aricia norvegica[295]).
Chaetopterus variopedatus[309]): Carotin.
Cirratulus cirratus[298]): Carotin.
Cirratulus tentaculatus[298]): Carotin.
Eumenia crassa[295]).
Glycera goesii[296]): Carotin, Xanthophyll(?).
Harmothoe sarsii[296]): Carotin.
Laetmonice filicornis[296]): Carotin.
Lepidonotus squamatus[295]).
Lumbrinereis fragilis[296]): Carotin, Xanthophyll(?).
Neoamphitrite figulus[296]): Carotin, Xanthophyll.

Nephthys caeca[296]): Carotin.
Nephthys ciliata[295]) [298]): Carotin.
Nereis virens[296]) [298]): Carotin.
Nereis pelagica[295]).
Pectinaria belgica[295]).
Polymnia nebulosa[296]): Carotin(?), Xanthophyll.
Polynoe spinifera[298]).
Sabella penicillus[296]): Carotin, Xanthophyll.
Stylarioides plumosus[296]): Carotin, Xanthophyll.
Terebella-Species[298]).
Terebella stroemii[296]): Carotin, Xanthophyll(?).
Thelepus cincinnatus[296]): Carotin, Xanthophyll.

Gephyrea

Fascolosoma elongatum[296]): Carotin.

Priapulus candatus[295]).

Enteropneusta

Harrimania kupferi[295]).

Bryozoa

Alcyonidium gelatinosum[296]): Carotin, Xanthophyll(?).
Bugula neritina[309]): Carotin.
Flustra foliacea[298]): Astacin.
Flustra securifrons[296]): Carotin, Xanthophyll.

Lepralia foliacea[298]): Astacin.
Siphonostoma tiplochaitos[309]): Astacin(?).

Brachiopoda

Crania anomala[296]): Carotin(?), Xanthophyll.

Terebratulina caput serpentis[296]): Carotin.

Tunicata

Ascidia virginea[295]).
Botryllus schlosseri pallus[296]) [310]): Xanthophyll, Capsanthin, Capsorubin, Pectenoxanthin.
Ciona intestinalis[296]): Xanthophyll.
Clavellina lepadiformis[296]): Carotin, Xanthophyll.
Corella parallelogramma[296]): Carotin(?), Xanthophyll.

Cynthia papillosa[293]) [291]): Astacin, Cynthiaxanthin, α-Carotin, β-Carotin.
Dendrodoa grossularia[310]): α-Carotin, β-Carotin, Astacin.
Microcosmus sulcatus[291]): Phytoxanthine.
Molgula occulta[296]): Carotin(?), Xanthophyll(?).

Muxilla mammillaris[296]): Carotin(?), Xanthophyll(?).

Styela rustica[296]): Carotin, Xanthophyll(?).

Synoicum pulmonaria[295]).

ε) Coelenteraten und Spongien

Über Carotinoide aus Coelenteraten und Spongien gibt es aus der letzten Zeit zahlreiche Untersuchungen, namentlich von E. LÖNNBERG. Im Gegensatz zu C. FR. W. KRUKENBERG und zu MAC MUNN konnte dieser Autor die roten, einbandigen Carotinoide nicht beobachten und beschreibt nur das Vorkommen von carotin- und xanthophyllähnlichen Farbstoffen. Auch auf diesem Gebiet beschränken sich die meisten Untersuchungen auf spektroskopische Beobachtungen, so daß den diesbezüglichen Angaben mit Vorbehalt begegnet werden muß.

Tabelle 24
Carotinoide in Coelenteraten und Spongien

Actinia equina[297]): Actinioerythrin, [314] [293]).

Alcyonium digitatum[296]): Carotin, Xanthophyll.

Anemonia sulcata[314]): Sulcatoxanthin.

Aplysina aerophoba[311]).

Axinea rugosa[295]).

Axinella crista-galli[293]): Astacin.

Caryophyllia smithi[296]): Astacin(?), Carotin.

Chondrosia raniformis[311]).

Coccospongia-Species[311]).

Dysidea fragilis[295]).

Eptactis prolifera Viril[315]): ein saures Carotinoid.

Esperia foliata[296]): Carotin.

Halcampa duodecirrhata[296]): Carotin, Xanthophyll.

Halichondria albescens[312]): Astacin(?).

Halichondria caruncula[312]): Carotin.

Halichondria incrustans[312]): Carotin, Xanthophyll.

Halichondria panicea[295]): Carotin.

Halichondria rosea[312]): Carotin.

Halichondria seriata[312]): Carotin, Xanthophyll.

Halma Bucklandi[312]): Astacin(?).

Hircinia spinosula[311]): Carotin.

Hymeniacidon-sanguineum[316]): Echinenon, α-Carotin, γ-Carotin.

Leuconia fossei[312]): Astacin(?).

Lucernaria quadricornis[296]): Carotin, Xanthophyll(?).

Metridium dianthus[296]): Carotin, Xanthophyll(?).

Metridium senile[313]): Astacin, Carotin, Phytoxanthine.

Papillina suberea[311]).

Permatula phosphorea[296]): Carotin, Xanthophyll.

Protanthea simplex[296]): Carotin(?), Xanthophyll.

Radiella spinularia[296]): Carotin.

Reniera aquaeductus[311]).

Sagartia undata[296]): Xanthophyll.

Sagartia viduata[296]): Carotin, Xanthophyll(?).

Stenogorgia rosea[296]): Carotin.

Suberites domuncula[293]) [311]): Astacin(?).

Suberites ficus[296]): Carotin.

Suberites flavus[311]): Carotin, Xanthophyll.

Suberites massa[296]) [311]): Carotin.

Tedania muggiana[311]): Carotin.

Tentorium semisuberites[296]): Carotin.

Tealina felina[314]): Actinioerythrin.

Tethya lycureum[311]): Carotin.

Tubularia indivisa[312]): Astacin(?).

Tubularia larynx[296]): Carotin.

Urticina felina[296]): Carotin, Xanthophyll.

2. *Vertebraten*

α) Säugetiere

Über das Vorkommen von Carotinoiden im Organismus von Säugetieren liegen außerordentlich viele Literaturangaben vor. Man geht nicht zu weit, wenn man behauptet, daß beinahe im gesamten Säugetierorganismus Carotinoide festgestellt worden sind. Es darf als gesichert gelten, daß diese Carotinoide aus der pflanzlichen Nahrung stammen. Ob allerdings diese Farbstoffe im Tierkörper Umwandlungen erleiden oder unverändert aufgespeichert werden, ist heute noch nicht entschieden.

Im folgenden wird eine Reihe von Vorkommen von Polyenfarbstoffen in Säugetieren aufgeführt. Diese Zusammenstellung ist unvollständig; sie soll lediglich Zeugnis von der vielfältigen Verteilung der Carotinoide im Säugetierorganismus ablegen.

Fäces

Verschiedene neuere Versuche haben ergeben, daß ein Teil der mit der Nahrung aufgenommenen Carotinoide unverändert den Tierkörper verläßt[1]), während der Rest im Magendarmkanal resorbiert wird und in die verschiedenen Organe gelangt.

Schafkot[317]): Xanthophyll (?).

Kuhkot[316]): Carotin, Xanthophyll.

Es ist bemerkenswert, daß nach Verfütterung von α-Carotin nur dieses, nach Verfütterung von β-Carotin nur solches im Kot der Versuchstiere gefunden wird[318]).

Blutserum[319])

Verschiedene Carotinoide (die Zusammensetzung ist abhängig von der jeweiligen Kost der Versuchstiere) wurden im Blutserum von Menschen, Pferden, Kühen, Kälbern, Ochsen, Rindern, Schafen, Schweinen, Ziegen, Katzen und Ratten festgestellt. Dagegen konnten keine Polyenfarbstoffe im Serum von Hunden, Meerschweinchen und Kaninchen gefunden werden.

Serum (Mensch)[320]): Carotin, Lycopin, Xanthophyll.

Serum (Rind): Carotin, Xanthophyll, Kryptoxanthin[321]).

Schwangernblut[322]): Carotin.

Serum (Mensch)[323]): β-Carotin, Lycopin, β-Oxy-carotin (?), β-Oxy-semi-carotinon (?), Xanthophyll, Zeaxanthin (vereinzelt).

Fettgewebe

Eingeweide- und Unterhautfett von Pferd und Rind[326]): Xanthophyll.

Fett von Katzen[324]): Carotin, Xanthophyll.

Fett von Pferden[325]): Carotin.

Knochenmark (Mensch)[328]) [329]): Carotinoide.

Kuhfett[327]): α-Carotin, β-Carotin.

Menschenfett[330]): Carotin, Lycopin, Xanthophyll, Capsanthin.

Nerven

Nerven von Menschen und Kühen[331]): Carotinoide.

Periphere Nerven[332]): Carotinoide.

Innere Organe, Drüsen, Sekrete[333])

Corpora rubra von Kühen[356]): β-Carotin.

Corpus luteum von Kühen[349]) [350]) [351]) [352]) [353]) [354]) [355]): α-Carotin, β-Carotin und Spuren von Xanthophyll.

Gelbe Haut wegen besonderer Diät[367]): Carotinoide[368]).

Gelbe Haut bei Diabetikern[369]) [225]) [370]): Carotinoide.

Haut[365]): Carotinoide[366]).

Herzgewebe[348]): Carotinoide.

Leber[335]) [339]) [326]).

Leber des Schweins[344]): Carotin.

Menschenleber[343]): Carotin, Xanthophyll, Lycopin.

Menschenleber[323]): Carotin, Lycopin, Zeaxanthin, Xanthophyll, Violaxanthin(?), 2 unbekannte Farbstoffe (Abbauprodukte des β-Carotins).

Milchfett (alle Säugetiere)[351]) [360]) [361]) [362]) [363]) [364]): Carotin, wenig Xanthophyll, Pseudo-α-carotin (?)[364]).

Milz[338]): Carotin.

Nebennieren von Menschen, Pferden, Meerschweinchen, Katzen, Hunden, Schweinen[334]) [335]) [336]) [337]) [338]) [326]): Carotin, Xanthophyll.

Placenta (Kuh)[365]) [322]): β-Carotin.

Placenta (Mensch)[356]) [357]) [365]) [322]) [358]): Carotin und Xanthophyll.

Rindergallensteine[346]) [347]): Carotin, Xanthophyll.

Rinderhypophysen[358]): Carotinoide.

Samenblase[359]) (verschiedene Säugetiere): Carotinoide.

Andere Körperteile

Frauenkollostrum[372]): Carotin.

Nabelschnurblut[373]): Carotin.

Retina[371]): β-Carotin, Retinin.

β) Vögel

Zahlreiche Untersuchungen über die Gefiederfarbstoffe von Vögeln zeugen für das große Interesse, das die Chemiker und Zoologen diesen Naturfarbstoffen entgegenbringen. Aber auch andere Teile des Vogelkörpers, wie Fußhaut, Schnabelhaut, innere Organe, Fettgewebe usw., sind wiederholt untersucht worden. Ein großer Teil dieser Arbeiten wurde jedoch mit nur geringen Mengen Material ausgeführt und enthält demgemäß lediglich qualitative Angaben. In der Tat sind kristallisierte Farbstoffe nur in den seltensten Fällen erhalten worden; meistens liegen Angaben spektroskopischer Art vor oder sogar nur Mitteilungen über gewisse Farbreaktionen (mit konzentrierter Schwefelsäure oder Antimontrochlorid), denen naturgemäß eine gewisse Unsicherheit anhaftet.

Untersucht wurden folgende Teile des Vogelkörpers:

  a) Gefieder;

  b) Fettgewebe;

  c) Fußhaut, Körperhaut, Schnäbel;

  d) Blutserum und innere Organe;

  e) Eidotter.

Dabei haben sich einige Regelmäßigkeiten ergeben, welche im folgenden kurz zusammengefaßt werden.

a) Carotinoide aus Federn

Die Färbungen des Gefieders von einheimischen und noch mehr von subtropischen und tropischen Vögeln sind oft von außerordentlicher Pracht. Außer den Farbstoffen struktureller Art (Blau, Weiß) finden sich neben den Melaninfarbstoffen verschiedene rote und gelbe Lypochrome, von denen einzelne Carotinoidcharakter besitzen. Unseres Wissens ist bis jetzt in keinem der untersuchten Fälle die Isolierung eines kristallinen Carotinoids aus Federn geglückt, so daß man auf spektroskopische Angaben angewiesen ist. Es läßt sich aber dennoch mit Sicherheit feststellen, daß in Vogelfedern *nur* Phytoxanthine (und deren Umwandlungsprodukte) vorkommen, und zwar vornehmlich solche mit 2 Hydroxylgruppen (Xanthophyll, Zeaxanthin, Capsanthin[1])).

Fütterungsversuche (H. BROCKMANN, O. VÖLKER, l. c.) haben gezeigt, daß Kanarienvögel, welche mit xanthophyllfreier Kost ernährt worden waren, und dadurch – bei sonst völlig normalem Befinden – weißes Gefieder erhalten hatten, nicht imstande sind, β-Carotin, Lycopin oder Violaxanthin aufzunehmen und im Gefieder abzulagern. Erst nach Verfütterung von Xanthophyll oder Zeaxanthin nehmen die Federn ihre ursprüngliche gelbe Färbung an. SAUERMANN konnte ferner feststellen, daß auch Paprikafarbstoffe auf die gleiche Weise wie Xanthophyll und Zeaxanthin resorbiert und in den Federn abgelagert werden, wobei diese allerdings eine rötliche Farbe annehmen[2]). Bei der Untersuchung der Federn der mit Xanthophyll gefütterten Tiere konnte man feststellen, daß darin außer Xanthophyll noch ein Umwandlungsprodukt desselben vorliegt, das mit dem Namen Kanarienxanthophyll belegt worden ist (S. 348). Bei einigen Vögeln wurde ein anderes Carotinoid, das Picofulvin, beobachtet. Die Natur des Kanarienxanthophylls und des Picofulvins ist noch unklar. Das erstere ist auf jeden Fall *nicht* mit Xanthophyllepoxyd (S. 211) –

---

[1]) Diesbezüglich sei auf die ausführliche Arbeit von H. BROCKMANN und O. VÖLKER, H. *224*, 193 (1934), verwiesen.

[2]) DR. SAUERMANN, Arch. Physiol. *1889*, 543.

wie wegen des gleichen Absorptionsspektrums angenommen werden könnte –
identisch. (Unveröffentlichte Beobachtung von P. KARRER und E. JUCKER.)

Neben den wohldefinierten Farbstoffen, wie Xanthophyll und Zeaxanthin,
und denjenigen unbekannter Struktur, wie Kanarienxanthophyll und Picofulvin, enthalten noch verschiedene Vögel Carotinoide, die in ihrem Verhalten
dem Astacin nahestehen.

Sind die soeben zusammengefaßten, neueren Untersuchungen noch sehr
qualitativer Natur, so kommt den älteren Beobachtungen (z. B. von KRUKEN-
BERG) heute nur noch historische Bedeutung zu. So unterscheidet KRUKEN-
BERG etwa 5 rote und 5 gelbe lypochromähnliche Pigmente. Unter den roten
besitzen *Zoonerythrin*[1]) und *Rhodophan*[2]) die größte Verbreitung. Das Verhalten beider Farbstoffe erinnert stark an Polyenfarbstoffe, ihr spektrales Verhalten und die eventuelle Bindung an Eiweiß läßt sogar eine gewisse Ähnlichkeit mit Astacin bzw. Astaxanthin erkennen. Die neuesten Untersuchungen
von E. LÖNNBERG[3]) und von H. BROCKMANN und O. VÖLKER (l. c.) bestätigen
die vermutliche Beziehung mit Astacin.

Die Natur der von KRUKENBERG erwähnten gelben Farbstoffe ließ sich in
einem Fall aufklären, indem Zoofulvin mit Xanthophyll identifiziert werden
konnte. Dagegen ist über die Struktur des Picofulvins (vgl. die Mitteilung von
H. BROCKMANN und O. VÖLKER, l. c.) noch nichts bekannt.

b) Carotinoide aus Fettgewebe, Fußhaut, Körperhaut, Schnäbel

Es ist oben erwähnt worden, daß in Vogelfedern noch nie Carotin oder sonst
ein Polyenfarbstoff mit Kohlenwasserstoffnatur gefunden worden ist. Im
Gegensatz dazu enthalten z. B. Schnäbel oder Haut verschiedener Vögel Gemische von Carotin und Xanthophyll. Schon KRUKENBERG[4]) konnte im Fettgewebe und in der Fußhaut zahlreicher Vögel Lipochrome feststellen, und
E. LÖNNBERG erkannte 1930[5]) im Choriosulfurin ein Gemisch von Xanthophyll und Carotin und im Zoofulvin fast reines Xanthophyll. Weitere Untersuchungen auf diesem Gebiet wurden von R. KUHN und H. BROCKMANN[6])
und von N. S. CAPPER, J. M. W. Mc KIBBIN und J. H. PRENTICE[7]) durchgeführt. Mit zwei einzigen Ausnahmen (*Phasianus colchicus*, «Rosen» und *Anser
domesticus*) sind alle Untersuchungen auch hier ausschließlich qualitativer Art.

---

[1]) M. BOGDANOW, C. r. *46*, 780 (1858).
[2]) W. KÜHNE, J. Physiol. *1*, 109 (1878).
[3]) E. LÖNNBERG, Ark. Zool. *21*, A Nr. 11, 1 (1930).
[4]) C. FR. W. KRUKENBERG, vgl. Physiol. Stud. Ser. I, Teil 5, 72 (1881); Ser. II, Teil 1, 151
(1882); Ser. II, Teil 2, 1 (1882); Ser. II, Teil 3, 128 (1882).
[5]) E. LÖNNBERG, Ark. Zool. *21*, A, Nr. 11, 1 (1930).
[6]) R. KUHN und H. BROCKMANN, H. *206*, 41 (1932).
[7]) N. S. CAPPER, J. M. W. Mc KIBBIN und J. H. PRENTICE, Biochem. J. *25*, 265 (1931).

c) Carotinoide aus Blutserum und inneren Organen

Im Blutserum von Tauben und Hühnern wurde schon früh ein Lipochrom-farbstoff gefunden, der später von Schunck[1]) auf spektroskopischem Weg als Xanthophyll erkannt worden ist. Dasselbe Pigment ließ sich in Lebern von Hühnern nachweisen[2]). Offenbar wird das mit der Nahrung aufgenommene Carotin und Kryptoxanthin (Mais) schnell abgebaut, während das Vitamin-A-unwirksame Xanthophyll gespeichert wird.

d) Carotinoide aus Eidotter

Die Farbstoffe des Eidotters erregten seit langem das Interesse der Chemi-ker. Als erster erhielt Städeler[3]) aus Hühnereidotter einen kristallisierten Farbstoff mit genau definierten Eigenschaften. Von Thudichum[4]) wurde das Pigment unter die «Luteine» (Lipochrome) eingeordnet und von Schunck in einen Zusammenhang mit Xanthophyll gebracht[5]). 1912 konnten R. Will-stätter und H. H. Escher[6]) die Xanthophyllnatur des von Städeler isolierten Farbstoffes beweisen und 1931 erkannten R. Kuhn und Mitarbeiter in letz-terem ein Gemisch von Xanthophyll und Zeaxanthin[7]). Die Zusammensetzung des Eidotterpigmentes läßt sich durch Variieren des Futters verändern[8]). Von verschiedenen Forschern wurde ferner das Vorkommen von Carotin im Hühner-eidotter festgestellt[9]).

Tabelle 25
Carotinoide in Vögeln[10])

Acanthis flammea (roter Vorderkopf) [374]): Astacin(?), Carotinoide.

Ampelis garrulus[374]): Astacin(?), Carotinoide.

Anas platyrhyncha domestica[374]) (gelbe Fußhaut und Schnabel-haut): Carotin, Xanthophyll und seine Zersetzungsprodukte).

Anas platyrhyncha (rote Fußhaut, Schnabelhaut)[374]): Carotin, Xan-thophyll und seine Zersetzungspro-dukte[11]).

Anas penelope (Fußhaut)[374]).

Anser domesticus (Retina)[375]): Asta-cin, Astaxanthin[376]).

---

[1]) W. D. Halliburton, J. Physiol. 7, 324 (1886). – C. A. Schunck, Proc. Roy. Soc., London, 72, 165 (1903).

[2]) N. S. Capper, J. M. W. Mc Kibbin und J. H. Prentice, Biochem. J. 25, 265 (1931). – H. v. Euler und E. Klussmann, Biochem. Z. 256, 11 (1932).

[3]) G. Städeler, J. prakt. Chem. 100, 148 (1867).

[4]) J. L. W. Thudichum, Proc. Roy. Soc., (London), 17, 253 (1869).

[5]) C. A. Schunck, Proc. Roy. Soc., London, 72, 165 (1903).

[6]) R. Willstätter und H. H. Escher, H. 76, 214 (1912).

[7]) R. Kuhn, A. Winterstein und E. Lederer, H. 197, 141 (1931).

[8]) R. Kuhn und H. Brockmann, H. 206, 41 (1932).

[9]) R. Willstätter und H. H. Escher, l. c. – L. S. Palmer, J. biol. Chem. 23, 261 (1915). – H. v. Euler und H. Hellström, Biochem. Z. 211, 252 (1931). – R. Kuhn und H. Brockmann, l. c.

[10]) Die vorliegende Tabelle wurde der Dissertation von O. Walker, Zürich 1935, entnommen.

[11]) Unter den Zersetzungsprodukten von Xanthophyll herrscht das Kanarienxanthophyll vor.

Anser domesticus (Schnabelhaut)[356]: Carotin, Xanthophyll und seine Zersetzungsprodukte.

Aprosmictus metanurus (gelbe Federn)[377]: Astacin(?), unbekannte Carotinoide.

Astur gentillis (gelbe Federn)[374]: Carotin, Xanthophyll.

Cacatura roseicapilla (rote Federn) [377]: 1bandige Carotinoide.

Calurus auriceps (rote Federn): 1-bandige Carotinoide.

Campethera nubica (Federn): unbekannte Carotinoide[377].

Cardinalis virginianus (Federn)[377]: 1bandige Carotinoide.

Cardullis spinus (Federn)[378]: Xanthophyll und seine Umwandlungsprodukte.

Cardullis cardullis (Federn)[378]: Xanthophyll und seine Umwandlungsprodukte.

Catinga coerulea (Federn)[377]: 1bandige Carotinoide.

Certhiola mexicana (Federn): unbekannte Carotinoide[377].

Chloris chloris (Federn)[378]: Xanthophyll und Umwandlungsprodukte.

Chloronerpes aurulentus (Federn)[377]: unbekannte Farbstoffe.

Chloronerpes Kirkii (Federn): unbekannte Carotinoide[377].

Chloronerpes yucatensis (Federn)[378]: Picofulvin (Violaxanthin und Taraxanthin[?].

Chlorophanes atricapilla (Federn)[377]: unbekannte Farbstoffe.

Chrysoptilus punctigula (Federn)[377]: unbekannte Carotinoide.

Colaptes auratus (Federn)[377].

Colaptes olivaceus (Federn)[377].

Cymbyrhynchus makrorhynchus[377]: 1bandige Carotinoide.

Dendropicus cardinalis (Federn)[377].

Diphyllodes magnifica (gelbe Nackenfedern)[377].

Dryocapus auratus (Federn)[377].

Dryobates major (schwarze Federn) [378]: Picofulvin.

Eclectus polychlorus (Federn)[377]: 1-bandige Carotinoide und unbekannte 2-3bandige Carotinoide.

Emberiza citronella (Federn): Xanthophyll und Zersetzungsprodukte [374] [378].

Emberiza icterica (Federn)[378]: Xanthophyll und seine Zersetzungsprodukte.

Euphone nigricollis (Federn)[377]: unbekannte Carotinoide.

Fringilla canaria (Federn)[377] [378].

Gallus bankiva domestica[377] [378] (gelbe Fußhaut): Carotinoide.

Hypoxanthus rivolis (Federn)[378]: Picofulvin.

Itaginus cruentatus (Federn)[377]: 1-bandige Carotinoide.

Loxia curvirostra (Federn)[374] [378]: 1-bandige Carotinoide, Xanthophyll und seine Zersetzungsprodukte.

Lyrurus tetrix (Rosen)[377] [374]: 1bandige Carotinoide.

Megaloprepia magnifica (Federn)[377]: 1bandige Carotinoide.

Milvus (Fußhaut)[377]: 1bandige Carotinoide.

Motacilla cinerea (Federn)[378]: Xanthophyll und seine Zersetzungsprodukte.

Oriolus galvula (Federn)[377].

Oriolus oriolus (Federn)[378]: Xanthophyll und Umwandlungsprodukte.

Oriolus xanthornus (Federn)[374]: Xanthophyll und Umwandlungsprodukte.

Paradisea papuana (Federn)[377]: 1bandige Carotinoide.

Paradisea rubra (Federn)[377]: 1bandige Carotinoide.

Paroaria cucullata (Federn)[377]: 1bandige Carotinoide.

Parus coeruleus (Federn)[378]: Xanthophyll und Umwandlungsprodukte.

Parus major (Federn)[378]: Xanthophyll und Umwandlungsprodukte.

Phasianus colchicus x torquatus (Federn)[374] : Astacin (?).

Phasianus colchicus («Rosen»)[378] [375] : Astacin (kristallisiert).

Phloegoenus cruenta (Federn)[377] : 1bandige Carotinoide.

Phoenicopterus antiquorum (Federn) [377] : 1bandige Carotinoide.

Phylloscopus sibilatrix[378] : Xanthophyll und Umwandlungsprodukte.

Picides- Species (Federn)[377] : 1bandige Carotinoide und Picofulvin.

Picus canus (Federn)[378] : Picofulvin.

Picus major (Federn)[377] : 1bandige Carotinoide.

Picus viridis (Federn)[378] : Picofulvin.

*Pinicola-*Species (Federn)[374] : unbekannte Farbstoffe.

Ploceus cucullatus (Federn)[378] : Xanthophyll und Umwandlungsprodukte.

Pyrocephalus rubinicus (Federn)[377] : 1-bandige Carotinoide.

Pyromelana franciscana(Federn)[378] : 1bandige Carotinoide.

Pyrrhula pyrrhula[374] [378] : 1bandige Carotinoide, Xanthophyll und seine Umwandlungsprodukte.

Pyrrhula vulgaris (Federn)[377] : 1-bandige Carotinoide.

Regulus regulus (Federn)[377] : 1bandige Carotinoide.

Seleucides alba (Federn)[377].

Serinus canaria (Federn)[378] : Xanthophyll und Umwandlungsprodukte.

Serinus canaria serinus (Federn)[378] : Xanthophyll und Umwandlungsprodukte.

Sittace macao (Federn)[377] : 1bandige Carotinoide und andere unbekannte Farbstoffe.

Somateria mollissima (gelbe Fußhaut)[374] : unbekannte Carotinoide.

Tetrao tetrix («Rosen»)[374] : 1bandige Carotinoide.

Tiga tridactyla (Federn)[377] : unbekannte Carotinoide.

Trogon massera (Federn)[377] : 1bandige Carotinoide.

Turdus merula (Schnabelhaut und Rachenhaut)[374] : unbekannte Pigmente.

γ) Fische

Über die Carotinoide aus Fischen sind zahlreiche Untersuchungen angestellt worden, doch führten die wenigsten zu kristallisierten Farbstoffen. Es darf als gesichert gelten, daß in Fischen (Haut, Muskulatur, innere Organe, Augen) fast immer Carotinoide anzutreffen sind. Dabei scheinen vorzuherrschen: Xanthophyll, Carotin, Astacin, und nach E. LÖNNBERG[1] Taraxanthin. Zu den diesbezüglichen Untersuchungen sei jedoch bemerkt, daß die meisten Angaben lediglich aussagen können, daß im betreffenden Fisch mit Carotinoiden zu rechnen ist. Die Bezeichnung der einzelnen Farbstoffe scheint uns in den meisten Fällen nicht gerechtfertigt, da diese weder isoliert noch chromatographisch voneinander getrennt worden sind. Es ist vielmehr anzunehmen, daß meistens ein Carotinoidgemisch vorlag, deren eine Komponente vorherrschend war und deren Banden bei der spektroskopischen Bestimmung allein

---

[1] Ob es sich bei den Untersuchungen E. LÖNNBERGS, Ark. Zool. *31*, A, Nr. 1 (1938), wirklich um Taraxanthin handelt, ist zweifelhaft, da dieser Farbstoff hypophasisch und nicht – wie LÖNNBERG beschreibt – epiphasisch ist.

sichtbar waren. Eine genaue chromatographische Analyse hätte wahrscheinlich noch das Vorliegen von anderen Pigmenten ergeben. Bezüglich der Carotinoide in den Augen von Fischen, unter denen meistens Xanthophyll und Taraxanthin (?) festgestellt werden konnten, sei auf die Mitteilung E. Lönnbergs[1]) verwiesen.

Tabelle 26.

Carotinoide in Fischen[2])

Abramis brama[380]).

Agonus cataphractus[380]).

Ammodytes lanceolatus[380]).

Anguilla anguilla[379]) : Xanthophyll[382]), Carotin.

Antherina presbyter[381]) : Xanthophyll.

Aphiga minuta[379]) : Taraxanthin.

Arnoglossus megastoma[381]) : Xanthophyll.

Barbus fluviatilis[383]).

Belone belone[379]).

Belone rostrata[383]).

Beryx decadactylos[384]) : Astacin[385]).

Bothus maximus[379]) : Taraxanthin.

Bothus rhombus[379]) : Xanthophyll, Taraxanthin.

Callionymus lyra[382]) [379]) : Xanthophyll, Carotin.

Carassius auratus[381]) [386]) : Lycopin (?)[385]) : Astacin, Carotin.

Caraux trachurus[370]) : Xanthophyll.

Centrolabrus exoletus[380]) : Astacin[379]), Xanthophyll, Taraxanthin.

Clupea harengus[379]) [381]) : Xanthophyll, Taraxanthin.

Coregonus albula[387]) (Eier) : Asterinsäure.

Cottus bubalis[379]) [381])[382]) : Carotin, Xanthophyll, Taraxanthin.

Cottus scorpius (Haut und Muskulatur)[397]) [380]) : Xanthophyll, Taraxanthin.

Crenilabrus melops[379]) [380]) : Xanthophyll oder Taraxanthin.

Crenilabrus suillus[379]) [380]) : Taraxanthin oder Xanthophyll.

Cyclopterus lumpus (Flossen)[380]) : Taraxanthin oder Xanthophyll.

Cyclopterus lumpus[379]) : Taraxanthin.

Cyclopterus lumpus (Leber)[388]) : Astacin.

Cyprinus auratus[389]).

Cyprinus Carpio[389]).

Eliginus navaga (Ovarion)[165]) : β-Carotin, 3 Phytoxanthine.

Embiotocidae[390]) : Carotin, ein saures Carotinoid und ein Phytoxanthin.

Esox anguilla[380]).

Esox lucius[380]).

Esox lucius (Flossen)[393]) : 2 Phytoxanthine, welche mit Taraxanthin oder mit Eloxanthin (= Xanthophyllepoxyd) große Ähnlichkeit haben.

Esox lucius (Leber)[339]) : Xanthophyll.

Esox lucius (Rogen)[338]) : Carotin, Xanthophyll.

Esox lucius (Spermatozoen)[338]) : Carotin, Xanthophyll.

Fundulus parvipinnis[391]) : Taraxanthin (?), Phytoxanthine.

Gadus aeglefinus[379]) : Taraxanthin.

Gadus callarias[379]) [381]) [382]) : Carotin, Xanthophyll, Taraxanthin.

Gadus callarias (Rogen) : Carotin, Xanthophyll[338]).

Gadus esmarkii[380]).

Gadus merlangus[380]) [379]) : Taraxanthin.

Gadus minutus[379]) [382]) : Carotin, Xanthophyll, Taraxanthin.

Gadus polachius[379])[380]) : Taraxanthin.

Gadus virens[379]) [380]) : Taraxanthin.

Gaidropsarus cimbrius[379]) : Xanthophyll.

---

[1]) E. Lönnberg, Ark. Zool. *32*, A, Nr. 8 (1939).

[2]) Wenn nichts anderes angegeben, ist das untersuchte Organ die Haut.

Gaidropsarus mustela[382]) : Xanthophyll, Carotin.

Gasterosteus aculeatus[379]) : Taraxanthin.

Gasterosteus spinachia[381]) : Xanthophyll.

Gobius niger[382]) : Carotin, Xanthophyll.

Haifischarten (Embryonen)[392]) : Carotin, Xanthophyll, Zeaxanthin.

Hippoglossus hippoglossus[379]) [338]) (Rogen) : Xanthophyll, Carotin, Zeaxanthin.

Hippoglossus platessoides[379]) [380]).

Labrus berggylta (Schuppen, Flossen) [382]) : Carotin, Xanthophyll, Taraxanthin.

Labrus berggylta[379]) : Xanthophyll.

Labrus melops[382]) : Carotin, Xanthophyll.

Labrus ossifagus[380]) [379]) : Carotin, Xanthophyll.

Leuciscus rutilus (Leber)[339]) [379]) : Xanthophyll, Taraxanthin.

Lophius piscatorius[402]) (Leber) : Astacin, Taraxanthin[165]) [379]) und ein dem Eloxanthin ähnliches Carotinoid.

Lota vulgaris (Rogen)[338]) : Carotin, Xanthophyll.

Molva molva[379]) [380]).

Muraena helena[394]).

Mullus barbatus[394]).

Nerophis aequoreus[382]) : Carotin, Xanthophyll.

Nerophis ophidon[379]) : Taraxanthin.

Orthagoriscus mola[381]) : Carotin.

Osmerus eperlanus[381]) : Carotin.

Perca fluviatilis (Flossen)[165]) : Astacin, Taraxanthin.

Perca fluviatilis[380]) (Flossen) : Astacin.

Pholis gunellus[379]) [380]) : Carotin, Xanthophyll, Taraxanthin.

Pleuronectes flesus[382]) [381]) : Carotin, Xanthophyll.

Pleuronectes kitt[379]) [380]) [382]) : Carotin, Xanthophyll, Taraxanthin.

Pleuronectes limanda[379]) [381]) : Carotin, Xanthophyll, Taraxanthin.

Pleuronectes microcephalus[381]) : Carotin.

Pleuronectes platessa[381]) : Carotin.

Raja clavata[379]) : Xanthophyll.

Raja batis[379]) : Xanthophyll.

Raniceps raninus[379]) [380]) : Xanthophyll.

Regalescus glesne (Leber)[396]) : Astacin.

Salmo salar (Fleisch)[397]) : Carotin, Salmensäure (Astacin ?)[398]).

Salmo salar (Leber)[339]) : Xanthophyll.

Salmo trutta[379]) : Taraxanthin.

Scomber scombrus[382]) [381]) [379]) : Carotin, Xanthophyll, Taraxanthin.

Scophthalmus norwegicus[379]) [382]) : Carotin, Xanthophyll, Taraxanthin.

Scorpaena scrofa[394]) : Astacin.

Sebastes marinus[399]) : Astacin.

Siphostoma typhle[379]) [381]) : Xanthophyll, Taraxanthin.

Solea solea[379]) [380]).

Solea variegata[381]) : Carotin.

Solea vulgaris (Rogen)[338]) : Carotin.

Spinachia spinachia[380]).

Syngnatus acus[379]) [381]) : Xanthophyll, Taraxanthin.

Trachinus draco[379]) : Taraxanthin.

Trigla gurnardus[379]) [381]) : Taraxanthin.

Trigla hirundo[381]) : Xanthophyll.

Zeus faber[381]) : Xanthophyll.

Zoarces viviparus[379]) [382]) : Carotin, Xanthophyll, Taraxanthin.

δ) Amphibien

Tabelle 27

Carotinoide in Amphibien

Batrachier-Species[405]).

Bufo calmita[403]) [411]) : Xanthophyll.

Bufo calmita (Ovarien) : Xanthophyll (?)[403]).

Bufo viridis[403]).

Bufo vulgaris[403]).

Frösche (Retina)[400]) : unbestimmte Carotinoide.

Frösche (Retina, Fettgewebe, Haut)[401]) : Xanthophyll (?).

Hyla arborea und Rana esculenta[403]).
Rana esculenta (Haut, Ovarien, Fettkörper)[406]): Carotin, Xanthophyll, Zeaxanthin.
Rana esculenta (Leber): α-Carotin, β-Carotin, Xanthophyll, Zeaxanthin[406]).
Rana temporaria, Rana esculenta, Rana

bufo (Haut, Leber, Ovarien, Eier, Eileiter, Fettkörper, Nieren, Hoden)[407])[408]): Carotin, Xanthophyll.
Salamandra maculosa[403]): Xanthophyll(?).
Triton cristatus[403]).
Triton cristatus (Fettgewebe)[403]): Xanthophyll(?).

ε) Reptilien

Unsere Kenntnisse der Reptilienfarbstoffe sind noch mangelhafter als diejenigen der Amphibienpigmente. Aus den Untersuchungen von KÜHNE[1]) und KRUKENBERG[2]) geht hervor, daß Schlangenfarbstoffe keine Carotinoide sind. In Echsen und Schildkröten dürften solche hingegen anwesend sein[2]).

Tabelle 28

Carotinoide aus Reptilien

Chamaeleon vulgaris, Bombinator igneus[404]): Lacertofulvin (Xanthophyll?).
Chrysemis scripta elegans (roter Fleck neben dem Auge)[165]): γ-Carotin; (Rückkenschild): α-Carotin(?); (Eingeweide): β-Carotin und ein Phytoxanthin.

Clemmys insculpata (Retina)[410]): Astacin.
Lacerta agilis[404]).
Lacerta muralis[404]).
Schildkröten (Blutserum, Fettgewebe)[409]): Carotinoide.

ζ) Verschiedenes

Alfalfa (durch Säureeinwirkung)[424]): 5 neue Carotinoide.
Bienenwachs[417])[429]): verändertes Xanthophyll, Xanthophyll, Carotin.
Eigelb[415]): β-Carotin, Kryptoxanthin, Xanthophyll.
Elodea canadensis[412])[413]): Carotin, Eloxanthin = Xanthophyllepoxyd, Xanthophyll.
Holzöl von Acacia acuminata[420]): β-Carotin, unbekannte Pigmente.
Moorerde[416]): Carotin, Xanthophyll.
Moorrübenblätter[431]): α-Carotin, β-Carotin, γ-Carotin.

Plankton[422]): Carotinoide.
Pyracantha coccinia[414]): α-Carotin, β-Carotin, γ-Carotin, Lycopin, Xanthophyllepoxyd, Xanthophyll (Flavoxanthin).
Sardinenöl[421]): Carotin, Xanthophyll und (nicht immer) Fucoxanthin.
Seeschlick[423]): Carotin, Xanthophyll.
Seetang[418]): Carotin.
See- und Tiefseeschlamm[419]): α-Carotin, β-Carotin, Xanthophyll.

---

[1]) W. KÜHNE, J. Physiol. *1*, 109 (1878). – C. Fr. W. KRUKENBERG, vgl. Physiol. Stud., Ser. II, Teil 2, 50 (1882).
[2]) C. FR. W. KRUKENBERG, l. c. – W. D. HALLIBURTON, J. Physiol. *7*, 324 (1886).

106

Literaturverzeichnis

[1]) WACKENRODER, vgl. S. 128. – P. KARRER, O. WALKER, Helv. chim. Acta *16*, 641 (1933). – P. KARRER, K. SCHÖPP und R. MORF, Helv. chim. Acta *15*, 1158 (1932). – D. VAN STOLK, J. GUILBERT und H. PÉNAU, Chim. et Ind. *27*, 550 (1932). – R. KUHN und E. LEDERER, Naturwiss. *19*, 306 (1931); Ber. *64*, 1349 (1931). – R. KUHN und H. BROCKMANN, Naturwiss. *21*, 44 (1933); Ber. *66*, 407 (1933). – H. v. EULER und E. NORDENSON, H. *56*, 223 (1908), usw.

[2]) WAKEMANN, J. Am. pharm. Ass. *23*, 873 (1935).

[3]) R. KUHN, A. WINTERSTEIN und H. ROTH, Ber. *64*, 333 (1931). – C. LIEBERMANN, Ber. *44*, 850 (1911).

[4]) J. FORMANEK, J. prakt. Chem. *62*, 310 (1900).

[5]) L. S. PALMER, «Carotinoids and related Pigments». New York 1922.

[6]) M. W. LUBIMENKO, Rev. gén. Bot. *25*, 475 (1914). – H. KYLIN, H. *163*, 229 (1927).

[7]) L. S. PALMER, «Carotinoids and related Pigments». New York 1922.

[8]) L. S. PALMER, vgl. unter Anmerkung 7. – J. C. LANZING und A. G. VAN VEEN, C. *1938*, I, 2081.

[9]) L. SCHMID und R. LANG, Mh. Chem. *72*, 322 (1939).

[10]) J. M. PETRIE, Biochem. J. *18*, 957 (1924)

[11]) J. C. MILLER und H. M. CORINGTON, Proc. Am. Soc. Hort. Sci. *40*, 519 (1942).

[12]) T. TAMMES, Flora *87*, 205 (1900).

[13]) COURCHET, Ann. Sci. nat. bot., Ser. VII, *7*, 263 (1888).

[14]) H. KYLIN, H. *163*, 229 (1927).

[15]) F. G. KOHL, «Untersuchungen über das Carotin und seine physiologische Bedeutung in den Pflanzen», 1–165. Berlin 1902.

[16]) C. VAN WISSELINGH, Flora *107*, 371 (1914).

[17]) A. HANSEN, Diss. Würzburg, Bot. C. *20*, 36 (1884).

[18]) P. KARRER und A. OSWALD, Helv. chim. Acta *18*, 1303 (1935).

[19]) W. GUGELMANN, Diss. Zürich 1938.

[20]) BIDGOOD, J. Roy. Hort. Soc. *29*, 463 (1905). – C. A. SCHUNCK, Proc. Roy. Soc., London, *72*, 165 (1903).

[21]) BIDGOOD, J. Roy. Hort. Soc. *29*, 463 (1905).

[22]) R. KUHN und A. WINTERSTEIN, Naturw. *18*, 754 (1930).

[23]) BIDGOOD, J. Roy. Hort. Soc. *29*, 463 (1905).

[24]) W. F. O'CONNOR, P. J. DRUMM, Nature, London, *147*, 58 (1941).

[25]) R. KUHN, A. WINTERSTEIN und W. WIEGAND, Helv. chim. Acta *11*, 716 (1928).

[26]) R. KUHN und A. WINTERSTEIN, Naturw. *18*, 754 (1930).

[27]) WEHMER, «Pflanzenstoffe», II. Aufl., Bd. II, S. 957 (1931).

[28]) C. A. SCHUNCK, Proc. Roy. Soc., London, *72*, 165 (1903).

[29]) R. KUHN und H. BROCKMANN, H. *213*, 192 (1932).

[30]) P. KARRER, E. JUCKER, J. RUTSCHMANN und K. STEINLIN, Helv. chim. Acta *28*, 1146 (1945).

[31]) P. KARRER und A. NOTTHAFFT, Helv. chim. Acta *15*, 1195 (1932).

[32]) H. H. ESCHER, Helv. chim. Acta *11*, 752 (1928).

[33]) P. KARRER und E. JUCKER, Helv. chim. Acta *29*, 1539 (1946).

[34]) H. SCHRÖTTER-KRISTELLI, Bot. C. *61*, 33 (1895).

[35]) L. DIPPEL, Flora *61*, 17 (1878).

[36]) H. H. STRAIN, J. biol. Chem. *123*, 425 (1938).

[37]) H. SCHMALFUSS, H. *131*, 166 (1923) – H. SCHMALFUSS und K. KEITEL, H. *138*, 156 (1924).

[38]) A. TSCHIRCH, Ber. dtsch. bot. Ges. *22*, 414 (1904).

[39]) T. ITO, H. SUGINOME, K. UENO und SH. WATANABE, Bull. Soc. Chem. Japan *11*, 770 (1936).

[40]) R. KUHN, A. WINTERSTEIN und E. LEDERER, H. *197*, 141 (1931).

[41]) K. SCHÖN, Biochem. J. *30*, 1960 (1936).

[42]) P. KARRER, E. JUCKER und E. KRAUSE-VOITH, Helv. chim. Acta *30*, 538 (1947).

[43]) P. KARRER und E. JUCKER, Helv. chim. Acta *27*, 1585 (1944).

[44]) A. G. PERKIN, Soc. *101*, 1538 (1912).

[45]) R. KUHN und E. LEDERER, H. *213*, 188 (1932).

[46]) H. MOLISCH, Ber. dtsch. bot. Ges. *14*, 18 (1896).

[47]) R. KUHN und A. WINTERSTEIN, Ber. *64*, 326 (1931).

[48]) P. KARRER und J. RUTSCHMANN, Helv. chim. Acta *27*, 1684 (1944); *25*, 1624 (1942).

[49]) E. G. HILL und A. P. SIKKAR, Soc. *91*, 1501 (1907).

[50]) R. KUHN und A. WINTERSTEIN, Helv. chim. Acta *12*, 899 (1929).

[51]) KEEGAN, Chem. News *113*, 85, 114 (1916).

[52]) M. E. FILHOL, C. r. *39*, 194 (1854).

[53]) L. ZECHMEISTER und W. A. SCHROEDER, Arch. Biochem. *1*, 231 (1942).

[54]) W. A. SCHROEDER, Am. Soc. *64*, 2510 (1942).

[55]) L. SCHMID und E. KOTTER, M. *59*, 341 (1932).

[56]) L. ZECHMEISTER, T. BÉRES und E. UJHELYI, Ber. *68*, 1321 (1935); *69*, 573 (1936).

[57]) G. und F. TOBLER, Ber. dtsch. bot. Ges. *28*, 365 (1910).

[58]) L. ZECHMEISTER und L. v. CHOLNOKY, H. *208*, 27 (1932).

59) H. C. Sorby, Proc. Roy. Soc., London, *21*, 442 (1873).

60) P. Karrer und E. Jucker, Helv. chim. Acta *26*, 626 (1943). – Vgl. P. Karrer und Mitarbeiter, Helv. chim. Acta *28*, 1155 (1945).

61) K. Schön, Biochem. J. *32*, 1566 (1938).

62) L. Zechmeister und W. A. Schroeder, Am. Soc. *65*, 1535 (1943).

63) L. Zechmeister und P. Tuzson, Ber. *63*, 3203 (1930); *67*, 170 (1934).

64) P. Karrer, E. Jucker und K. Steinlin, Helv. chim. Acta *30*, 531 (1947).

65) P. Karrer und H. Salomon, Helv. chim. Acta *13*, 1063 (1930).

66) R. Kuhn und E. Lederer, H. *200*, 108 (1931).

67) P. Karrer und J. Rutschmann, Helv. chim. Acta *25*, 1144 (1942).

68) P. Karrer und R. Morf, Helv. chim. Acta *15*, 863 (1932).

69) L. Zechmeister und A. Polgár, J. biol. Chem. *140*, 1 (1941).

70) R. Kuhn und H. Brockmann, Ber. *66*, 828 (1933). Hier auch Angaben über ältere Literatur.

71) L. S. Palmer und H. L. Kempster, J. biol. Chem. *39*, 299, 331 (1919).

72) G. Mackinney, Plant. Physiol. *10*, 365 (1935).

73) O. C. Magistad, Plant. Physiol. *10*, 187 (1935).

74) L. Schmid und A. Polaczek-Wittek, Mikrochem. *27*, 42 (1939).

75) P. Karrer, H. Salomon und H. Wehrli, Helv. chim. Acta *12*, 790 (1929).

76) J. W. White, F. P. Zscheile und A. M. Brunson, Am. Soc. *64*, 2603 (1942).

77) R. Kuhn und Ch. Grundmann, Ber. *67*, 593 (1934).

78) B. Sullivan, C. H. Bailey, Am. Soc. *58*, 383 (1936).

79) H. v. Euler und M. Malmberg, C. *1936*, II, 117.

80) H. A. Schuette und R. C. Palmer, Oil and Soap *14*, 295 (1937); C. *1938*, I, 1898.

81) J. Zimmermann, Rec. *51*, 1001 (1932).

82) W. J. Blackie und G. R. Cowgill, C. *1939*, II, 1309.

83) A. H. Gill, J. Ind. Eng. Chem. *9*, 136 (1917); *10*, 612 (1918).

84) W. Brash, J. Soc. Chem. Ind. *45*, 1483 (1926); C. *1927*, I, 821.

85) R. F. Hunter und A. D. Scott, Biochem. J. *35*, 31 (1941).

86) C. Griebel und E. Bames, C. *1916*, II, 102.

87) P. Karrer, H. v. Euler und H. Hellström, C. *1932*, I, 1800.

88) R. Kuhn und H. Brockmann, H. *200*, 255 (1931).

89) P. Karrer und O. Walker, Helv. chim. Acta *16*, 641 (1933).

90) C. Manunta, Helv. chim. Acta *22*, 1153 (1934).

91) V. N. Lubimenko, Chem. Abstr. *14*, 1697 (1920).

92) H. Kylin, H. *163*, 229 (1927).

93) P. Karrer und H. Wehrli, Helv. chim. Acta *13*, 1104 (1930).

94) M. W. Lubimenko, Rev. gén. Bot. *25*, 475 (1914).

95) K. Fessler, H. *85*, 148 (1913).

96) A. Winterstein und U. Ehrenberg, H. *207*, 25 (1932).

97) A. Winterstein, H. *215*, 51 (1933); *219*, 249 (1933).

98) L. Zechmeister und L. v. Cholnoky, Ber. *63*, 423 (1930).

99) L. Zechmeister und L. v. Cholnoky, Ber. *69*, 422 (1936).

100) H. v. Loesecke, J. Am. Soc. *51*, 2439 (1929).

101) A. H. Gill, J. Ind. Eng. Chem. *10*, 612 (1918).

102) H. Thaler und K. E. Schulte, Biochem. Z. *306*, 1 (1940).

103) P. Karrer und J. Rutschmann, Helv. *28*, 1528 (1945).

104) J. L. W. Thudichum, Proc. Roy. Soc., London, *17*, 253 (1869).

105) H. Brockmann, H. *216*, 45 (1933).

106) P. Karrer und R. Widmer, Helv. chim. Acta *11*, 751 (1928).

107) R. Kuhn und Ch. Grundmann, Ber. *67*, 341 (1934).

108) H. Willstaedt, C. *1935*, II, 707.

109) R. Kuhn und E. Lederer, Ber. *64*, 1349 (1931).

110) H. Willstaedt, Skand. Arch. Physiol. *75*, 155 (1936).

111) H. v. Euler, Ark. Kemi Mineral. Geol., Ser. B, *11*, Nr. 18 (1933).

112) G. E. Hilbert und E. F. Jansen, J. biol. Chem. *106*, 97 (1934).

113) W. C. Sherman, C. *1941*, I, 2673.

114) A. H. Gill, J. Ind. Eng. Chem. *10*, 612 (1918).

115) L. Zechmeister und P. Tuzson, Naturw. *19*, 307 (1934).

116) P. G. F. Vermast, Naturw. *19*, 442 (1931).

117) L. Zechmeister und P. Tuzson, Ber. *69*, 1878 (1936).

118) P. Karrer und E. Jucker, Helv. chim. Acta *27*, 1695 (1944); *30*, 536 (1947).

119) M. B. Matlack und J. Washington, Acad. Sci. *24*, 385 (1934).

120) M. B. Matlack, J. biol. Chem. *110*, 249 (1935).

121) L. Zechmeister und P. Tuzson, H. *221*, 278 (1933); *240*, 191 (1936).

122) R. Yamamoto, S. Tin, C. *1934*, I, 1660.

123) R. Yamamoto, Y. Osima und T. Goma, C. *1933*, I, 441.

124) G. B. Ramasarma, S. D. Rao und D. N. Hakim, Biochem. J. *40*, 657 (1946).

125) Keller, Am. J. Pharm. *68*. Heft 64 (1896).

[126] L. Zechmeister und K. Szilárd, H. *190*, 67 (1930). – L. Zechmeister und P. Tuzson, H. *196*, 199 (1931).

[127] L. S. Palmer, J. biol. Chem. *23*, 261 (1915).

[128] A. H. Gill, Greenup, J. Oil Fat Ind. *5*, 288 (1929).

[129] G. S. Jamieson und W. F. Baughman, C. *1924*, I, 2752.

[130] P. Karrer, F. Rübel und F. M. Strong, Helv. chim. Acta *19*, 28 (1935).

[131] R. Yamamoto und S. Tin, C. *1933*, I, 3090.

[132] P. Karrer und W. Schlientz, Helv. chim. Acta *17*, 7 (1934).

[133] P. Karrer und Mitarbeiter, Helv. chim. Acta *15*, 490 (1932).

[134] K. Schön, Biochem. J. *29*, 1779 (1935).

[135] K. Schön, Biochem. J. *29*, 1782 (1935).

[136] B. L. Smits, W. J. Peterson, Science *96*, 210 (1942).

[137] P. Karrer und E. Krause-Voith, Helv. chim. Acta *30*, 1158 (1947).

[138] J. L. Collins, Science *63*, 52 (1926).

[139] A. F. W. Schimper, Jb. wiss. Bot. *16*, 1 (1885).

[140] L. Zechmeister und L. v. Cholnoky, A. *509*, 269 (1934).

[141] R. Kuhn und Ch. Grundmann, Ber. *67*, 593 (1934).

[142] L. Zechmeister und L. v. Cholnoky, A. *489*, 1 (1931).

[143] L. Zechmeister und L. v. Cholnoky, A. *481*, 42 (1930).

[144] R. Willstätter und H. H. Escher, H. *64*, 47 (1910).

[145] M. B. Matlack und Ch. E. Sando, J. biol. Chem. *104*, 407 (1934).

[146] R. Kuhn und Ch. Grundmann, Ber. *66*, 1746 (1933).

[147] K. Brass, A. Beyrodt und J. Mattausch, Naturw. *25*, 60 (1937).

[148] G. Nowak und J. Zellner, M. *42*, 293 (1921).

[149] F. Kryz, C. *1920*, I, 533.

[150] J. Stenhouse, A. *98*, 316 (1856); Chem. Gaz *1856*, 40.

[151] J. Stenhouse und Ch. E. Groves, Soc. *31*, 551 (1877); *35*, 688 (1879).

[152] L. Zechmeister und P. Tuzson, Ber. *63*, 2881 (1930).

[153] L. Zechmeister und A. Polgár, J. biol. Chem. *139*, 193 (1941).

[154] H. Suginome und K. Ueno, C. *1931*, II, 2892.

[155] L. Zechmeister und P. Tuzson, Ber. *67*, 824 (1934).

[156] H. Schrötter-Kristelli, Bot. C. *61*, 33 (1895). – G. Michaud und J. F. Tristan, Arch. Soc. Phys. Nat., Genève, *37*, 47 (1913).

[157] T. N. Godnew und S. K. Korschenewsky, C. *1931*, I, 1299.

[158] G. und F. Tobler, Ber. dtsch. bot. Ges. *28*, 365, 496 (1910).

[159] B. M. Duggar, Washington Univ. Stud. *1*, 22 (1913).

[160] N. A. Monteverde und V. N. Lubimenko, Bull. Acad. Sci. Petrograd, S. 6, 7, II, 1105 (1913).

[161] H. Willstaedt, C. *1937*, I, 3658.

[162] W. M. Brown, J. biol. Chem. *110*, 91 (1935).

[163] R. Řetovský und A. Urban, C. *1935*, I, 3068. – N. Dubljanskaja, C. *1941*, I, 717.

[164] W. Zopf, Flora (N. S.) *47*, 353 (1889).

[165] E. Lederer, Bull. Soc. Chim. Biol. *20*, 554 (1938).

[166] W. Zopf, Beitr. Phys. Morph. nied. Org. *2*, 3 (1892).

[167] E. Bünning, Planta *26*, 719 (1937); *27*, 148 (1937).

[168] H. S. Olcovich und H. A. Mattill, Proc. Soc. exp. Biol. Med. *28*, 240 (1930).

[169] H. Fink und E. Zenger, Wschr. Brauerei *51*, 89 (1934).

[170] P. Karrer und J. Rutschmann, Helv. chim. Acta *26*, 2109 (1943).

[171] W. Zopf, Z. wiss. Mikrosk. *6*, 172 (1889).

[172] W. Zopf, Beitr. Phys. Morph. nied. Org. *2*, 3 (1892).

[173] W. Zopf, «Die Pilze», S. 1–500. Breslau 1890.

[174] E. Bachmann, Ber. dtsch. bot. Ges. *4*, 68 (1886).

[175] W. Zopf, Beitr. Phys. Morph. nied. Org. *3*, 26 (1893).

[176] Müller, Landw. Jb. v. Thiel, 719 (1886).

[177] G. Bertrand und G. Poirault, C. r. *115*, 828 (1892).

[178] H. Willstaedt, C. *1938*, II, 2272.

[179] R. Emerson und D. L. Fox, Proc. Roy. Soc. (B), London, *128*, 275 (1940).

[180] H. Kylin, H. *82*, 221 (1912).

[181] H. Molisch, Bot. Ztg. *63* (I), 131 (1905).

[182] S. Rosanoff, Mém. Soc. Sci. nat. Cherbourg, *13*, 195 (1867).

[183] A. Millardet, Ann. Sci. nat. bot., Ser. 5, *10*, 59 (1869).

[184] H. C. Sorby, Proc. Roy. Soc., London, *21*, 442 (1873).

[185] J. Reinke, Jb. wiss. Bot. *10*, 399 (1876).

[186] N. Gaidukov, Ber. dtsch. bot. Ges. *21*, 535 (1903).

[187] M. Tswett, Bot. Ztg. *63* (II), 273 (1905); *24*, 235 (1906).

[188] R. Willstätter und H. J. Page, A. *404*, 237 (1914).

[189] A. Hansen, Bot. Ztg. *42*, 649 (1884).

[190] M. Tswett, Ber. dtsch. bot. Ges. *24*, 235 (1906).

[191] J. M. Heilbron und R. F. Phipers, Biochem. J. *29*, 1373 (1935).

[192] E. Askenasy, Bot. Ztg. *27*, 785 (1869).

[193] H. Kylin, H. *74*, 105 (1911).

[194] H. Kylin, H. *166*, 39 (1927).

[195] H. Nebelung, Bot. Ztg. *36*, 369, 385, 401 (1878).

196) J. M. HEILBRON und R. F. PHIPERS, Biochem. J. *29*, 1369 (1935).

197) P. KARRER, W. FATZER, M. FAVARGER und E. JUCKER, Helv. chim. Acta *26*, 2121 (1943).

198) J. M. HEILBRON, J. Chem. Soc., London, *1942*, 79.

199) H. KYLIN, Kgl. Fysiogr. Sällskap. Lund Förh. *9*, 213 (1939); Chem. Abstr. *1939*, 5115³.

200) DE BARY, B. Naturf. Ges. Freib. *13*, 222 (1856).

201) F. COHN, Arch. Mikrosk. Anat. *3*, 1 (1867).

202) J. ROSTAFINSKY, Bot. Ztg. *39*, 461 (1881).

203) BORODIN, Bull. l'Acad. impér. Sci. St-Petersbourg *28*, 328 (1883); Bot. Ztg. *41*, 577 (1883).

204) H. MOLISCH, Ber. dtsch. bot. Ges. *14*, 18 (1896).

205) BASHIR AHMAD, Biochem. J. *24*, 860 (1930).

206) G. KARSTEN, Bot. Ztg. *47*, 300 (1891).

207) W. ZOPF, Beitr. Phys. Morph. nied. Org. *1*, 30 (1892).

208) J. TISCHER, H. *243*, 103 (1936).

209) R. CASPARY, Flora (N. S.) *16*, 579 (1858).

210) A. B. FRANK, Cohn's Beitr. Biol. Pfl. *2*, 123 (1877).

211) HILDEBRAND, Bot. Ztg. *19*, 81 (1861).

212) F. G. KOHL, Ber. dtsch. bot. Ges. *24*, 124, 222 (1906).

213) F. COHN, Nova Acta Leopoldina Carolin. Acad. *22*, II, 649 (1850).

214) G. KLEBS, Untersuchungen bot. Inst. Tübingen *1*, 261 (1883).

215) W. ZOPF, Biol. Z. *15*, 417 (1895).

216) JACOBSEN, Bot. Ztg. *72*, 38 (1912).

217) W. MEVIUS, Ber. dtsch. bot. Ges. *41*, 237 (1923).

218) J. TISCHER, H. *250*, 147 (1937).

219) G. KLEBS, Bot. Ztg. *39*, 249, 265, 281, 297, 313, 329 (1881).

220) K. BORESCH, Ber. dtsch. bot. Ges. *40*, 288 (1923).

221) W. ZOPF, Ber. dtsch. bot. Ges. *18*, 461 (1900).

222) NELLO PACE, J. biol. Chem. *140*, 483 (1941).

223) F. SCHÜTT, Ber. dtsch. bot. Ges. *8*, 9 (1890).

224) N. WILLE, Jb. wiss. Bot. *18*, 473 (1887).

225) N. GAIDUKOV, Ber. dtsch. bot. Ges. *18*, 331 (1900).

226) G. KLEBS, Untersuchungen bot. Inst. Tübingen *1*, 261 (1883).

227) V. WITTICH, Virchows Arch. path. Anat. *27*, 573 (1863).

228) J. TISCHER, H. *239*, 257 (1936); H. *267*, 281 (1941); vgl. R. KUHN, J. STENE und N. A. SÖRENSEN, Ber. *72*, 1688 (1939).

229) A. GARCIN, J. bot. *3*, 189 (1889); Z. wiss. Mikrosk. *6*, 529 (1889.

230) F. KUTSCHER, H. *24*, 360 (1898).

231) J. TISCHER, H. *251*, 109 (1938); *260*, 257 (1939).

232) G. KRAUSS und A. MILLARDET, C. r. *66*, 505 (1868).

233) N. A. MONTEVERDE, Acta Horti Petropolitani *13*, 201 (1893).

234) KRAUSS, «Zur Kenntnis der Chlorophyllfarbstoffe und ihrer Verwandten, spektroskopische Untersuchungen». Stuttgart 1827.

235) H. MOLISCH, B. dtsch. bot. Ges. *14*, 18 (1896)

236) J. M. HEILBRON und B. LYTHGOE, Soc. *1936*, 1376.

237) P. KARRER und J. RUTSCHMANN, Helv. chim. Acta *27*, 1691 (1944).

238) V. READER, Biochem. J. *19*, 1039 (1925).

239) E. CHARGAFF, C. r. *197*, 946 (1933).

240) E. CHARGAFF und J. DIERYCK, Naturw. *20*, 872 (1932).

241) T. NAKAMURA, Bull. chem. Soc. Japan *11*, 176 (1936).

242) Y. TAKEDA, T. OHTA, H. *268*, I–II (1941).

243) W. ZOPF, Ber. dtsch. bot. Ges. *9*, 22 (1891).

244) H. F. M. PETTER, Amsterdamer Akad. Wiss. *34*, Nr. 10 (1931).

245) C. A. BAUMANN, H. STEENBOCK, M. A. INGRAHAM und E. B. Fred., J. biol. Chem. *103*, 339 (1933).

246) M. A. INGRAHAM und H. STEENBOCK, Biochem. J. *29*, 2553 (1935).

247) Y. TAKEDA und T. OHTA, H. *262*, 168 (1939); *265*, 233 (1940).

248) E. CHARGAFF, C. Bakt. Parasitenkunde, 1. Abt., *119*, 121 (1930).

249) P. KARRER und U. SOLMSSEN, Helv. chim. Acta *18*, 25 (1935).

250) H. GAFFRON, Biochem. Z. *279*, 33 (1935).

251) P. KARRER und U. SOLMSSEN, Helv. chim. Acta *18*, 1306 (1935); *19*, 3 (1936); vgl. H. KÖNIG, Diss. Zürich 1940.

252) P. KARRER und U. SOLMSSEN, Helv. chim. Acta *18*, 25, 1306 (1935); *19*, 3, 1019 (1936). – P. KARRER, U. SOLMSSEN und H. KÖNIG, Helv. Acta *21*, 454 (1938). – P. KARRER und H. KÖNIG, Helv. chim. Acta *23*, 460 (1940).

253) E. LEDERER, C. r. *197*, 1694 (1933).

254) P. KARRER und J. RUTSCHMANN, Helv. chim. Acta *26*, 2109 (1943).

255) C. E. SKINNER und M. F. GUNDERSON, J. biol. Chem. *97*, 53 (1932).

256) M. A. INGRAHAM und C. A. BAUMANN, J. Bact. *28*, 31 (1934).

257) E. CHARGAFF, H. *218*, 223 (1933).

258) F. B. GURD und W. DENIS, J. exper. Med. *14*, 606 (1911).

259) CH. GRUNDMANN und Y. TAKEDA, Naturw. *25*, 27 (1937).

260) Y. TAKEDA und T. OHTA, H. *258*, 7 (1939).

261) E. CHARGAFF und E. LEDERER, Ann. Inst. Pasteur *54*, 383 (1935).

262) C. B. VAN NIEL und J. H. C. SMITH, Arch. Microbiol. *6*, 219 (1935); vgl. Arch. Biochem. *5*, 243 (1944).

[263] L. ZECHMEISTER und Mitarbeiter, Arch. Biochem. *5*, 243 (1944).

[264] E. SCHNEIDER, C. *1936*, I, 3525.

[265] H. F. HAAS und L. D. BUSHNELL, J. Bact. *48*, 219 (1944).

[266] M. OKU, C. *1930*, II, 2538; C. *1932*, II, 2325.

[267] H. C. SORBY, Quart. J. Sci. (N. S.) *29*, 64 (1871).

[268] C. PHISALIX, C. r. *118*, 1282 (1894).

[269] E. LEDERER, C. r. Soc. biol. *117*, 413 (1934).

[270] FR. N. SCHULZ, Biochem. Ztschr. *127*, 112 (1922).

[271] L. S. PALMER und H. H. KNIGHT, J. biol. Chem. *59*, 451 (1924).

[272] W. ZOPF, Beitr. Phys. Morph. nied. Org. *1*, 30 (1892).

[273] L. S. PALMER und H. H. KNIGHT, J. biol. Chem. *59*, 443 (1924).

[274] F. G. DIETEL, Klin. Wschr. *12*, 601 (1933).

[275] C. RAND, Biochem. Z. *281*, 200 (1935).

[276] BARBERA, Ann. Chim. applic. *23*, 501 (1933).

[277] C. MANUNTA, C. *1935*, I, 3559.

[278] H. JUNGE, H. *268*, 179 (1941).

[279] W. ZOPF, Beitr. Phys. Morph. nied. Org. *3*, 26 (1893).

[280] A. LWOFF, C. r. Soc. Biol. *93*, 1602 (1925).

[281] E. LÖNNBERG, Ark. Zool. 22, A, Nr. 14, 1 (1931).

[282] E. LÖNNBERG und H. HELLSTRÖM, Ark. Zool. 23, A, Nr. *15*, 1 (1931).

[283] R. FABRE und E. LEDERER, C. r. Soc. Biol. *113*, 344 (1933); Bull. Soc. Chim. Biol. *16*, 105 (1934).

[284] C. A. MAC MUNN, Proc. Roy. Soc., London, *35*, 370 (1883).

[285] R. MALY, Mh. Chem. *2*, 351 (1881).

[286] R. KUHN, E. LEDERER und A. DEUTSCH, H. *220*, 229 (1933).

[287] W. D. HALLIBURTON, J. Physiol. *6*, 300 (1885).

[288] R. KUHN und E. LEDERER, B. *66*, 488 (1933).

[289] J. VERNE, C. r. Soc. Biol. *83*, 963, 988 (1920).

[290] H. v. EULER, H. HELLSTRÖM und E. KLUSSMANN, H. *228*, 77 (1934).

[291] E. LEDERER, Bull. Soc. Chim. Biol. *20*, 567 (1938).

[292] E. LEDERER, Bull. Soc. Chim. Biol. *20*, 567 (1938). – E. LEDERER und R. FABRE, C. *1934*, I, 3757.

[293] P. KARRER und U. SOLMSSEN, Helv. chim. Acta *18*, 915 (1935).

[294] E. LEDERER, C. r. Soc. Biol. *116*, 150 (1934).

[295] E. LÖNNBERG, Ark. Zool. *22*, A, Nr. 14, 1 (1931).

[296] E. LÖNNBERG und H. HELLSTRÖM, Ark. Zool. *23*, A, Nr. 15, 1 (1931).

[297] R. FABRE und E. LEDERER, C. r. Soc. Biol. *113*, 344 (1933); Bull. Soc. Chim. Biol. *16*, 105 (1934).

[298] CH. A. MAC MUNN, Quart. J. microsk. Sci. (N. S.) *30*, 51 (1890).

[299] E. LÖNNBERG, Ark. Zool. *25*, A, Nr. 1 (1932).

[300] E. LÖNNBERG, Ark. Zool. *26*, A, Nr. 7 (1933).

[301] B. T. SCHEER, J. biol. Chem. *136*, 275 (1940).

[302] C. DE MEREKOWSKY, C. r. *93*, 1029 (1881).

[303] P. KARRER und F. BENZ, Helv. chim. Acta *17*, 412 (1934).

[304] E. LÖNNBERG, Ark. Zool. *26*, A, Nr. 7 (1933).

[305] E. LÖNNBERG, Ark. Zool. *25*, A, Nr. 1 (1932).

[306] C. FR. W. KRUKENBERG, vgl. Physiol. Stud., Ser. II, Teil 3, 41, 92 (1882).

[307] H. v. EULER und H. HELLSTRÖM, H. *223*, 89 (1934).

[308] E. LEDERER, C. r. *201*, 300 (1935).

[309] C. FR. W. KRUKENBERG, vgl. Physiol. Stud., Ser. II, Teil *3*, 6, 22 (1882).

[310] E. LEDERER, C. r. Soc. Biol. *117*, 1086 (1934).

[311] C. FR. W. KRUKENBERG, vgl. Physiol. Stud., Ser. I, Teil 2, 65 (1880); Ser. II, Teil 3, 108 (1882).

[312] C. A. MAC MUNN, J. Physiol. *9*, 1 (1888).

[313] D. L. FOX und C. F. A. PANTIN, Trans. Roy. Soc., London, B, *230*, 415 (1941).

[314] J. M. HEILBRON, H. JACKSON und R. N. JONES, Biochem. J. *29*, 1384 (1935).

[315] D. L. FOX und C. R. MOE, C. *1938*, II, 2272.

[316] P. KARRER und A. HELFENSTEIN, Helv. chim. Acta *13*, 86 (1930).

[317] H. FISCHER, H. *96*, 292 (1915).

[318] R. KUHN und H. BROCKMANN, Ber. *64*, 1859 (1931).

[319] Zum Beispiel J. L. W. THUDICHUM, Proc. Roy. Soc., London, *17*, 253 (1869). – KRUKENBERG, Sitz.-Ber. Jenaer Ges. Med. Naturw. *19*, 1886 (1885). – A. A. HYMANS, H. VAN DEN BERGH und J. SNAPPER, Dtsch. Arch. F. klin. Med. *110*, 540 (1913). – L. S. PALMER und C. H. ECKLES, J. biol. Chem. *17*, 223 (1914). – B. v. EULER, H. v. EULER und H. HELLSTRÖM, Biochem. Z. *203*, 370 (1920). – CH. L. CONNOR, J. biol. Chem. *77*, 619 (1928). – H. v. EULER und E. VIRGIN, Biochem. Z. *245*, 252 (1932). – H. v. EULER und E. KLUSSMANN, Biochem. Z. *250*, 1 (1932).

[320] E. DÁNIEL und G. J. SCHEFF, Proc. Soc. exper. Biol. Med. *33*, 26 (1935). – E. DÁNIEL und T. BÉRES, H. *238*, 160 (1936). – H. SÜLLMANN und Mitarbeiter, Biochem. Z. *283*, 263 (1936). – H. WILLSTAEDT und T. LINDQVIST, H. *240*, 10 (1936).

[321] A. E. GILLAM und M. S. EL RIDI, Biochem. J. *29*, 2465 (1935).

[322] G. GAEHTGENS, Klin. Wschr. *16*, 894, 1073 (1937).

323) H. WILLSTAEDT und T. LINDQVIST, H. *240*, 10 (1936).

324) L. S. PALMER und C. H. ECKLES, J. biol. Chem. *17*, 211 (1914).

325) H. VAN DEN BERGH, P. MULLER und J. BROEKMEYER, Biochem. Z. *108*, 279 (1920).

326) H. v. EULER und E. KLUSSMANN, Biochem. Z. *256*, 11 (1932).

327) L. ZECHMEISTER und P. TUZSON, B. *67*, 154 (1934).

328) C. FR. W. KRUKENBERG und H. WAGNER, Z. Biol. *21*, 25 (1885).

329) B. v. EULER, H. v. EULER und H. HELLSTRÖM, Biochem. Z. *202*, 370 (1932).

330) L. ZECHMEISTER und P. TUZSON, H. *231*, 259 (1935).

331) D. H. DOLLEY und F. V. GUTHRIE, J. Med. Res. *40* 295 (1919).

332) H. v. EULER und E. KLUSSMANN, C. *1932*, II, 2201.

333) H. VAN DEN BERGH und Mitarbeiter, Biochem. Z. *108*, 279 (1920); A. A. HYMANS, und Mitarbeiter, Dtsch. Arch. klin. Med. *110*, 540 (1913).

334) C. FR. W. KRUKENBERG, Virchows Arch. path. Anat. *101*, 542 (1885).

335) H. VAN DEN BERGH, P. MULLER und J. BROEKMEYER, Biochem. Z. *108*, 279 (1920).

336) G. M. FINDLAY, J. Path. Bact. *23*, 482 (1920).

337) O. BAILLY und R. NETTER, C. r. *193*, 961 (1931).

338) H. v. EULER, U. GARD und H. HELLSTRÖM, C. *1932*, II, 2201.

339) H. v. EULER und E. VIRGIN, Biochem. Z. *245*, 252 (1932).

340) L. ZECHMEISTER und P. TUZSON, H. *234*, 235 (1935).

341) L. RANDOIN und M. R. NETTER, Bull. Soc. Chim. Biol. *15*, 944 (1933).

342) O. BAILLY, Bull. Acad. Med. *107*, 932 (1935).

343) L. ZECHMEISTER und P. TUZSON, H. *234*, 241 (1935).

344) L. ZECHMEISTER und P. TUZSON, H. *239*, 147 (1936).

345) G. GAEHTGENS, Klin. Wschr. *16*, 894, 1073 (1937).

346) H. FISCHER und H. RÖSE, H. *88*, 331 (1913).

347) H. FISCHER und R. HESS, H. *187*, 133 (1930).

348) D. H. DOLLEY und F. V. GUTHRIE, J. Med. Res. *42*, 289 (1921).

349) G. PICCOLO und A. LIEBEN, Giorn. Sci. nat. econ., Palermo, *2*, 258 (1886).

350) F. HOLM, J. prakt. Chem. *100*, 142 (1867).

351) J. L. W. THUDICHUM, Proc. Roy. Soc., London, *17*, 253 (1869).

352) H. H. ESCHER, H. *83*, 198 (1913).

353) R. KUHN und E. LEDERER, H. *200*, 246 (1931).

354) P. KARRER und W. SCHLIENTZ, Helv. chim. Acta *17*, 55 (1934).

355) H. v. EULER und E. KLUSSMANN, C. *1932*, I, 3458.

356) R. KUHN und H. BROCKMANN, H. *206*, 41 (1932).

357) H. v. EULER und E. KLUSSMANN, C. *1932*, I, 3458; C. *1932*, II, 2202; Biochem. Z. *250*, 1 (1932).

358) H. v. EULER, B. ZONDEK und E. KLUSSMANN, C. *1933*, I, 801.

359) FR MAASS, Arch. mikr. Anat. *34*, 452 (1889).

360) L. S. PALMER und C. H. ECKLES, J. biol. Chem. *17*, 191 (1914).

361) L. S. PALMER, J. biol. Chem. *27*, 27 (1916). – L. S. PALMER, C. KENNEDY und H. L. KEMPSTER, J. biol. Chem. *46*, 559 (1921).

362) L. S. PALMER und C. H. ECKLES, J. biol. Chem. *17*, 237 (1914).

363) H. PAFFRATH und A. CONSTEN, Z. Kinderheilk. *42*, 51 (1926); B. ges. Physiol. *38*, 816 (1927).

364) A. E. GILLAM und M. S. EL RIDI, Biochem. J. *30*, 1735 (1936).

365) F. SMITH, J. Physiol. *15*, 162 (1894). – L. S. PALMER und C. H. ECKLES, J. biol. Chem. *17*, 221 (1914).

366) A. F. HESS und V. C. MYERS, J. Am. Med. Assoc. *73*, 1743 (1919).

367) MIURA, 1917, Festschrift, gewidmet KEIZO DOHI. Tokyo, 203.

368) SCHÜSSLER, Münch. med. Wschr. *66*, 597 (1919). – H. SALOMON, Wiener klin. Wschr. *32*, 495 (1919).

369) A. A. HYMANS, H. VAN DEN BERGH und J. SNAPPER, Dtsch. Arch. klin. Med. *110*, 540 (1913).

370) L. S. PALMER, «Carotinoids and related Pigments». New York 1922.

371) H. v. EULER und H. HELLSTRÖM, Svensk Kem. Tidskr. *45*, 203 (1933). – O. BRUNNER, E. BARONI und W. KLEINAU, H. *236*, 257 (1935). – G. WALD, Nature, London, *134*, 65 (1934); G. WALD und A. B. CARK, J. gen. Physiol. *21*, 93 (1938).

372) W. J. DANN, Biochem. J. *27*, 1998 (1933); *30*, 1644 (1936).

373) H. WENDT, Klin. Wschr. *15*, 222 (1936).

374) E. LÖNNBERG, Ark. Zool. *21*, A, Nr. 11, 1 (1930).

375) R. KUHN, J. STENE und N. A. SÖRENSEN, Ber. *72*, 1688 (1939).

376) G. WALD und H. ZUSSMAN, J. biol. Chem. *122*, 449 (1938).

377) KRUKENBERG, vgl. Physiol. Stud., Ser. I, Teil 5, 72 (1881); Ser. II, Teil 1, 151 (1882); Teil 2, 1 (1882); Teil 3, 128 (1882).

378) H. BROCKMANN und O. VÖLKER, H. *224*, 193 (1934).

379) E. Lönnberg, Ark. Zool. *31*, A, Nr. 1 (1938).

380) E. Lönnberg, Ark. Zool. *21*, A, Nr. 10, 1 (1929).

381) J. T. Cunningham, C. A. Mac Munn, Trans. Roy. Soc., London, Ser. B, *184*, 765 (1893).

382) E. Lönnberg, Ark. Zool. *23*, A, Nr. *16*, 1 (1931).

383) C. Fr. W. Krukenberg, vgl. Physiol. Stud., Ser. II, Teil 2, 55 (1882); Ser. II, Teil 3, 138 (1882).

384) Tutyia, Bull. Soc. Sci. Fisheries *3*, 242 (1935).

385) E. Lederer, C. r. Soc. Biol. *118*, 542 (1935).

386) A. Weissberger und H. Bach, Naturw. *20*, 350 (1932).

387) H. v. Euler und Mitarbeiter, H. *228*, 77 (1934).

388) N. A. Sörensen, H. *235*, 8 (1935).

389) C. Fr. W. Krukenberg, vgl. Physiol. Stud., Ser. II, Teil 2, 1; Teil 3, 138 (1882).

390) R. T. Young und D. L. Fox, Biol. Bull. *71*, 217 (1936).

391) F. B. Sumner und D. L. Fox, J. exper. Zool. *66*, 263 (1933); *71*, 101 (1935); Proc. Nat. Acad. Sci. *21*, 330 (1935).

392) H. v. Euler und U. Gard, C. *1932*, I, 1544.

393) E. Lederer, «Caroténoïdes des animaux inférieurs». Paris 1938.

394) C. Fr. W. Krukenberg, vgl. Physiol. Stud., Ser. II, Teil 2, 55; Teil 3, 138 (1882).

395) C. Fr. W. Krukenberg und H. Wagner, Z. Biol. *21*, 25 (1885).

396) N. A. Sörensen, Tidskr. Kjemi Bergves *15*, 12 (1934).

397) H. v. Euler und H. Hellström, H. *223*, 89 (1934).

398) A. Emmerie, M. van Eekelen, B. Josephy und L. K. Wolff, Acta brev. neerl. Physiol. pharm. Microbiol. *4*, 139 (1934).

399) E. Lederer, Bull. Soc. Chim. Biol. *20*, 554, 567 (1938).

400) St. Capranica, Arch. Physiol. *1877*, 287.

401) W. Kühne, J. Physiol. *1*, 109 (1878). – G. Wald, J. Gen. Physiol. *19*, 351 (1936).

402) N. A. Sörensen, Kgl. Norske Vid. Selsk. Forh. *6*, 154 (1933); Tidskr. Kjemi Bergves *15*, 12 (1934).

403) C. Fr. W. Krukenberg, vgl. Physiol. Stud., Ser. II, Teil 2, 43 (1882).

404) C. Fr. W. Krukenberg, vgl. Physiol. Stud., Ser. II, Teil 2, 50 (1882).

405) A. Magnan, C. r. *144*, 1130, 1068 (1907).

406) L. Zechmeister und P. Tuzson, H. *238*, 197 (1936).

407) F. G. Dietel, Klin. Wschr. *12*, 601 (1933).

408) C. Rand, Biochem. Z. *281*, 200 (1935). – O. Brunner und R. Stein, Biochem. Z. *282*, 47 (1935).

409) W. D. Halliburton, J. Physiol. *7*, 324 (1886).

410) G. Wald und H. Zussman, J. biol. Chem. *122*, 449 (1938).

411) E. Lönnberg, Ark. Zool. *30*, A, Nr. 6, 10 (1938).

412) Donald Hey, Biochem. J. *31*, 532 (1937).

413) P. Karrer und J. Rutschmann, Helv. chim. Acta *28*, 1526 (1945).

414) P. Karrer und J. Rutschmann, Helv. chim. Acta *28*, 1528 (1945).

415) A. E. Gillam und J. M. Heilbron, Biochem. J. *29*, 1064 (1935).

416) O. Baudisch und H. v. Euler, C. *1935*, II, 1390.

417) G. H. Vansell und C. S. Bisson, C. *1936*, II, 1085.

418) G. Lunde, C. *1937*, II, 1894.

419) D. L. Fox, C. *1937*, II, 3899.

420) V. M. Trikojus und J. C. Drummond, Nature, London, *139*, 1105 (1937).

421) B. E. Bailey, C. *1938*, II, 2669.

422) A. E. Gillam, M. S. El Ridi und R. S. Wimpenny, C. *1939*, I, 2624.

423) S. Muraveisky und J. Chertok, C. *1939*, II, 1458.

424) F. W. Quackenbush, H. Steenbock und W. H. Peterson, C. *1939*, II, 2929.

425) H. H. Strain und W. M. Manning, Am. Soc. *65*, 2258 (1943).

426) P. Karrer und Mitarbeiter, Helv. chim. Acta *19*, 29 (1936).

427) L. Zechmeister und L. Cholnoky, J. biol. Chem. *135*, 31 (1940).

428) Wm. C. Sherman, Chem. Abstr. *1940*, 2089[8].

429) J. Tischer, H. *267*, 14 (1941).

430) M. Nakamura und S. Tomita, C. *1941*, I, 2195.

431) G. Mackinney und H. Milner, J. Am. pharm. Ass. *55*, 4728 (1933).

432) W. Zirpel, Z. Botan. *36*, 538 (1941).

433) G. S. Fraps und A. R. Kemmerer, Ind. Eng. Chem. Anal. Ed. *13*, 806 (1941).

434) P. Karrer und E. Jucker, Helv. chim. Acta *30*, 1774 (1947).

SPEZIELLER TEIL

I. Carotinoid-Kohlenwasserstoffe bekannter Konstitution

1. *Lycopin* $C_{40}H_{56}$

Geschichtliches

1873 HARTSEN[1]) isoliert aus *Tamus communis* L. einen dunkelroten, kristallisierten Farbstoff, welcher später als Lycopin erkannt wurde.

1875 MILLARDET[2]) gewinnt Lycopin in unreinem Zustande aus der Tomate. Er nennt es Solanorubin.

1903 C. A. SCHUNCK[3]) zeigt, daß der Tomatenfarbstoff, dem er den Namen Lycopin beilegt, sich im Absorptionsspektrum von demjenigen des Carotins erheblich unterscheidet.

1910 R. WILLSTÄTTER und H. H. ESCHER[4]) untersuchen eingehend das Lycopin. Sie geben ihm die richtige Bruttoformel $C_{40}H_{56}$ und erkennen seine Isomerie mit Carotin.

1928–31 P. KARRER und Mitarbeiter[5]) führen die Konstitutionsaufklärung des Lycopins durch.

1932 R. KUHN und CH. GRUNDMANN[6]) erhalten bei der Chromsäureoxydation des Lycopins hochgliedrige Abbauprodukte, deren Bau die Lycopinformel bestätigen.

Vorkommen

Besonders durch neuere Untersuchungen, welche mit Hilfe der verfeinerten chromatographischen Trennungsmethoden ausgeführt worden sind, ist gezeigt worden, daß der Tomatenfarbstoff in der Natur viel häufiger anzutreffen ist, als man früher anzunehmen geneigt war. Auffallend ist das reichliche Vorkommen von Lycopin in reifen Früchten. (Vgl. weiter unten über die Bildung des

---

[1]) HARTSEN, C. *1873*, 204; C. r. *76*, 385 (1873); Courchet, Ann. Sci. nat. (7) *7*, 320, 356 (1888).

[2]) MILLARDET, Bull. Soc. Sci. Nancy (2) *1*, fasc. III, p. 21 (1875).

[3]) C. A. SCHUNCK, Proc. Roy. Soc. *72*, 165 (1903) (vgl. ZOPF, Biol. Zentralbl. *15*, 417 (1895)).

[4]) R. WILLSTÄTTER und H. H. ESCHER, H. *64*, 47 (1910).

[5]) P. KARRER und Mitarbeiter, Helv. chim. Acta *11*, 751 (1928); *12*, 285 (1929); *11*, 1201 (1928); *13*, 1084 (1930); *14*, 435 (1931).

[6]) R. KUHN und CH. GRUNDMANN, Ber. *65*, 898, 1880 (1932).

Pigmentes beim Reifungsvorgang.) Aber auch andere Pflanzenteile und auch tierisches Material enthalten – wenn auch oft nur in untergeordneten Mengen – diesen Farbstoff.

Tabelle 29

Pflanzliches und tierisches Material, aus welchem Lycopin isoliert worden ist

Ausgangsmaterial	Literaturangaben
a) Aus Früchten von:	
Convallaria majalis L. .	A. Winterstein und U. Ehrenberg, H. *207*, 25, 32 (1932).
Bryonia dioica Jacq. . .	A. Winterstein und U. Ehrenberg, H. *207*, 25, 32 (1932).
Tamus communis L. . .	L. Zechmeister und L. v. Cholnoky, Ber. *63*, 423 (1930).
Rosa canina	H. H. Escher, Helv. chim. Acta *11*, 753 (1928). – P. Karrer und R. Widmer, Helv. chim. Acta *11*, 751 (1928).
Rosa rubiginosa	R. Kuhn und Ch. Grundmann, Ber. *67*, 339 (1934).
Rosa rugosa Thumb. . .	H. Willstaedt, C. *1935*, II, 707; Svensk Kem. Tidskr. *47*, 112 (1935).
Prunus armeniaca L. . .	H. Brockmann, H. *216*, 47 (1933).
Erythroxylon novograna-tense, Actinophloeus Ma-carthurii, Ptychosperma elegans	J. Zimmermann, Rec. Trav. chim. Pays-Bas et Belg. *51*, 1001 (1932).
Citrus decumana L. . .	M. B. Matlack, C. *1928*, I, 2948.
Citrus grandis Osb. . . .	M. B. Matlack, C. *1935*, I, 95,; J. biol. Chem. *110*, 249 (1935).
Diospyros Kaki L. . . .	P. Karrer und Mitarbeiter, Helv. chim. Acta *15*, 490 (1932).
Solanum Dulcamara L., *Solanum Balbisii* L. . .	H. Kylin, H. *163*, 229 (1927). – L. Zechmeister und L. v. Cholnoky, Ber. *63*, 787 (1930).
Solanum Lycopersicum .	C. A. Schunck, Proc. Roy. Soc. *72*, 165 (1903). – R. Willstätter und H. H. Escher, H. *64*, 47 (1910). – R. Kuhn und Ch. Grundmann, Ber. *65*, 1886 (1932). – H. v. Euler, P. Karrer, E. v. Krauss und O. Walker, Helv. chim. Acta *14*, 154 (1931).
Citrullus vulgaris Schrd..	L. Zechmeister und P. Tuzson, Ber. *63*, 2881 (1931). – L. Zechmeister und A. Polgár, J. biol. Chem. *139*, 193 (1941).
Diospyros costata . . .	K. Schön, Biochem. J. *29*, 1779 (1935).
Palmöl	R. F. Hunter und A. D. Scott, Biochem. J. *35*, 31 (1941).
Rubus Chamaemorus . .	H. Willstaedt, Skand. Arch. Physiol. *75*, 155 (1936).
Passiflora coerulea . . .	P. Karrer und Mitarbeiter, Helv. chim. Acta *19*, 28 (1936).

b) Aus sonstigem pflanzlichem und tierischem Material:

Ausgangsmaterial	Literaturangaben
Calendula officinalis . .	L. ZECHMEISTER und L. v. CHOLNOKY, H. *208*, 28 (1932). – P. KARRER und A. NOTTHAFT, Helv. chim. Acta *15*, 1196 (1932).
Gonocaryum obovatum und Gonocaryum pyriforme .	V. N. LUBIMENKO, Rev. gén. bot. *25*, 474 (1914). – A. WINTERSTEIN, H. *215*, 51 (1933); *219*, 249 (1933).
Mimulus longiflorus . .	L. ZECHMEISTER und W. A. SCHROEDER, Arch. Biochem. *1*, 231 (1943).
Dimorphotheca aurantiaca	P. KARRER und A. NOTTHAFFT, Helv. chim. Acta *15*, 1196 (1932).
Vicia	P. KARRER und A. NOTTHAFFT, Helv. chim. Acta *15*, 1196 (1932).
Bact. Sarcina aurantica .	V. READER, Biochem. J. *19*, 1039 (1926).
Bacillus Lombardo Pellegrini	E. CHARGAFF und E. LEDERER, C. *1936*, I, 3159.
Bacillus Grasberger. . .	E. CHARGAFF und E. LEDERER, C. *1936*, I, 3159.
Gazania rigens	L. ZECHMEISTER und W. A. SCHROEDER, Am. Soc. *65*, 1535 (1943).
Cuscuta subinclusa . . .	G. MACKINNEY, J. biol. Chem. *112*, 421 (1935/36).
Cuscuta salina	G. MACKINNEY, J. biol. Chem. *112*, 421 (1935/36).
Safran	R. KUHN und A. WINTERSTEIN, Ber. *67*, 344 (1934).
Thiocystis-Bacterien . .	P. KARRER und U. SOLMSSEN, Helv. chim. Acta. *19*, 1019 (1936); *18*, 25 (1935).
Leber des Menschen . .	L. ZECHMEISTER und P. TUZSON, H. *234*, 241 (1935). – H. WILLSTAEDT und T. LINDQVIST, H. *240*, 10 (1936).
Chara (Antheridien) . .	P. KARRER und Mitarbeiter, Helv. *26*, 2121 (1943).

Tabelle 30

Pflanzliches und tierisches Material, in welchem Lycopin nachgewiesen worden ist

Ausgangsmaterial	Literaturangaben

a) Aus Früchten:

Pandanus polycephalus .	V. N. LUBIMENKO, Rev. gén. bot. *25*, 474 (1914).
Actinophloeus angustifolia	V. N. LUBIMENKO, Rev. gén. bot. *25*, 474 (1914).
Archontophoenix Alexandrae	V. N. LUBIMENKO, Rev. gén. bot. *25*, 474 (1914).
Areca Alicae	V. N. LUBIMENKO, Rev. gén. bot. *25*, 474 (1914).
Calyptrocalyx spicatus .	V. N. LUBIMENKO, Rev. gén. bot. *25*, 474 (1914).
Aglaonema nitidum . .	V. N. LUBIMENKO, Rev. gén. bot. *25*, 474 (1914).
Aglaonema oblongifolium	V. N. LUBIMENKO, Rev. gén. bot. *25*, 474 (1914).
Aglaonema oblongifolium Var. Curtisii	V. N. LUBIMENKO, Rev. gén. bot. *25*, 474 (1914).
Aglaonema simplex . .	V. N. LUBIMENKO, Rev. gén. bot. *25*, 474 (1914).

Ausgangsmaterial	Literaturangaben
Evonymus japonicus (Arillus)	V. N. LUBIMENKO, Rev. gén. bot. *25*, 474 (1914).
Solanum decasepalum .	V. N. LUBIMENKO, Rev. gén. bot. *25*, 474 (1914).
Nertera depressa	V. N. LUBIMENKO, Rev. gén. bot. *25*, 474 (1914).
Elaeis guineensis (?) . .	A. H. GILL, J. Ind. Eng. Chem. *9*, 136 (1917); *10*, 612 (1918).
Elaeis melanococca . . .	A. H. GILL, J. Ind. Eng. Chem. *9*, 136 (1917); *10*, 612 (1918).
Synaspadix petrichiana .	V. N. LUBIMENKO, Rev. gén. bot. *25*, 474 (1914).
Tabernae-montana penta-sticta	V. N. LUBIMENKO, Rev. gén. bot. *25*, 474 (1914).
Palmöl	P. KARRER, H. v. EULER und H. HELLSTRÖM, C. *1932*, I, 1800. – R. KUHN und H. BROCKMANN, H. *200*, 255 (1931).
Arum italicum	V. N. LUBIMENKO, Chem. Abstr. *14*, 1697 (1920).
Arum maculatum	H. KYLIN, H. *163*, 229 (1927).
Arum orientale	V. N. LUBIMENKO, Rev. gén. bot. *25*, 474 (1914).
Erythroxylon coca . . .	V. N. LUBIMENKO, Rev. gén. bot. *25*, 474 (1914).
Citrus aurantium (?) . .	L. ZECHMEISTER und P. TUZSON, N. *19*, 307 (1931).
Momordica Balsamina (Arillus)	G. und F. TOBLER, Ber. bot. Ges. *28*, 365, 496 (1910). – B. M. DUGGAR, Washington Univ. Stud. *1*, 22. (1913).
Momordica Charantia (Arillus)	G. und F. TOBLER, Ber. bot. Ges. *28*, 365, 496 (1910). – B. M. DUGGAR, Washington Univ. Stud. *1*, 22 (1913).
Trichosanthes-Species . .	N. A. MONTEVERDE und V. N. LUBIMENKO, Bull. Acad. Sci. Petrograd, S. 6, *7*, II, 1105.
Arbutus Unedo	K. SCHÖN, Biochem. J. *29*, 1779 (1935).
Preiselbeeren	H. WILLSTAEDT, C. *1937*, I, 3658.
Taxus baccata (Eibenfr.)	R. KUHN und H. BROCKMANN, C. *1933*, II, 553.

b) Aus sonstigem pflanzlichem und tierischem Material:

Serum des Menschen . .	E. v. DÁNIEL und G. J. SCHEFF, Proc. Soc. exp. Biol. Med. *33*, 26 (1935). – E. v. DÁNIEL und T. BÉRES, H. *238*, 160 (1936).
Butter	A. E. GILLAM und J. M. HEILBRON, Biochem. J. *29*, 834 (1935).
Coccinella septempunctata	E. LEDERER, C. *1936*, I, 3853.
Cantharellus cibarius . .	H. WILLSTAEDT, C. *1938*, II, 2272.
Cantharellus lutescens . .	H. WILLSTAEDT, C. *1938*, II, 2272.
Cantharellus infundibiliformis	H. WILLSTAEDT, C. *1938*, II, 2272.
Vaccinium vitis idae . .	H. WILLSTAEDT, Svensk Kem. Tidskr. *48*, 212 (1936).

Darstellung

Es ist zweckmäßiger, zur Darstellung des Lycopins, statt von der etwa 97% Wasser enthaltenden Frucht, von Tomatenkonserven auszugehen. R. WILL-STÄTTER und H. H. ESCHER[1]) haben 74 kg «Purée di pomidori concentrata» verarbeitet und daraus 11 g einmal umkristallisiertes Lycopin erhalten.

Die Konserven wurden in Portionen von etwa 8 kg in Pulverflaschen mit 4 l (oder mehr, was die Arbeit erleichtert) 95%igem Äthanol versetzt, einige Male umgeschüttelt und durch ein feines Koliertuch mit gelindem Druck möglichst weit abgepreßt. Diese Operation wiederholt man mit etwa 3 l Äthanol. Der rote Rückstand wird bei 40–50° C getrocknet, fein gemahlen und bei Raumtemperatur in Perkolatoren mit Schwefelkohlenstoff erschöpfend extrahiert. Nach dem Ab-destillieren des Lösungsmittels (gegen Ende in einem Bad von 40° C im Teil-vakuum und unter Einleiten von trockener Kohlensäure durch die Kapillare) verbleibt ein tief rotbrauner Brei, den man mit 3 l Äthanol verdünnt. Es setzt sofort reichliche Kristallbildung ein. Nach einigem Stehen saugt man auf der Porzellannutsche ab und wäscht den Rückstand mit kaltem Petroläther. Das rohe Lycopin kann entweder durch Lösen in Schwefelkohlenstoff und Ausfällen mittelst Äthanol oder durch Umkristallisieren aus viel Petroläther (Kp. 50–80° C, pro 1 g Lycopin 4–5 l) gereinigt werden. Zur Analyse kristallisiert man unter Ver-werfung der schwerer löslichen Anteile aus Petroläther um und dann aus Schwefel-kohlenstoff oder Schwefelkohlenstoff und Äthanol, ohne besondere Fraktionie-rung. Nach dieser Vorschrift erhält man aus 74 kg Konserven 11 g einmal kri-stallisiertes Lycopin. Aus 135 kg frischen Tomaten erhielten R. WILLSTÄTTER und H. H. ESCHER 2,7 g Farbstoff.

1 kg frische Früchte ergibt 0,02 g Lycopin

1 kg Konserven ergibt   0,15 g Lycopin

Manche Handelskonserven enthalten Säuren, die sich bei der Isolierung des Lycopins schädlich auswirken. R. KUHN und CH. GRUNDMANN[2]) konnten durch Zusatz von Pottasche zum Tomatenpüree die Ausbeute an Lycopin erheblich steigern: aus 1 kg Konserven erhielten sie 0,265 g Farbstoff.

Nach L. ZECHMEISTER und L. v. CHOLNOKY[3]) läßt sich Lycopin auch aus *Tamus communis*-Beeren isolieren.

Chemische Konstitution

Lycopin

---

[1]) R. WILLSTÄTTER und H. ESCHER, Z. physiol. Chem. *64*, 47 (1910).

[2]) R. KUHN und CH. GRUNDMANN, Ber. *65*, 1880 (1932).

[3]) L. ZECHMEISTER und L. v. CHOLNOKY, Ber. *63*, 422 (1930).

R. WILLSTÄTTER und H. H. ESCHER[1]) erkannten das Lycopin als isomer mit Carotin und gaben ihm die richtige Bruttoformel $C_{40}H_{56}$. Die Aufklärung der Konstitution des Pigmentes erfolgte durch Arbeiten von P. KARRER und seinen Mitarbeitern[2]). Das Ergebnis dieser Untersuchungen wird im folgenden kurz wiedergegeben.

Die tiefrote Farbe des Lycopins ließ das Vorhandensein von zahlreichen konjugierten Doppelbindungen vermuten. P. KARRER und ROSE WIDMER[3]) stellten fest, daß bei der katalytischen Hydrierung des Farbstoffes 13 Mol Wasserstoff aufgenommen werden. Die Untersuchung des Perhydrolycopins ergab, daß seine Bruttoformel $C_{40}H_{82}$ ist. Daraus geht hervor, daß Lycopin offenkettig gebaut sein muß. (Vgl. das entsprechende Kapitel bei Carotin.) Nach R. PUMMERER, L. REBMANN und W. REINDEL[4]) nimmt Lycopin 13 Mol Chlorjod auf, womit die Anwesenheit von 13 Kohlenstoffdoppelbindungen bestätigt wird.

Beim Ozonabbau fanden P. KARRER und W. E. BACHMANN[5]), und P. KARRER, A. HELFENSTEIN, B. PIEPER und A. WETTSTEIN[6]), daß in bedeutender Menge Aceton gebildet wird. Aus 1 Mol Farbstoff entstehen 1,6 Mol Keton, was für das Vorhandensein von zwei Isopropylidengruppierungen $(CH_3)_2C=$ spricht. Ferner lieferte die Spaltung mit Ozon Bernsteinsäure, während höhere Fettsäuren fehlten. Die Bernsteinsäure entstammt der Gruppierung

$$=CH \cdot CH_2CH_2 \cdot CH=[7]).$$

Durch oxydativen Abbau des Lycopins mit Permanganat und Chromsäure ermittelten P. KARRER, A. HELFENSTEIN, H. WEHRLI und A. WETTSTEIN[8]) die Anwesenheit von 6 seitenständigen Methylgruppen. Und schließlich stellten P. KARRER, A. HELFENSTEIN und R. WIDMER[9]) aus Dihydrophytol das Perhydrolycopin her, welches sich in allen Eigenschaften mit dem durch katalytische Hydrierung des Lycopins gewonnenen Produkt identisch erwies. Auf Grund dieser Untersuchungen wurde die oben wiedergegebene Lycopinformel aufgestellt (P. KARRER, A. HELFENSTEIN, B. PIEPER und A. WETTSTEIN)[10]).

---

[1]) R. WILLSTÄTTER und H. H. ESCHER, Z. physiol. Chem. *64*, 47 (1910).

[2]) Literaturzusammenstellung siehe S. 113.

[3]) P. KARRER und R. WIDMER, Helv. chim. Acta *11*, 751 (1928).

[4]) R. PUMMERER, L. REBMANN und W. REINDEL, Ber. *62*, 1411 (1929).

[5]) P. KARRER und W. E. BACHMANN, Helv. chim. Acta *12*, 285 (1929).

[6]) P. KARRER, A. HELFENSTEIN, B. PIEPER und A. WETTSTEIN, Helv. chim. Acta *14*, 435 (1931).

[7]) P. KARRER, A. HELFENSTEIN, H. WEHRLI und A. WETTSTEIN, Helv. chim. Acta *13*, 1084 (1930).

[8]) P. KARRER, A. HELFENSTEIN, H. WEHRLI und A. WETTSTEIN, Helv. chim. Acta *13*, 1084 (1930) (vgl. Helv. chim. Acta *12*, 64 (1929)).

[9]) P. KARRER, A. HELFENSTEIN und R. WIDMER, Helv. chim. Acta *11*, 1201 (1928).

[10]) P. KARRER, A. HELFENSTEIN, B. PIEPER und A. WETTSTEIN, Helv. chim. Acta *14*, 435 (1931).

Spätere Untersuchungen von R. KUHN und Mitarbeitern haben diese Formel bestätigt. R. KUHN und A. WINTERSTEIN[1]) isolierten bei der thermischen Zersetzung des Pigmentes Toluol und m-Xylol, und R. KUHN und CH. GRUNDMANN[2]) konnten bei der Oxydation des Farbstoffes mit Chromsäure neben Methylheptenon ein hochgliedriges Abbauprodukt, das Lycopinal, fassen. Bei der weiteren Chromsäureoxydation dieses Aldehyds erhielten die genannten Autoren Bixindialdehyd und Methylheptenon. Durch Überführung des Bixindialdehyds in Norbixin, dessen Konstitution durch P. KARRER und Mitarbeiter aufgeklärt worden war, wurde die Struktur des Lycopinals sichergestellt.

$$CH_3 \quad CH_3$$
$$\diagdown C \diagup \qquad CH_3 \qquad CH_3 \qquad CH_3 \qquad CH_3 \qquad CH_3 \quad CH_3$$
$$\diagdown C \diagup$$
$$CH \quad CH\cdot CH=CH\cdot C=CHCH=CH\cdot C=CHCH=CHCH=C\cdot CH=CHCH=C\cdot CH=CH\cdot CH \quad CH$$
$$CH_2 \quad C\cdot CH_3 \qquad\qquad\qquad\qquad\qquad\qquad\qquad\qquad\qquad\qquad\qquad H_3C\cdot C \quad CH_2$$
$$CH_2 \qquad\qquad\qquad\qquad\qquad Lycopin \qquad\qquad\qquad\qquad\qquad\qquad CH_2$$

$$CH_3 \quad CH_3$$
$$\diagdown C \diagup \qquad CH_3 \qquad CH_3 \qquad CH_3 \qquad CH_3 \qquad CH_3 \quad CH_3$$
$$\diagdown C \diagup$$
$$CH \quad OHC\cdot CH=CH\cdot C=CHCH=CH\cdot C=CHCH=CHCH=C\cdot CH=CHCH=C\cdot CH=CH\cdot CH \quad CH$$
$$CH_2 \quad C=O \qquad\qquad\qquad\qquad\qquad\qquad\qquad\qquad\qquad\qquad H_3C\cdot C \quad CH_2$$
$$H_2C \quad CH_3 \qquad\qquad\qquad Lycopinal \qquad\qquad\qquad\qquad\qquad\qquad CH_2$$

Methylheptenon

$$CH_3 \qquad CH_3 \qquad CH_3 \qquad CH_3 \qquad CH_3 \quad CH_3$$
$$\diagdown C \diagup$$
$$OHC\cdot CH=CH\cdot C=CHCH=CH\cdot C=CHCH=CHCH=C\cdot CH=CHCH=C\cdot CH=CH\cdot CHO \quad CH$$
$$\qquad\qquad\qquad\qquad\qquad\qquad\qquad\qquad\qquad\qquad\qquad\qquad O=C \quad CH_2$$
$$\qquad\qquad Bixindialdehyd \qquad\qquad\qquad\qquad\qquad\qquad H_3C \quad CH_2$$

NH$_2$OH

Methylheptenon

$$CH_3 \qquad CH_3 \qquad CH_3 \qquad CH_3$$
$$HON=CH\cdot CH=CH\cdot C=CHCH=CH\cdot C=CHCH=CHCH=C\cdot CH=CHCH=C\cdot CH=CH\cdot CH=NOH$$

Bixindialdoxim

[1]) R. KUHN und A. WINTERSTEIN, Ber. *65*, 1873 (1932).
[2]) R. KUHN und CH. GRUNDMANN, Ber. *65*, 898, 1880 (1932).

$$- H_2O \downarrow$$

$$\underset{|}{\overset{CH_3}{|}} \quad \underset{|}{\overset{CH_3}{|}} \quad \underset{|}{\overset{CH_3}{|}} \quad \underset{|}{\overset{CH_3}{|}}$$

$$NC \cdot CH=CH \cdot C=CHCH=CH \cdot C=CHCH=CHCH=C \cdot CH=CHCH=C \cdot CH=CH \cdot CN$$

$$\text{verseifen} \downarrow$$

$$\underset{|}{\overset{CH_3}{|}} \quad \underset{|}{\overset{CH_3}{|}} \quad \underset{|}{\overset{CH_3}{|}} \quad \underset{|}{\overset{CH_3}{|}}$$

$$HOOC \cdot CH=CH \cdot C=CHCH=CH \cdot C=CHCH=CHCH=C \cdot CH=CHCH=C \cdot CH=CH \cdot COOH$$

Norbixin

Ebenfalls in Übereinstimmung mit der Lycopinformel steht der Befund H. H. STRAINS[1]), daß bei der Ozonisierung des Pigmentes Lävulinaldehyd und Lävulinsäure gebildet werden:

$$
\begin{array}{c}
CH_3 \quad CH_3 \\
\diagdown \quad \diagup \\
C \\
\\
\underset{|}{CH} \quad \underset{\parallel}{CH} \cdots \longrightarrow \quad CHO \\
\underset{|}{CH_2} \quad \underset{}{C \cdot CH_3} \qquad \underset{|}{CH_2} \quad CO \\
CH_2 \qquad\qquad\qquad CH_2 \quad CH_3
\end{array}
$$

Bildung

Zahlreiche ältere Arbeiten befassen sich mit der Bildung von Carotinoiden in der Pflanze während des Reifungsvorganges. So stellte B. M. DUGGAR[2]) 1913 fest, daß das rote Tomatenpigment bei Temperaturen von 30^0 C und darüber nicht mehr gebildet wird, sondern ein gelber Farbstoff, der wohl zu den Flavonen oder Flavonolen gehört, entsteht. Die Faktoren, welche die Bildung des Lycopins bewirken, werden jedoch bei 30^0 C nicht zerstört, da sich bei Tomaten, welche bei 30^0 C gereift und gelb geworden waren, bei Rückkehr zu einer günstigeren Temperatur die rote, durch Lycopin bewirkte Farbe einstellt. Der Reifungsprozeß ist nach B. M. DUGGAR vom Licht unabhängig, die Gegenwart von Sauerstoff soll dagegen notwendig sein. Andere Autoren halten hingegen Licht für einen für den Reifungsvorgang notwendigen Faktor[3]).

P. KARRER und Mitarbeiter wiederholten die Untersuchungen B. M. DUGGARS und erhielten Resultate, welche sich mit letzteren deckten[4]).

1932 haben R. KUHN und CH. GRUNDMANN[5]) das Tomatenpigment auf adsorptionsanalytischem Wege in verschiedenen Stadien der Reife studiert. Sie erhielten folgende Zahlen für frische, im Freien gezogene Früchte:

---

[1]) H. H. STRAIN, J. biol. Chem. *102*, 137 (1933).

[2]) B. M. DUGGAR, Washington, Univ. Stud. *1*, 22 (1913).

[3]) Zum Beispiel K. H. COWARD, Biochem. J. *17*, 134 (1923).

[4]) H. v. EULER, P. KARRER, E. v. KRAUSS und O. WALKER, Helv. chim. Acta *14*, 154 (1931).

[5]) R. KUHN und CH. GRUNDMANN, Ber. *65*, 1880 (1932).

Tabelle 31

Zusammensetzung des Tomatenpigmentes

(R. KUHN und CH. GRUNDMANN)

	mg Farbstoff in 100 g frischer Frucht		
	grün	halbreif	vollreif
Lycopin	0,11	0,84	7,85
β-Carotin (isoliert)	0,16	0,43	0,73
Xanthophylle, frei	0,02	0,03	0,06
Xanthophylle, verestert	0,00	0,02	0,10

Eigenschaften und Konstanten

Kristallform: Lycopin kristallisiert aus einer Mischung von Schwefelkohlenstoff und Äthanol in karminroten, langen Nadeln, aus Petroläther in typisch zerklüfteten Nadeln, welche haarähnlich aussehen. Aus demselben Lösungsmittel kristallisiert der Farbstoff manchmal in dunkelrot-violetten, langen Prismen. Die Pulverfarbe ist dunkelrotbraun. Zum Unterschied von den meisten Carotinoiden besitzen Lycopinkristalle wenig Metallglanz. (Röntgendiagramm siehe: G. MACKINNEY[1]).)

Schmelzpunkt: F: 170° C (unkorr.)[2]); 173° C (unkorr.)[3]);
F: 174° C (korr.)[4]); 175° C (korr.)[5].

Löslichkeit:

Äthanol kalt	fast unlöslich
Äthanol heiß	sehr schwer löslich
Methanol	fast unlöslich
Benzol kalt.	ziemlich leicht löslich
Benzol heiß	sehr leicht löslich
Chloroform kalt . .	leicht löslich
Chloroform heiß . .	sehr leicht löslich
Schwefelkohlenstoff .	sehr leicht löslich

1 g Lycopin löst sich in: 50 cm³ kaltem Schwefelkohlenstoff
3 l siedendem Äther
10–12 l siedendem Petroläther
14 l Hexan von 0° C[6]).

---

[1]) G. MACKINNEY, Am. Soc. *56*, 488 (1934).
[2]) C. MONTANARI, C. *1905*, I, 544.
[3]) P. KARRER und R. WIDMER, Helv. chim. Acta *11*, 751 (1928).
[4]) H. BROCKMANN, H. *216*, 47 (1933).
[5]) L. ZECHMEISTER und P. TUZSON, Ber. *63*, 2882 (1930).
[6]) R. WILLSTÄTTER und H. H. ESCHER, H. *64*, 52 (1910).

Absorptionsmaxima:

in Schwefelkohlenstoff	548	507,5	477 mμ
in Chloroform	517	480	453 mμ
in Benzol	522	487	455 mμ
in Benzin	506	475,5	447 mμ
in Äthanol	503	472	443 mμ

Lösungsfarben:

in Schwefelkohlenstoff . . .	blaustichig rot
in Äther (gesättigt)	blaustichig rot, fast nicht tingierend
in Äthanol (heiß gesättigt) .	dunkelgelb.

Optische Aktivität: Lycopin ist optisch inaktiv.

Farbenreaktionen: In konzentrierter Schwefelsäure löst sich Lycopin mit indigoblauer Farbe. Mit rauchender Salpetersäure entsteht eine purpurne, schnell verschwindende Färbung[1]. Löst man Lycopin in Chloroform und gibt dazu eine Lösung von Antimontrichlorid in Chloroform, so tritt eine intensive blaue Farbe auf, die jedoch nicht lange bestehen bleibt[2].

Verteilungsprobe: Lycopin ist rein epiphasisch.

Chromatographisches Verhalten: Aus petrolätherischer Lösung haftet Lycopin an Aluminiumoxyd-Fasertonerde 6:1 stärker als die Carotine. Dasselbe Verhalten zeigt es bei der Adsorption an Calciumoxyd und Calciumhydroxyd. Die Elution erfolgt durch Petroläther, dem wenig Methanol beigemischt wurde[3]. Wie die andern Carotinoid-Kohlenwasserstoffe wird Lycopin von Calcium- oder Zinkcarbonat sehr schwach adsorbiert und läßt sich auf diese Weise von den Phytoxanthinen trennen[4].

Nachweis und Bestimmung: Nach der Verseifung des gesamten Extraktes befindet sich Lycopin mit den Carotinen zusammen in der epiphasischen Fraktion. Hier geschieht sein Nachweis am einfachsten durch chromatographische Trennung an Calciumhydroxyd und nachfolgende Bestimmung der Absorptionsmaxima.

Nach S. J. B. CONNELL[5] benutzt man zur colorimetrischen Bestimmung als Standardlösung Kaliumdichromat-Kobaltsulfatlösung. Nach R. KUHN und

[1] R. WILLSTÄTTER und H. H. ESCHER, H. *64,* 52 (1910).
[2] B. v. EULER, H. v. EULER und P. KARRER, Helv. chim. Acta *12,* 279 (1929). – H. v. EULER, P. KARRER und M. RYDBOM, Ber. *62,* 2446 (1929). – R. KUHN und E. LEDERER, Ber. *65,* 638 (1932). – B. v. EULER und P. KARRER, Helv. chim. Acta *15,* 496 (1932). – H. v. EULER, P. KARRER, E. KLUSSMANN und R. MORF, Helv. chim. Acta *15,* 502 (1932).
[3] A. WINTERSTEIN, H. *215,* 52 (1933).
[4] A. WINTERSTEIN und G. STEIN, H. *220,* 250 (1933).
[5] S. J. B. CONNELL, Biochem. J. *18,* 1127 (1924).

H. Brockmann[1]) läßt sich zu diesem Zweck auch eine alkoholische Azobenzol-lösung verwenden.

Physiologisches Verhalten: Lycopin besitzt, wie sein Bau erwarten läßt, keine Vitamin-A-Wirksamkeit.

Derivate

Perhydrolycopin $C_{40}H_{82}$

Entsteht bei der katalytischen Hydrierung von Lycopin[2]) oder synthetisch aus Dihydrophytol und Phosphorpentabromid durch Erhitzen des erhaltenen Dihydrophytylbromids (16-Brom-2,6,10,14,-tetra-methylhexadecan) mit Kalium auf 130–140° C[3]).

Perhydrolycopin ist ein farbloses Öl. Kp. $_{0,3\,mm}$: 238–240° C.

Kp. $_{0,02\,mm}$: 212–214° C[4]).

d_4^{18}: 0,822 (aus Lycopin); 0,824 (aus Phytol[4]).)

n^{18}: 1,4560 (aus Lycopin); 1,4567 (aus Phytol).

Dehydrolycopin $C_{40}H_{52}$

Durch Einwirkung von 2 Mol Bromsuccinimid auf 1 Mol Lycopin wird der Tomatenfarbstoff dehydriert und in Dehydro-lycopin übergeführt (P. Karrer und J. Rutschmann)[5]):

Dehydrolycopin

Dehydrolycopin enthält 15 konjugierte Doppelbindungen. Es läßt sich nur aus Pyridin kristallisieren, da es in den meisten Lösungsmitteln nur spurenweise löslich ist. Die im auffallenden Licht dunkelviolett bis schwarz aussehenden Kristalle erleiden beim Erhitzen im evakuierten Röhrchen oberhalb 200° C allmählich Zersetzung unter Entfärbung, ohne daß ein Schmelzpunkt beobachtet werden kann. Mit Antimontrichloridlösung in Chloroform gibt Dehydrolycopin eine ziemlich beständige Blaufärbung, deren Absorptionsspektrum eine scharfe Bande mit Maximum bei 472 mμ aufweist; von etwa 640 mμ findet Totalabsorption statt.

---

[1]) R. Kuhn und H. Brockmann, H. *206*, 45 (1932).

[2]) P. Karrer und R. Widmer, Helv. chim. Acta *11*, 751 (1928).

[3]) P. Karrer, A. Helfenstein und R. Widmer, Helv. chim. Acta *11*, 1201 (1928).

[4]) P. Karrer und Mitarbeiter, Helv. chim. Acta *14*, 436 (1931).

[5]) P. Karrer und J. Rutschmann, Helv. chim. Acta *28*, 793 (1945).

Apsorptionsmaxima in:

Schwefelkohlenstoff	601	557	520 mμ
Hexan.	542	504	476 mμ
Benzol	570	531	493 mμ
Pyridin	574	535	498 mμ
Chloroform.	567	528	493 mμ

Apo-2-lycopinal $C_{32}H_{42}O$ (Lycopinal[1])) :

$$OHC \cdot CH{=}CH \cdot C{=}CHCH{=}CH \cdot C{=}CHCH{=}CHCH{=}C \cdot CH{=}CHCH{=}C \cdot CH{=}CHCH{=}C \cdot CH_2CH_2CH{=}C \cdot CH_3$$
$$\underset{CH_3}{|} \quad\quad \underset{CH_3}{|} \quad\quad \underset{CH_3}{|} \quad\quad \underset{CH_3}{|} \quad\quad \underset{CH_3}{|} \quad\quad \underset{CH_3}{|}$$

Entsteht durch Chromsäureoxydation (3 Atome O) von in Eisessig-Benzol gelöstem Lycopin[2]). Aus einem Benzol-Äthanol-Gemisch kristallisiert Apo-2-lycopinal in tief granatroten Blättchen, die bei 147° C (korr.) schmelzen. Es löst sich leicht in Chloroform, Schwefelkohlenstoff und Benzol; schwer in Äthanol. Bei der Verteilungsprobe verhält es sich rein epiphasisch.

Absorptionsmaxima in:

Schwefelkohlenstoff	569	528,5	493,5 mμ
Benzin	525,5	490,5	455,5 mμ

Lycopinal ist in Substanz oder in Lösung sehr leicht oxydabel. Bei der Behandlung mit Chromsäure (2 Atome O) entsteht daraus neben 2-Methyl-hepten-2-on-6 Apo-2,12-lycopin-dial (Bixindialdehyd)[3]). Aus Apo-2-lycopinal und freiem Hydroxylamin bildet sich das Apo-2-lycopinaloxim. Blauviolett schimmernde Prismen (aus Pyridin)[2]). F: 198° C (korr. im evakuierten Röhrchen).

Apo-3-lycopinal $C_{30}H_{40}O$:

$$OHC \cdot C{=}CHCH{=}CH \cdot C{=}CHCH{=}CHCH{=}C \cdot CH{=}CHCH{=}C \cdot CH{=}CHCH{=}C \cdot CH_2CH_2CH{=}C \cdot CH_3$$
$$\underset{CH_3}{|} \quad\quad \underset{CH_3}{|} \quad\quad \underset{CH_3}{|} \quad\quad \underset{CH_3}{|} \quad\quad \underset{CH_3}{|} \quad\quad \underset{CH_3}{|}$$

Apo-3-lycopinal wurde von P. KARRER und W. JAFFÉ[4]) bei der gemäßigten Oxydation von Lycopin mit Kaliumpermanganat erhalten. Aus Petroläther scheidet sich die Verbindung in braunschwarzen Kristallen ab. F: 138° C.

Absorptionsmaxima in:

Schwefelkohlenstoff	545	508	ca. 478 mμ
Benzin	502	473	mμ
Benzol	518	488	mμ

---

[1]) Die alte Bezeichnung für Apo-2-lycopinal ist Lycopinal.
[2]) R. KUHN und CH. GRUNDMANN, Ber. *65*, 900 (1932).
[3]) R. KUHN und CH. GRUNDMANN, Ber. *65*, 1887 (1932).
[4]) P. KARRER und W. JAFFÉ, Helv. chim. Acta *22*, 69 (1939).

Apo-2,12-lycopin-dial (Bixindialdehyd) $C_{24}H_{28}O_2$:

$$OHC \cdot CH=CH \cdot C=CHCH=CH \cdot C=CHCH=CHCH=C \cdot CH=CHCH=C \cdot CH=CH \cdot CHO$$
$$\underset{CH_3}{|} \qquad \underset{CH_3}{|} \qquad \underset{CH_3}{|} \qquad \underset{CH_3}{|}$$

entsteht bei der Oxydation von Lycopin oder von Lycopinal (Apo-2-lyco-pinal) mit Chromsäure[1]). Aus Pyridin kristallisiert es in blauviolett schimmernden Prismen, welche bei 220° C (korr.) schmelzen. An der Luft findet bei 180° C Zersetzung ohne Schmelzen statt. Bixindialdehyd löst sich nur in Pyridin und Chloroform gut, mäßig ist er in heißem Benzol löslich. In Benzin, Alkoholen, Schwefelkohlenstoff, Äther, Aceton und Dioxan ist er sehr schwer löslich. Bei der Verteilungsprobe verhält er sich rein hypophasisch.

Absorptionsmaxima in[1]):

Schwefelkohlenstoff	539,5	502	467,5 mμ
Petroläther	502	468	437,5 mμ
Pyridin	534,5	494	mμ
Chloroform	528	490	mμ

Bixindialdehyddioxim: kristallisiert aus Pyridin in Nadeln, die sich oberhalb 250° C ohne zu schmelzen zersetzen[2]). Es ist nur in Pyridin löslich.

Apsorptionsmaxima in:

Pyridin	514	482	452 mμ.

Apo-3,12-lycopin-dial (Apo-1-bixin-dialdehyd) $C_{22}H_{26}O_2$:

$$OHC \cdot CH=CH \cdot C=CHCH=CH \cdot C=CHCH=CHCH=C \cdot CH=CHCH=C \cdot CHO$$
$$\underset{CH_3}{|} \qquad \underset{CH_3}{|} \qquad \underset{CH_3}{|} \qquad \underset{CH_3}{|}$$

Apo-1-bixin-dialdehyd wurde von P. KARRER und W. JAFFÉ bei der Chromsäureoxydation von Lycopin erhalten[3]). Er kristallisiert aus Methanol in dunkeln Kristallen, welche bei 168° C (unkorr.) schmelzen.

Absorptionsmaxima in:

Schwefelkohlenstoff	517	484	453 mμ
Petroläther	480	452	mμ.

Apo-3,12-lycopin-dial bildet mit freiem Hydroxylamin ein in leuchtend roten Kristallen kristallisierendes Dioxim, das oberhalb 210° C sintert.

---

[1]) R. KUHN und CH. GRUNDMANN, Ber. *65*, 1882 (1932) (vgl. P. KARRER und W. JAFFÉ, Helv. *22*, 69 (1939)).

[2]) R. KUHN und CH. GRUNDMANN, Ber. *65*, 1888 (1932).

[3]) P. KARRER und W. JAFFÉ, Helv. chim. Acta *22*, 69 (1939).

Absorptionsmaxima in:

Schwefelkohlenstoff	510	480 mμ
Äthanol	481	449 mμ.

Neolycopin $C_{40}H_{56}$:

Unter dem Einfluß von geringen Mengen Jod oder von höheren Temperaturen, aber auch einfach durch 1–2tägiges Stehen in Form einer Lösung wandelt sich Lycopin bis zu einem Gleichgewicht in ein Isomeres, das Neolycopin, um. Dieser Vorgang ist reversibel. (L. ZECHMEISTER und P. TUZSON[1]).) Es gelang nicht, das Pigment in kristallisiertem Zustand zu fassen. Im Chromatogramm (Ca(OH)$_2$) bildet es eine braunrote, wenig haftende Zone unterhalb des Lycopins. Es scheint, daß cis-trans-Umlagerungen bei dieser Isomerisierung eine Rolle spielen.

Absorptionsmaxima in:

Schwefelkohlenstoff	536	498	466 mμ
Benzol	512	479	450 mμ
Chloroform	512	478	447,5 mμ
Aceton	499,5	468	439 mμ
Petroläther	499,5	468	439 mμ
Alkohol	500	469	439 mμ

Neolycopin ist in organischen Lösungsmitteln leichter löslich als Lycopin.

Lycopersen $C_{40}H_{66}$

Lycopersen

P. KARRER und HANS KRAMER[2]) stellten Lycopersen auf analoge Art wie Squalen[3]) durch Umsatz von Geranyl-geranyl-bromid mit Natrium her.

Die Verbindung ist ein ziemlich viskoses Öl, das im Kugelrohr bei 0,02 mm Druck bei der Luftbadtemperatur von 225–228° C destilliert. Lycopersen ist farblos. Es addiert 8 Mol Chlorwasserstoff unter Bildung eines kristallisierten Octahydrochlorids $C_{40}H_{74}Cl_8$, das – aus Aceton umkristallisiert – bei 126° C schmilzt.

---

[1]) L. ZECHMEISTER und P. TUZSON, Nature *141*, 249 (1938); Biochem. J. *32*, 1305 (1938); Ber. *72*, 1340 (1939).

[2]) P. KARRER und HANS KRAMER, Helv. chim. Acta *27*, 1301 (1944).

[3]) P. KARRER und A. HELFENSTEIN, Helv. chim. Acta *14*, 78 (1931).

2. *Prolycopin* $C_{40}H_{56}$

L. Zechmeister und Mitarbeiter[1]) fanden 1941 in der «Tangerine tomato», einer Varietät von *Lycopersicum esculentum*, einen neuen Polyenfarbstoff, für den sie den Namen *Prolycopin* vorschlagen. Der neue Farbstoff konnte bereits in mehreren Pflanzen nachgewiesen werden: «Tangerine tomato»[1]), *Butia capitata*[1]), *Butia eriospatha* Becc.[2]), *Pyrocantha angustifolia*[3]), *Evonymus fortunei*[4]) und *Mimulus longiflorus* Grant[5]).

Nach den Angaben von L. Zechmeister und Mitarbeitern[1])[6]) liegt im Prolycopin ein natürlich vorkommendes Stereoisomeres des Lycopins vor. Das chromophore System des Farbstoffes soll 5–7 Doppelbindungen mit cis-Konfiguration enthalten, im Gegensatz zu Lycopin, welches durchgehende trans-Anordnung besitzt. Durch Jodkatalyse wird Prolycopin in ein kompliziertes Stereoisomerengemisch verwandelt, in welchem auch das natürliche (trans-) Lycopin vorkommt.

Prolycopin kristallisiert aus Petroläther und Äthanol in Platten, welche bei 111⁰ C schmelzen. In den üblichen Lösungsmitteln ist der Farbstoff bedeutend leichter löslich als Lycopin. Im Chromatogramm liegt es (Adsorbens Calciumhydroxyd) unterhalb Lycopin.

Absorptionsmaxima in:

Schwefelkohlenstoff	500,5	469,5 mμ
Benzol	485	455,5 mμ
Chloroform	484	453,5 mμ
Äthanol	(471)	(445) mμ
Petroläther	470	443,5 mμ

In den reifen Beeren von Pyracantha angustifolia *(Schneid)* haben L. Zechmeister und J. H. Pinckard[7]) 6 neue Lycopin-Isomere gefunden, die 4–6 oder 7 Doppelbindungen in cis-Konfiguration besitzen. Diese wurden nach der abnehmenden Adsorbierbarkeit als *Poly-cis-Lycopine* I–VI bezeichnet. Drei dieser Verbindungen ließen sich kristallisieren.

Poly-cis-Lycopin I	F.	93— 95⁰	λ_{max} 444—445 mμ	(Hexan)
Poly-cis-Lycopin II	F.	85— 87⁰	λ_{max} 441—442 mμ	(Hexan)
Poly-cis-Lycopin III . . .	F.	105—106⁰	λ_{max} 443—446 mμ	(Hexan)
Poly-cis-Lycopin IV			λ_{max} 426 mμ	(Hexan)
Poly-cis-Lycopin V			λ_{max} 431—432 mμ	(Hexan)
Poly-cis-Lycopin VI			λ_{max} 433 mμ	

---

[1]) L. Zechmeister und Mitarbeiter, Proc. Nat. Acad. Sci. *27*, 468 (1941).
[2]) L. Zechmeister und Mitarbeiter, Science *94*, 609 (1941).
[3]) L. Zechmeister und Mitarbeiter, J. biol. Chem. *144*, 315 (1942).
[4]) L. Zechmeister und Mitarbeiter, J. biol. Chem. *144*, 321 (1942).
[5]) L. Zechmeister und Mitarbeiter, Arch. Biochem. *1*, 231 (1943).
[6]) A. L. le Rosen und L. Zechmeister, Am. Soc. *64*, 1075 (1942).
[7]) L. Zechmeister und J. H. Pinckard, Am. Soc. *69*, 1930 (1947).

3. β-Carotin $C_{40}H_{56}$

Geschichtliches

1831 WACKENRODER entdeckt das Carotin[1]) in der Wurzel der Mohrrübe (*Daucus Carota*).

1847 ZEISE[2]) beschreibt den neuen Farbstoff genauer und legt ihm die Verhältnisformel C_5H_8 zu.

1866 A. ARNAUD[3]) stellt die Kohlenwasserstoffnatur des Carotins fest.

1907 R. WILLSTÄTTER und W. MIEG[4]) erbringen den Beweis für die Identität des Blatt- und Rübencarotins. Die richtige Bruttoformel $C_{40}H_{56}$ wird festgelegt.

1928 L. ZECHMEISTER, L. v. CHOLNOKY und V. VRABÉLY stellen im Carotin das Vorhandensein von 11 Doppelbindungen und 2 Ringsystemen fest[5]).

1929–31 P. KARRER und Mitarbeiter[6]) führen die Konstitutionsaufklärung des β-Carotins durch.

1932–35 R. KUHN und H. BROCKMANN[7]) führen umfassende Untersuchungen an β-Carotin durch, in deren Verlauf hochgliedrige Abbauprodukte gefaßt werden, welche die β-Carotinformel bestätigen.

Vorkommen

β-Carotin ist in der Natur außerordentlich verbreitet. Alle grünen Pflanzenteile (Blätter[8]), Stengel usw.) enthalten den Farbstoff (neben Xanthophyll, Xanthophyllepoxyd und oft auch α-Carotin) als ständigen Begleiter des Chlorrophylls[9]).

---

[1]) WACKENRODER, Geigers Magazin Pharm. *33*, 141 (1831). Während fast 100 Jahren hielt man das aus der Mohrrübe isolierte Carotin für einen einheitlichen Körper. Erst mit Hilfe der modernen chemischen und physikalischen Trennungsmethoden (Chromatographie) konnte man die komplexe Natur des Carotins feststellen. Verschiedene Forscher haben zur gleichen Zeit erkannt, daß das Rübenpigment aus einem Gemisch von mehreren Isomeren besteht, in welchem das β-Carotin in überwiegender Menge enthalten ist. Die Untersuchungen, welche mit mehrmals umkristallisiertem Carotin durchgeführt worden sind, betreffen daher Präparate, die hauptsächlich aus β-Carotin bestanden.

[2]) ZEISE, A. *62*, 380 (1847); J. prakt. Chem. *40*, 297 (1847).

[3]) A. ARNAUD, C. r. *102*, 1119 (1886).

[4]) R. WILLSTÄTTER und W. MIEG, A. *355*, 1 (1907).

[5]) L. ZECHMEISTER, L. v. CHOLNOKY und V. VRABÉLY, Ber. *61*, 566 (1928); Ber. *66*, 123 (1933).

[6]) P. KARRER und Mitarbeiter, Helv. chim. Acta *12*, 1142 (1929); *13*, 1084 (1930); *14*, 1033 (1931).

[7]) R. KUHN und H. BROCKMANN, Ber. *65*, 894 (1932); *66*, 1319 (1933); *67*, 1408 (1934); A. *516*, 95 (1935).

[8]) H. H. STRAIN, J. biol. Chem. *111*, 85 (1935), berichtet über Vorkommen von Carotin in grünen Blättern.

[9]) R. WILLSTÄTTER und A. STOLL, «Untersuchungen über Chlorophyll», Berlin 1913; – R. WILLSTÄTTER und A. STOLL, «Untersuchungen über die Assimilation der Kohlensäure». Berlin 1918.

Auch herbstliche Blätter weisen einen β-Carotingehalt auf[1]). Zahlreiche Untersuchungen haben gezeigt, daß β-Carotin fast überall in der pflanzlichen und tierischen Welt anzutreffen ist. Die folgende Zusammenstellung vermittelt einen Begriff von der Mannigfaltigkeit des β-Carotin enthaltenden Materials.

Tabelle 32

Pflanzliches Material, aus dem β-Carotin isoliert wurde

Ausgangsmaterial	Literaturangaben
a) Fruchtfleisch von:	
Capsicum japonicum (Schale)	L. ZECHMEISTER und L. v. CHOLNOKY, A. *454*, 54 (1927); *455*, 70 (1927); *509*, 269 (1934).
Capsicum frutescens jap. (Schale)	L. ZECHMEISTER und L. v. CHOLNOKY, A. *489*, 1 (1931).
Taxus baccata	R. KUHN und H. BROCKMANN, Ber. *66*, 834 (1933).
Convallaria majalis . . .	A. WINTERSTEIN und U. EHRENBERG, H. *207*, 31 (1932).
Pirus aucuparia	R. KUHN und E. LEDERER, Ber. *64*, 1354 (1931).
Rosa rubiginosa, Rosa	
Rosa canina	R. KUHN und CH. GRUNDMANN, Ber. *67*, 341 (1934).
Rosa damascena	do.
Prunus armeniaca . . .	H. BROCKMANN, H. *216*, 45 (1933).
Citrus poonensis hort. . .	R. YAMAMOTO und S. TIN, C. *1934*, I, 1660.
Mangifera indica	R. YAMAMOTO, Y. OSIMA und T. GOMA, C. *1933*, I, 441.
Solanum Lycopersicum .	R. WILLSTÄTTER und H. H. ESCHER, H. *64*, 49 (1910).
Citrullus vulgaris Schrad.	L. ZECHMEISTER und P. TUZSON, Ber. *63*, 2883 (1930).
Citrus madurensis Lour. .	L. ZECHMEISTER und P. TUZSON, H. *221*, 279 (1934).
Citrus aurantium Risso. .	do.
Cucurbita maxima Duch.	H. SUGINOME und K. UENO, C. *1931*, II, 2892. – L. ZECHMEISTER und P. TUZSON, Ber. *67*, 824 (1934).
Gonocaryum pyriforme (Schalen)	A. WINTERSTEIN, H. *215*, 52 (1933); *219*, 249 (1933).
Diospyros costata	K. SCHÖN, Biochem. J. *29*, 1779 (1935).
Arbutus	do.
b) Blüten von:	
Calendula officinalis . .	L. ZECHMEISTER und L. v. CHOLNOKY, H. *208*, 29 (1932).
Ulex europaeus	K. SCHÖN, Biochem. J. *30*, 1960 (1936).
Ulex Gallii	do.
Genista tridentata . . .	K. SCHÖN und B. MESQUITA, Biochem. J. *30*, 1966 (1936).

---

[1]) L. S. PALMER, «Carotinoids and related Pigments», Am. Soc. Monograph series. New York 1922. – P. KARRER und O. WALKER, Helv. chim. Acta *17*, 43 (1934). – R. KUHN und H. BROCKMANN, H. *206*, 41 (1932).

Ausgangsmaterial	Literaturangaben
Gazania rigens	K. Schön, Biochem. J. *32*, 1566 (1938). – L. Zechmeister und W. A. Schroeder, Am. Soc. *63*, 1535 (1943).
Caltha palustris	P. Karrer und A. Notthafft, Helv. chim. Acta *15*, 1195 (1932).
Ranunculus	P. Karrer und A. Notthafft, Helv. chim. Acta *15*, 1195 (1932). – P. Karrer, E. Jucker, J. Rutschmann und K. Steinlin, Helv. chim. Acta *28*, 1146 (1945).
Tragopogon pratensis . .	do.
Sarothamnus scoparius .	P. Karrer und E. Jucker, Helv. chim. Acta *27*, 1585 (1944).
Trollius europaeus . . .	P. Karrer und E. Jucker, Helv. chim. Acta *29*, 1539 (1946).
Laburnum anagyroides .	do.
Kerria japonica DC . . .	do.
Acacia decurrens	J. M. Petrie, Biochem. J. *18*, 957 (1924).
Acacia discolor, Acacia linifolia, Acacia longifolia	do.

c) Sonstiges pflanzliches Material:

Crocus sativus (Narben) .	R. Kuhn und A. Winterstein, Ber. *67*, 349 (1934).
Palmöl	R. Kuhn und H. Brockmann, H. *200*, 255 (1931).
Diatomeen	F. G. Kohl, C. *1906*, I, 1669.
Braunalgen	H. Kylin, H. *82*, 224 (1912). – R. Willstätter und H. J. Page, A. *404*, 251 (1914).
Torula rubra	E. Lederer, C. r. *197*, 1694 (1933).
Gelber Mais	R. Kuhn und Ch. Grundmann, Ber. *67*, 593 (1934).
Fucus vesiculosus . .	J. M. Heilbron und R. F. Phipers, Biochem. J. *29*, 1369 (1935).
Cladophora Sauteri . .	J. M. Heilbron, E. G. Parry und R. F. Phipers, Biochem. J. *29*, 1376 (1935).
Nitella opaca	do.
Oedogonium	do.
Rhodymenia palmata . .	do.
Cuscuta subinclusa . . .	G. Mackinney, J. biol. Chem. *112*, 421 (1935).
Cuscuta salina	do.
Bacillus Lombardo Pellegrini	E. Chargaff und E. Lederer, C. *1936*, I, 3159.
Bacillus Grasberger . . .	do.
Holzöl von *Acacia acuminata*	T. M. Trikoyus und J. C. Drummond, Nature *139*, 1105 (1937).
Trentepohlia aurea . . .	E. Lederer, C. *1939*, I, 2991.
Lycogala epidendron . .	do.
Haematococcus pluvialis .	J. Tischer, H. *250*, 147 (1937); *252*, 225 (1938).
Aphanizomenon flos-aquae	J. Tischer, H. *251*, 109 (1938).

Tabelle 33

Vorkommen von β-Carotin im tierischen Organismus

Ausgangsmaterial	Literaturangaben
Schaf- und Kuhkot . . .	P. KARRER und A. HELFENSTEIN, Helv. chim. Acta *13*, 86 (1930).
Blutserum.	H. v. EULER, B. v. EULER und H. HELLSTRÖM, Biochem. Z. *202*, 370 (1930). – H. WILLSTAEDT und T. LINDQVIST, H. *240*, 10 (1936).
Fettgewebe von Säugetieren	L. S. PALMER und C. H. ECKLES, J. biol. Chem. *17*, 211 (1914). – H. VAN DEN BERGH, P. MULLER und J. BROEKMEYER, Biochem. Z. *108*, 279 (1920). – CH. L. CONNOR, J. biol. Chem. 77, 619 (1928). – L. ZECHMEISTER und P. TUZSON, Ber. *67*, 154 (1934).
Nebennieren von Säugetieren.	H. VAN DEN BERGH, P. MULLER und J. BROEKMEYER, Biochem. Z. *108*, 279 (1920). – O. BAILLY, C. *1935*, I, 3806.
Lebern von Säugetieren.	H. v. EULER und E. VIRGIN, Biochem. Z. *245*, 252 (1932). – H. v. EULER und E. KLUSSMANN, Biochem. Z. *256*, 11 (1932). – H. WILLSTAEDT und T. LINDQVIST, H. *240*, 10 (1936).
Rindergallensteine . . .	H. FISCHER und H. RÖSE, H. *88*, 331 (1913). – H. FISCHER und R. HESS, H. *187*, 133 (1930).
Corpus luteum von Kühen und Schafen	H. H. ESCHER, H. *83*, 198 (1913). – R. KUHN und E. LEDERER, H. *200*, 246 (1931). – P. KARRER und W. SCHLIENTZ, Helv. chim. Acta *17*, 55 (1934).
Corpora rubra von Kühen	R. KUHN und H. BROCKMANN, H. *206*, 41 (1932).
Menschliche Placenta .	do.
Milchfett	A. E. GILLAM und M. S. EL RIDI, Biochem. J. *31*, 251 (1937). – L. S. PALMER und C. H. ECKLES, J. biol. Chem. *17*, 191 (1914).
Frauenmilch.	L. S. PALMER und C. H. ECKLES, J. biol. Chem. *17*, 237 (1914).
Muskelfleisch des Salms	H. v. EULER, H. HELLSTRÖM und M. MALMBERG, Svensk Kem. Tidskr. *45*, 151 (1933).
Rogen vieler Fische . .	H. v. EULER, U. GARD und H. HELLSTRÖM, Svensk Kem. Tidskr. *44*, 191 (1932); C. *1932*, I, 1504.
Integumente verschiedener Insekten.	E. LEDERER, C. *1936*, I, 3853.

Tabelle 34

Quellen für die Darstellung von β-Carotin

1 kg trockenes Ausgangsmaterial	Ausbeute an Carotin	Literaturangaben
Karotten . .	1 g (max.)	R. WILLSTÄTTER und H. H. ESCHER, H. *64*, 47 (1910). – R. KUHN und E. LEDERER, Ber. *64*, 1349 (1931). – H. N. HOLMES und H. M. LEICESTER, Am. Soc. *54*, 716 (1932). – N. T. DELEANO und J. DICK, Biochem. Z. *259*, 110 (1933).
Paprika-fruchthaut .	0,3 g	L. ZECHMEISTER und L. v. CHOLNOKY, A. *455*, 70 (1927).
Brennessel-mehl . . .	0,15–0,2 g	R. WILLSTÄTTER und A. STOLL, «Untersuchungen über Chlorophyll», Berlin 1934, Julius Springer, S. 237. – R. WILLSTÄTTER und W. MIEG, A. *355*, 12 (1907).
Cucurbita maxima Duch. (Frucht) . .	0,1 g	L. ZECHMEISTER und P. TUZSON, Ber. *67*, 824 (1934).
Palmöl . .	1,5–2,0 g	P. KARRER, H. v. EULER und H. HELLSTRÖM, Ark. Kemi. B. *10*, Nr. 15 (1931). – O. UNGNADE, Chem. Ztg. *63*, 9 (1939).

Tabelle 35

α-Carotingehalt verschiedener Carotinpräparate

(R. KUHN und E. LEDERER[1]), R. KUHN und H. BROCKMANN[2]))

Aus grünen Blättern von:

Kastanien	25%	Palmöl	30–40%
Brennesseln	Spuren*)	Vogelbeeren	15%
Spinat	Spuren*)	Riesenkürbis[3]) . .	1%
Gras	0%	Paprika	Spuren

*) Nach P. KARRER und W. SCHLIENTZ[4]).

Darstellung

Nach R. WILLSTÄTTER und H. H. ESCHER[5]) werden die Karottenschnitzel getrocknet, gemahlen und bei Raumtemperatur mit Petroläther erschöpfend extrahiert. Die vereinigten Auszüge engt man im Teilvakuum bei 30–40° C soweit als möglich ein und versetzt sie mit dem gleichen Volumen Schwefelkohlenstoff. Aus dieser Lösung wird das Rohcarotin mit Äthanol gefällt: Man gibt den Weingeist in kleinen Portionen alle 2–5 Minuten zu, wobei zuerst nur farblose Stoffe

---

[1]) R. KUHN und E. LEDERER, H. *200*, 246 (1931).
[2]) R. KUHN und H. BROCKMANN, H. *200*, 255 (1931).
[3]) L. ZECHMEISTER und P. TUZSON, Ber. *67*, 824 (1935).
[4]) P. KARRER und W. SCHLIENTZ, Helv. chim. Acta *17*, 7 (1934).
[5]) R. WILLSTÄTTER und H. H. ESCHER, H. *64*, 47 (1910).

ausfallen. Sobald sich die ersten, prächtig reflektierenden Carotinkristalle bilden, trennt man die farblosen Begleitstoffe durch schnell ausgeführte Filtration ab. Die Mutterlaugen werden mit dem übriggebliebenen Alkohol (im ganzen benötigt man etwa das 3–6fache Volumen der ursprünglichen Carotinlösung an Äthanol) versetzt und etwa 20 Stunden bei -10^0 C stehengelassen. Nach Verlauf dieser Zeit wird das Rohcarotin abfiltriert, in Schwefelkohlenstoff gelöst und mit Äthanol gefällt, anschließend mit wenig Petroläther in der Wärme extrahiert, wobei nur Begleitstoffe in Lösung gehen, und schließlich aus viel Petroläther umkristallisiert.

Um aus dem Rohcarotin das reine β-Isomere zu isolieren, chromatographiert man es aus Petroläther an Calciumhydroxyd[1]). P. KARRER und O. WALKER[1]) erhielten aus 35 g Rohcarotin 17 g reines β-Carotin und 2,5 g reinstes α-Carotin.

R. KUHN und E. LEDERER[2]) unterwerfen – im Gegensatz zu R. WILLSTÄTTER und H. H. ESCHER[3]) – die Karottenschnitzel einer Vorextraktion mit Methanol.

Chemische Konstitution

β-Carotin

1907 stellten R. WILLSTÄTTER und W. MIEG[4]) für Carotin die richtige Molekularformel $C_{40}H_{56}$ fest. L. ZECHMEISTER, L. v. CHOLNOKY und V. VRABÉLY ermittelten 11 Doppelbindungen, welche sich durch Wasserstoff absättigen lassen[5]). Die Zusammensetzung des Perhydrocarotins $C_{40}H_{78}$ zeigte das Vorhandensein von zwei Ringsystemen an. Nach R. PUMMERER und L. REBMANN[6]) nimmt Carotin 11 Mol Chlorjod auf, wodurch die Anwesenheit von 11 Kohlenstoffdoppelbindungen bestätigt wird.

β-Iononrest

[1]) P. KARRER und O. WALKER, Helv. chim. Acta *16*, 641 (1933). – Vgl. auch H. H. STRAIN, J. biol. Chem. *105*, 524 (1934); *111*, 86 (1935).

[2]) R. KUHN und E. LEDERER, Ber. *64*, 1349 (1931).

[3]) R. WILLSTÄTTER und H. H. ESCHER, H. *64*, 47 (1910).

[4]) R. WILLSTÄTTER und W. MIEG, A. *355*, 1 (1907).

[5]) L. ZECHMEISTER, L. v. CHOLNOKY und V. VRABÉLY, Ber. *61*, 566 (1928); *66*, 123 (1933).

[6]) R. PUMMERER und L. REBMANN, Ber. *61*, 1099 (1928).

$$
\begin{array}{cccc}
\underset{\text{C}}{\overset{CH_3 \quad CH_3}{\diagup\diagdown}} & \underset{\text{C}}{\overset{CH_3 \quad CH_3}{\diagup\diagdown}} & \underset{\text{C}}{\overset{CH_3 \quad CH_3}{\diagup\diagdown}} & \underset{\text{C}}{\overset{CH_3 \quad CH_3}{\diagup\diagdown}}
\end{array}
$$

HOOC COOH	CH$_2$ COOH	CH$_2$ COOH	CH$_2$ COOH
	COOH	CH$_2$	CH$_2$ CO·CH$_3$
		COOH	CH$_2$
Dimethyl- malonsäure	αα-Dimethylbern- steinsäure	αα-Dimethyl- glutarsäure	Geronsäure

P. KARRER und Mitarbeiter[1]) oxydierten β-Carotin mit Permanganat und mit Ozon und erhielten αα-Dimethylglutarsäure, αα-Dimethylbernsteinsäure, Dimethylmalonsäure und als besonders charakteristisches Spaltstück die Geronsäure (αα-Dimethyl-δ-acetyl-valeriansäure). Alle diese Verbindungen entstehen auch bei der Oxydation von β-Ionon, und zwar in ähnlicher Ausbeute. So erhielten P. KARRER und R. MORF[1]) bei der Oxydation von reinem β-Carotin 16% der für 2 β-Iononringe berechneten Menge Geronsäure, während β-Ionon selbst 19,4% ergibt. Hieraus wurde geschlossen, daß β-Carotin 2 β-Ionongruppierungen in der Molekel enthält.

P. KARRER und A. HELFENSTEIN[2]) bestimmten quantitativ die bei der Permanganatoxydation von Carotin gebildete Essigsäure und ermittelten so das Vorhandensein von 4 Gruppierungen

$$=CH-\underset{\underset{CH_3}{|}}{C}=CH-$$

Daraus wurde geschlossen, daß zwischen den beiden β-Iononringen eine Kette aus 4 Isoprenresten vorhanden ist. Ferner ergab die Chromsäureoxydation nach R. KUHN und L. EHMANN[3]) und R. KUHN und F. L'ORSA[4]) die Anwesenheit von 2 Gruppen

$$-CH_2-\underset{\underset{CH_3}{|}}{C}=C$$

Diese Befunde führten P. KARRER, A. HELFENSTEIN, H. WEHRLI und A. WETTSTEIN[5]) und P. KARRER und R. MORF[6]) zur Aufstellung der β-Carotinformel.

---

[1]) P. KARRER und A. HELFENSTEIN, Helv. chim. Acta *12*, 1142 (1929). – P. KARRER, A. HELFENSTEIN, H. WEHRLI und A. WETTSTEIN, Helv. chim. Acta *13*, 1084 (1930). – P. KARRER und R. MORF, Helv. chim. Acta *14*, 1033 (1931).

[2]) P. KARRER und A. HELFENSTEIN, Helv. chim. Acta *12*, 1142 (1929). – Vgl. R. KUHN A. WINTERSTEIN und L. KARLOVITZ, Helv. chim. Acta *12*, 64 (1929).

[3]) R. KUHN und L. EHMANN, Helv. chim. Acta *12*, 904 (1929).

[4]) R. KUHN und F. L'ORSA, Ber. *64*, 1732 (1931).

[5]) P. KARRER, A. HELFENSTEIN, H. WEHRLI und A. WETTSTEIN, Helv. chim. Acta *13*, 1084 (1930).

[6]) P. KARRER und R. MORF, Helv. chim. Acta *14*, 1033 (1931).

Die späteren Untersuchungen von R. Pummerer, L. Rebmann und W. Reindel[1]) und von H. H. Strain[2]) bestätigten die oben wiedergegebene Struktur des β-Carotins. Auch der Befund von R. Kuhn und A. Winterstein[3]), daß bei der thermischen Zersetzung des Pigments 2,6-Dimethylnaphthalin gebildet wird, steht damit im Einklang:

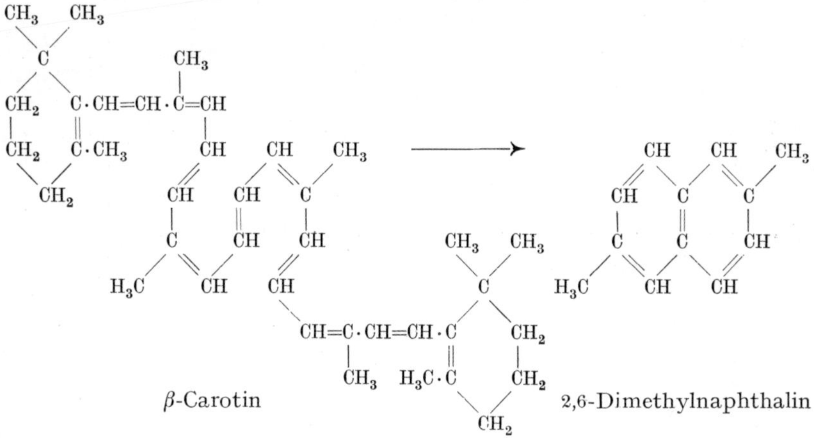

β-Carotin ⟶ 2,6-Dimethylnaphthalin

Untersuchungen von R. Kuhn und H. Brockmann[4]), in deren Verlauf β-Carotin mittels milder Abbaureaktionen in Zusammenhang mit Azafrin gebracht werden konnte, lieferten eine weitere Bestätigung der β-Carotinformel:

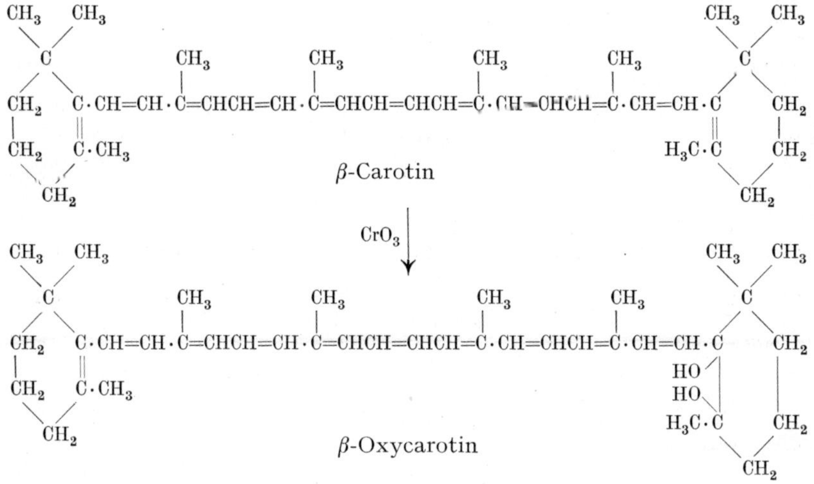

β-Carotin

β-Oxycarotin

---

[1]) R. Pummerer, L. Rebmann und W. Reindel, Ber. *64*, 492 (1931).

[2]) H. H. Strain, J. biol. Chem. *102*, 137 (1933).

[3]) R. Kuhn und A. Winterstein, Ber. *66*, 429 (1933).

[4]) R. Kuhn und H. Brockmann, A. *516*, 95 (1935); Ber. *65*, 894 (1932); H. *213*, 1 (1932) Ber. *66*, 1319 (1933); *67*, 1408 (1934).

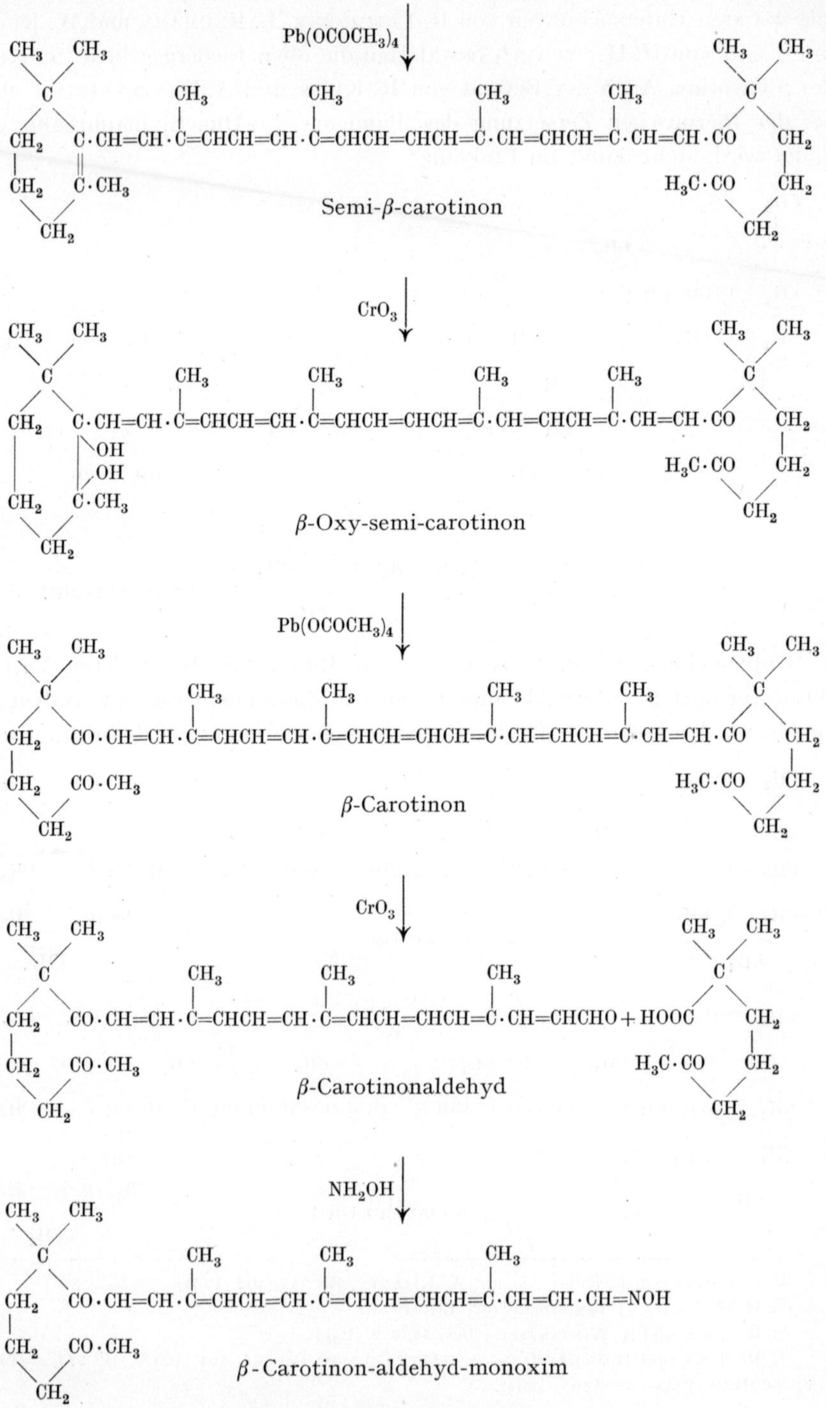

$$Pb(OCOCH_3)_4 \downarrow$$

Semi-β-carotinon

$$CrO_3 \downarrow$$

β-Oxy-semi-carotinon

$$Pb(OCOCH_3)_4 \downarrow$$

β-Carotinon

$$CrO_3 \downarrow$$

β-Carotinonaldehyd

$$NH_2OH \downarrow$$

β-Carotinon-aldehyd-monoxim

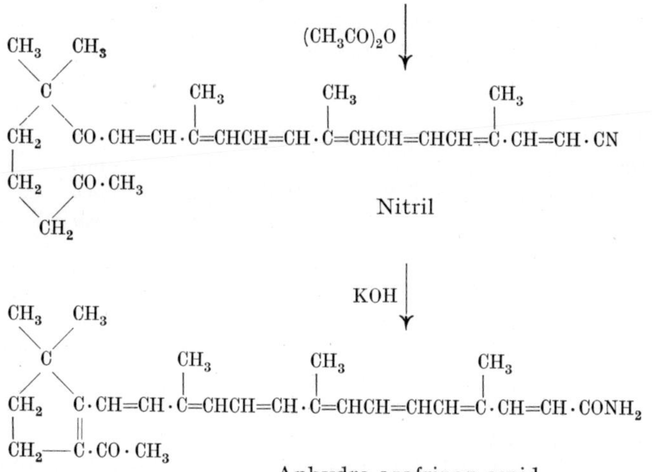

$(CH_3CO)_2O$ ↓

CH₃ CH₃
  \ /
   C   CH₃   CH₃   CH₃
  / \ | | |
CH₂   CO·CH=CH·C=CHCH=CH·C=CHCH=CHCH=C·CH=CH·CN
 |
CH₂   CO·CH₃
  \ /
   CH₂

Nitril

KOH ↓

CH₃ CH₃
  \ /
   C   CH₃   CH₃   CH₃
  / \ | | |
CH₂   C·CH=CH·C=CHCH=CH·C=CHCH=CHCH=C·CH=CH·CONH₂
 | ‖
CH₂— C·CO·CH₃

Anhydro-azafrinon-amid

Da Anhydro-azafrinon-amid auch aus Azafrin über Azafrinonamid gewonnen werden kann, ist der Zusammenhang zwischen β-Carotin und Azafrin festgelegt. (Über die einzelnen Verbindungen des Reaktionsverlaufs siehe S. 295.)

Bildung

P. KARRER und E. JUCKER[1]) gelang es, durch Einwirkung von Natriumalkoholat auf α-Carotin β-Carotin herzustellen. Es ist dies bis jetzt der einzige Weg, auf dem dieser Farbstoff partialsynthetisch gewonnen werden konnte.

Eigenschaften

Kristallform: Aus Benzol + Methanol dunkelviolette, hexagonale Prismen. Aus Petroläther rote, rhombenförmige, fast quadratische Blättchen.

Schmelzpunkt: 181–182⁰ C (korr.)[2]); 181–182⁰ C (unkorr.) (P. KARRER und Mitarbeiter[3])); 183⁰ C (korr. im evakuierten Röhrchen, R. KUHN und H. BROCKMANN[4])); 187,5⁰ C (E. S. MILLER[5])).

Löslichkeit: β-Carotin ist schwerer löslich als das α-Isomere, so daß sich dieses in den Mutterlaugen der Carotinumkristallisationen anreichert. β-Carotin ist in Schwefelkohlenstoff, Benzol und Chloroform sehr gut, in Äther und Petrol-

[1]) P. KARRER und E. JUCKER, Helv. chim. Acta *30*, 266 (1947).
[2]) R. KUHN und E. LEDERER, Ber. *64*, 1352 (1931); H. *200*, 247 (1931).
[3]) P. KARRER und Mitarbeiter, Helv. chim. Acta *14*, 615 (1931).
[4]) R. KUHN und H. BROCKMANN, Ber. *66*, 408 (1933).
[5]) E. S. MILLER, C. *1935*, I, 3545.

äther ziemlich gut löslich. 100 cm³ n-Hexan nehmen bei 0⁰ C 109 mg β-Carotin auf. In Äthanol und Methanol ist der Farbstoff fast unlöslich.

Absorptionsmaxima in:

Schwefelkohlenstoff	520	485	450 mμ
Chloroform	497	466	mμ
Benzin	483,5	452	426 mμ
Hexan	482	451	mμ

Quantitative Extinktionsmessung: K. W. HAUSSER und A. SMAKULA[1]). Ramanspektrum: H. v. EULER und H. HELLSTRÖM[2]).

Farbenreaktionen: 1–2 mg β-Carotin in Chloroform (2 cm³) gelöst und mit konzentrierter H_2SO_4 versetzt: Schwefelsäureschicht blau.

Farbstofflösung in Chloroform mit einen Tropfen rauchender Salpetersäure versetzt: sofort blau, dann Farbumschlag über Grün nach Schmutziggelb.

Löst man 1–2 mg β-Carotin in Chloroform auf und gibt dazu Antimontrichlorid (in $CHCl_3$), so tritt dunkelblaue Färbung auf, die ein Absorptionsmaximum bei 590 mμ zeigt (Unterschied zum α-Carotin; H. v. EULER, P. KARRER und M. RYBDOM[3])).

Chlorwasserstoff in ätherischer oder methylalkoholischer Lösung ruft keine Färbung hervor. (Weitere Angaben vgl. L. ZECHMEISTER[4]).)

Optische Aktivität: β-Carotin besitzt symmetrischen Bau und ist optisch inaktiv.

Verteilungsprobe: Bei der Verteilung zwischen Petroläther und 90%igem Methanol ist die β-Carotin-Konzentration in ersterem etwa 660mal größer (R. KUHN und H. BROCKMANN[5])).

Chromatographisches Verhalten: β-Carotin wird aus petrolätherischer Lösung von Calciumhydroxyd ziemlich fest adsorbiert. In der Chromatogrammsäule befindet es sich unterhalb des γ-Carotins und oberhalb des α-Carotins[6]). Die Elution erfolgt durch Äther, der etwa 5% Methanol enthält. Zinkcarbonat und Calciumcarbonat adsorbieren β-Carotin nur sehr schwach, so daß es beim Entwickeln des Chromatogramms durchgewaschen wird.

Verhalten gegen Sauerstoff: An der Luft absorbiert Carotin Sauerstoff mit steigender Geschwindigkeit, wobei farblose Produkte entstehen[7]). Nach H. v. EULER, P. KARRER und M. RYBDOM[8]) beginnt die Autoxydation bei sehr

---

[1]) K. W. HAUSSER und A. SMAKULA, Z. angew. Chem. *47*, 663 (1934); *48*, 152 (1935).

[2]) H. v. EULER und H. HELLSTRÖM, Z. physik. Chem. (B) *15*, 343 (1932).

[3]) H. v. EULER, P. KARRER und M. RYDBOM, Ber. *62*, 2445 (1929); Helv. chim. Acta *14*, 1428 (1931).

[4]) L. ZECHMEISTER, «Carotinoide», Jul. Springer, Berlin 1934, S. 127 (1931).

[5]) R. KUHN und H. BROCKMANN, H. *206*, 46 (1932).

[6]) P. KARRER und O. WALKER, Helv. chim. Acta *16*, 641 (1933).

[7]) R. WILLSTÄTTER und W. MIEG, A. *355*, 19 (1907). – R. WILLSTÄTTER und H. H. ESCHER, H. *64*, 57 (1910).

[8]) H. v. EULER, P. KARRER und M. RYDBOM, Ber. *62*, 2445 (1929).

reinen Präparaten erst nach mehrtägiger Berührung mit der Luft, wobei For-
maldehyd entsteht[1]). Beim Schütteln von in Tetrachlorkohlenstoff gelöstem
β-Carotin mit Sauerstoff entsteht etwas Glyoxal[2]).

Nachweis und Bestimmung: Mittels chromatographischer Adsorption an
Calciumhydroxyd aus Petroläther läßt sich β-Carotin von den andern Kohlen-
wasserstoff-Carotinoiden trennen. Sein Nachweis erfolgt durch die Bestimmung
der Absorptionsmaxima. Zur kolorimetrischen Bestimmung verwendet man
nach R. KUHN und H. BROCKMANN[3]) als Standardlösung eine alkoholische
Azobenzollösung.

Physiologisches Verhalten: β-Carotin besitzt starke Vitamin-A-Wirkung, die
von H. v. EULER, P. KARRER und Mitarbeitern näher untersucht wurde[4]).
Einzelheiten vgl. S. 19.

Derivate

β-Dihydro-carotin $C_{40}H_{58}$:

β-Dihydrocarotin

β-Dihydrocarotin entsteht neben anderen Produkten bei der Reduktion
von β-Carotin mit Aluminiumamalgam[5]). P. KARRER und A. RÜEGGER[6]) isolierten mit Hilfe der verfeinerten chromatographischen Trennungsmethoden
ein reines β-Dihydrocarotin und ermittelten die oben wiedergegebene Konstitution.

Aus Petroläther kristallisiert die Substanz in lachsroten Blättchen, welche
bei 182° C schmelzen. Das Präparat ist auch in hohen Dosen Vitamin-A-unwirksam.

Absorptionsmaxima in:

Schwefelkohlenstoff 461   432 mμ.

[1]) C. H. WARNER, Proc. Roy. Soc. (B) *87*, 384 (1914); C. *1914*, I, 2110.

[2]) R. PUMMERER, L. REBMANN und W. REINDEL, Ber. *64*, 496, 500 (1931).

[3]) R. KUHN und H. BROCKMANN, H. *206*, 43 (1932).

[4]) B. v. EULER, H. v. EULER und H. HELLSTRÖM, Biochem. Z. *203*, 370 (1928). – B. v. EULER,
H. v. EULER und P. KARRER, Helv. chim. Acta *12*, 278 (1929). – H. v. EULER, P. KARRER und
M. RYDBOM, Ber. *62*, 2445 (1929).

[5]) Literaturzusammenstellung: Helv. chim. Acta *23*, 955 (1940).

[6]) P. KARRER und A. RÜEGGER, Helv. chim. Acta *23*, 955 (1940).

Perhydrocarotin $C_{40}H_{78}$

Entsteht bei der Hydrierung von β-Carotin mit Wasserstoff und Platin-mohr als Katalysator[1]). Perhydrocarotin ist ein sehr dickes, destillierbares Öl. Es löst sich sehr leicht in Cyclohexan, leicht in Benzol und Äther, schwer in kaltem Methanol und Äthanol. Gemäß seiner symmetrischen Struktur ist Perhydrocarotin optisch inaktiv. Nach H. v. EULER, V. DEMOLE, P. KARRER und O. WALKER[2]) besitzt es keine biologische Wirksamkeit.

Dehydro-β-carotin (Isocarotin) $C_{40}H_{54}$:

Es entsteht bei der Zerlegung von Jodadditionsprodukten des β-Carotins mit Thiosulfat, Aceton, Quecksilber oder feinverteiltem Silber[3]).

Nach P. KARRER und G. SCHWAB[4]) besitzt Dehydro-β-carotin[5]) folgende Konstitution:

Dehydro-β-carotin (Isocarotin)

Dehydro-β-carotin kristallisiert aus Petroläther in violettblau glänzenden Nadeln und Blättchen, aus Benzol-Methanol-Gemisch in violetten Prismen. F: 192–193⁰ C (korr. P. KARRER, K. SCHÖPP und R. MORF[6])).

Der Farbstoff löst sich sehr schwer in Petroläther, leicht in Benzol und Chloroform. In Alkoholen ist er beinahe unlöslich.

Absorptionsmaxima in:

Schwefelkohlenstoff	543	504	472 mμ
Petroläther	504	475	447 mμ
Chloroform	518	485	455 mμ

---

[1]) L. ZECHMEISTER, L. v. CHOLNOKY und V. VRABÉLY, Ber. *61*, 566 (1928); *66*, 123 (1933). – Vgl. J. H. C. SMITH, J. biol. Chem. *90*, 597 (1931); *96*, 35 (1932).

[2]) H. v. EULER, V. DEMOLE, P. KARRER und O. WALKER, Helv. chim. Acta *13*, 1078 (1930).

[3]) R. KUHN und E. LEDERER, Naturw. *19*, 306 (1931); Ber. *65*, 639 (1932). – Vgl. A. E. GILLAM, J. M. HEILBRON, R. A. MORTON und J. C. DRUMMOND, Biochem. J. *26*, 1174 (1932). – P. KARRER, K. SCHÖPP und R. MORF, Helv. chim. Acta *15*, 1158 (1932).

[4]) P. KARRER und G. SCHWAB, Helv. chim. Acta, *23*, 578 (1940).

[5]) H. v. EULER, P. KARRER und O. WALKER, Helv. chim. Acta *15*, 1507 (1932), beobachteten, daß bei der Oxydation von β-Carotin mit Benzopersäure manchmal in sehr geringer Ausbeute Iso-carotin entstand.

[6]) P. KARRER, K. SCHÖPP und R. MORF, Helv. chim. Acta *15*, 1158 (1932). – Vgl. R. KUHN und E. LEDERER, Ber. *65*, 639 (1932). – A. E. GILLAM, J. M. HEILBRON, R. A. MORTON und J. C. DRUMMOND, Biochem. J. *26*, 1174 (1932).

Quantitative Extinktionsmessung: K. W. Hausser und A. Smakula[1]). Mit Antimontrichlorid in Chloroform gibt Isocarotin eine beständige Blaufärbung. Es besitzt keine Vitamin-A-Wirkung.

«β-Carotinoxyd» $C_{40}H_{56}O$:

Wurde von H. v. Euler, P. Karrer und O. Walker[2]) bei der Oxydation von β-Carotin mit Benzopersäure erhalten. Es ist kein Epoxyd, wie man zuerst angenommen hat, sondern ein furanoides Oxyd folgender Konstitution (P. Karrer und E. Jucker[3])):

CH₃   CH₃
  \ /
   C
  / \
CH₂   C===CH CH₃   CH₃   CH₃   CH₃   CH₃ CH₃
 | | | | | | \ /
CH₂   C   CH—C=CHCH=CH·C=CHCH=CHCH=C·CH=CHCH=C·CH=CH·C   C
  \ / \ / | CH₂
  CH₂ | O   H₃C·C |
   CH₃   «β-Carotinoxyd» = Mutatochrom   \ / CH₂
                                                            CH₂

Über Eigenschaften und Verhalten des Mutatochroms siehe S. 151.

Oxy-β-carotin $C_{40}H_{58}O_2$[4]):

CH₃   CH₃
  \ /
   C   OH CH₃   CH₃   CH₃   CH₃   CH₃ CH₃
  / \ / | | | | \ /
CH₂   C·CH=CH·C=CHCH=CH·C=CHCH=CHCH=C·CH=CHCH=C·CH=CH·C   C
 | | | CH₂
CH₂   C·OH   H₃C·C |
  \ /   \ / CH₂
  CH₂ | Oxy-β-carotin?   CH₂
   CH₃

Entsteht durch vorsichtige Oxydation von β-Carotin mit wäßriger, 0,1n Chromsäure (1,5 Atome O). Kristallisiert aus Benzin-Methanol-Gemisch in orangeroten Nadeln, welche bei 184° C (korr.) schmelzen (R. Kuhn und H. Brockmann[5])). Oxy-β-carotin wird aus Benzinlösung an Aluminiumoxyd leicht, an Calciumcarbonat dagegen nicht adsorbiert. (Das angenommene Vorhandensein von 2 OH-Gruppen ließe eine beträchtliche Adsorbierbarkeit an Calciumcarbonat vermuten!). β-Oxycarotin ist leicht löslich in Benzol, Chloroform und Schwefelkohlenstoff, schwerer löslich in Benzin und unlöslich in

---

[1]) K. W. Hausser und A. Smakula, Z. angew. Chem. 47, 663 (1934); 48, 152 (1935).

[2]) H. v. Euler, P. Karrer und O. Walker, Helv. chim. Acta 15, 1507 (1932).

[3]) P. Karrer und E. Jucker, Helv. chim. Acta 28, 427 (1945).

[4]) Bezüglich der Bruttoformel sei auf die Mitteilung von R. Kuhn und H. Brockmann, Ber. 67, 1408 (1934), und A. 516, 99 (1935) verwiesen.

[5]) R. Kuhn und H. Brockmann, Ber. 65, 896 (1932); Ber. 67, 1408 (1934). – Vgl. A .516, 95 (1935).

Alkoholen. Bei der Verteilung zwischen Petroläther und 90%igem Methanol geht es fast völlig in die obere Schicht. (Die Unlöslichkeit in Alkohol und der epiphasische Charakter der Verbindung sind mit der vorgeschlagenen Formel nicht vereinbar.)

Absorptionsmaxima in:

Schwefelkohlenstoff	508	475	446 mμ
Chloroform	487	456	429 mμ
Benzin	478	448	420 mμ
Hexan	476	446	419 mμ
Benzol	489	457	428 mμ

Oxy-β-carotin zeigt Vitamin-A-Wirkung.

Oxy-semi-β-carotinon $C_{40}H_{58}O_4$:

Oxy-semi-β-carotinon

Wird durch Oxydation von Oxy-β-carotin mit 0,1 n Chromsäurelösung hergestellt[1]). Aus einem Gemisch von Benzol-Petroläther kristallisiert der Farbstoff in dunkelroten, bläulich glänzenden Prismen, welche bei 172° C (korr.) schmelzen. Er löst sich leicht in Chloroform, etwas schwerer in Benzol und Äthanol und sehr schwer in Petroläther. Bei der Verteilungsprobe erweist sich Oxy-semi-β-carotinon hypophasisch.

Absorptionsmaxima in:

Schwefelkohlenstoff	534	495	464 mμ
Petroläther	497	468	440 mμ
Benzol	512	481	452 mμ
Äthanol	(498)	(471)	mμ
Chloroform	510	479	452 mμ

Semi-β-carotinon $C_{40}H_{56}O_2$:

Semi-β-carotinon

---

[1]) R. Kuhn und H. Brockmann, A. *516*, 98 (1935), do. 120.

R. Kuhn und H. Brockmann[1]) stellten Semi-β-carotinon durch Oxydation von β-Carotin mit 0,1n Chromsäurelösung her. Es entsteht auch beim Behandeln einer Lösung von Oxy-β-carotin in Benzol mit Bleitetraacetat in Eisessig[2]). Die Verbindung kristallisiert aus Methanol in viereckigen, karmoisinroten Blättchen. F: 118–119⁰ C (korr. in evakuierter Kapillare). Semi-β-carotinon ist in Benzin ziemlich leicht löslich, schwerer in Äthanol. Bei der Verteilungsprobe verhält es sich epiphasisch. Weiteres Verhalten und Farbreaktionen vgl. die Mitteilung von R. Kuhn und H. Brockmann[1]).

Absorptionsmaxima in:

Schwefelkohlenstoff	538	499 mμ	
Chloroform	(519)	(487) mμ (verwaschen)	
Benzin	501	470	446 mμ
Benzol	518	486	458 mμ
Hexan	500	469	443 mμ

Semi-β-carotinonoxim: Karmoisinrote Nadeln (aus 90%igem Methanol). F: 134–135⁰ C (korr. in evakuierter Kapillare). Die Lage der Absorptionsmaxima stimmt mit derjenigen der freien Verbindung überein.

Neo-oxy-β-carotin $C_{40}H_{56}O_2$:

P. Karrer und U. Solmssen[3]) beobachteten, daß an Stelle von Semi-β-carotinon bei der Oxydation von β-Carotin mit wäßriger 0,1n Chromsäure eine andere Verbindung, Neo-semi-β-carotinon, entstehen kann. Aus Methanol erhält man diese Substanz in fast schwarzen Kristallen. F: 143⁰ C.

Absorptionsmaxima in:

Schwefelkohlenstoff	510	479 mμ.

Anhydro-semi-β-carotinon $C_{40}H_{54}O$:

Anhydro-semi-β-carotinon

Entsteht durch Wasserabspaltung aus Semi-β-carotinon mittels methylalkoholischer Kalilauge[4]). Aus einem Gemisch von Benzol und Methanol kri-

[1]) R. Kuhn und H. Brockmann, Ber. *66*, 1319 (1933).
[2]) R. Kuhn und H. Brockmann, A. *516*, 120 (1935).
[3]) P. Karrer und U. Solmssen, Helv. chim. Acta *18*, 25 (1935).
[4]) R. Kuhn und H. Brockmann, A. *516*, 113, 122 (1935).

stallisiert der Farbstoff in fast schwarzen Prismen mit grünlichem Oberflächenglanz. F: 177⁰ C. Er löst sich gut in Schwefelkohlenstoff, Chloroform und Benzol, schlecht in Benzin, Petroläther und absolutem Äthanol. Bei der Verteilungsprobe verhält er sich rein epiphasisch.

Absorptionsmaxima in:

Schwefelkohlenstoff	547	509	481 mμ
Chloroform	524	489	459 mμ
Benzol	528	490	459 mμ
Benzin	512	480	452 mμ

β-*Carotinon* $C_{40}H_{56}O_4$:

β-Carotinon

R. KUHN und H. BROCKMANN[1]) stellten β-Carotinon durch Oxydation von
β-Carotin mit Chromsäure her. Es entsteht auch bei der Oxydation von Semi-
β-carotinon mit Chromsäure[2]). Aus einem Gemisch von Benzol-Ligroin kristallisiert β-Carotinon in sechseckigen, karmoisinroten Blättchen von bläulichem Oberflächenglanz[3]). F: 174–175⁰ C (korr. in evakuierter Kapillare). Der
Farbstoff wird aus Petrolätherlösung durch Aluminiumoxyd und Calciumcarbonat adsorbiert. Bei der Verteilung zwischen Petroläther und 90%igem
Methanol geht er größtenteils in die untere Schicht. β-Carotinon löst sich leicht
in Chloroform, Schwefelkohlenstoff und Benzol; schwer in kaltem Methanol
und Äthanol; sehr schwer in Benzin und Petroläther.

Absorptionsmaxima in[1]):

Schwefelkohlenstoff	538	499	466 mμ
Chloroform	527	489	454 mμ
Benzin	502	468	440 mμ
Benzol	522	486	453 mμ
Hexan	500	466	436 mμ.

Quantitative Extinktionsmessung in Hexan: K. W. HAUSSER und A. SMAKU-
LA[4]). *Dioxim:* F: 198⁰ C (korr. in evakuierter Kapillare).

---

[1]) R. KUHN und H. BROCKMANN, Ber. *65*, 894 (1932); *67*, 885 (1934); A. *516*, 123 (1935).

[2]) R. KUHN und H. BROCKMANN, Ber. *66*, 1324 (1933).

[3]) R. KUHN und H. BROCKMANN, H. *213*, 3 (1932).

[4]) K. W. HAUSSER und A. SMAKULA, Z. angew. Chem. *47*, 663 (1934); *48*, 152 (1935).

Bis-anhydro-β-carotinon $C_{40}H_{52}O_2$:

Bis-anhydro-β-carotinon

Dieses wurde von R. KUHN und H. BROCKMANN[1]) beim Behandeln von β-Carotinon mit methanolischer Kalilauge erhalten. Es kristallisiert aus einem Gemisch von Benzol-Methanol in stahlblauen Prismen oder Blättchen, die bei 209° C schmelzen. Verhält sich bei der Verteilungsprobe fast rein epiphasisch. Bis-anhydro-β-carotinon ist in Chloroform, Benzol und Schwefelkohlenstoff löslich, fast unlöslich in Benzin, Methanol und Petroläther.

Absorptionsmaxima in:

Schwefelkohlenstoff	(567)	(525)	(477)*) mμ
Chloroform	(545)	(506)	(481)*) mμ
Benzol	(545)	(505)	(478)*) mμ
Benzin	530	494	462 mμ

*) Ohne Kupferoxydammoniak-Filter gemessen.

Bis-anhydro-dihydro-β-carotinon $C_{40}H_{54}O_2$:

Bis-anhydro-dihydro-β-carotinon
(Ketoform)

Entsteht beim Schütteln von Bis-anhydro-β-carotinon mit Zinkstaub in einer Mischung von Pyridin und Eisessig[2]). Der Farbstoff kristallisiert aus wäßrigem Pyridin in glänzenden, roten Nadeln, die bei 217° C (korr. im Vakuum) schmelzen. Bis-anhydro-dihydro-β-carotinon löst sich gut in Schwefelkohlenstoff, Benzol, Chloroform und Pyridin, schlecht in Benzin und Petroläther. In alkalisch-alkoholischer Lösung tritt durch Luftsauerstoff schnell Oxydation zu Bis-anhydro-β-carotinon ein.

Absorptionsmaxima in:

Schwefelkohlenstoff	510	478	448 mμ
Chloroform	490	459	430 mμ
Benzol	492	460	430 mμ
Benzin	479	448	421 mμ

---

[1]) R. KUHN und H. BROCKMANN, A. *516*, 113 (1935); *516*, 123 (1935).
[2]) R. KUHN und H. BROCKMANN, A. *516*, 113, 124 (1935).

Dihydro-β-carotinon $C_{40}H_{58}O_4$:

$$
\begin{array}{l}
CH_3 \quad CH_3 \qquad\qquad\qquad\qquad\qquad\qquad\qquad\qquad\qquad\qquad\quad CH_3 \quad CH_3 \\
\quad\diagdown\diagup \qquad\qquad CH_3 \qquad\quad CH_3 \qquad\quad CH_3 \qquad\quad CH_3 \qquad\quad \diagdown\diagup \\
\quad\;C \qquad\qquad\quad | \qquad\qquad | \qquad\qquad | \qquad\qquad | \qquad\qquad\;\; C \\
\diagup\;\diagdown \\
CH_2 \quad CO\cdot CH_2CH{=}\overset{}{C}\cdot CH{=}CHCH{=}\overset{}{C}\cdot CH{=}CHCH{=}CH\cdot\overset{}{C}{=}CHCH{=}CH\cdot\overset{}{C}{=}CH\cdot CH_2\cdot CO \quad CH_2 \\
| \qquad\quad | \\
CH_2 \quad CO\cdot CH_3 \qquad\qquad\qquad Dihydro\text{-}\beta\text{-}carotinon \qquad\qquad\qquad H_3C\cdot CO \quad CH_2 \\
\diagdown\diagup \qquad\qquad\qquad\qquad\qquad\qquad\qquad\qquad\qquad\qquad\qquad\qquad\qquad \diagdown\diagup \\
\;CH_2 \qquad\qquad\qquad\qquad\qquad\qquad\qquad\qquad\qquad\qquad\qquad\qquad\qquad\quad CH_2
\end{array}
$$

Dihydro-β-carotinon entsteht bei der Reduktion von β-Carotinon mit Zinkstaub in Pyridin und Eisessig[1]). Der Farbstoff kristallisiert aus einem Gemisch von Benzol-Benzin in goldgelben Nadeln, welche bei 130° C (korr. im evakuierten Röhrchen) schmelzen. Löst sich leicht in Pyridin, Chloroform und Benzol, schwer in Petroläther und Alkoholen. Verhält sich bei der Verteilungsprobe fast rein hypophasisch.

Absorptionsmaxima in:

Schwefelkohlenstoff	454,5	426 mμ
Chloroform	435	411 mμ
Hexan	426	mμ
Benzin	429	mμ
Benzol	436	411 mμ
Petroläther	424	mμ

Dihydro-β-carotinon bildet mit freiem Hydroxylamin ein Dioxim, $C_{40}H_{60}O_4N_2$. Aus heißem Benzol kristallisiert es in goldgelben Blättchen, welche bei 151° C (korr. in evakuierter Kapillare) schmelzen. Das Dioxim ist in Benzin und Benzol schwerer, in Alkohol etwas leichter löslich als Dihydro-β-carotinon.

Absorptionsmaxima in:

Schwefelkohlenstoff	454,5	426 mμ
Benzin	429	mμ
Äthanol	426	mμ

β-Carotinon-aldehyd $C_{27}H_{36}O_3$:

$$
\begin{array}{l}
CH_3 \quad CH_3 \\
\;\diagdown\diagup \\
\quad C \qquad\qquad\quad CH_3 \qquad\quad CH_3 \qquad\quad CH_3 \\
\diagup\;\diagdown \qquad\qquad | \qquad\qquad | \qquad\qquad | \\
CH_2 \quad CO\cdot CH{=}CH\cdot\overset{}{C}{=}CHCH{=}CH\cdot\overset{}{C}{=}CHCH{=}CHCH{=}\overset{}{C}\cdot CH{=}CHCHO \\
| \qquad\quad | \\
CH_2 \quad CO\cdot CH_3 \\
\diagdown\diagup \qquad\qquad\qquad\qquad \beta\text{-}Carotinonaldehyd \\
\;CH_2
\end{array}
$$

---

[1]) R. Kuhn und H. Brockmann, Ber. *66*, 1324, (1933).

Dieser Aldehyd entsteht bei der Oxydation von β-Carotin oder von β-Carotinon mit Chromsäure[1]). Er kristallisiert aus Benzol-Benzin-Gemisch in gelbroten Nadeln mit bläulichem Oberflächenglanz. F: 146–147° C (korr. im evakuierten Röhrchen). Die Verbindung ist in Chloroform, Schwefelkohlenstoff, Benzol und heißem Methanol gut löslich, schwer in kaltem Benzin und Petroläther.

Absorptionsmaxima in:

Schwefelkohlenstoff	491	459	430 mμ
Chloroform	482	450	423 mμ
Petroläther	457	430	404 mμ
Benzin	461	432	406 mμ
Benzol	476	446	420 mμ
Hexan	458	431	405 mμ
Alkohol	(473)	(442)	mμ

Durch längere Behandlung des β-Carotinonaldehyds mit überschüssigem Hydroxylamin entsteht ein Dioxim. (Zur Konstitution vgl. R. KUHN und H. BROCKMANN, l. c.). Es kristallisiert aus verdünntem Methanol in gelbroten Blättchen, die bei 183–184° C schmelzen und sich schwer in Petroläther, Benzin und kaltem Benzol, leichter in Äthanol lösen.

Absorptionsmaxima in:

Schwefelkohlenstoff	492	460	431 mμ
Chloroform	478	448	420 mμ
Benzin	462	435	mμ
Benzol	477	447	419 mμ

Bei Anwendung von nur 1 Mol Hydroxylamin auf 1 Mol β-Carotinonaldehyd entsteht ein Monoxim, das ein Gemisch aus Aldoxim und Ketoxim ist. Es kristallisiert aus Methanol in gelbroten Blättchen oder Nädelchen vom Schmelzpunkt 174°.

(Über die Überführung des Aldoxims in Anhydro-azafrinon-amid vgl. S. 136 und die Mitteilungen von R. KUHN und H. BROCKMANN, l. c.).

β-Apo-2-carotinal $C_{30}H_{40}O$:

β-Apo-2-carotinal

---

[1]) R. KUHN und H. BROCKMANN, Ber. *67*, 886 (1934); A. *516*, 98, 125, 127 (1935). – Vgl. H. *215*, 5 (1932).

Dieser Aldehyd entsteht bei der Kaliumpermanganatoxydation von β-Carotin[1]). β-Apo-2-carotinal kristallisiert aus Methanol in violetten Blättchen, welche bei 139° C schmelzen. Die ätherische Lösung des Farbstoffes gibt bei Zusatz von konzentrierter Salzsäure eine starke, bleibende Blaufärbung. Der Aldehyd hat starke Zuwachswirkung.

Absorptionsmaxima in:

Schwefelkohlenstoff	525	490 mμ
Petroläther	484	454 mμ
Äthanol	(498...447) mμ	

β-Apo-2-carotinal-oxim: violette, glitzernde Rhomben oder Prismen. F: 180°C.

Absorptionsmaxima in:

Schwefelkohlenstoff	507	473 mμ
Petroläther	471	441 mμ
Äthanol	475	445 mμ

β-Apo-2-carotinal-semicarbazon: F: 212° C (sintert von 205° C an).

β-Apo-2-carotinol $C_{30}H_{42}O$:

β-Apo-2-carotinol

Wurde von H. v. EULER, P. KARRER und U. SOLMSSEN bei der Reduktion von β-Apo-2-carotinal mit Isopropylalkohol und Aluminiumisopropylat erhalten[2]). Gelbe Blättchen (aus Benzol-Petroläther-Gemisch). F: 145° C.

Absorptionsmaxima in:

Schwefelkohlenstoff	486	456 mμ
Petroläther	453	423 mμ
Äthanol	456	426 mμ

β-Apo-4-carotinal $C_{25}H_{34}O$:

β-Apo-4-carotinal

[1]) P. KARRER und U. SOLMSSEN, Helv. chim. Acta *20*, 682 (1937). – P. KARRER, U. SOLMSSEN und W. GUGELMANN, Helv. chim. Acta *20*, 1020 (1937).

[2]) H. v. EULER, P. KARRER und U. SOLMSSEN, Helv. chim. Acta *21*, 211 (1938).

Die Verbindung wurde neben β-Apo-2-carotinal bei der Oxydation von β-Carotin mit Kaliumpermanganat erhalten[1]). Sie konnte noch nicht in kristallinem Zustande isoliert werden, doch bildet sie ein gut kristallisiertes Oxim und Semicarbazon.

Absorptionsmaximum in:

Schwefelkohlenstoff . . . . . . etwa 460 mμ (unscharf)
Petroläther . . . . etwa 442 mμ (unscharf)

β-Apo-4-carotinal-oxim: F: 165° C. Rhombische Blättchen, teilweise zu Drusen vereinigt (aus Methanol).

Absorptionsmaximum in:

Petroläther . . . . 408 mμ
Äthanol . . . . 409 mμ
Schwefelkohlenstoff . . . . . . 456 mμ (etwas unscharf)

β-Apo-4-carotinal-semicarbazon: karminrotes Pulver (aus Äthanol). F: 217°C (unter Zersetzung, Sintern ab 214° C).

Absorptionsmaximum in:

Schwefelkohlenstoff . . . . . . 474 mμ
Äthanol . . . . 445 mμ (ziemlich breite Bande)

β-*Apo-4-carotinol* $C_{25}H_{36}O$:

β-Apo-4-carotinol

Dieser Polyenalkohol entsteht bei der Reduktion des β-Apo-4-carotinals mit Isopropylalkohol und Aluminiumisopropylat[2]). β-Apo-4-carotinol wurde bisher nur als zähes Öl erhalten.

Oxyde des β-Carotins

P. Karrer und E. Jucker[3]) stellten aus β-Carotin durch Oxydation mit Phthalmonopersäure verschiedene Oxydationsprodukte her, welche als Epoxyde und furanoide Oxyde anzusprechen sind. (Bezüglich der Konstitution

---

[1]) P. Karrer und U. Solmssen, Helv. chim. Acta *20*, 688 (1937). – P. Karrer, U. Solmssen und W. Gugelmann, Helv. chim. Acta *20*, 1023 (1937).

[2]) H. v. Euler, P. Karrer und U. Solmssen, Helv. chim. Acta *21*, 211 (1938).

[3]) P. Karrer und E. Jucker, Helv. chim. Acta *28*, 427 (1945).

dieser Verbindungen vergleiche man die Betrachtungen auf Seite 67.) Diese Oxyde besitzen große Ähnlichkeit mit den entsprechenden Verbindungen des Kryptoxanthins (S. 179) und des Zeaxanthins (S. 192), von denen sie sich nur durch das Fehlen der Hydroxylgruppen konstitutionell unterscheiden.

β-Carotin-mono-epoxyd $C_{40}H_{56}O$:

$$
\begin{array}{l}
CH_3 \quad CH_3 \\
\backslash \; / \\
C \qquad\qquad CH_3 \qquad\qquad CH_3 \qquad\qquad CH_3 \qquad\qquad CH_3 \qquad\qquad\qquad\qquad CH_3 \quad CH_3 \\
/ \; \backslash \qquad\qquad | \qquad\qquad\quad | \qquad\qquad\quad | \qquad\qquad\quad | \qquad\qquad\qquad\qquad\qquad \backslash \; / \\
CH_2 \quad C\cdot CH{=}CH\cdot C{=}CHCH{=}CH\cdot C{=}CHCH{=}CHCH{=}C\cdot CH{=}CHCH{=}C\cdot CH{=}CH\cdot C \qquad CH_2 \\
| \qquad\quad \backslash O \qquad\qquad\qquad\qquad\qquad\qquad\qquad\qquad\qquad\qquad\qquad\qquad\qquad\qquad\qquad\qquad\qquad\qquad\qquad \| \qquad\quad | \\
CH_2 \quad C \qquad\qquad\qquad\qquad \text{β-Carotin-mono-epoxyd} \qquad\qquad\qquad\qquad\qquad\qquad C \qquad CH_2 \\
\backslash \; / \; \backslash \qquad\qquad\qquad\qquad\qquad\qquad\qquad\qquad\qquad\qquad\qquad\qquad\qquad\qquad\qquad\qquad\qquad H_3C \qquad CH_2 \\
CH_2 \quad CH_3
\end{array}
$$

Die Verbindung kristallisiert aus einem Gemisch von Benzol und Methanol oder aus einem solchen von Äther und Methanol in orangen Blättchen mit schönem Oberflächenglanz, welche bei 160° C (unkorr. im Vakuum) schmelzen. Schüttelt man die ätherische Lösung des Farbstoffes mit konzentrierter wäßriger Salzsäure, so nimmt diese allmählich eine schwachblaue Färbung an, die jedoch nicht lange bestehen bleibt.

Absorptionsmaxima in:

CS_2.	511	479 mμ
Benzol	492	460 mμ
Petroläther	478	447 mμ
Chloroform	492	459 mμ

β-Carotin-di-epoxyd $C_{40}H_{56}O_2$:

$$
\begin{array}{l}
CH_3 \quad CH_3 \\
\backslash \; / \\
C \qquad\qquad CH_3 \qquad\qquad CH_3 \qquad\qquad CH_3 \qquad\qquad CH_3 \qquad\qquad\qquad\qquad CH_3 \quad CH_3 \\
/ \; \backslash \qquad\qquad | \qquad\qquad\quad | \qquad\qquad\quad | \qquad\qquad\quad | \qquad\qquad\qquad\qquad\qquad \backslash \; / \\
CH_2 \quad C\cdot CH{=}CH\cdot C{=}CHCH{=}CH\cdot C{=}CHCH{=}CHCH{=}C\cdot CH{=}CHCH{=}C\cdot CH{=}CH\cdot C \qquad CH_2 \\
| \qquad\quad \backslash O \qquad\qquad\qquad\qquad\qquad\qquad\qquad\qquad\qquad\qquad\qquad\qquad\qquad\qquad\qquad\qquad\qquad\qquad\qquad O \; / \qquad | \\
CH_2 \quad C \qquad\qquad\qquad\qquad \text{β-Carotin-di-epoxyd} \qquad\qquad\qquad\qquad\qquad\qquad C \qquad CH_2 \\
\backslash \; / \; \backslash \qquad\qquad\qquad\qquad\qquad\qquad\qquad\qquad\qquad\qquad\qquad\qquad\qquad\qquad\qquad\qquad\qquad H_3C \qquad CH_2 \\
CH_2 \quad CH_3
\end{array}
$$

β-Carotin-di-epoxyd kristallisiert aus Benzol-Methanol-Gemisch in gelborangen Blättchen, die bei 184° C (unkorr. im Vakuum) schmelzen. Beim Schütteln der ätherischen Lösung des Farbstoffs mit konzentrierter wäßriger Salzsäure färbt sich diese tiefblau. Die Färbung bleibt tagelang bestehen. *β-Carotin-di-epoxyd* zeigt rein epiphasisches Verhalten.

Absorptionsmaxima in:

CS$_2$.	502	472 mμ
Benzol	485	456 mμ
Petroläther	470,5	443 mμ
Chloroform	484	456 mμ

Mutatochrom C$_{40}$H$_{56}$O[1]):

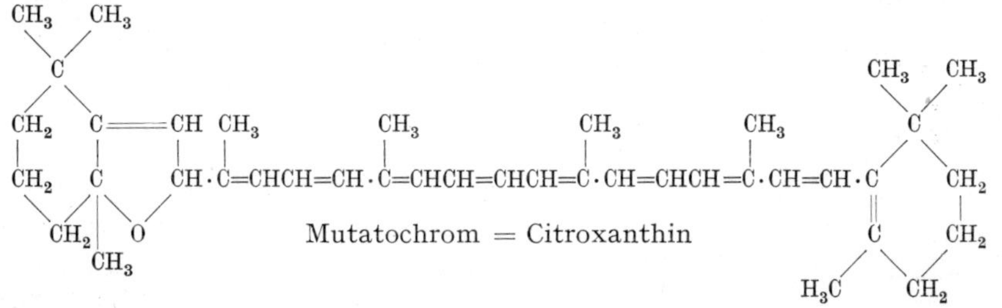

Mutatochrom = Citroxanthin

Bei der Einwirkung von Chlorwasserstoff auf β-Carotin-mono-epoxyd entsteht das entsprechende furanoide Oxyd, Mutatochrom, und wenig β-Carotin. Mutatochrom kristallisiert aus Benzol-Methanol-Gemisch in gelborangen Blättchen. Smp. 163–164^0 C (unkorr. im Vakuum). Die Salzsäurereaktion und die Verteilungsprobe fallen beim Mutatochrom gleich wie beim β-Carotin-mono-epoxyd aus.

Absorptionsmaxima in:

CS$_2$.	489,5	459 mμ
Benzol	470	440 mμ
Petroläther	456	427 mμ
Chloroform	469	438 mμ

Aurochrom C$_{40}$H$_{56}$O$_2$:

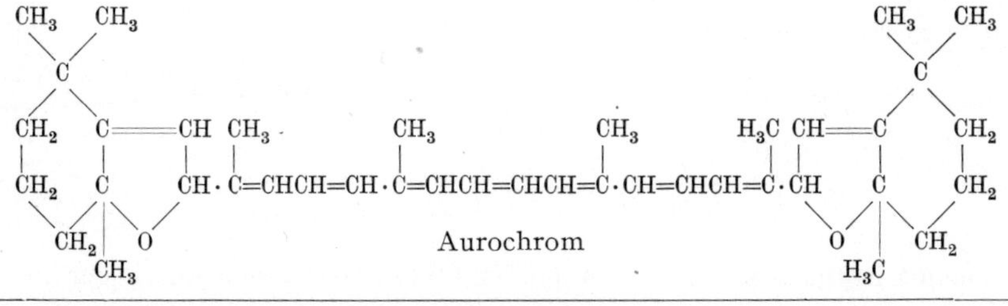

Aurochrom

[1]) H. v. Euler, P. Karrer und O. Walker, Helv. chim. Acta *15*, 1507 (1932), ließen auf β-Carotin Benzopersäure einwirken und erhielten ein Oxyd, das sie in Unkenntnis der großen Säureempfindlichkeit dieser Verbindungen als β-Carotin-mono-epoxyd ansprachen. Ein Vergleich der beiden Verbindungen hat gezeigt, daß damals das furanoide Oxyd, Mutatochrom, und nicht das primär entstandene Monoepoxyd, erhalten worden ist. – P. Karrer und E. Jucker, Helv. chim. Acta *30*, 536 (1947), stellten die Identität von Mutatochrom mit dem von ihnen (Helv. chim. Acta *27*, 1695 (1944)) aus Orangenschalen isolierten Citroxanthin fest. Somit ist Mutatochrom ein natürlich vorkommendes Pigment.

Aurochrom entsteht bei der Einwirkung von verdünnter Salzsäure auf β-Carotin-di-epoxyd. Es kristallisiert in schönen gelben Blättchen (aus einem Gemisch von Benzol und Methanol), die bei 185⁰ C (unkorr. im Vakuum) schmelzen. Versetzt man eine ätherische Lösung des Pigmentes mit konzentrierter wäßriger Salzsäure, so tritt eine sehr beständige, tiefblaue Färbung auf. Bei der Verteilung des Aurochroms zwischen Methanol und Petroläther geht der Farbstoff fast quantitativ in die obere Schicht.

Absorptionsmaxima in:

CS₂	457	428 mμ
Benzol	440	mμ
Petroläther	428	mμ
Chloroform	437	mμ

Luteochrom $C_{40}H_{56}O_2$:

Luteochrom

Luteochrom entsteht neben β-Carotin-mono-epoxyd und β-Carotin-di-epoxyd bei der Oxydation von β-Carotin mit Phthalmonopersäure[1]). Der Farbstoff kristallisiert in dünnen, gelborangen Blättchen (aus Benzol-Methanol-Gemisch), welche bei 176⁰ C (unkorr. im Vakuum) schmelzen. Gegenüber konzentrierter wäßriger Salzsäure verhält er sich gleich wie β-Carotin-di-epoxyd und Aurochrom. Bei der Verteilung zwischen Methanol-Petroläther geht er größtenteils in die obere Schicht.

Absorptionsmaxima in:

CS₂	482	451 mμ

Verhalten der β-Carotinoxyde:

Die β-Carotinepoxyde und furanoiden Oxyde lassen sich durch chromatographische Analyse (Adsorbens Calciumhydroxyd, Lösungsmittel Petroläther) verhältnismäßig schwer voneinander trennen. Die Löslichkeitsverhältnisse dieser Verbindungen unterscheiden sich nicht wesentlich von denjenigen des β-Carotins. Sie lösen sich gut in Schwefelkohlenstoff, Chloroform, Benzol und Äther, etwas schwerer in Petroläther und sehr schwer in Methanol und Äthanol.

---

[1]) P. KARRER und E. JUCKER, Helv. chim. Acta *28*, 427 (1945).

Physiologisches Verhalten:

Die Vitamin-A-Wirkung der verschiedenen Oxyde des β-Carotins wurde von H. v. Euler[1]) geprüft. Es hat sich dabei gezeigt, daß β-Carotin-di-epoxyd in 17-γ-Dosen und Luteochrom in 18-γ-Dosen bei der Ratte volle Vitamin-A-Wirkung entfalten. Daraus ist der Schluß zu ziehen, daß sie im Organismus der Ratte teilweise zu β-Carotin bzw. Mutatochrom[2]) desoxydiert werden. Denn nach allen bisherigen Erfahrungen setzt Vitamin-A-Wirkung das Vorliegen eines unsubstituierten β-Iononringes im Carotinoid voraus.

Cis-trans-Isomere des β-Carotins[3])[4])

A. E. Gillam und M. S. El Ridi[3]) beobachteten 1935, daß bei der Adsorption von reinem β-Carotin im Chromatogramm mehrere Zonen auftreten. Sie führten diese Erscheinung auf Veränderung des Pigmentes durch die Adsorption selbst zurück und konnten ein solches Umwandlungsprodukt, das sie Pseudo-α-carotin nannten, isolieren. Die Verbindung besaß ausgesprochenen Carotinoidcharakter, schmolz bei 166° C, war epiphasisch und optisch inaktiv und hatte Vitamin-A-Wirkung.

Absorptionsmaxima in:

CS$_2$.	507	477 mμ
Chloroform	486	456 mμ
Petroläther	477	446 mμ
Äthanol	478	447 mμ

In neuerer Zeit haben L. Zechmeister und Mitarbeiter[4]) diese Umwandlungen untersucht und stellten fest, daß dafür nicht der Adsorptionsvorgang verantwortlich ist, sondern daß Polyenfarbstoffe allgemein in Lösung, durch Schmelzen der Kristalle und durch verschiedene andere Eingriffe (vgl. S. 46), isomerisiert werden. Aus verschiedenen Überlegungen sowie aus der Tatsache, daß diese Umwandlungen reversibler Natur sind, ziehen die genannten Autoren den Schluß, daß es sich um cis-trans-Isomere handelt.

L. Zechmeister und Mitarbeiter stellten im Umwandlungschromatogramm etwa 10 Zonen fest und betrachten die einzelnen Farbstoffe als β-Carotin-

[1]) P. Karrer, E. Jucker, J. Rutschmann und K. Steinlin, Helv. chim. Acta *28*, 1150 (1945).

[2]) Daß Mutatochrom Vitamin-A-Wirkung zukommt, geht aus früheren Untersuchungen hervor: Helv. chim. Acta *15*, 1507 (1932); *28*, 428, 430, 1150 (1945).

[3]) A. E. Gillam und M. S. El Ridi, Nature (London) *136*, 914 (1935); Biochem. J. *30*, 1795 (1936); *31*, 251 (1937).

[4]) L. Zechmeister und Mitarbeiter, Nature (London) *141*, 249 (1938); Biochem. J. *32*, 1305 (1938); Ber. *72*, 1340 (1939); Am. Soc. *64*, 1856 (1942); 65, 1528 (1943); *66*, 137 (1944); Arch. Biochem. *5*, 107 (1944); *7*, 247 (1945). – Vgl. auch F. P. Zscheile und Mitarbeiter, Arch. Biochem. *5*, 211 (1944), und H. H. Strain, Am. Soc. *63*, 3448 (1941).

Stereoisomere. Nur *ein* solches Pigment wurde bisher in kristallinem Zustande erhalten und mit dem Namen *Neo-β-carotin U* belegt. Im Chromatogramm haftet es bedeutend stärker als β-Carotin, löst sich in organischen Lösungsmitteln etwas besser als dieses und zeigt bei der Verteilung zwischen Petroläther und Methanol epiphasisches Verhalten. Aus 250 mg β-Carotin wurden 41 mg Neo-β-carotin U gewonnen. Smp. 122–123⁰ C (korr. im Berl-Block). Nach L. ZECHMEISTER und Mitarbeitern[1]) soll *eine* cis-Doppelbindung vorhanden sein, während das Pseudo-α-carotin von A. E. GILLAM und M. S. EL RIDI[2]) deren zwei haben könnte.

Absorptionsmaxima des Neo-β-carotins U in:

CS$_2$.	512,5	478,5 mμ
Benzol	494	461 mμ
Petroläther	481	450 mμ
Chloroform	493,5	461 mμ
Äthanol	482	450,5 mμ

Neo-β-carotin U besitzt Vitamin-A-Wirkung (vgl. S. 24), die aber bedeutend schwächer als diejenige des natürlichen β-Carotins ist.

Die restlichen Isomeren konnten nicht in kristallinem Zustande gefaßt werden. Ihre Charakterisierung erfolgte auf Grund der Absorptionsmaxima (in Petroläther) und der Lage im Chromatogramm. In der folgenden Zusammenstellung sind diese Verbindungen in der gleichen Reihenfolge aufgezählt, wie sie im Chromatogramm liegen.

Bezeichnung	Absorptionsmaxima in Petroläther	
Neo-β-carotin U	481	450 mμ
Neo-β-carotin V.	472,5	441,5 mμ
Neo-β-carotin A.	469	437,5 mμ
Neo-β-carotin B.	475,5	444,5 mμ
Neo-β-carotin C.	465,5	433 mμ
Neo-β-carotin D	474,5	441,5 mμ
Neo-β-carotin E.	477,5	445 mμ

Es folgen noch einige Umwandlungsprodukte, welche mit keinem Namen belegt worden sind. Zwischen Neo-β-carotin V und Neo-β-carotin A befindet sich im Chromatogramm das natürliche β-Carotin mit der durchgehenden trans-

---

[1]) L. ZECHMEISTER und Mitarbeiter, Nature (London) *141*, 249 (1938); Biochem. J. *32*, 1305 (1938); Ber. *72*, 1340 (1939); Am. Soc. *64*, 1856 (1942); *65*, 1528 (1943); *66*, 137 (1944); Arch. Biochem. *5*, 107 (1944); *7*, 247 (1945). – Vgl. auch F. P. ZSCHEILE und Mitarbeiter, Arch. Biochem. *5*, 211 (1944); und H. H. STRAIN, Am. Soc. *63*, 3448 (1941).

[2]) A. E. GILLAM und M. S. EL RIDI, Nature (London) *136*, 914 (1935); Biochem. J. *30*, 1735 (1936); *31*, 251 (1937).

Konfiguration. Nach den Angaben von A. POLGÁR[1]) und L. ZECHMEISTER soll Neo-β-carotin B mit Pseudo-α-carotin identisch sein.

4. α-Carotin $C_{40}H_{56}$

Geschichtliches

1931 R. KUHN und E. LEDERER[2]) und P. KARRER und Mitarbeiter[3]) entdecken gleichzeitig das α-Carotin. Der neue Farbstoff ist ein Isomeres des β-Carotins und begleitet diesen oft in pflanzlichem und tierischem Material.

1933 P. KARRER und O. WALKER[4]) finden im Calciumhydroxyd und im Calciumoxyd ein neues Adsorbens zur chromatographischen Trennung der epiphasischen Polyenfarbstoffe. α-Carotin wurde auf diese Weise erstmals rein hergestellt.

1933 P. KARRER, R. MORF und O. WALKER[5]) führen die Konstitutionsaufklärung des α-Carotins durch.

Vorkommen

α-Carotin ist in der pflanzlichen Natur beinahe so weit verbreitet wie das β-Isomere. In wechselnden Mengen findet es sich in den meisten Präparaten von Carotin und reichert sich beim Umkristallisieren desselben in den Mutterlaugen an.

G. MACKINNEY[6]) hat grüne Pflanzenteile, vor allem Blätter, auf das Vorkommen von α-Carotin geprüft und folgende Pflanzen als α-carotinhaltig gefunden:

Coprosma baueri Endlicher; *Daucus Carota* L., *Petroselinum hortense*, *Hedera helix* L., *Quercus agrifolia*, *Aesculus californica* Nuttall; *Parthenocissus quinquefolia*, *Amsinckia douglasiana* De Candolle, *Cuscuta salina* Engelmann, *Solanum tuberosum*, *Lycopersicum esculentem* Miller, *Citrus maxima*, *Malva parviflora* L., *Urtica urens* L., *Ficus carica* L., *Thea sp.*, *Camellia sp.*, *Sedum acre* L., *Dracaena draco* L., *Washingtonia filifera* Wendland; *Pinus radiata* Don; *Libocedrus decurrens* Torrey; *Moss sp.*, *Chlorella vulgaris*, *Ranunculus californicus* Bentham, *Magnolia grandiflora* L., *Phoenix ,Sequoia sempervirens* Engelmann.

Über weiteres Vorkommen des α-Carotins in Pflanzenblättern berichtet H. H. STRAIN[7]). (Angaben über den Gehalt an α-Carotin in Carotinpräparaten finden sich auf S. 132.)

---

[1]) Weitere Angaben: Am. Soc. *64*, 1860 (1942).

[2]) R. KUHN und E. LEDERER, Ber. *64*, 1349 (1931); Naturw. *19*, 306 (1931).

[3]) P. KARRER und Mitarbeiter, Helv. chim. Acta *14*, 614 (1931); Ark. Kemi. B. *10*, Nr. *15*, (1931).

[4]) P. KARRER und O. WALKER, Helv. chim. Acta *16*, 641 (1933).

[5]) P. KARRER, R. MORF und O. WALKER, Helv. chim. Acta *16*, 975 (1933).

[6]) G. MACKINNEY, J. biol. Chem. *111*, 75 (1935).

[7]) H. H. STRAIN, J. biol. Chem. *111*, 85 (1935).

Tabelle 36

Vorkommen von α-Carotin[1])

Ausgangsmaterial	Literaturangaben
Cladophora Sauteri . . .	J. M. Heilbron, E. G. Parry und R. F. Phipers, Biochem. J. *29*, 1376 (1935).
Oedogonium	do.
Rhodymenia palmata . .	do.
Diospyros costata (Früchte)	K. Schön, Biochem. J. *29*, 1779 (1935).
Arbutus (Früchte) . . .	do.
Paprika	L. Zechmeister und L. v. Cholnoky, A. *509*, 269 (1934).
Safran	R. Kuhn und A. Winterstein, Ber. *67*, 344 (1934).
Formosa-Teeblätter . .	R. Yamamoto und T. Muraoka, C. *1933*, I, 441.
Palmöl	P. Karrer, H. v. Euler und H. Hellström, C. *1932*, I, 1800. – R. Kuhn und H. Brockmann, H. *200*, 255 (1931). – P. Karrer und O. Walker, Helv. chim. Acta *16*, 641 (1933). – R. F. Hunter und A. D. Scott, Biochem. J. *35*, 31 (1941).
Convallaria majalis . .	A. Winterstein und U. Ehrenberg, H. *207*, 25 (1932).
Sorbus aucuparia (Frucht)	R. Kuhn und E. Lederer, Ber. *64*, 1349 (1931).
Mangifera indica (Frucht)	R. Yamamoto, Y. Osima und T. Goma, C. *1933*, I, 441.
Gonocaryum obovatum (Fruchtschale)	A. Winterstein, H. *215*, 51 (1933).
Gonocaryum pyriforme (Fruchtschale)	do.
Cucurbita maxima (Frucht)	L. Zechmeister und P. Tuzson, Ber. *67*, 824 (1934).
Citrullus vulgaris	L. Zechmeister und A. Polgár, J. biol. Chem. *139*, 193, (1941).
Besenginster	P. Karrer und E. Jucker, Helv. chim. Acta *27*, 1585 (1944).
Tran von *Orthagoriscus mola*, von *Regalecus* und *Cyclopterus*	N. A. Sørensen, C. *1934*, I, 3817.
Kuhfett	L. Zechmeister und P. Tuzson, Ber. *67*, 154 (1934).
Cuscuta subinclusa und *Cuscuta salina*	G. Mackinney, J. biol. Chem. *112*, 421 (1935).
Coleosporium senecionis .	E. Lederer, C. *1936*, I, 3852.
Dendrodoa grossularia (*Styclopsis*)	E. Lederer, C. *1936*, I, 3853.
See- und Tiefseeschlamm	D. L. Fox, C. *1937*, II, 3899.
Ulex Gallii	K. Schön, Biochem. J. *30*, 1960 (1936).

---

[1]) Es wurden nur solche Literaturangaben berücksichtigt, welche über Isolierung oder einwandfreie Identifizierung des Pigmentes berichten.

Ausgangsmaterial	Literaturangaben
Genista tridentata . . .	K. Schön und G. Mesquita, Biochem. J. 30, 1966 (1936).
Roggenkeimöl	H. A. Schuette und R. C. Palmer, C. 1938, I, 1898.
Ipomoea Batatas	J. C. Lanzing und A. G. van Veen, C. 1938, I, 2081.
Cantharellus-Arten . . .	H. Willstaedt, C. 1938, II, 2272.
Haematococcus pluvialis .	J. Tischer, H. 252, 225 (1938).
Eine rote Euglene . . .	J. Tischer, H. 259, 163 (1939).
Hymeniacidon sanguineum	P. J. Drumm und W. F. O'Connor, Nature (London) 145, 425 (1940).
Sojabohnen	W. C. Sherman, C. 1941, I, 2673.
Gelber Mais	G. S. Fraps und A. R. Kemmerer, C. 1942, II, 1641.

Darstellung

α-Carotin ist in der pflanzlichen Natur weit verbreitet, doch kommt es nirgends in großer Konzentration vor. Zu seiner Darstellung geht man nach P. Karrer und O. Walker[1]) am besten vom Handelscarotin (Rübencarotin) aus. Die Abtrennung des Pigmentes von β-Carotin gelingt mit guter Ausbeute mittels chromatographischer Adsorption an Calciumhydroxyd.

Glasröhren von etwa 70 cm Länge und 5 cm Breite werden mit lufttrockenem Calciumhydroxyd gefüllt (vgl. S. 35) und die Säule mit wenig Ligroin (Kp. 60 bis 70° C) angefeuchtet. 200 mg Carotin (Gemisch aus β-, α- und wenig γ-Carotin) löst man in etwa 100 cm³ Ligroin und gießt diese Lösung auf die Calciumhydroxydsäule. Entwickelt wird das Chromatogramm mit Petroläther (Kp. 70–80° C). Sobald die gelbe, α-Carotin enthaltende Schicht in den untersten Teil des Rohres gewandert ist, wird die Adsorption unterbrochen und der Farbstoff mittels eines Gemisches von Äther-Methanol (10:1) eluiert. Nach Verdampfen des Lösungsmittels verbleibt der Farbstoff als dunkelrote, kristalline Masse Zur weiteren Reinigung kristallisiert man das α-Carotin 2–3mal aus einem Gemisch von Benzol-Methanol oder aus Petroläther um. Aus 1 g Carotin erhält man auf diese Weise durchschnittlich 80 mg reines α-Carotin.

Andere Darstellungsverfahren[2]) für α-Carotin werden kaum benutzt, da sie relativ umständlich sind und keine reinen Präparate liefern.

Chemische Konstitution

α-Carotin

---

[1]) P. Karrer und O. Walker, Helv. chim. Acta 16, 641 (1933).

[2]) R. Kuhn und E. Lederer, Ber. 64, 1349 (1931); H. 200, 246 (1931). – R. Kuhn und H. Brockmann, H. 200, 255 (1931). – H. H. Strain, J. biol. Chem. 105, 523 (1934); 111, 86 (1935).

Um die Konstitutionsaufklärung des α-Carotins haben sich hauptsächlich P. KARRER und Mitarbeiter[1]) bemüht. Der Kohlenwasserstoff besitzt 11 Doppelbindungen[2]). Wegen seines Absorptionsspektrums, das im Vergleich zu β-Carotin um 12 mμ nach dem kürzerwelligen Spektralbereich verschoben ist, hat man vermutet, daß nicht alle Doppelbindungen in Konjugation stehen. Den eindeutigen Beweis für die oben wiedergegebene α-Carotin-Formel lieferten P. KARRER, R. MORF und O. WALKER[3]), indem sie bei der Ozonisierung von reinem (an Calciumhydroxyd chromatographiertem) Farbstoff neben der Geronsäure, die auch bei der Oxydation von β-Carotin entsteht, in geringer Menge Isogeronsäure fassen konnten:

$$\alpha\text{-Carotin}$$

Geronsäure   Isogeronsäure (γγ-Dimethyl-δ-acetyl-valeriansäure)

Mit dieser Formel steht die Tatsache im Einklang, daß α-Carotin optisch aktiv ist. Weitere Bestätigung dieser Konstitution lieferten die höhermolekularen Oxydationsprodukte, welche in neuerer Zeit von P. KARRER und Mitarbeitern (vgl. S. 160) hergestellt worden sind.

---

[1]) P. KARRER, A. HELFENSTEIN, H. WEHRLI, B. PIEPER und R. MORF, Helv. chim. Acta *14*, 614 (1931). – P. KARRER und R. MORF, Helv. chim. Acta *14*, 833 (1931); *14*, 1033 (1931). – P. KARRER, R. MORF, E. v. KRAUSS und A. ZUBRYS, Helv. chim. Acta *15*, 490 (1932). – P. KARRER, K. SCHÖPP und R. MORF, Helv. chim. Acta *15*, 1158 (1932). – R. KUHN und E. LEDERER, Ber. *64*, 1349 (1931).
[2]) J. H. C. SMITH, J. biol. Chem. *102*, 159 (1932). – R. KUHN und E. F. MÖLLER, Z. angew. Chem. *47*, 145 (1934).
[3]) P. KARRER, R. MORF und O. WALKER, Helv. chim. Acta *16*, 975 (1933).

Eigenschaften

Kristallform: Aus Benzol-Methanol-Gemisch violette, beidseitig zugespitzte, flache Prismen, welche oft zu Drusen vereinigt sind. Aus Petroläther tief violette Prismen und Polyeder.

Schmelzpunkt: 187–188⁰ C (korr.)[1])

Löslichkeit: α-Carotin ist bedeutend leichter löslich als das β-Isomere. Es wird von Schwefelkohlenstoff und Chloroform sehr leicht, von Benzol und Äther leicht, von Petroläther schwer und von Alkoholen fast nicht gelöst. 100 cm³ Hexan nehmen bei 0⁰ C 294 mg α-Carotin auf[2]).

Absorptionsmaxima in:

Schwefelkohlenstoff	. . . .	509	477 mμ
Benzin	. . . .	478	447,5 mμ
Chloroform	. . . .	485	454 mμ

Quantitative Extinktionsmessung: K. W. HAUSSER und A. SMAKULA[3]). Ramanspektrum: H. v. EULER und H. HELLSTRÖM[4]).

Farbreaktionen: Mit konzentrierter H_2SO_4 gibt α-Carotin in Chloroform eine blaue Färbung. Löst man den Farbstoff in Chloroform und versetzt diese Lösung mit Antimontrichlorid, so tritt tiefblaue Färbung auf, deren Absorptionsmaximum bei 542 mμ liegt (P. KARRER und O. WALKER[1])).

Optische Aktivität: Die spezifische Drehung beträgt in Benzol +385⁰ (Cadmiumlicht = 643,85 mμ) (R. KUHN und E. LEDERER[5])). Die Rotationsdispersion von α-Carotin wurde von P. KARRER und O. WALKER[1]) bestimmt:

$$[\alpha]_C^{18} = +315^0 \ (\pm 7\%) \qquad [\alpha]_{643,5}^{18} = +385^0 \ (\pm 5\%).$$

Verteilungsprobe: α-Carotin verhält sich bei der Verteilung zwischen Petroläther und 90%igem Methanol rein epiphasisch.

Chromatographisches Verhalten: α-Carotin wird aus petrolätherischer Lösung von Calciumhydroxyd weniger fest als β-Carotin adsorbiert und befindet sich in der Säule unterhalb des letzteren (P. KARRER und O. WALKER[1])). Die Elution erfolgt durch Äther, der etwa 5% Methanol enthält.

Verhalten gegen Sauerstoff: Die Autoxydation im Licht verläuft autokatalytisch (E. BAUR[6])).

Nachweis und Bestimmung: Die Trennung des α-Carotins von den anderen Carotinoid-Kohlenwasserstoffen geschieht durch chromatographische Adsorp-

---

[1]) P. KARRER und O. WALKER, Helv. chim. Acta *16*, 642 (1933).
[2]) R. KUHN und E. LEDERER, H. *200*, 254 (1931).
[3]) K. W. HAUSSER und A. SMAKULA, Z. angew. Chem. *47*, 663 (1934); *48*, 152 (1935).
[4]) H. v. EULER und H. HELLSTRÖM, Z. physik. Chem. (B) *15*, 343 (1932).
[5]) R. KUHN und E. LEDERER, Naturw. *19*, 306 (1931); Ber. *64*, 1349 (1931).
[6]) E. BAUR, Helv. chim. Acta *19*, 1210 (1936).

tion an Calciumhydroxyd. Der Nachweis erfolgt durch die Bestimmung der Absorptionsmaxima: Zur kolorimetrischen Bestimmung des Fabstoffes benutzt man nach R. KUHN und H. BROCKMANN[1]) als Standardlösung eine alkoholische Azobenzollösung.

Physiologisches Verhalten: α-Carotin besitzt starke Vitamin-A-Wirksamkeit[2]).

Derivate

«Dihydro-α-carotin»:

P. KARRER und R. MORF[3]) erhielten bei der Reduktion des α-Carotins mit Aluminiumamalgam ein Dihydro-α-carotin als hellgelbes Öl. Die Einheitlichkeit und Konstitution dieses Produktes ist noch ungewiß. Beim Abbau mit Ozon liefert es Geronsäure, bei der Oxydation mit Kaliumpermanganat entsteht daraus αα-Dimethyl-glutarsäure.

Oxy-α-carotin $C_{40}H_{58}O_2$:

Oxy-α-carotin (?)

P. KARRER und Mitarbeiter erhielten Oxy-α-carotin neben α-Semicarotinon und α-Caroton bei der Oxydation von α-Carotin mit Chromsäure[4]). Zur Frage der Konstitution vergleiche P. KARRER, H. v. EULER und U. SOLMSSEN[5]). Die Verbindung kristallisiert aus einem Gemisch von Methanol-Petroläther in Nadeln, welche bei 183° C (unkorr.) schmelzen. Oxy-α-carotin ist in Petroläther schwer löslich. Es dreht das polarisierte Licht nach rechts. Nach P. KARRER, H. v. EULER und U. SOLMSSEN besitzt die Substanz keine Vitamin-A-Wirkung.

Absorptionsmaxima in:

Schwefelkohlenstoff . . . . . . 502 471 440 mμ

[1]) R. KUHN und H. BROCKMANN, H. *206*, 43 (1942).

[2]) H. v. EULER, P. KARRER, H. HELLSTRÖM und M. RYDBOM, Helv. chim. Acta *14*, 839 (1931). – R. KUHN und H. BROCKMANN, Ber. *64*, 1859 (1931); H. *221*, 130 (1933). – H. BROCKMANN und M. L. TECKLENBURG, H. *221*, 117 (1933). – H. BROCKMANN, Z. angew. Chem. *47*, 523 (1934).

[3]) P. KARRER und R. MORF, Helv. chim. Acta *14*, 836 (1931). – Vgl. U. SOLMSSEN, Diss. Zürich (1936).

[4]) P. KARRER, U. SOLMSSEN und O. WALKER, Helv. chim. Acta *17*, 417 (1934). – P. KARRER, H. v. EULER und U. SOLMSSEN, Helv. chim. Acta *17*, 1171 (1934).

[5]) P. KARRER, H. v. EULER und U. SOLMSSEN, Helv. chim. Acta *17*, 1171 (1934).

α-*Semicarotinon* $C_{40}H_{56}O_2$:

```
CH3   CH3                                              CH3   CH3
  \  /                                                   \  /
   C            CH3      CH3      CH3      CH3            C
  / \            |        |        |        |           / \
CH2   CO·CH=CH·C=CHCH=CH·C=CHCH=CHCH=C·CH=CHCH=C·CH=CH·CH   CH2
 |                                                        |    |
CH2   CO·CH3                                          H3C·C   CH2
  \  /                       Semi-α-carotinon             \\  /
   CH2                                                      CH
```

Entsteht bei der Oxydation von α-Carotin mit Chromsäure[1]). α-Semicarotinon kristallisiert aus Methanol in Nadeln. F: 135° C (unkorr.). Die Frage der Konstitution wird in der Originalmitteilung eingehend erörtert[2]). Im Einklang mit der wiedergegebenen Formel steht der Befund[3]), daß α-Semicarotinon keine Vitamin-A-Wirksamkeit besitzt.

Absorptionsmaxima in:

    Schwefelkohlenstoff   533   499 mμ

α-Semicarotinon-monoxim: $C_{40}H_{57}O_2N$[4]):

    Bildet rote Kristalle vom F: 132° C.

α-*Caroton* $C_{40}H_{56}O_5$:

α-Caroton entsteht bei der Oxydation von α-Carotin mit CrO_3[5]). Es kristallisiert aus Methanol in stahlblau glänzenden Prismen. F: 148° C. $[\alpha]_{644} = +341°$ C ($\pm 15°$ C) (Benzol). α-Caroton ist Vitamin-A-unwirksam.

Absorptionsmaxima in:

Schwefelkohlenstoff	(535)	502	471 mμ
Chloroform	484	454	mμ

α-*Apo-2-carotinal* $C_{30}H_{40}O$:

```
CH3   CH3
  \  /
   C            CH3      CH3      CH3      CH3
  / \            |        |        |        |
CH2   CH·CH=CH·C=CHCH=CH·C=CHCH=CHCH=C·CH=CHCH=C·CHO
 |
CH2   C·CH3
  \  //              α-Apo-2-carotinal
   CH
```

---

[1]) P. KARRER, U. SOLMSSEN und O. WALKER, Helv. chim. Acta *17*, 417 (1934). – P. KARRER, H. v. EULER und U. SOLMSSEN, Helv. chim. Acta *17*, 1171 (1934).

[2]) P. KARRER, H. v. EULER und U. SOLMSSEN, Helv. chim. Acta *17*, 1171 (1934).

[3]) P. KARRER, H. v. EULER und U. SOLMSSEN, Helv. chim. Acta *17*, 1169 (1934).

[4]) P. KARRER, und U. SOLMSSEN, Helv. chim. Acta *18*, 25 (1935).

[5]) P. KARRER, U. SOLMSSEN und O. WALKER, Helv. chim. Acta *17*, 417 (1934) – P. KARRER, H. v. EULER und U. SOLMSSEN, Helv. chim. Acta *17*, 1169 (1934).

Dieser Aldehyd entsteht bei der Kaliumpermanganatoxydation von α-Carotin[1]). α-Apo-2-carotinal kristallisiert aus Petroläther in hellroten, zu Drusen vereinigten Prismen, die bei 158⁰ C schmelzen. In den üblichen Lösungsmitteln löst sich die Verbindung schwerer als das β-Isomere.

Absorptionsmaxima in:

Schwefelkohlenstoff	519	484	454 mμ
Petroläther	479	450	mμ

$[α]_D = +692^0$ ($\pm 35^0$) (weitere Daten vgl. die Originalmitteilung).

α-Apo-2-carotinal-oxim: rote Drusen von Blättchen (aus absolutem Methanol). F: 178⁰ C.

Absorptionsmaxima in:

Schwefelkohlenstoff	499	469 mμ
Petroläther	466	438 mμ (unscharf)
Äthanol	469	439 mμ

Bei der Oxydation von chromatographisch nicht gereinigtem Carotin erhielten H. v. EULER, P. KARRER und U. SOLMSSEN eine Verbindung, welche im Spektrum nicht vom α-Apo-2-carotinal zu unterscheiden war. Auch die Analyse sowie diejenige des Oxims stimmten mit den Werten für α-Apo-2-carotinal überein. Bei dem neuen Abbauprodukt lag aber der Schmelzpunkt bei 174⁰ C und bei seinem Oxim bei 185⁰ C, also wesentlich höher als bei α-Apo-2-carotinal. Näheres vergleiche in der Originalmitteilung[1]).

α-Apo-2-carotinol $C_{30}H_{42}O$:

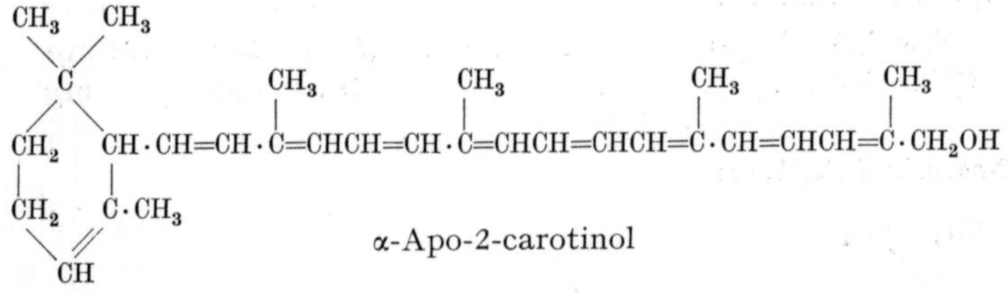

α-Apo-2-carotinol

Entsteht bei der Reduktion von α-Apo-2-carotinal (tieferschmelzende Form) mit Isopropylalkohol und Aluminiumisopropylat[1]). Aus einem Gemisch von Benzol und Petroläther kristallisiert der Alkohol in goldgelben, kugeligen Drusen, welche bei 157⁰ C schmelzen (Sintern bei 150⁰ C).

Absorptionsmaxima in:

Schwefelkohlenstoff	478	448 mμ
Petroläther	446	420 mμ
Äthanol	448	423 mμ

---

[1]) H. v. EULER, P. KARRER und U. SOLMSSEN, Helv. chim. Acta *21*, 211 (1938).

Versetzt man eine Lösung von α-Apo-2-carotinol in Chloroform mit Antimontrichlorid, so tritt eine ziemlich beständige Blaufärbung mit einem Maximum bei 562 mμ auf.

α-Carotin-jodide:

α-Carotin addiert zwei Atome Jod unter Bildung eines gut kristallisierten Dijodids $C_{40}H_{56}J_2$ (P. KARRER, U. SOLMSSEN und O. WALKER[1])). Dieses Jodanlagerungsprodukt zeigt Vitamin-A-Wirkung[1]. Über ein weiteres Jodid des α-Carotins vgl. R. KUHN und H. BROCKMANN[2]).

Neo-α-carotin U und Neo-α-carotin W:

Die Stereoisomerie des α-Carotins war vor Jahren Gegenstand von Untersuchungen von A. E. GILLAM, M. S. EL RIDI und S. K. KON[3]). L. ZECHMEISTER und A. POLGÁR haben diese Untersuchungen wieder aufgenommen, und es gelang ihnen, zwei cis-trans-Isomere des α-Carotins in kristallinem Zustande zu isolieren[4] [5]). Neo-α-carotin U bildet sich aus α-Carotin unter dem Einfluß von Wärme, Jod, Belichtung, Säure oder durch Schmelzen der Kristalle. Es liegt im Calciumhydroxyd-Chromatogramm oberhalb des α-Carotins. Aus einem Gemisch von Benzol und Methanol kristallisiert der Farbstoff in orangen Prismen, welche bei 65° C (korr.) schmelzen. Neo-α-carotin U ist in den üblichen Lösungsmitteln leichter löslich als α-Carotin. Bei Zusatz von Jod verwandelt es sich bis zu einem Gleichgewichtszustand in α-Carotin.

Absorptionsmaxima in:

Schwefelkohlenstoff	503	470,5 mμ
Benzol	485,5	453,5 mμ
Chloroform	485	453 mμ
Petroläther (Kp. 60–70° C)	471,5	441,5 mμ

Weitere Angaben finden sich in der Originalmitteilung[4]). Über Vitamin-A-Wirksamkeit berichten L. ZECHMEISTER und Mitarbeiter[6]). Neo-α-carotin U besitzt Zuwachswirkung, welche aber geringer als diejenige des α-Carotins ist.

Neo-α-carotin W entsteht zusammen mit dem Neo-α-carotin U und mehreren anderen Stereoisomeren, welche aber nicht im kristallinen Zustande erhalten worden sind[6]). Neo-α-carotin W, welches im $Ca(OH)_2$-Chromatogramm

---

[1]) P. KARRER, U. SOLMSSEN und O. WALKER, Helv. chim. Acta *17*, 418 (1934).

[2]) R. KUHN und E. LEDERER, Ber. *65*, 639 (1932).

[3]) A. E. GILLAM, M. S. EL RIDI und S. K. KON, Biochem. J. *31*, 1605 (1937).

[4]) L. ZECHMEISTER und A. POLGÁR, Am. Soc. *66*, 137 (1944).

[5]) F. P. ZSCHEILE und Mitarbeiter haben in neuerer Zeit ebenfalls Untersuchungen über Isomerisierung des α-Carotins angestellt, in deren Verlauf die Ergebnisse von L. ZECHMEISTER bestätigt und teilweise präzisiert wurden. Arch. Biochem. *5*, 77, 211 (1944).

[6]) L. ZECHMEISTER und Mitarbeiter, Arch. Biochem. *6*, 157 (1945).

unterhalb des Neo-α-carotins U, aber oberhalb des α-Carotins liegt, kristallisiert aus Benzol-Methanol-Gemisch in schmalen Prismen vom Schmelzpunkt
97⁰ C (korr.). Es besitzt ähnliche Löslichkeit wie das U-Isomere.

Absorptionsmaxima in:

Schwefelkohlenstoff	502	469,5 mμ
Benzol	484	453,5 mμ
Chloroform	484	453 mμ
Petroläther (Kp. 60–70⁰ C)	470,5	441 mμ

Die Absorptionsmaxima der nicht kristallisierten Umwandlungsprodukte in
Benzin liegen bei:

Neo-α-carotin U (kristallisiert)	471,5	441,5 mμ
Neo-α-carotin V	465,5	437 mμ
Neo-α-carotin W (kristallisiert).	470,5	441 mμ
Neo-α-carotin X	463,5	435 mμ
Neo-α-carotin Y	467,5	437 mμ
α-Carotin (nat.)	477	446,5 mμ
Neo-α-carotin A	468,5	439 mμ
Neo-α-carotin B	466,5	437 mμ
Neo-α-carotin C	472,5	442,5 mμ
Neo-α-carotin D	460	432 mμ
Neo-α-carotin E	461,5	433,5 mμ

(Die Reihenfolge der Isomeren ist die gleiche wie im Chromatogramm.)

α-Carotin-mono-epoxyd und Flavochrom $C_{40}H_{56}O$:

α-Carotin-mono-epoxyd entsteht bei der Oxydation von α-Carotin mit
Phthalmonopersäure (P. KARRER und E. JUCKER[1])). Aus Benzol-Methanol-
Gemisch kristallisiert die Verbindung in dünnen Blättchen von rotgelber Farbe.
F: 175⁰ C (unkorr. im Vakuum). Bei der Einwirkung von wäßriger konzentrier-
ter Salzsäure auf in Äther gelösten Farbstoff nimmt die salzsaure Schicht eine
äußerst schwache, unbeständige blaue Farbe an.

Absorptionsmaxima in:

Schwefelkohlenstoff	503	471 mμ
Benzol	484	455 mμ
Petroläther	471	442 mμ
Chloroform	483	454 mμ

---

[1]) P. KARRER und E. JUCKER, Helv. chim. Acta *28*, 471 (1945).

α-Carotin-mono-epoxyd kommt in den Blüten verschiedener Pflanzen vor[1]). (*Tragopogon pratensis, Ranunculus acer.*) Nach den Untersuchungen von H. v. EULER besitzt α-Carotin-mono-epoxyd Vitamin-A-Wirksamkeit[2]).

Flavochrom

Flavochrom entsteht bei der Einwirkung verdünnter Säuren (chlorwasserstoffhaltiges Chloroform) auf α-Carotin-mono-epoxyd. Man erhält die Verbindung aus Benzol-Methanol-Gemisch in dünnen, gelben Blättchen mit starkem Oberflächenglanz. F: 189° C (unkorr. im Vakuum). Die Salzsäurereaktion fällt gleich wie bei α-Carotin-mono-epoxyd aus.

Absorptionsmaxima in:

Schwefelkohlenstoff	482	451 mμ
Benzol	462	434 mμ
Petroläther	450	422 mμ
Chloroform	461	433 mμ

Flavochrom besitzt keine Zuwachswirkung. Bei der Verteilungsprobe verhalten sich α-Carotin-mono-epoxyd und Flavochrom epiphasisch. Flavochrom kommt in *Ranunculus acer* und *Tragopogon pratensis* vor.

5,6-Dihydro-α-carotin und 5,6-Dihydro-β-carotin $C_{40}H_{58}$:

A. POLGÁR und L. ZECHMEISTER[3]) ließen auf petrolätherische Lösungen von α-Carotin oder von β-Carotin kalte, konzentrierte Jodwasserstoffsäure einwirken und erhielten in beiden Fällen mehrere, chromatographisch trennbare Reduktionsprodukte, von denen zwei Farbstoffe in kristallinem Zustande erhalten werden konnten.

Die beiden Autoren schreiben auf Grund der Elementaranalyse, der katalytischen Hydrierung, des negativen Ausfalls der Isopropylidengruppen-Bestimmung und der Lage der Absorptionsmaxima den beiden Verbindungen die Struktur eines 5,6-Dihydro-α-carotins, bzw. 5,6-Dihydro-β-carotins zu.

---

[1]) P. KARRER, E. JUCKER, J. RUTSCHMANN und K. STEINLIN, Helv. *28*, 1146 (1945).
[2]) P. KARRER, E. JUCKER, J. RUTSCHMANN und K. STEINLIN Helv. chim. Acta *28*, 1150 (1945).
[3]) A. POLGÁR und L. ZECHMEISTER, Am. Soc. *65*, 1528 (1943).

Interessant ist die Tatsache, daß diese beiden Hydrierungsprodukte sowohl aus α-Carotin, als auch aus β-Carotin entstehen.

Bei der Vornahme der üblichen Isomerierungseingriffe (vgl. S. 46) auf die beiden Dihydrocarotine treten umkehrbare cis-trans-Isomerisierungen auf. Auch der charakteristische Cisgipfel wurde im Absorptionsspektrum beobachtet.

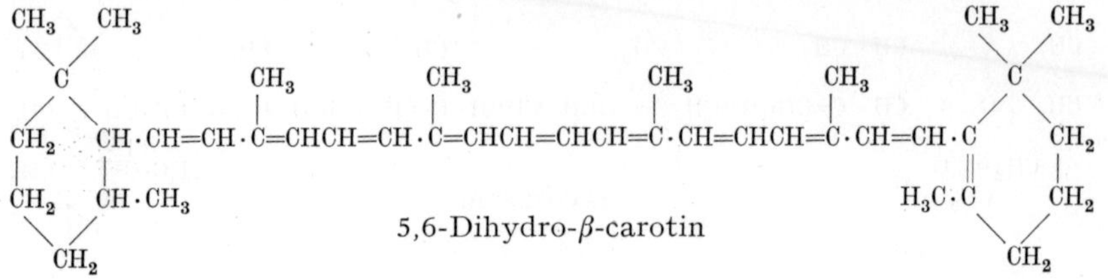

5,6-Dihydro-β-carotin

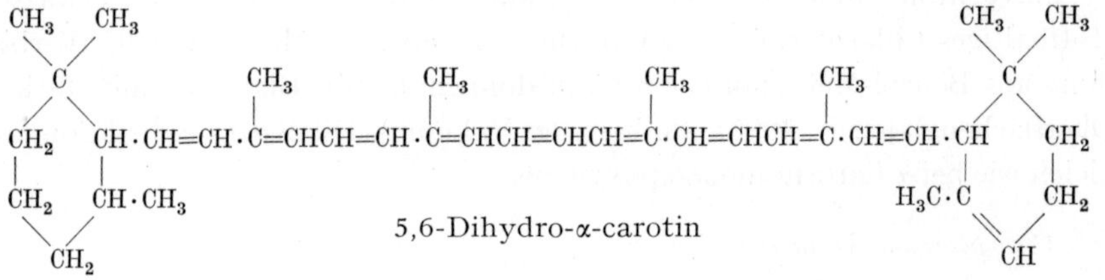

5,6-Dihydro-α-carotin

5,6-Dihydro-β-carotin:

Aus einem Gemisch von Schwefelkohlenstoff und Äthanol oder aus Benzol- (oder Chloroform-)Methanol-Gemisch kristallisiert der Farbstoff in charakteristischen blättchen- oder wetzsteinähnlichen Formen. Der höchste Schmelzpunkt, der beobachtet worden ist, betrug 164° C, in einigen Fällen war er bedeutend tiefer; 155° C und 160° C. Die Löslichkeit des Dihydro-β-carotins und sein Verhalten bei der Verteilungsprobe ist weitgehend übereinstimmend mit den entsprechenden Eigenschaften des β-Carotins. Im Chromatogramm befindet sich der Farbstoff unterhalb des β-Carotins, aber oberhalb des 5,6-Dihydro-α-carotins.

Absorptionsmaxima in:

CS₂	509,5	476 mμ
Benzol	489	458 mμ
Chloroform	489	457 mμ
Petroläther	477,5	447,5 mμ
Äthanol	477,5	448 mμ

5,6-Dihydro-α-carotin:

Diese Verbindung kristallisiert aus einem Gemisch von Schwefelkohlenstoff und Äthanol in mikroskopischen, gelben Plättchen von rechteckiger Form (vgl. die Originalmitteilung). Aus Benzol-Methanol-Gemisch erhält man Kristalle, welche denjenigen des natürlichen α-Carotins ähnlich sehen. Smp. 202 bis 203⁰ C (nach vorhergegangenem Sintern). 5,6-Dihydro-α-carotin ist etwas löslicher als 5,6-Dihydro-β-carotin.

Absorptionsmaxima in:

CS$_2$	501	486,5 mμ
Benzol	483,5	453,5 mμ
Chloroform	482,5	452,5 mμ
Petroläther	470,5	442,5 mμ
Äthanol	471	443 mμ

Eine 0,1%ige benzolische Lösung des Farbstoffs ließ in einem 1-dm-Rohr keine optische Drehung erkennen. Bei der Verteilungsprobe zeigt Dihydro-α-carotin rein epiphasisches Verhalten.

5. *γ-Carotin* C$_{40}$H$_{56}$

Geschichtliches

1933 R. KUHN und H. BROCKMANN entdecken vermittelst der chromatographischen Adsorptionsanalyse ein drittes Carotin-Isomeres, das γ-Carotin[1] [2]. Die Konstitution des neuen Pigmentes wird aufgeklärt.

Vorkommen

γ-Carotin gehört zu den seltensten Carotinoiden. Im Rübencarotin macht es nur etwa 0,1% des β-Carotins aus.

Tabelle 37

Vorkommen von γ-Carotin

Ausgangsmaterial	Literaturangaben
Rübencarotin	R. KUHN und H. BROCKMANN, Ber. *66*, 407 (1933).
Crocus sativus	R. KUHN und A. WINTERSTEIN, Ber. *67*, 344 (1934).
Rosa rubiginosa L.	R. KUHN und CH. GRUNDMANN, Ber. *67*, 342 (1934).
Rosa rugosa Thumb.	H. WILLSTAEDT, C. *1935*, II, 707, Svensk Kem. Tidskr. *47*, 112 (1935).
Prunus armeniaca (Fruchtfleisch)	H. BROCKMANN, H. *216*, 45 (1933).
Gonocaryum pyriforme	A. WINTERSTEIN, H. *215*, 51 (1933); *219*, 249 (1933).

[1] R. KUHN und H. BROCKMANN, Naturw. *21*, 44 (1933); Ber. *66*, 407 (1933).

[2] V. N. LUBIMENKO beobachtete in den Früchten von Gonocaryumarten einen Farbstoff, welcher in seinen Eigenschaften eine Mittelstellung zwischen Lycopin und β-Carotin einnahm. Es dürfte sich um γ-Carotin handeln. (Rev. gén. bot. *25*, 474 (1914). A. WINTERSTEIN isolierte aus *Gonocaryum pyriforme* unreines γ-Carotin (H. *215*, 51 (1933)). Kurz darauf stellt der genannte Autor die Identität seines Farbstoffes mit γ-Carotin von R. KUHN fest (H. *219*, 249 (1933).)

Ausgangmaterial	Literaturangaben
Mycobacterium phlei . .	E. CHARGAFF, C. *1934*, I, 1662.
Cuscuta subinclusa und	
Cuscuta salina	G. MACKINNEY, J. biol. Chem. *112*, 421 (1935).
Bacillus Lombardo Pellegrini, Bacillus Grasberger	E. CHARGAFF und E. LEDERER, C. *1936*, I, 3159.
Rubus Chamaemorus L. .	H. WILLSTAEDT, C. *1937*, I, 2620.
Aleuria aurantiaca . . .	E. LEDERER, C. *1939*, I, 2991. – Bl. Soc. Chim. biol. *20*, 611 (1938).
Rhodotorula Sanniei . .	C. FROMAGEOT und J. LÉON TCHANG, C. *1939*, I, 1580; Arch. Mikrobiol. *9*, 424 (1938).
Gazania rigens	K. SCHÖN, Biochem. J. *32*, 1566 (1938). – L. ZECHMEISTER und W. A. SCHROEDER, Am. Soc. *65*, 1535 (1943).
Chrysemis scripta elegans (kleine japanische Schildkröte)	E. LEDERER, C. *1939*, I, 2990. – Bl. Soc. Chim. biol. *20*, 554 (1938).
Allomyces	R. EMERSON und D. L. FOX, Proc. Roy. Soc. (B) *128*, 275 (1940).
Chara ceratophylla Wallr.	P. KARRER, W. FATZER, M. FAVARGER und E. JUKKER, Helv. chim. Acta *26*, 2121 (1943).
Nitella syncarpa (Thuill.)	P. KARRER, W. FATZER, M. FAVARGER und E. JUCKER, Helv. chim. Acta *26*, 2121 (1943)
Roter Schwamm (*Hymeniacedon Sanguineum*)	P. J. DRUMM und W. O'CONNOR, Nature (London) *145*, 425 (1940).
Citrullus vulgaris Schrad.	L. ZECHMEISTER und A. POLGÁR, J. biol. Chem. *139*, 193 (1941).
Palmöl	R. F. HUNTER und A. D. SCOTT, Biochem. J. *35*, 31 (1941).
Mycobacterium phlei . .	Y. TAKEDA und T. OHTA, H. *265*, 233 (1940).
Pyracantha coccinia . .	P. KARRER und J. RUTSCHMANN, Helv. chim. Acta *28*, 1528 (1945).
Butia capitata	L. ZECHMEISTER und W. A. SCHROEDER, Am. Soc. *64*, 1173 (1942).
Mimulus longiflorus . .	W. A. SCHROEDER, Am. Soc. *64*, 2510 (1942).

Darstellung

Nach R. KUHN und H. BROCKMANN[1]) geht man zur Darstellung des γ-Carotins von Rohcarotin aus. Dieses wird dreimal aus einem Gemisch von Benzol und Methanol umkristallisiert, wobei nach jeder Kristallisation der Farbstoff mit reinstem Methanol ausgekocht wird. 300 mg so vorgereinigter Farbstoff werden in 300 cm³ Benzol gelöst, diese Lösung mit 900 cm³ Petroläther verdünnt und auf eine Säule von Aluminiumoxyd (Fasertonerde, 17×5 cm) gegossen. Das Chromatogramm wird so lange mit einem Benzol-Benzin-Gemisch 1:4 ge-

---

[1]) R. KUHN und H. BROCKMANN, Ber. *66*, 407 (1933).

waschen, bis die oberste, γ-Carotin enthaltende Zone, von der darunter liegenden Schicht durch einen farblosen Streifen getrennt ist. Nach Elution des Farbstoffes mit methanolhaltigem Petroläther und Auswaschen des Methanols wird die karminrot aussehende Lösung getrocknet und das Lösungsmittel abdestilliert. Der Rückstand wird wiederholt mit reinstem Methanol ausgekocht und aus einem Gemisch von Benzol und Methanol (2:1) mehrmals umkristallisiert. Die Ausbeute an analysenreinem Präparat beträgt etwa $1\,^0/_{00}$, bezogen auf Carotin.

A. WINTERSTEIN[1]) geht zur Darstellung von γ-Carotin von *Gonocaryum pyriforme* aus. 300 Fruchtschalen ergaben 3 mg Farbstoff.

Chemische Konstitution

γ-Carotin[2])

Die Konstitutionsaufklärung des Farbstoffes bot wegen Materialmangels Schwierigkeiten. Nachdem R. KUHN und H. BROCKMANN[3]) den Kohlenstoff- und Wasserstoffgehalt des γ-Carotins ermittelt hatten, bestimmten sie mit Hilfe der katalytischen Hydrierung das Vorhandensein von 12 Doppelbindungen. Danach enthält γ-Carotin einen Kohlenstoffring. In Übereinstimmung mit dem Absorptionsspektrum steht die Annahme, daß von den 12 Doppelbindungen nur 11 konjugiert sind. Bei der Ozonisierung des Pigmentes erhielten R. KUHN und H. BROCKMANN 0,85 Mol Aceton, woraus der Schluß gezogen wurde, daß das eine Ende der Molekel offenkettig gebaut ist. Geronsäure konnte nicht isoliert werden, so daß der exakte Beweis für das Vorliegen eines β-Iononringes noch aussteht. Die Vitamin-A-Wirksamkeit (vgl. S. 24) des γ-Carotins ist eine Stütze für die angenommene Formel, da nur Verbindungen, welche in ihrer Molekel einen unsubstituierten β-Iononring enthalten, Zuwachswirkung besitzen.

Eigenschaften

Kristallform: Aus Benzol-Methanol-Gemisch mikroskopische, dunkelrote Prismen mit bläulichem Oberflächenglanz. Bei rascher Abscheidung kristallisiert der Farbstoff in helleren Nadeln.

---

[1]) A. WINTERSTEIN, H. *219*, 249 (1933).

[2]) A. WINTERSTEIN und U. EHRENBERG (H. *207*, 25 (1932), haben die oben wiedergegebene Formel für einen Farbstoff in Betracht gezogen, den sie aus *Convallaria majalis* isoliert hatten. Spätere Untersuchungen ergaben jedoch, daß dieses Carotinoid als ein Gemisch und nicht als identisch mit γ-Carotin anzusehen ist.

[3]) R. KUHN und H. BROCKMANN, Ber. *66*, 407 (1933).

Schmelzpunkt[1]): 178⁰ C (korr. im Vakuum)[2]) 176,5⁰ C (korr.[3])).

Löslichkeit: γ-Carotin ist in den üblichen Lösungsmitteln weniger löslich als das β-Isomere.

Absorptionsmaxima in:

Schwefelkohlenstoff	533,5	496	463 mμ
Chloroform	508,5	475	446 mμ
Benzol	510	477	447 mμ
Benzin	495	462	431 mμ
Hexan	494	462	431 mμ

Quantitative Extinktionsmessung: R. KUHN und H. BROCKMANN[2]).

Optische Aktivität: γ-Carotin ist optisch inaktiv.

Verteilungsprobe: γ-Carotin verhält sich bei der Verteilung zwischen Petroläther und 90%igem Methanol rein epiphasisch.

Chromatographisches Verhalten: Aus petrolätherischer Lösung wird γ-Carotin fester adsorbiert als β-Carotin. In der Calciumhydroxyd- oder Aluminiumoxydsäule befindet es sich oberhalb des letzteren und unterhalb Lycopin.

Nachweis und Bestimmung: Die Trennung des γ-Carotins von anderen Carotinoidkohlenwasserstoffen geschieht durch chromatographische Adsorption an Aluminiumoxyd oder an Calciumhydroxyd. Sein Nachweis erfolgt durch die Bestimmung der Absorptionsmaxima.

Physiologisches Verhalten: γ-Carotin besitzt starke Vitamin-A-Wirkung[4]). Über die mutmaßliche Sexualfunktion des γ-Carotins in verschiedenen Pflanzen sind Angaben von einigen Forschern gemacht worden[5]).

Stereoisomere des γ-Carotins:

L. ZECHMEISTER und A. POLGÁR[6]) haben γ-Carotin unter dem Einfluß von Wärme, Jod, Schmelzen der Kristalle oder durch Belichten bis zu einem Gleichgewichtszustand in verschiedene cis-trans-Isomere verwandelt. Keine dieser Verbindungen wurde bisher in kristallinem Zustande gefaßt. Die Trennung erfolgte mittelst chromatographischer Adsorption an Calciumhydroxyd und die Unterscheidung der einzelnen Isomeren durch Vergleich der Absorptionsspektren:

---

[1]) Vgl. die Mitteilung von L. ZECHMEISTER und W. A. SCHROEDER, Arch. Biochem. *1*, 231 (1942).

[2]) R. KUHN und H. BROCKMANN, Ber. *66*, 407 (1933).

[3]) H. WILLSTAEDT, C. *1935*, II, 707.

[4]) A. WINTERSTEIN, H. *215*, 55 (1933). – R. KUHN und H. BROCKMANN, C. *1933*, II, 1205; H. *221*, 131 (1933) – H. BROCKMANN und M.-L. TECKLENBURG, H. *221*, 117 (1933).

[5]) R. EMERSON und D. L. FOX, Proc. Roy. Soc. (B) *128*, 275 (1940). – P. KARRER und Mitarbeiter, Hel. chim. Acta *26*, 2121 (1943).

[6]) L. ZECHMEISTER und A. POLGÁR, Am. Soc. *67*, 108 (1945).

Neo-γ-carotin U	489	457 mμ (in Petroläther)
(nat. γ-Carotin)	494	461,5 mμ
Neo-γ-carotin A	486	455,5 mμ
Neo-γ-carotin B	486	455,5 mμ
Neo-γ-carotin H	489	457,5 mμ
Neo-γ-carotin A'	485,5	455 mμ
Neo-γ-carotin B'	486	455 mμ
Neo-γ-carotin G'	483	452 mμ
(γ-Carotin mit der durchgehenden cis-Konfiguration)	456	mμ

Über die Vitamin-A-Wirkung des γ-Carotins und des Pro-γ-carotins geben neuere Untersuchungen von L. ZECHMEISTER und Mitarbeitern[1]) Auskunft.

6) *Pro-γ-Carotin* $C_{40}H_{56}$

1941 fanden L. ZECHMEISTER und W. A. SCHROEDER[2]) in den Früchten der *Butia eriospatha* Becc. und *Butia capitata* einen neuen Polyenfarbstoff, das Pro-γ-carotin. Das neue Pigment wurde ferner noch in folgenden Pflanzen festgestellt: *Pyracantha angustifolia* Schneid.[3]), *Evonymus fortunei* L.[4]) und *Mimulus longiflorus* Grant[5]).

Pro-γ-carotin ist ein natürlich vorkommendes Stereoisomeres des γ-Carotins. L. ZECHMEISTER und W. A. SCHROEDER[6]) nehmen an, daß 6 oder 7 Doppelbindungen des Polyens trans-, und 4 oder 5 cis-Konfiguration haben. Durch Schmelzen von Pro-γ-carotin-Kristallen, Erhitzen seiner Lösungen, Behandeln mit konzentrierter Salzsäure oder durch Jodzusatz läßt sich der Farbstoff in ein Gemisch von Stereoisomeren umwandeln, welches γ-Carotin enthält.

Pro-γ-carotin kristallisiert aus einem Gemisch von Benzol und Methanol in roten, glitzernden Plättchen. Smp. 118–119° C (korr.) (vgl. L. ZECHMEISTER und W. A. SCHROEDER[6])). Es ist gut löslich in Benzol, Petroläther und anderen organischen Lösungsmitteln mit Ausnahme von Alkoholen.

Absorptionsmaxima in:

Schwefelkohlenstoff	493,5	460,5 mμ
Benzol	477	447,5 mμ
Chloroform	473	(444) mμ
Äthanol	(465)	(437) mμ
Petroläther	464	(435) mμ

Aus petrolätherischer Lösung haftet Pro-γ-carotin an Calciumhydroxyd etwas schwächer als γ-Carotin.

---

[1]) L. ZECHMEISTER und Mitarbeiter, Arch. Biochem. *5*, 365 (1944).

[2]) L. ZECHMEISTER und W. A. SCHROEDER, Science *94*, 609 (1941). – Vgl. Am. Soc. *64*, 1173 (1942).

[3]) L. ZECHMEISTER und W. A. SCHROEDER, J. biol. Chem. *144*, 315 (1942).

[4]) L. ZECHMEISTER und R. B. ESCUE, J. biol. Chem. *144*, 321 (1942).

[5]) L. ZECHMEISTER und W. A. SCHROEDER, Arch. Biochem. *1*, 231 (1942).

[6]) L. ZECHMEISTER und W. A. SCHROEDER, Am. Soc. *64*, 1173 (1942).

II. Hydroxylhaltige Carotinoide bekannter Struktur

1. *Lycoxanthin* $C_{40}H_{56}O$

Geschichtliches und Vorkommen

1936 fanden L. ZECHMEISTER und L. v. CHOLNOKY[1]) bei der Untersuchung des Lycopins aus Bittersüß (*Solanum Dulcamara*) zwei neue Phytoxanthine, das Lycoxanthin und das Lycophyll. Lycoxanthin kommt außerdem noch in *Solanum esculentum* und *Tamus communis* vor[1])[2]).

Darstellung[1])

17 kg frische Beeren von *Solanum Dulcamara* wurden mit Äthanol entwässert und mit Äther bei Raumtemperatur extrahiert. Nach Verdampfen des Lösungsmittels nahm man das Farbstoffgemisch in Benzol auf und chromatographierte es an Calciumhydroxyd. Diese Operation wurde mehrmals wiederholt und der Farbstoff schließlich aus einem Gemisch von Benzol und Methanol umkristallisiert. Die Ausbeute betrug 125 mg Lycoxanthin, 920 mg Lycopin und 9 mg Lycophyll.

Chemische Konstitution

Lycoxanthin

Die Konstitutionsaufklärung des Lycoxanthins bot infolge Materialmangels Schwierigkeiten und konnte nur unvollständig durchgeführt werden. Aus der Übereinstimmung der Absorptionsmaxima von Lycoxanthin und Lycopin schlossen L. ZECHMEISTER und L. v. CHOLNOKY[1]) auf die Übereinstimmung der chromophoren Systeme der beiden Pigmente. Der Sauerstoff liegt als Hydroxyl vor, was durch die Herstellung eines Acetates bewiesen wurde. Die Stellung der Hydroxylgruppe ist nicht bewiesen, doch ist es wahrscheinlich, daß in Übereinstimmung mit anderen Phytoxanthinen (vgl. P. KARRER und Mitarbeiter[3])) die Stellung 3 substituiert ist.

---

[1]) L. ZECHMEISTER und L. v. CHOLNOKY, Ber. *69*, 422 (1936).

[2]) Nach E. LEDERER, Bull. Soc. chem. Biol. *20*, 613 (1938), soll *Polystigma rubrum* neben einem sauren Pigment noch Lycoxanthin enthalten.

[3]) P. KARRER und Mitarbeiter, Helv. chim. Acta *13*, 268, 1084 (1930); *14*, 614, 843 (1931).

Eigenschaften

Lycoxanthin kristallisiert aus einem Gemisch von Benzol und Petroläther in rotbraunen, kreisrunden und etwas gezackten Gebilden. Aus Schwefelkohlenstoff erhält man das Pigment in violetten Nadeln. Smp. 168° C (korr.). Das Phytoxanthin löst sich gut in Schwefelkohlenstoff und in Benzol, etwas schlechter in Petroläther und sehr schlecht in Äthanol. Bei der Verteilung zwischen Methanol und Petroläther verhält es sich gleich wie Kryptoxanthin und Rubixanthin. An Calciumcarbonat haftet es nur aus Petroläther, aus benzolischer Lösung wird es dagegen nur von Calciumhydroxyd und von Aluminiumoxyd adsorbiert.

Absorptionsmaxima in:

CS_2.	546	506	472 mμ
Petroläther	504	473	444 mμ
Benzol	521	487	456 mμ
Äthanol	505	474	444 mμ

Beim Durchschütteln der ätherischen Lösung des Lycoxanthins mit konzentrierter Salzsäure tritt keine Blaufärbung auf.

Lycoxanthin-mono-acetat: Entsteht aus Lycoxanthin und Acetylchlorid in Pyridin. Aus einem Gemisch von Benzol und Methanol kristallisiert es in violettroten Nadeln. Smp. 137° C (korr.). Die Löslichkeit des Esters ist in Schwefelkohlenstoff gut, schlecht in Äthanol und Petroläther. Sein Absorptionsspektrum stimmt mit demjenigen des Lycoxanthins überein.

2. *Rubixanthin* $C_{40}H_{56}O$

Geschichtliches

1934 R. KUHN und CH. GRUNDMANN[1]) finden unter den Pigmenten der *Rosa rubiginosa* einen mit Kryptoxanthin isomeren Farbstoff, der nach seinem Vorkommen Rubixanthin genannt und für den eine Konstitutionsformel aufgestellt wird.

Vorkommen

Rubixanthin gehört zu denjenigen Polyenfarbstoffen, die in der Natur keine weite Verbreitung besitzen. Es kommt hauptsächlich in verschiedenen Rosenarten vor.

---

[1]) R. KUHN und CH. GRUNDMANN, Ber. *67*, 339, 1133 (1934).

Hagebutten von:

Literaturangaben

Rosa canina, Rosa rubi-
ginosa, Rosa damascena .   R. KUHN und H. GRUNDMANN, Ber. *67*, 341, 1133
(1934).

Rosa rugosa . . . . . .   H. WILLSTAEDT, Svensk Kemisk. Tidskr. *47*, 113
(1935).

Gazania rigens . . . .   K. SCHÖN, Biochem. J. *32*, 1566 (1938). – L. ZECH-
MEISTER und W. A. SCHROEDER, Am. Soc. *65*, 1535
(1943).

Cuscuta subinclusa,
Cuscuta salina . . . . .   G. MACKINNEY, J. biol. Chem. *112*, 421 (1935).
Rubus Chamaemorus . .   H. WILLSTAEDT, Scand. Arch. Physiol. *75*, 155 (1936).

Darstellung

27 kg frische, reife Hagebutten (*Rosa rubiginosa*) werden zerquetscht, mit reinem Methanol entwässert und bei 37° C getrocknet. Durch entsprechendes Mahlen in einer Kugelmühle trennt man die Kerne von den Häuten und extrahiert die letzteren mit einem Gemisch von Benzol, absolutem Äthanol und Petroläther bei Raumtemperatur. Nach Einengen des dunkelrot aussehenden Extraktes auf ein kleines Volumen (zum Schluß im Vakuum) wird der Rückstand mit 5%iger äthanolischer Kalilauge zwei Stunden bei 40° C und 20 Stunden bei Raumtemperatur verseift. Nach Verlauf dieser Zeit werden die Farbstoffe in ein Benzol-Benzin-Gemisch (1:4) übergeführt, diese Lösung alkalifrei gewaschen, getrocknet und auf Aluminiumoxyd adsorbiert. Man entwickelt das Chromatogramm mit demselben Lösungsmittelgemisch, eluiert das Rubixanthin mit äthanolhaltigem Petroläther und kristallisiert den Farbstoff aus einem Gemisch von Benzol und Petroläther (1:5) um. Die Rohausbeute beträgt etwa 400 mg.

Zur weiteren Reinigung wird der rohe Farbstoff erneut verseift, was durch Stehenlassen der benzolischen Pigmentlösung mit etwa 50 cm³ einer 10%igen äthanolischen Kalilauge während 4 Stunden bei 40° C geschieht, sodann in Petroläther übergeführt und nach Abdestillieren des Lösungsmittels aus Benzol-Methanol-Gemisch umkristallisiert. Die Reinausbeute betrug 36 mg.

Chemische Konstitution

Rubixanthin

Die Rubixanthinformel wurde von R. KUHN und CH. GRUNDMANN[1]) aufgestellt. Wie γ-Carotin nimmt der Farbstoff bei der katalytischen Hydrierung

---

[1]) R. KUHN und CH. GRUNDMANN, Ber. *67*, 339, 1133 (1934).

12 Mol Wasserstoff auf, enthält demnach einen Kohlenstoffring. Beim Abbau mit Ozon liefert das Pigment 0,94 Mol Aceton, welches dem offenen Ende der Rubixanthinmolekel entstammt. Rubixanthin besitzt dieselben Absorptionsbanden wie γ-Carotin. Darnach haben beide Polyene dasselbe chromophore System. Nach der Zerewitinoff-Bestimmung ist der Sauerstoff der Rubixanthinmolekel als Hydroxyl gebunden. Da das Phytoxanthin keine Vitamin-A-Wirkung besitzt, muß die OH-Gruppe am β-Iononring gebunden sein, da nur Verbindungen mit einem unsubstituierten β-Iononring Zuwachswirkung besitzen. Aus Analogiegründen nehmen R. KUHN und CH. GRUNDMANN an, daß das Hydroxyl an das C-Atom 3 gebunden ist. Obwohl die Rubixanthinformel nicht restlos bewiesen ist, scheint sie – unter den heutigen Gesichtspunkten – die wahrscheinlichste zu sein und steht mit allen Eigenschaften des Farbstoffes in zwangloser Übereinstimmung[1]).

Eigenschaften

Kristallform: Aus Benzol-Petroläther-Gemisch kristallisiert Rubixanthin in orangeroten, aus Benzol und Methanol in dunkelroten, kupferglänzenden Nadeln.

Schmelzpunkt: 160⁰ C.

Löslichkeit: Der Farbstoff löst sich gut in Benzol und Chloroform, schlechter in Alkoholen und Petroläther.

Absorptionsmaxima in:

Schwefelkohlenstoff	533	494	461 mμ
Chloroform	509	474	439 mμ
Äthanol absolut	496	463	433 mμ
Petroläther	495,5	463	432 mμ
Hexan	494	462	432 mμ

Optische Aktivität: Obwohl die Formel des Rubixanthins eine Drehung des polarisierten Lichtes erwarten läßt, ließ sich eine solche nicht erkennen.

Verteilungsprobe: Bei der Verteilung zwischen Petroläther und 90%igem Methanol geht der Farbstoff in die Oberschicht. Ist dagegen der Alkohol 95%ig, so verhält er sich hypophasisch.

Chromatographisches Verhalten: Bei der Adsorption an Calciumhydroxyd wird Rubixanthin infolge der Anwesenheit einer Hydroxylgruppe bedeutend stärker adsorbiert als die Carotinoid-Kohlenwasserstoffe. Bei der chromatographischen Trennung an Zinkcarbonat oder Aluminiumoxyd zeigt es schwächere Haftfähigkeit als die Phytoxanthine mit 2 OH-Gruppen (Zeaxanthin, Xanthophyll usw.). Die Trennung vom Kryptoxanthin ist sehr mühsam, da

---

[1]) Vgl. weiter unten, unter «Optische Aktivität».

beide Verbindungen weitgehend übereinstimmendes Adsorptionsverhalten zeigen.

Nachweis und Bestimmung: Nach der Trennung mittels chromatographischer Analyse von anderen Phytoxanthinen wird Rubixanthin durch sein Spektrum Verhaltens nachgewiesen.

Physiologisches Verhalten: Rubixanthin besitzt keine Vitamin-A-Wirkung.

3. *Kryptoxanthin* $C_{40}H_{56}O$

Geschichtliches

1932 R. YAMAMOTO und S. TIN[1]) isolieren aus *Carica papaya* ein Phytoxanthin, für das sie den Namen Caricaxanthin vorschlagen. Dem neuen Farbstoff wurde die Formel $C_{40}H_{56}O_2$ gegeben.

1933 R. KUHN und CH. GRUNDMANN[2]) finden in den roten Kelchen und Beeren der *Physalis* Alkekengi und *Physalis* Franchetii einen neuen Polyenfarbstoff. Sie bezeichnen dieses Pigment mit Kryptoxanthin, ermitteln die richtige Bruttozusammensetzung und stellen für den Farbstoff eine Konstitutionsformel auf.

1933 P. KARRER und W. SCHLIENTZ[3]) stellen die Identität von Caricaxanthin und Kryptoxanthin fest. Sie berichtigen die von R. YAMAMOTO und S. TIN angegebene Formel des Pigmentes.

Tabelle 38

Vorkommen von Kryptoxanthin

Ausgangsmaterial	Literaturangben
Carica papaya	R. YAMAMOTO und S. TIN, L. Sci. Pap. Inst. phys. chem. Res. *20*, 411 (1933). – C. *1933*. I. 3090.
Physalis Alkekengi und *Physalis Franchetii* (Kelch und Beeren)	R. KUHN und CH. GRUNDMANN, Ber. *66*, 1746 (1933).
Citrus poonensis (Frucht)	R. YAMAMOTO und S. TIN, L. Sci. Pap. Inst. phys. chem. Res. *21*, 422/425 (1933). – C. *1934*. I. 1660.
Zea Mays	R. KUHN und CH. GRUNDMANN, Ber. *67*, 593 (1934).
Capsicum annuum . . .	L. ZECHMEISTER und L. v. CHOLNOKY, A. *509*, 269 (1934).
Diospyros costata (Frucht)	K. SCHÖN, Biochem. J. *29*, 1779, 1782 (1935).
Arbutus Unedo (Frucht)	do.
Cucurbita Pepo	L. ZECHMEISTER, T. BÉRES und E. UJHELYI, Ber. *68*, 1322 (1935).

---

[1]) R. YAMAMOTO und S. TIN, Sci. Pap. Inst. physic. chem. Res. *20*, 411 (1933); C. *1933*, I, 3090.
[2]) R. KUHN und CH. GRUNDMANN, Ber. *66*, 1746 (1933).
[3]) P. KARRER und W. SCHLIENTZ, Helv. chim. Acta *17*, 55 (1934).

Ausgangsmaterial	Literaturangaben
Eigelb	A. E. GILLAM und J. M. HEILBRON, Biochem. J. *29*, 1064 (1935).
Butter	A. E. GILLAM und J. M. HEILBRON, Biochem. J. *29*, 834 (1935).
Orangenschalen	L. ZECHMEISTER und P. TUZSON, Ber. *69*, 1878 (1936).
	– P. KARRER und E. JUCKER, Helv. chim. Acta *27*, 1695 (1944).
Grevillea robusta, Cunningham	L. ZECHMEISTER und A. POLGÁR, J. biol. Chem. *140*, 1 (1941).
Hühneriris	L. BUSCH und H. J. NEUMANN, Naturwiss. *29*, 782 (1941).
Nitzschia closterium . .	NELLO PACE, J. biol. Chem. *140*, 483 (1941).
Helianthus annuus . . .	L. ZECHMEISTER und P. TUZSON, Ber. *67*, 170 (1934).
Mandarinen	L. ZECHMEISTER und P. TUZSON, H. *240*, 191 (1936).
Blutserum des Rindes .	A. E. GILLAM und M. S. EL RIDI, Biochem. J. *29*, 2465 (1935).
Mycobacterium phlei . .	M. A. INGRAHAM und H. STEENBOCK, Biochem. J. *29*, 2553 (1935).
Celastrus scandens L. . .	A. L. LE ROSEN und L. ZECHMEISTER, Arch. of Biochem. *1*, 17 (1943).

Darstellung[1])

Getrocknete *Physalis*-Kelche werden fein gemahlen und mit Methanol vorextrahiert, wobei harzige Produkte in Lösung gehen. Nun wird das Kelchmehl mit Benzol bei Raumtemperatur erschöpfend ausgezogen, das Lösungsmittel größtenteils im Vakuum abdestilliert und der Rückstand, welcher Zeaxanthin- und Kryptoxanthinester enthält, mit alkoholischer Kalilauge bei Raumtemperatur verseift. Nach etwa 15 Stunden versetzt man die Lösung mit Petroläther und gibt so lange destilliertes Wasser zu, bis das in der Grenzschicht ausfallende Zeaxanthin anfängt harzig zu werden. Die Petroläther-Benzol-Schicht enthält Kryptoxanthin, welches daraus durch Adsorption an Aluminiumoxyd isoliert wird. Zur Reinigung kristallisiert man den Farbstoff aus einem Gemisch von Benzol und Methanol um. Die Ausbeute beträgt aus 1600 Kelchen etwa 100 mg reines Kryptoxanthin.

Chemische Konstitution

Kryptoxanthin

---

[1]) R. KUHN und CH. GRUNDMANN, Ber. *66*, 1746 (1933).

Die Konstitutionsaufklärung wurde hauptsächlich von R. KUHN und CH. GRUNDMANN[1]) durchgeführt. Bei der Hydrierung nimmt der Farbstoff 11 Mol Wasserstoff auf, womit die Anwesenheit von 11 Doppelbindungen und von 2 Kohlenstoffringen bewiesen wird. Für die ununterbrochene Konjugation der Doppelbindungen spricht das spektrale Verhalten, welches mit demjenigen des β-Carotins übereinstimmt. Kryptoxanthin entwickelt mit Methylmagnesiumjodid genau 1 Mol Methan, es enthält demnach eine Hydroxylgruppe. Dieser Befund wurde durch die Herstellung eines Monoacetats bestätigt. Die Stellung der OH-Gruppe konnte nicht einwandfrei sichergestellt werden, doch ist die Stellung 3 aus Analogiegründen die wahrscheinlichste. Bei der Oxydation mit Chromsäure erhielten R. KUHN und CH. GRUNDMANN 4,85 Mol Essigsäure.

In Übereinstimmung mit der Kryptoxanthinformel ist der Befund von R. YAMAMOTO und Y. KATO[2]), von P. KARRER und W. SCHLIENTZ[3]) und von R. KUHN und CH. GRUNDMANN[1]), daß dem Phytoxanthin Vitamin-A-Wirkung zukommt.

Eigenschaften

Kristallform: Aus einem Gemisch von Benzol und Methanol kristallisiert Kryptoxanthin in metallglänzenden Prismen, die hartnäckig etwas Methanol zurückhalten.

Schmelzpunkt: 169° C (korr. im evakuierten Röhrchen).

Löslichkeit: Gemäß seiner Konstitution als Mono-hydroxy-β-carotin steht Kryptoxanthin in bezug auf die Löslichkeit zwischen β-Carotin und Zeaxanthin. Der Farbstoff löst sich leicht in Chloroform, Benzol und Pyridin. Etwas geringer ist die Löslichkeit in Ligroin, Petroläther sowie Methyl- und Äthylalkohol.

Absorptionsmaxima in:

Schwefelkohlenstoff	519	483	452 mμ
Chloroform	497	463	433 mμ
Äthanol absolut	486	452	424 mμ
Benzin	485,5	452	424 mμ
Hexan	484	451	423 mμ

Optische Aktivität: Kryptoxanthin besitzt keine optische Aktivität, obwohl die Formel eine solche erwarten läßt.

Verteilungsprobe: Bei der Verteilung zwischen Petroläther und 90%igem Methanol sucht Kryptoxanthin die Oberschicht auf, verhält sich also wie ein Kohlenwasserstoff. Ist der Alkohol dagegen 95%ig, so verhält es sich hypophasisch.

[1]) R. KUHN und CH. GRUNDMANN, Ber. *66*, 1746 (1933).

[2]) R. YAMAMOTO und Y. KATO, C. *1934*, II, 2993.

[3]) P. KARRER und W. SCHLIENTZ, Helv. chim. Acta *17*, 55 (1934).

Chromatographisches Verhalten: An Calciumhydroxyd haftet Kryptoxanthin bedeutend stärker als die Carotine und läßt sich auf diese Art von ihnen gut trennen. Bei der Adsorption an Zinkcarbonat oder an Calciumcarbonat haftet es schwächer als die Phytoxantine mit zwei Hydroxylgruppen. Einige Schwierigkeit bereitet die Trennung des Kryptoxanthins vom Rubixanthin.

Farbreaktionen: Kryptoxanthin gibt mit Antimontrichlorid in Chloroformlösung eine tiefblaue Färbung, mit dem Maximum bei 590 mμ. (Auch β-Carotin zeigt dasselbe Verhalten.)

Nachweis und Bestimmung: Die Trennung des Kryptoxanthins von anderen Carotinoiden wird mittels chromatographischer Analyse durchgeführt. Sein Nachweis geschieht durch Bestimmung der Absorptionsmaxima und mit Hilfe der Verteilungsprobe. Die kolorimetrische Bestimmung erfolgt mit einer Standardlösung von Azobenzol in Alkohol[1]).

Physiologisches Verhalten: Kryptoxanthin besitzt Vitamin-A-Wirkung. (Vgl. S. 22.)

Derivate

Kryptoxanthin-monoacetat $C_{42}H_{58}O_2$:

Entsteht aus Kryptoxanthin und Essigsäureanhydrid[1]) in Pyridin. F: 117 bis 118° C (korr.). Die Absorptionsmaxima stimmen mit denjenigen des Kryptoxanthins überein. Das Monoacetat kristallisiert in granatroten Blättchen und zeigt rein epiphasisches Verhalten.

Epoxyde und furanoide Oxyde des Kryptoxanthins[2])

1. *Kryptoxanthin-mono-epoxyd* $C_{40}H_{56}O_2$: P. KARRER und E. JUCKER[3]) erhielten Kryptoxanthin-mono-epoxyd bei der Einwirkung von Phtalpersäure auf Kryptoxanthinacetat. Die biologische Prüfung[4]) des aus dem Kryptoxanthinepoxyd hervorgegangenen Kryptoflavins ergab, daß es auch in hohen Tagesdosen unwirksam ist. Demnach enthält es keinen unsubstituierten β-Iononring. Aus diesem Grunde kommt dem Kryptoxanthinepoxyd folgende Formel zu:

Kryptoxanthin-epoxyd

---

[1]) R. KUHN und CH. GRUNDMANN, Ber. *66*, 1746 (1933).
[2]) Vgl. S. 66.
[3]) P. KARRER und E. JUCKER, Helv. chim. Acta *29*, 229 (1946).
[4]) H. v. EULER, P. KARRER und E. JUCKER, Helv. chim. Acta *30*, 1159 (1947).

In bezug auf Löslichkeit zeigt Kryptoxanthinepoxyd ähnliches Verhalten wie Kryptoxanthin. Aus einem Gemisch von Benzol und Methanol kristallisiert es in prachtvollen Nädelchen oder Blättchen, welche bei 154⁰ C (unkorr. im Vakuum) schmelzen.

Absorptionsmaxima in:

CS₂.	512	479 mµ
Benzol	494	461 mµ
Chloroform	488	456 mµ
Äthanol	481	449 mµ

Beim Schütteln der ätherischen Lösung des Farbstoffes mit konzentrierter, wäßriger Salzsäure nimmt diese eine blaue, nicht sehr beständige Färbung an.

2. *Kryptoflavin*[1]): Bei der Einwirkung von Mineralsäure auf Kryptoxanthin-mono-epoxyd wandelt es sich in das furanoide Oxyd, Kryptoflavin, um. Dieses ist biologisch unwirksam[2]).

Kryptoflavin

Aus einem Gemisch von Benzol und Petroläther kristallisiert Kryptoflavin in prachtvollen Blättchen mit starkem Oberflächenglanz. Smp. 171⁰ C (unkorr. im Vakuum). Gegenüber wäßriger Salzsäure zeigt der Farbstoff dasselbe Verhalten wie Kryptoxanthin-mono-epoxyd.

Absorptionsmaxima in:

CS₂.	490	459 mµ
Benzol	470	439 mµ
Chloroform	468	438 mµ
Äthanol	460	430 mµ

3. *Kryptoxanthin-di-epoxyd* $C_{40}H_{56}O_3$[1]): Die Verbindung entsteht bei der Phthalpersäure-Oxydation von Kryptoxanthinacetat.

---

[1]) P. Karrer und E. Jucker, Helv. chim. Acta *29*, 229 (1946).
[2]) H. v. Euler, P. Karrer E. Jucker, Helv. chim. Acta *30*, 1159 (1947).

CH₃ CH₃ ... CH₃ CH₃ — structural formula (Kryptoxanthin-di-epoxyd)

```
CH3  CH3                                                      CH3  CH3
  \  /                                                          \  /
   C          CH3        CH3        CH3        CH3               C
  /  \         |          |          |          |              /  \
CH2   C-CH=CH·C=CHCH=CH·C=CHCH=CHCH=C·CH=CHCH=C·CH=CH·C      CH2
 |    \O                                                      O   |
 |     \                                                       \  |
CH2    C          Kryptoxanthin-di-epoxyd                       C  CHOH
  \   /                                                        /  \
  CH2  CH3                                                   H3C   CH2
```

Die Kristallisation der Verbindung geschieht aus einem Gemisch von Benzol und Petroläther. Smp. 194⁰ C (unkorr. im Vakuum).

Absorptionsmaxima in:

CS₂	503	473 mμ
Benzol	486	455 mμ
Chloroform	482	453 mμ
Äthanol	473	442 mμ

Mit konzentrierter, wäßriger Salzsäure nimmt das Di-epoxyd eine dunkelblaue Färbung an, welche mehrere Tage bestehen bleibt.

4. *Kryptochrom* $C_{40}H_{56}O_3$.

```
CH3  CH3                                                    CH3  CH3
  \  /                                                        \  /
   C                                                           C
  /  \                                                        /  \
CH2   C==CH CH3        CH3        CH3      H3C CH==C         CH2
 |    |                                                      |
CH2   C   CH·C=CHCH=CH·C=CHCH=CHCH=C·CH=CHCH=C·CH    C      CHOH
  \  / \  /                                         \  |  /
  CH2|  O              Kryptochrom                   O |  CH2
  CH3                                                  CH3
```

Kryptochrom entsteht bei der Umwandlung von Kryptoxanthin-di-epoxyd (neben Kryptoflavin und Kryptoxanthin) mittels chlorwasserstoffhaltigem Chloroform. Die Verbindung konnte mangels Material noch nicht in kristallinem Zustande gewonnen werden.

Absorptionsmaxima in:

CS₂	456	424 mμ

Cis-trans-Isomere

L. ZECHMEISTER und R. M. LEMMON[1]) haben durch verschiedene äußere Eingriffe Kryptoxanthin in cis-trans-Isomere umgelagert. Nach der Auffassung der genannten Autoren besitzt das natürliche Kryptoxanthin durchgehende

---

1) L. ZECHMEISTER und R. M. LEMMON, Am. Soc. *66*, 317 (1944).

trans-Konfiguration (vgl. S. 44). Durch Stehenlassen oder Kochen einer Lösung des Farbstoffes, durch Schmelzen seiner Kristalle, durch Jodkatalyse oder durch Belichten mit Sonnenlicht sollen die Substituenten an einzelnen Doppelbindungen in cis-Stellung umgelagert werden, wodurch man folgende Isomere erhält:

Benennung	Absorptionsmaxima in Petroläther		
Neo-Kryptoxanthin U . .	478,5	448	mμ (Die Isomeren sind in der
(Kryptoxanthin)	(483,5	452,5 mμ)	Reihenfolge aufgezählt, wie
Neo-Kryptoxanthin A . .	477	446	mμ sie im Chromatogramm lie-
Neo-Kryptoxanthin B . .	479,5	449,5 mμ	gen.)

Keine dieser Verbindungen, außer dem natürlichen Kryptoxanthin, wurde in kristallinem Zustande erhalten. Bezüglich der Absorptionskurven dieser Pigmente sei auf die Originalmitteilung verwiesen.

4. Zeaxanthin $C_{40}H_{56}O_2$

Geschichtliches

1929 P. KARRER, H. SALOMON und H. WEHRLI[1]) isolieren aus Mais ein neues Phytoxanthin, für das sie den Namen Zeaxanthin vorschlagen.

1931–32 P. KARRER und Mitarbeiter führen die Konstitutionsaufklärung des Zeaxanthins durch[2]).

Vorkommen

Zeaxanthin ist in der pflanzlichen Natur in freiem und in verestertem Zustand (Physalien) weit verbreitet. Einige Pflanzen enthalten dieses Pigment als Hauptfarbstoff, so daß seine Isolierung in größeren Mengen verhältnismäßig leicht durchzuführen ist.

Tabelle 39

Vorkommen von Zeaxanthin

Ausgangsmaterial	Literaturangaben
Zea Mays	P. KARRER, H. SALOMON und H. WEHRLI, Helv. chim. Acta *12*, 790 (1929).
Hippophae rhamnoides .	P. KARRER und H. WEHRLI, Helv. chim. Acta *13*, 1104 (1930).
Capsicum annuum . . .	L. ZECHMEISTER und L. v. CHOLNOKY, A. *509*, 269 (1934).
Capsicum frutescens japonicum	L. ZECHMEISTER und L. v. CHOLNOKY, A. *489*, 1 (1931).

[1]) P. KARRER, H. SALOMON und H. WEHRLI, Helv. chim. Acta, *12*, 790 (1929). – P. KARRER, H. WEHRLI und H. HELFENSTEIN, Helv. chim. Acta *13*, 268 (1930).

[2]) P. KARRER und Mitarbeiter, Helv. chim. Acta *14*, 619 (1931); *15*, 492 (1932); Arch. Sci. biol. *18*, 36 (1936).

Ausgangsmaterial	Literaturangaben
Lycium barbarum . . .	A. WINTERSTEIN und U. EHRENBERG, H. *207*, 25 (1932).
Lycium halimifolium . .	L. ZECHMEISTER und L. v. CHOLNOKY, A. *481*, 42 (1930).
Physalis Alkekengi, *Physalis Franchetii* . . .	R. KUHN und W. WIEGAND, Helv. chim. Acta *12*, 499 (1929); R. KUHN, A. WINTERSTEIN und W. KAUFMANN, Ber. *63*, 1489 (1930).
Solanum Hendersonii . .	A. WINTERSTEIN und U. EHRENBERG, H. *207*, 25 (1932).
Evonymus europaeus . .	L. ZECHMEISTER und Mitarbeiter, H. *190*, 67 (1930); H. *196*, 199 (1931).
Diospyros Kaki	P. KARRER, R. MORF, E. v. KRAUSS und A. ZUBRYS, Helv. chim. Acta *15*, 490 (1932).
Senecio Doronicum . . .	P. KARRER und A. NOTTHAFFT, Helv. chim. Acta *15*, 1195 (1932).
Rosa canina, Rosa rubiginosa, Rosa damascena .	R. KUHN und CH. GRUNDMANN, Ber. *67*, 339 (1934), 1133.
Crocus sativus	R. KUHN und A. WINTERSTEIN, Ber. *67*, 344 (1934).
Hühnereidotter	R. KUHN, A. WINTERSTEIN und E. LEDERER, H. *197*, 141 (1931).
Fucus vesiculosus (abgestorben)	J. M. HEILBRON und R. F. PHIPERS, Biochem. J. *29*, 1369 (1935); (mit H. R. WHRIGHT) Soc. *1934*, 1572.
Diospyros costata	K. SCHÖN, Biochem. J. *29*, 1779 (1935).
Solanum Lycopersicum L.	R. KUHN und CH. GRUNDMANN, Ber. *65*, 1880 (1932).
Cucurbita Pepo L. . . .	L. ZECHMEISTER und Mitarbeiter, Ber. *68*, 1322 (1935).
Rubus Chamaemorus . .	H. WILLSTAEDT, Skand. Arch. Physiol. *75*, 155 (1936).
Citrus aurantium	L. ZECHMEISTER und P. TUZSON, Ber. *69*, 1878 (1936).
Vaccinium vitis idea . .	H. WILLSTAEDT, Svensk Kemisk. Tidskr. *48*, 212 (1936).
Prunus persica	G. MACKINNEY, Plant. Physiol. *12*, 216 (1937).
Sarcina aurantiaca, Staphylococcus aureus . . .	E. CHARGAFF, C. r. *197*, 946 (1933).
Halyseris polypodioides .	P. KARRER, F. RÜBEL und F. M. STRONG, Helv. chim. Acta *19*, 28 (1935).
Viola tricolor	P. KARRER und J. RUTSCHMANN, Helv. chim. Acta *27*, 1684 (1944).
Leber des Menschen . .	H. WILLSTAEDT und T. LINDQVIST, H. *240*, 10 (1936).
Menschenfett	L. ZECHMEISTER und P. TUZSON, H. *225*, 189 (1934); H. *231*, 259 (1935).
Federn von *Serinus canaria*	H. BROCKMANN und O. VOELKER, H. *224*, 193 (1934)
Rana esculenta (Leber) .	L. ZECHMEISTER und P. TUZSON, H. *238*, 197 (1936)
Rudbeckia Neumannii . .	P. KARRER und A. NOTTHAFFT, Helv. chim. Acta *15*, 1195 (1932).
Celastrus scandens . . .	A. L. LE ROSEN und L. ZECHMEISTER, Arch. Biochem. *1*, 17 (1943).

Tabelle 40

Gehalt an Zeaxanthin in verschiedenen Pflanzen

Ausgangsmaterial	angesetzte Menge	Ausbeute an Zeaxanthin	Lit.
Maismehl	100 kg	100–200 mg	[1]
Kelchblätter von *Physalis* . .	1 kg (trocken)	4 g	[2]
Evonymus europaeus	1 kg Samen	200 mg	[3]
Lycium halimifolium, Beeren .	1 kg (frisch)	400–500 mg	[4]
Hippophaes rhamnoides, Beeren.	1 kg (frisch)	25 mg	[5]

Darstellung

Zur Isolierung von Zeaxanthin geht man entweder von Maisgries[1]) oder von *Physalis*-Kelchblättern[6]) aus. In letzteren kommt der Farbstoff als Palmitin-säureester, Physalien, vor, dessen Gewinnung auf Seite 190 beschrieben wird. Aus diesem erhält man Zeaxanthin nach alkalischer Verseifung.

3 g Physalien werden in Äther gelöst und unter öfterem Umschütteln mit 10%iger methanolischer Kalilauge bei Raumtemperatur verseift. Durch Versetzen mit Wasser treibt man das Zeaxanthin in die Ätherschicht, wäscht diese und kristallisiert daraus nach schwachem Einengen den Farbstoff. Zur weiteren Reinigung wird Zeaxanthin einmal aus einem Gemisch von Chloroform und Äther umkristallisiert. Die Ausbeute beträgt etwas weniger als 1 g.

Bildung

P. KARRER und U. SOLMSSEN[7]) gelang es ein Carotinoid mit 40 C-Atomen in ein anderes natürliches Pigment mit gleicher Kohlenstoffzahl überzuführen, indem sie Rhodoxanthin (S. 223) über die Dihydroverbindung durch Reduktion mit Aluminiumisopropylat in Zeaxanthin verwandelten:

Rhodoxanthin
↓

---

[1]) P. KARRER und Mitarbeiter, Helv. chim. Acta *12*, 791 (1929); *13*, 268 (1930).

[2]) R. KUHN und Mitarbeiter, Helv. chim. Acta *12*, 499 (1929); Naturw. *18*, 418 (1930); Ber. *63*, 1489 (1930).

[3]) L. ZECHMEISTER und Mitarbeiter, H. *190*, 67 (1930); *196*, 199 (1931).

[4]) L. ZECHMEISTER und L. v. CHOLNOKY, A. *481*, 42 (1930).

[5]) P. KARRER und H. WEHRLI, Helv. chim. Acta *13*, 1104 (1930).

[6]) R. KUHN, A. WINTERSTEIN und W. KAUFMANN, Ber. *63*, 1489 (1930).

[7]) P. KARRER und U. SOLMSSEN, Helv. chim. Acta *18*, 477 (1935).

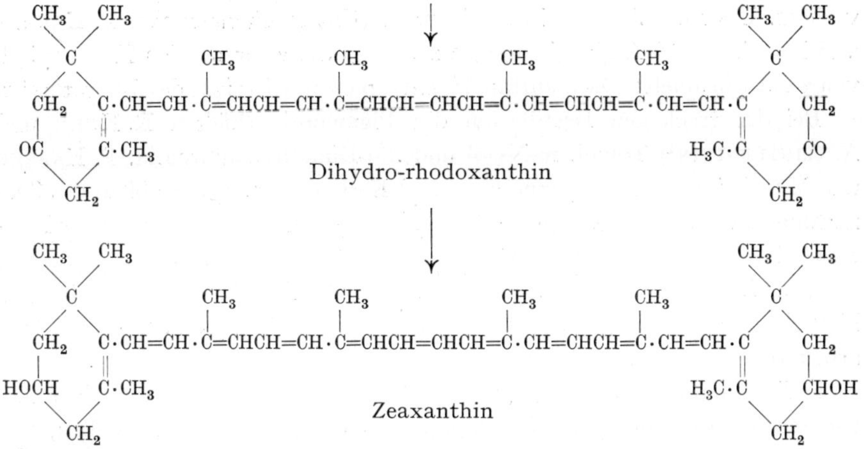

$$\text{CH}_3\ \text{CH}_3$$
$$\diagdown\diagup$$
$$\text{C}\qquad\qquad\text{CH}_3\qquad\qquad\text{CH}_3\qquad\qquad\text{CH}_3\qquad\qquad\text{CH}_3$$

CH₂   C·CH=CH·C=CHCH=CH·C=CHCH—CHCH=C·CH=CHCH=C·CH=CH·C   CH₂

OC   C·CH₃   H₃C·C   CO

CH₂   CH₂

Dihydro-rhodoxanthin

CH₃ CH₃
C   CH₃ CH₃ CH₃ CH₃   C

CH₂   C·CH=CH·C=CHCH=CH·C=CHCH=CHCH=C·CH=CHCH=C·CH=CH·C   CH₂

HOCH   C·CH₃   H₃C·C   CHOH

CH₂   CH₂

Zeaxanthin

Diese Überführung von Rhodoxanthin in Zeaxanthin stellt die erste Partialsynthese eines C-40-Carotinoids dar und ist zugleich eine Bestätigung der Formeln der beiden Farbstoffe.

P. KARRER und E. JUCKER[1]) konnten Zeaxanthin auf einem weiteren Weg
partialsynthetisch herstellen. Sie unterwarfen Xanthophyll einer Behandlung
mit Natriumalkoholat und erzielten auf diese Weise die Verschiebung der isolierten Doppelbindung des Xanthophylls in die Konjugation. Das so hergestellte
Zeaxanthin erwies sich im spektralen Verhalten und im Schmelzpunkt mit dem
natürlichen Pigment identisch. Aus diesen Untersuchungen geht hervor, daß
die isolierte Doppelbindung einer Polyenmolekel der Verschiebung in die Konjugation fähig ist.

Chemische Konstitution[2])

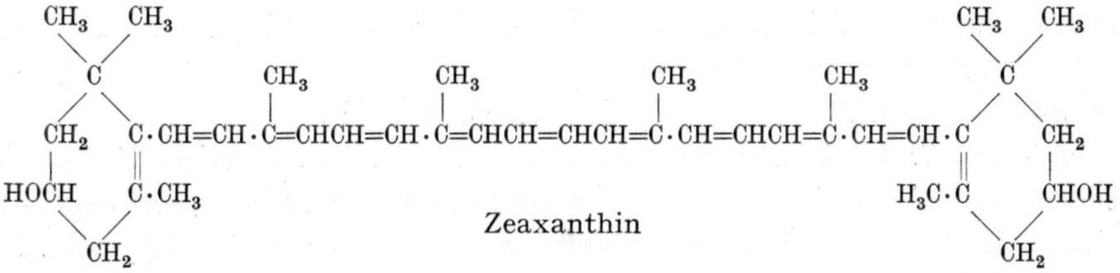

CH₃ CH₃
C   CH₃ CH₃ CH₃ CH₃   C

CH₂   C·CH=CH·C=CHCH=CH·C=CHCH=CHCH=C·CH=CHCH=C·CH=CH·C   CH₂

HOCH   C·CH₃   H₃C·C   CHOH

CH₂   CH₂

Zeaxanthin

Die Konstitutionsaufklärung des Zeaxanthins wurde in der Hauptsache
von P. KARRER und Mitarbeitern durchgeführt. Sie verlief parallel derjenigen
des Xanthophylls (vgl. S. 205). Die Bruttoformel und die Anzahl der Hydroxylgruppen weisen darauf hin, daß im Zeaxanthin ein Isomeres des Xanthophylls

[1]) P. KARRER und E. JUCKER, Helv. chim. Acta 30, 266 (1947).
[2]) P. KARRER und Mitarbeiter, Helv. chim. Acta 13, 268 (1930); Helv. chim. Acta 14, 614 (1931);
15, 492 (1932); Arch. Scienze biol. 18, 36 (1936).

vorliegt. Über die Art der Isomerie geben Untersuchungen von P. KARRER und Mitarbeitern[1]) Auskunft, welche zeigten, daß, während sich Xanthophyll von α-Carotin ableitet, Zeaxanthin das entsprechende Derivat des β-Carotins ist.

Bei der trockenen Destillation des Pigmentes erhielten R. KUHN und A. WINTERSTEIN[2]) Toluol, m-Xylol und 2,6-Dimethylnaphthalin. P. KARRER und Mitarbeiter[3]) fanden beim Ozon- und Kaliumpermanganatabbau des Zeaxanthins $\alpha\alpha$-Dimethyl-bernsteinsäure. Aus diesem Grunde haben die für Xanthophyll angestellten Betrachtungen bezüglich der Lage der Hydroxylgruppen auch für Zeaxanthin Gültigkeit (vgl. S. 206). Die Anzahl der seitenständigen Methylgruppen und der Doppelbindungen wurde von R. KUHN und Mitarbeitern ermittelt[4]).

P. KARRER und Mitarbeiter konnten 1938 durch partiellen oxydativen Abbau des Zeaxanthins (mit Kaliumpermanganat) β-Citraurin herstellen, wodurch die Zeaxanthinformel eine weitere Bestätigung fand[5]).

β-Citraurin

Eigenschaften und Konstanten

Kristallform: Zeaxanthin kristallisiert aus Methanol in langen, gelben Blättern, welche zu Büscheln vereinigt und im Gegensatz zu Xanthophyll von Kristallflüssigkeit frei sind. Aus Äthanol kristallisiert der Farbstoff besonders schön in kurzen, dicken, rhombischen Prismen. Aus einem Gemisch von Schwefelkohlenstoff, Petroläther und Äther erhält man das Pigment in Nadeln, welche zu Büscheln vereinigt sind.

Schmelzpunkt: 205⁰ C (unkorr.)[6]), 215,5⁰ C (korr.)[7]).

Löslichkeit: 1 g Zeaxanthin löst sich in etwa 1,5 l siedendem Methanol. In Petroläther und Hexan ist der Farbstoff fast unlöslich. Etwas größer erweist sich die Löslichkeit in Äther, Chloroform, Schwefelkohlenstoff und Pyridin. In Eisessig suspendierter Farbstoff löst sich auf Zusatz von Hexan.

[1]) P. KARRER und Mitarbeiter, Helv. chim. Acta *13*, 268 (1930); Helv. chim. Acta *14*, 614 (1931); *15*, 492 (1932); Arch. Scienze biol. *18*, 36 (1936).

[2]) R. KUHN und A. WINTERSTEIN, Ber. *65*, 1873, (1932); Ber. *66*, 429 (1933).

[3]) P. KARRER und Mitarbeiter, Helv. chim. Acta *13*, 1095 (1930).

[4]) R. KUHN und Mitarbeiter, Ber. *63*, 1496 (1930).

[5]) P. KARRER und Mitarbeiter, Helv. chim. Acta *21*, 448 (1938).

[6]) P. KARRER und U. SOLMSSEN, Helv. chim. Acta *18*, 479 (1935).

[7]) P. KARRER und U. SOLMSSEN, Helv. chim. Acta *21*, 448 (1938).

Absorptionsmaxima in:

CS₂	517	482	450	mμ
Chloroform	495	462	429	mμ
Äthanol	483	451	423,5	mμ
Benzin	483,5	451,5	423	mμ
Methanol	480,5	449,5	421,5	mμ

Quantitative Extinktionsmessungen: in CS₂ vgl. R. KUHN und A. SMAKULA[1]); in Äthanol und in Schwefelkohlenstoff siehe K. W. HAUSSER und A. SMAKULA[2]), und K. W. HAUSSER[3]).

Optische Aktivität: Wie β-Carotin ist nach Angaben verschiedener Forscher Zeaxanthin optisch inaktiv. In neuerer Zeit teilten hingegen L. ZECHMEISTER und Mitarbeiter[4]) mit, daß ihre Zeaxanthinpräparate eine Drehung von $[\alpha]_c = -40$ bis -50^0 C (in CHCl₃) besaßen. Perhydrocarotin, welches durch Reduktion des Perhydro-Zeaxanthin-dibromids dargestellt wird, ist im Gegensatz zum entsprechenden Produkt aus Xanthophyll ebenfalls optisch inaktiv.

Verteilungsprobe: Zeaxanthin verhält sich bei der Verteilung zwischen Methanol-Petroläther rein hypophasisch.

Chromatographisches Verhalten: Aus benzolischer Lösung haftet Zeaxanthin gut an Calciumcarbonat und an Zinkcarbonat.

Nachweis und Bestimmung: Durch Adsorption an Zinkcarbonat läßt sich Zeaxanthin von anderen Phytoxanthinen trennen. Sein Nachweis wird durch Bestimmung der Absorptionsmaxima in Verbindung mit der Verteilungsprobe ausgeführt. Nach R. KUHN und H. BROCKMANN läßt sich der Farbstoff mit einer Standardlösung von Azobenzol in Äthanol kolorimetrisch bestimmen[5]).

Physiologisches Verhalten: Zeaxanthin besitzt keine Vitamin-A-Wirkung, dagegen entsteht bei seiner Behandlung mit PBr₃ ein wirksames Produkt[6]).

Farbreaktionen: Zeaxanthin löst sich in konzentrierter Schwefelsäure mit tiefblauer, ziemlich beständiger Farbe. Beim Versetzen einer Lösung des Farbstoffs in Chloroform mit Antimontrichlorid tritt eine blaue Färbung auf, über welche photometrische und spektroskopische Untersuchungen vorliegen[7]).

---

[1]) R. KUHN und A. SMAKULA, H. *197*, 161 (1931).
[2]) K. W. HAUSSER und A. SMAKULA, Z. angew. Chem. *47*, 663 (1934); *48*, 152 (1935).
[3]) K. W. HAUSSER, Z. tech. Phys. *15*, 13 (1934).
[4]) L. ZECHMEISTER und Mitarbeiter, Ber. *72*, 1678 (1939).
[5]) R. KUHN und H. BROCKMANN, H. *206*, 43 (1932).
[6]) H. v. EULER, P. KARRER und A. ZUBRYS, Helv. chim. Acta *17*, 24 (1934)
[7]) H. v. EULER, P. KARRER, E. KLUSSMANN und R. MORF, Helv. chim. Acta *15*, 502 (1930).

Derivate

Perhydrozeaxanthin $C_{40}H_{78}O_2$:

Farbloses, dickes Öl[1])[2]), welches im Gegensatz zum Perhydroxanthophyll das polarisierte Licht nach links dreht: $[\alpha]_D^{20} = -24{,}5^0 \, C^1)^3)$.

Zeaxanthinhalogenide: P. KARRER und Mitarbeiter[2]) konnten im Perhydrozeaxanthin die beiden Hydroxylgruppen durch Brom ersetzen, wobei ein 3,3′-Dibrom-perhydrozeaxanthin entstand. Bei der Einwirkung von Brom auf in Chloroform gelöstes Zeaxanthin nimmt dieses 8 Mol Halogen auf.

Zeaxanthin-mono-methyläther $C_{41}H_{58}O_2$:

Diese Verbindung entsteht bei der Behandlung von Zeaxanthin mit Kalium-tertiär-amylat und Methyljodid[4]). Nadeln aus Methanol. Smp. 153⁰ C.

Zeaxanthin-dimethyläther $C_{42}H_{60}O_2$:

Entsteht als Nebenprodukt bei der Darstellung des Monomethyläthers[4]). Aus Petroläther kristallisiert die Verbindung in dunkelroten Nadeln, welche bei 176⁰ C schmelzen, und in Methanol und Äthanol sehr wenig löslich sind.

Zeaxanthindiacetat $C_{44}H_{60}O_4$:

P. KARRER und U. SOLMSSEN erhielten diesen Ester beim Behandeln von in Pyridin gelöstem Zeaxanthin mit Essigsäureanhydrid[5]). Kristalle aus Benzol-Methanol-Gemisch. F: 154–155⁰ C.

Zeaxanthindipropionat $C_{46}H_{64}O_4$[6]):

Kristalle aus einem Gemisch von Benzol und Methanol. Smp. 142⁰ C.

Zeaxanthindibutyrat $C_{48}H_{68}O_4$[6]):

Kristalle aus Benzol-Methanol-Gemisch. Smp. 132⁰ C.

Zeaxanthin-di-n-valerianat $C_{50}H_{72}O_4$[6]):

Kristalle aus einem Gemisch von Benzol und Methanol. Smp. 125⁰ C.

Zeaxanthin-di-n-capronat $C_{52}H_{84}O_4$[6]). Smp. 117–118⁰ C.

Zeaxanthin-di-n-caprylat $C_{56}H_{84}O_4$[6]).

Die Verbindung kristallisiert aus Benzol. Smp. 107⁰ C.

Zeaxanthin-di-laurinat $C_{64}H_{100}O_4$[7]). Smp. 104⁰ C.

Zeaxanthin-mono-palmitat $C_{56}H_{86}O_4$:

P. KARRER und W. SCHLIENTZ[8]) erhielten diese Verbindung durch partielle Verseifung von Physalien. Der Halbester kristallisiert aus einem Gemisch von Benzol und Äthanol in Platten, welche bei 148⁰ C schmelzen.

Zeaxanthin-di-stearat $C_{76}H_{124}O_4$:

Entsteht bei der Einwirkung von Stearinsäurechlorid auf in Pyridin gelöstes Zeaxanthin. Smp. 95⁰ C.

[1]) R. KUHN, A. WINTERSTEIN und W. KAUFMANN, Ber. *63*, 1496 (1930).
[2]) P. KARRER und Mitarbeiter, Helv. chim. Acta *15*, 490 (1932).
[3]) Nach P. KARRER und Mitarbeiter, Helv. chim. Acta *15* 492 (1932), ist das Perhydrozeaxanthin optisch inaktiv.
[4]) P. KARRER und T. TAKAHASHI, Helv. chim. Acta *16*, 1163 (1933).
[5]) P. KARRER und U. SOLMSSEN, Helv. chim. Acta *18*, 479 (1935).
[6]) P. KARRER und A. NOTTHAFFT, Helv. chim. Acta *15*, 1195 (1932).
[7]) R. KUHN, A. WINTERSTEIN und L. KAUFMANN, Ber. *63*, 1497 (1930).
[8]) P. KARRER und W. SCHLIENTZ, Helv. chim. Acta *17*, 55 (1934).

Physalien $C_{72}H_{116}O_4$ (Zeaxanthin-di-palmitat):

R. Kuhn und W. Wiegand fanden in Kelchblättern von *Physalis Alkekengi* und *Physalis Franchetii*[1]) ein Carotinoid, das sie Physalien nannten. Später wurde dieser Farbstoff auch in zahlreichen anderen Pflanzen nachgewiesen.

Tabelle 41

Vorkommen von Physalien

Ausgangsmaterial	Literaturangaben
Lycium halimifolium (in den Fruchthäuten) . . .	L. Zechmeister und L. v. Cholnoky, A. *481*, 42 (1930).
Lycium barbarum (in den Fruchthäuten) und *Solanum Hendersonii*	A. Winterstein und U. Ehrenberg, H. *207*, 26 (1932).
Hippophaes rhamnoides (Beeren)	P. Karrer und H. Wehrli, Helv. chim. Acta *13*, 1104 (1930).
Asparagus officinalis . .	A. Winterstein und U. Ehrenberg, H. *207*, 26 (1932).

Untersuchungen von L. Zechmeister und L. v. Cholnoky[2]) und von R. Kuhn und Mitarbeitern[3]) zeigten, daß im Physalien ein Ester des Zeaxanthins, und zwar der Zeaxanthin-dipalmitinsäureester, vorliegt.

Physalien

Physalien ist auch partialsynthetisch[4]) aus Zeaxanthin und Palmitinsäurechlorid hergestellt worden, wodurch die vorgeschlagene Formel eine Bestätigung fand.

Zur Darstellung von Physalien geht man am besten von Physaliskelchen aus[4]), deren Farbstoffgehalt außergewöhnlich groß, nämlich 0,9–1,8% des Trockengewichtes ist. Ein Drittel des Pigmentes besteht aus Kryptoxanthin (vgl. S. 177).

---

[1]) R. Kuhn und W. Wiegand, Helv. chim. Acta *12*, 499 (1929).
[2]) L. Zechmeister und L. v. Cholnoky, H. *189*, 159 (1930); A. *481*, 42 (1930).
[3]) R. Kuhn und Mitarbeiter, Naturw. *18*, 418 (1930); Ber. *63*, 1489 (1930).
[4]) R. Kuhn, A. Winterstein und W. Kaufmann, Ber. *63*, 1489 (1930).

Physalis-Kelche werden bei 40–50° C getrocknet und nach grobem Mahlen bei Raumtemperatur mit Benzol erschöpfend extrahiert. Die vereinigten Auszüge engt man im Vakuum auf ein kleines Volumen ein und fällt daraus das Polyenwachs mit Aceton aus. Das Ausfällen geschieht nicht auf einmal, sondern in Abständen von einigen Stunden, wobei der jeweils ausgefallene Farbstoff abgenutscht wird. Die Mutterlaugen werden zum Schluß mit viel Äthanol versetzt und in die Kälte gestellt. So erhält man noch bedeutende Mengen Farbstoff. Die Reinigung des Physaliens geschieht nach folgender Vorschrift: Das Farbwachs wird in heißem Benzol gelöst und mit Methanol in der Hitze fraktioniert gefällt. Die ersten Fraktionen enthalten unter Umständen eine farblose, wachsartige Verbindung, von der die Farbstofflösung mittelst Filtration durch einen Heißwassertrichter getrennt werden kann. Die nachfolgenden Fraktionen liefern das Physalien. Ganz rein erhält man die Verbindung durch Umkristallisieren des auf vorbeschriebene Weise gewonnenen Farbstoffes aus einem Gemisch von Benzol und Methanol.

Die Reinigung des rohen Physaliens kann auch einfacher durch Lösen in etwa 60 Teilen heißem Benzol und nachträglichen Zusatz von 160 Teilen heißem Äthanol erfolgen. Beim Erkalten scheidet sich das Farbwachs aus und kann durch Kristallisation aus Benzol-Methanol-Gemisch rein erhalten werden. 1 g des Rohproduktes liefert 0,5–0,7 Teile reines Physalien.

Auch aus der *Physalis*beere läßt sich Physalien isolieren[1]). Aus 2 kg Beeren erhält man 1 g Polyenwachs. Ferner beschreiben L. ZECHMEISTER und L. v. CHOLNOKY[2]) die Herstellung des Pigmentes aus frischen *Lycium*beeren, wobei aus 5 kg etwa 5 g Physalien gewonnen wurden.

Eigenschaften

Aus einem Gemisch von Benzol und Methanol kristallisiert Physalien in langen, an den Enden abgeschrägten, flachen Stäbchen oder in feinen, vielfach geschwungenen Nädelchen. Auch wetzsteinähnliche, breite Nadeln werden erhalten. Aus Cyclohexan und Äthanol erhält man den Farbstoff in mehrere Millimeter langen flachen, tiefroten Prismen. Makroskopisch erscheint Physalien als feurigrotes, glänzendes Pulver von der Konsistenz eines harten Wachses. Smp. 98,5–99,5° C. Die Löslichkeit ist sehr gut in Schwefelkohlenstoff, Benzol, Chloroform, Tetrachlorkohlenstoff; gut in Tetralin, Äther, Dekalin, Petroläther, Hexan und Pyridin. Cyclohexan, Eisessig und Essigsäureanhydrid lösen den Farbstoff nur in der Hitze gut, in der Kälte weniger. In Äthanol und Aceton ist er fast unlöslich.

Physalien erweist sich nach R. KUHN und H. BROCKMANN[3]) optisch inaktiv. Die Lage der Absorptionsbanden ist von derjenigen der Zeaxanthinbanden nicht zu unterscheiden. Über quantitative Extinktionsmessungen geben Untersuchungen von K. W. HAUSSER und A. SMAKULA[4]) Auskunft. An der Luft nimmt Physalien langsam Sauerstoff auf, wobei sich die Farbe aufhellt, der Schmelz-

---

[1]) R. KUHN und W. WIEGAND, Helv. chim. Acta *12*, 499 (1929).
[2]) L. ZECHMEISTER und L. v. CHOLNOKY, A. *481*, 42 (1930).
[3]) R. KUHN und H. BROCKMANN, Ber. *67*, 596 (1934).
[4]) K. W. HAUSSER und A. SMAKULA, Z. angew. Chem. *47*, 663 (1934); *48*, 152 (1935).

punkt sinkt und die Löslichkeit in Äthanol zunimmt[1]). In konzentrierter Schwefelsäure löst sich Physalien mit tiefblauer Farbe auf. Über weitere Farbreaktionen berichten R. KUHN und W. WIEGAND[2]).

Derivate des Physaliens

a) Perhydrophysalien $C_{72}H_{138}O_4$: Farbloses Öl, das sich in Äther gut, in Äthanol schwer löst.

b) Physalienjodid: Diese Verbindung entsteht beim Versetzen einer ätherischen Lösung des Farbstoffs mit in Äther gelöstem Jod. Beim Behandeln des Additionsproduktes mit Thiosulfat erhält man unverändertes Physalien zurück.

c) Physalienon: P. KARRER, U. SOLMSSEN und O. WALKER[3]) konnten bei Behandeln von Physalien mit Chromtrioxyd ein Tetraketon folgender Konstitution gewinnen (vgl. dazu P. KARRER und W. GUGELMANN[4])):

Physalienon

Das Tetraketon kristallisiert in Nadeln, welche zu Büscheln vereinigt sind. Smp. 144–145° C. Im optischen Verhalten stimmt es weitgehend mit β-Carotinon überein.

Absorptionsmaxima in:	von Physalienon			von β-Carotinon		
CS_2	536	500	463	538	499	466 mμ
Petroläther	497	464	436	502	468	440 mμ
Chloroform	525	488	452	527	489	454 mμ

Über die Einwirkung von Brom auf Physalien vgl. bei L. ZECHMEISTER und L. v. CHOLNOKY[5]), über diejenige von Jod bei R. KUHN und Mitarbeitern[6]). Über die Verdauung des Physaliens durch die Ratte und das Huhn geben Untersuchungen von R. KUHN und H. BROCKMANN Auskunft[7]).

---

[1]) R. KUHN und K. MEYER, H. *185*, 193 (1929). – L. ZECHMEISTER, Carotinoide, Verlag von Julius Springer, Berlin 1934.

[2]) R. KUHN und W. WIEGAND, Helv. chim. Acta *12*, 499 (1929).

[3]) P. KARRER, U. SOLMSSEN und O. WALKER, Helv. chim. Acta *17*, 417 (1934).

[4]) P. KARRER und W. GUGELMANN, Helv. chim. Acta *20*, 405 (1937).

[5]) L. ZECHMEISTER und L. v. CHOLNOKY, H. *189*, 159 (1930); A. *481*, 42 (1930).

[6]) R. KUHN und Mitarbeiter, Ber. *63*, 1489 (1930).

[7]) R. KUHN und H. BROCKMANN, H. *206*, 61 (1932).

Cis-trans-Isomere des Zeaxanthins

L. Zechmeister und Mitarbeiter haben Zeaxanthin durch verschiedene Einflüsse, wie Erhitzen in Lösung, Schmelzen von Kristallen, Jodkatalyse und Belichten mit Sonnenlicht, in Gemische von verschiedenen Farbstoffen, welche sie als cis-trans-Isomere ansehen, verwandelt[1]). In kristallinem Zustande konnten drei Verbindungen erhalten werden: Neo-Zeaxanthin A, Neo-Zeaxanthin B und Neo-Zeaxanthin C. Daneben entstand noch ein Farbstoff von anderem Charakter als die üblichen Isomeren[2]). Bei der Einwirkung von Jod auf diese Verbindung tritt nämlich (mit Ausnahme in alkoholischer Lösung) Verschiebung der Absorptionsmaxima um 2–4 mμ nach *kürzeren* Wellenlängen ein.

Die drei kristallinen Neo-Zeaxanthine besitzen folgende Eigenschaften:

Neo-Zeaxanthin A: Kleine Blättchen aus Methanol. Smp. etwa 106°C. (unscharf) (korr.).

Absorptionsmaxima in:

CS$_2$.	508	475,5 mμ
Benzol	489	457,5 mμ
Benzin	477	447 mμ
Äthanol	478,5	448,5 mμ

$[\alpha]_c$ etwa $+120°$ (in Chloroform).

Neo-Zeaxanthin B: Flache, schräg abgeschnittene Tafeln (aus verdünntem Methanol). Schmelzpunkt unscharf: 92°C (korr.). Absorptionsmaxima in CS$_2$, Benzol, Benzin und Äthanol: gleich wie bei Neo-Zeaxanthin A. Die optische Drehung zeigte schwankende Werte.

Neo-Zeaxanthin C: Kleine Kristalle aus einem Gemisch von CS$_2$ und Benzol. Smp. 154°C (korr.).

Absorptionsmaxima in:

CS$_2$.	502	470 mμ
Benzol	488,5	455 mμ
Benzin	473,5	444 mμ
Äthanol	473	443,5 mμ

Epoxyde des Zeaxanthins und ihre Umwandlungsprodukte

P. Karrer und E. Jucker[3]) erhielten bei der Oxydation von Zeaxanthin (als Acetat) mit Phtalmonopersäure verschiedene Epoxyde und furanoide Umwandlungsprodukte, welche sie zum Teil mit natürlichen Carotinoiden, deren Struktur bis dahin unbekannt war, identifizieren konnten. Da natürliche Oxyde

---

[1]) L. Zechmeister und Mitarbeiter, Biochem. J. *32*, 1305 (1938); Ber. *72*, 1340, 1678 (1939); Am. Soc. *66*, 317 (1944).

[2]) L. Zechmeister und R. M. Lemmon. Am. Soc. *66*, 317 (1944).

[3]) P. Karrer und E. Jucker, Helv. chim. Acta *28*, 300 (1945).

des Zeaxanthins im Anschluß an dieses Kapitel ausführlich behandelt werden, soll hier nur eine kurze Übersicht dieser Stoffe gegeben werden.

a) *Zeaxanthin-mono-epoxyd, Antheraxanthin*[1]):

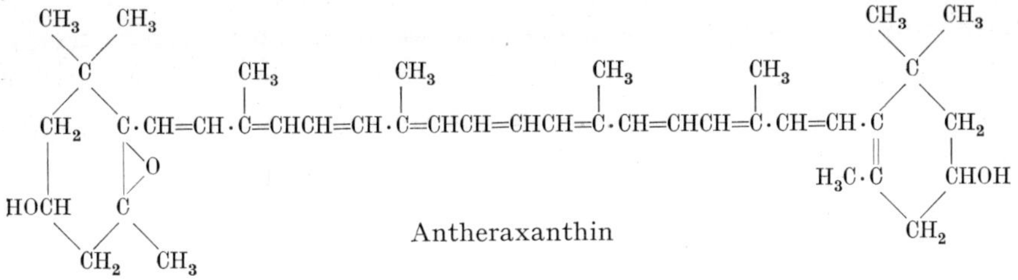

Antheraxanthin

Die genaue Beschreibung dieses Farbstoffes befindet sich auf S. 195.

b) *Mutatoxanthin:*

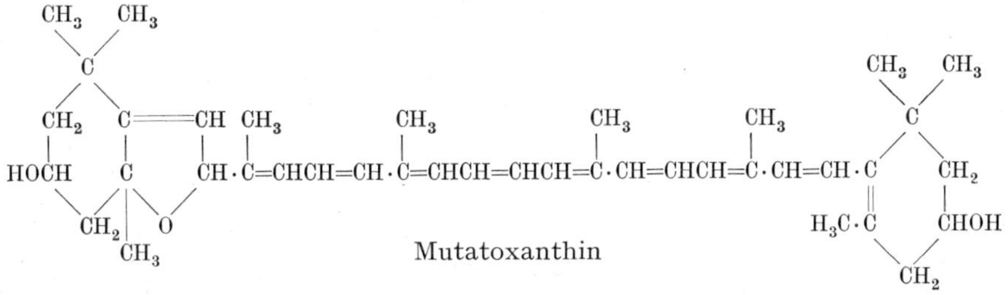

Mutatoxanthin

Mutatoxanthin wurde erstmals von P. KARRER und J. RUTSCHMANN[2]) bei der Einwirkung von verdünnter Salzsäure auf natürliches Violaxanthins (vgl. S. 199) erhalten. Es besitzt die Formel $C_{40}H_{56}O_3$[2]), enthält 10 Doppelbindungen[2]) und 2 Hydroxylgruppen[2]). Über die Natur des dritten Sauerstoffatoms brachte erst die Partialsynthese des Pigmentes[3]) Aufschluß, in deren Verlauf Mutatoxanthin durch Einwirkung von längere Zeit gestandenem (saurem) Chloroform auf Zeaxanthin-mono-epoxyd (Antheraxanthin) erhalten wurde. Nach den Ausführungen auf Seite 68 kommt für dieses Umwandlungsprodukt nur die oben gegebene Formel in Frage, die mit allen Eigenschaften des Farbstoffes harmoniert. Durch diese Formulierung wird auch die Entstehungsweise des Mutatoxanthins aus Violaxanthin dem Verständnis näher gebracht. Unter der Einwirkung von verdünnter Salzsäure auf die letztere Verbindung wird die eine Epoxydgruppe in das beständigere, furanoide System umgelagert und der Sauerstoff der anderen abgespalten. (Bezüglich der Formel von Violaxanthin siehe weiter unten.)

---

[1]) Antheraxanthin wurde erstmals von P. KARRER und A. OSWALD aus Staubbeuteln von *Lilium tigrinum* isoliert; Helv. chim. Acta *18*, 1303 (1935).
[2]) P. KARRER und J. RUTSCHMANN, Helv. chim. Acta *27*, 1684 (1944).
[3]) P. KARRER und E. JUCKER, Helv. *28*, 300 (1945).

Eigenschaften des Mutatoxanthins:

Die Verbindung kristallisiert sehr schön aus Methanol oder aus einem Gemisch von Benzol und Methanol. Smp. 177⁰ C (unkorr. im evakuierten Röhrchen). Bei der Verteilung zwischen Methanol und Petroläther geht der Farbstoff in die untere Schicht. Die Blaufärbung, welche man beim Versetzen einer ätherischen Lösung des Mutatoxanthins mit konzentrierter, wäßriger Salzsäure erhält, ist schwächer als diejenige des Auroxanthins (vgl. S. 201) und nicht sehr lange beständig.

Absorptionsmaxima in:

CS_2	488	459 mμ
Äthanol	457	427 mμ
Benzol	468	439 mμ
Petroläther	456	426 mμ
Chloroform	468	437 mμ
Pyridin	473	443 mμ

c) *Violaxanthin, Zeaxanthin-di-epoxyd:*

Violaxanthin

Violaxanthin entsteht neben Antheraxanthin in etwas schlechterer Ausbeute. Es ist ein häufig vorkommender Naturfarbstoff und wurde in letzter Zeit wiederholt untersucht. Seine genaue Beschreibung erfolgt auf Seite 196.

d) *Auroxanthin:*

Auroxanthin

Das furanoide Dioxyd des Zeaxanthins, Auroxanthin, ist ein in Blüten vorkommendes Carotinoid. Man gewinnt es durch Säureumlagerung des Violaxanthins[1]), wodurch auch seine Konstitution festgelegt ist. Genaue Beschreibung des Auroxanthins erfolgt auf Seite 199.

5. *Antheraxanthin* $C_{40}H_{56}O_3$

Bei der Untersuchung der Carotinoide aus den Staubbeuteln von *Lilium tigrinum* fanden P. KARRER und A. OSWALD[2]) ein bis dahin unbekanntes Phytoxanthin, dem sie den Namen Antheraxanthin gaben. Dieses liegt im Chromatogramm unterhalb des Capsanthins, von dem es in den untersuchten Staubbeuteln begleitet wird, verhält sich bei der Entmischungsprobe rein hypophasisch und besitzt ein Absorptionsspektrum, das sich nur wenig von demjenigen des Zeaxanthins unterscheidet. Die genannten Forscher ermittelten die Bruttoformel des Pigmentes, konnten aber keine Aussagen über die Natur des dritten Sauerstoffatoms machen.

Die Konstitutionsaufklärung des Antheraxanthins gelang später[3]), als man das Pigment mit dem bei der Oxydation von Zeaxanthin mit Phthalmonopersäure erhaltenen Zeaxanthin-mono-epoxyd identifizieren konnte. Die beiden Verbindungen ließen sich im Zinkcarbonatchromatogramm nicht trennen und ergaben in Mischung keine Schmelzpunktsdepression. Durch diese Partialsynthese wurde die Formel des Antheraxanthins festgelegt (vgl. S. 193). In Übereinstimmung mit dieser Formel steht der Befund, daß der Farbstoff bei der katalytischen Hydrierung 11 Mol H_2 aufnimmt[3]).

Antheraxanthin

Aus Methanol oder aus einem Gemisch von Benzol und Methanol kristallisiert Antheraxanthin in Nadeln oder dünnen Blättchen, welche bei 205°C schmelzen[4]). Durch Einwirkung von HCl-haltigem Chloroform entsteht aus Antheraxanthin Mutatoxanthin und etwas Zeaxanthin. Schüttelt man eine

---

[1]) P. KARRER und J. RUTSCHMANN, Helv. chim. Acta *27*, 1684 (1944). – P. KARRER und E. JUCKER, Helv. chim. Acta *28*, 300 (1945).

[2]) P. KARRER und A. OSWALD, Helv. chim. Acta *18*, 1303 (1935).

[3]) P. KARRER und E. JUCKER, Helv. chim. Acta *28*, 300 (1945).

[4]) P. KARRER und A. OSWALD gaben früher für Antheraxanthin den Smp. 207°C an; er variiert etwas mit der Schnelligkeit des Erhitzens und wurde von P. KARRER und E. JUCKER bei 205°C (unkorr.) gefunden.

ätherische Lösung des Farbstoffes mit konzentrierter, wäßriger Salzsäure, so tritt nach einiger Zeit Blaufärbung auf.

Absorptionsmaxima in:

CS_2	510	478 mμ
Chloroform	490,5	460,5 mμ

6. *Violaxanthin* $C_{40}H_{56}O_4$

Geschichtliches

1931 R. KUHN und A. WINTERSTEIN[1]) isolieren aus gelben Blüten des Stief-mütterchens (*Viola tricolor*) einen Farbstoff der Zusammensetzung $C_{40}H_{56}O_4$, den sie Violaxanthin nennen.

1931–44 P. KARRER und Mitarbeiter[2]) führen eingehende Untersuchungen über die Konstitution des Violaxanthins durch.

1945 P. KARRER und E. JUCKER stellen Violaxanthin partialsynthetisch durch Oxydation des Zeaxanthins her, wodurch die Konstitution des Farbstoffes aufgeklärt wird[3]).

Vorkommen

Untersuchungen der letzten Jahre haben ergeben, daß Violaxanthin in der Natur ziemlich weit verbreitet ist. Die Entstehung des Violaxanthins aus Zea-xanthin[3]) ließe erwarten, daß in Pflanzen, in denen dieses Di-epoxyd vorkommt, auch der letztere Farbstoff anzutreffen ist. Da die Untersuchungen über den genetischen Zusammenhang der beiden Verbindungen aus der neuesten Zeit stammen, ist dieser Frage bis jetzt zu wenig Beachtung geschenkt worden.

Tabelle 42
Vorkommen von Violaxanthin

a) In Blüten:	Literaturangaben
Viola tricolor	R. KUHN und A. WINTERSTEIN, Ber. *64*, 326 (1931). – P. KARRER und J. RUTSCHMANN, Helv. chim. Acta *25*, 1624 (1942); Helv. chim. Acta, *27*, 1684 (1944).
Tulipa (gelbe Variante)	C. A. SCHUNCK, Proc. Roy. Soc. *72*, 165 (1903).
Ranunculus acer	R. KUHN und H. BROCKMANN, H. *213*, 192 (1932).
Sinapis officinalis . . .	P. KARRER und A. NOTTHAFFT, Helv. chim. Acta *15*, 1195 (1932).
Laburnum anagyroides .	do.
Tragopogon pratensis . .	do.
Ulex europaeus	C. A. SCHUNCK, Proc. Roy. Soc. *72*, 165 (1903).

---

[1]) R. KUHN und A. WINTERSTEIN, Ber. *64*, 326 (1931).

[2]) P. KARRER und Mitarbeiter, Helv. chim. Acta *14*, 1044 (1931); *16*, 977 (1933); *19*, 1024 (1936); *27*, 1684 (1944).

[3]) P. KARRER und E. JUCKER, Helv. chim. Acta *28*, 300 (1945).

Ausgangsmaterial	Literaturangaben

Calendula officinalis . . L. ZECHMEISTER und L. v. CHOLNOKY, H. *208*, 27 (1932).

Tagetes grandiflora . . R. KUHN, A. WINTERSTEIN und E. LEDERER, H. *197*, 141 (1933).

Taraxacum officinale . . R. KUHN und E. LEDERER, H. *200*, 108 (1931).

Tussilago Farfara . . . P. KARRER und R. MORF, Helv. chim. Acta *15*, 863 (1932).

Cytisus laburnum. . . . P. KARRER und A. NOTTHAFFT, Helv. chim. Acta *15*, 1195 (1932).

Brennesselmehl . . . . R. KUHN, A. WINTERSTEIN und E. LEDERER, H. *197*, 141 (1931). – P. KARRER und Mitarbeiter, Helv. chim. Acta *28*, 1146 (1945).

b) In Früchten:

Citrus aurantium . . . L. ZECHMEISTER und P. TUZSON, Naturw. *19*, 307 (1931). – P. G. F. VERMAST, Naturw. *19*, 442 (1931).

Carica Papaya. . . . . R. YAMAMOTO und S. TIN, C. *1933*, I, 3090.

Citrus poonensis hort. . . R. YAMAMOTO und S. TIN, C. *1934*, I, 1660.

Cucurbita maxima . . . L. ZECHMEISTER und P. TUZSON, Ber. *67*, 824 (1934).

Arbutus Unedo L. . . . K. SCHÖN, Biochem. J. *29*, 1779 (1935).

Diospyros costata . . . . do.

Iris Pseudacorus . . . . P. J. DRUMM, F. O'CONNOR, Biochem. J. *39*, 211 (1945).

Leber des Menschen (?) . H. WILLSTAEDT und T. LINDQVIST, H. *240*, 10 (1936).

Darstellung[1]

Gelbe Blüten von *Viola tricolor*, welche möglichst wenig dunkel pigmentierte Stellen enthalten, werden getrocknet und bei Raumtemperatur mit Petroläther extrahiert. Die vereinigten Auszüge dampft man im Vakuum auf ein kleines Volumen ein und verseift die Farbstoffester mit einer Lösung von Natriumalkoholat in Äthanol. Sodann führt man die freien Phytoxanthine in Methanol über, überschichtet diese Lösung mit Petroläther und fällt Violaxanthin durch sehr vorsichtigen Wasserzusatz aus. Nach dem Abnutschen wird der rohe Farbstoff aus einem Gemisch von Methanol und Äther umkristallisiert. Die Ausbeute beträgt 0,05–0,07% des trockenen Blütenpulvers.

Chemische Konstitution[2]

Violaxanthin

[1] R. KUHN und A. WINTERSTEIN, Ber. *64*, 326 (1931).
[2] P. KARRER und E. JUCKER, Helv. chim. Acta *28*, 300 (1945).

Zahlreiche Versuche zur Konstitutionsaufklärung des Violaxanthins sind seit 1931 unternommen worden. Zum Teil weichen die Ergebnisse verschiedener Forscher infolge verschiedener Methodik voneinander ab, so daß erst durch die Partialsynthese des Farbstoffes[1]) voller Einblick in die Konstitution gewonnen werden konnte.

R. KUHN und A. WINTERSTEIN ermittelten die richtige Bruttozusammensetzung ($C_{40}H_{56}O_4$) des Violaxanthins[2]). P. KARRER und R. MORF[3]) unterwarfen das Pigment dem Permanganatabbau und konnten αα-Dimethylbernsteinsäure fassen. αα-Dimethylglutarsäure wurde nicht gebildet, so daß die Zugehörigkeit des Violaxanthins zur Xanthophyll- und Zeaxanthinreihe gesichert war (vgl. S. 206). P. KARRER und Mitarbeiter[4]) stellten fest, daß Violaxanthin bei der katalytischen Hydrierung 10 Mol Wasserstoff aufnimmt. Nach der Lage der Absorptionsmaxima müssen alle 10 Doppelbindungen konjugiert sein[5]).

Von den 4 Sauerstoffatomen liegen nach P. KARRER und J. RUTSCHMANN[6]) nur 2 als Hydroxyle in der Violaxanthinmolekel vor; die Natur der beiden anderen O-Atome konnte nicht ermittelt werden[7]). Schließlich gelang es P. KARRER und E. JUCKER Violaxanthin mit dem von ihnen hergestellten Zeaxanthin-diepoxyd[1]) zu identifizieren, womit die Konstitution des ersteren ihre Aufklärung fand (vgl. S. 194). Die so ermittelte Formel des Farbstoffes steht mit allen seinen Eigenschaften im Einklang.

Eigenschaften

Aus Methanol kristallisiert Violaxanthin in gelborangen Prismen, aus Schwefelkohlenstoff erhält man die Verbindung in rötlichbraunen Spießen. Smp. 200° C. Die Löslichkeit ist gut in Äthanol, Methanol, Schwefelkohlenstoff und Äther. In Petroläther ist der Farbstoff fast unlöslich.

Absorptionsmaxima in:

CS$_2$.	501	470	440	mμ
Chloroform	482	451,5	424	mμ
Benzin	472	443	417,5	mμ
Äthanol	471,5	442,5	417,5	mμ
Methanol	469	440	415	mμ

[1]) P. KARRER und E. JUCKER, Helv. chim. Acta *28*, 300 (1945).

[2]) R. KUHN und A. WINTERSTEIN, Ber. *64*, 326 (1931).

[3]) P. KARRER und R. MORF, Helv. chim. Acta *14*, 1045 (1931).

[4]) P. KARRER und Mitarbeiter, Helv. chim. Acta *19*, 1024 (1936); Helv. chim. Acta *27*, 1684 (1944).

[5]) Über die scheinbaren Widersprüche bezüglich der Anzahl der Doppelbindungen vgl. man Helv. chim. Acta *28*, 300 (1945).

[6]) P. KARRER und J. RUTSCHMANN, Helv. chim. Acta *27*, 1684 (1944).

[7]) Bezüglich der voneinander abweichenden Literaturangaben über die Anzahl der OH-Gruppen vgl. man Helv. chim. Acta *28*, 300 (1945).

Über quantitative Extinktionsmessungen vgl. K. W. HAUSSER und A. SMA-KULA[1]). Sehr typisch für Violaxanthin ist die tiefblaue, sehr beständige Blaufärbung, welche man beim Schütteln seiner ätherischen Lösung mit 20%iger Salzsäure erhält[2]). Von anderen Phytoxanthinen trennt man den Farbstoff durch chromatographische Adsorption aus Benzol an Zinkcarbonat oder an Calciumcarbonat. In Chloroform beträgt die optische Drehung $[\alpha]_{Cd}^{20} = +35^0$.

Umwandlungen

Unter dem Einfluß verdünnter Säure läßt sich Violaxanthin in Mutatoxanthin, Auroxanthin und Zeaxanthin umlagern[3]). Diese Reaktionen werden auf Seite 67 besprochen.

Derivate

Perhydroviolaxanthin: Man erhält diese Verbindung bei der katalytischen Reduktion von Violaxanthin in Äthanol. Sie ist ein farbloses, schwach linksdrehendes Öl[4]). In Unkenntnis der Epoxydnatur des Violaxantins sind diese Hydrierungen zum Teil in Eisessig durchgeführt worden, wodurch der Farbstoff teilweise umgelagert wird (vgl. S. 67).

Violaxanthin-di-p-nitrobenzoat $C_{54}H_{62}O_{10}N_2$[5]) :

Man erhält diesen Ester bei der Einwirkung von p-Nitrobenzoylchlorid auf in Pyridin gelöstes Violaxanthin. Smp. 208^0 C (Zersetzung, unkorr. im evakuierten Röhrchen).

Violaxanthin-di-benzoat $C_{54}H_{64}O_6$[5]) :

Darstellung analog der vorbeschriebenen Verbindung. Smp. 217^0 C (unkorr. im evakuierten Röhrchen). Beide Ester enthalten in Übereinstimmung mit der Violaxanthinformel keinen aktiven Wasserstoff.

7. *Auroxanthin* $C_{40}H_{56}O_4$

Geschichtliches und Vorkommen

P. KARRER und J. RUTSCHMANN[6]) beobachteten bei der chromatographischen Trennung der Carotinoide aus *Viola tricolor* einen neuen Farbstoff, den

---

[1]) K. W. HAUSSER und A. SMAKULA, Z. angew. Chem. *47*, 663 (1934); *48*, 152 (1935); K. W. HAUSSER, Z. techn. Phys. *15*, 13 (1934).

[2]) Über weitere Farbreaktionen vgl. man bei R. KUHN und A. WINTERSTEIN, Ber. *64*, 326 (1931).

[3]) P. KARRER und J. RUTSCHMANN, Helv. chim. Acta *27*, 1684 (1944). – P. KARRER und E. JUCKER, Helv. chim. Acta *28*, 300 (1945).

[4]) P. KARRER und U. SOLMSSEN, Helv. chim. Acta *19*, 1024 (1936). – R. KUHN und A. WINTERSTEIN, Ber. *64*, 332 (1931).

[5]) P. KARRER und J. RUTSCHMANN, Helv. chim. Acta *27*, 1684 (1944).

[6]) P. KARRER und J. RUTSCHMANN, Helv. chim. Acta *25*, 1624 (1942).

sie isolieren konnten und wegen der prachtvoll goldgelben Farbe seiner Kristalle Auroxanthin nannten. Dieses Phytoxanthin wurde bis jetzt nur in Blüten von *Viola tricolor* gefunden, es ist aber wahrscheinlich, daß sich weitere Vorkommen von Auroxanthin – namentlich als Begleiter des isomeren Violaxanthins[1]) – feststellen lassen werden.

Darstellung[2])

Getrocknete Blüten von *Viola tricolor* werden mit Petroläther extrahiert, die vereinigten Auszüge im Vakuum stark eingeengt und die Phytoxanthinester mit methanolischer Kalilauge verseift. Nach beendeter Verseifung führt man die freien Phytoxanthine in Methanol über, überschichtet diese Lösung mit Petroläther und fällt daraus durch vorsichtigen Wasserzusatz die Farbstoffe aus. Das so erhaltene rohe Carotinoidgemisch wird einmal aus Methanol umkristallisiert, wobei Auroxanthin namentlich in den Mutterlaugen verbleibt. Man führt die Farbstoffe der Mutterlaugen in Benzol über und chromatographiert sie an Zinkcarbonat. Aus dem obersten Teil der Adsorptionsröhre eluiert man Auroxanthin mittelst eines Gemisches von Äther und Methanol. Nach zweimaligem Umkristallisieren aus Methanol war der Farbstoff analysenrein.

Chemische Konstitution[3])

$$
\begin{array}{c}
\text{CH}_3 \quad \text{CH}_3 \\
\diagdown\diagup \\
\text{C} \\
\diagup\diagdown \\
\text{CH}_2 \quad \text{C}\!=\!=\!\text{CH} \;\; \text{CH}_3 \qquad\qquad \text{CH}_3 \qquad\qquad \text{CH}_3 \qquad\quad \text{H}_3\text{C} \;\; \text{CH}\!=\!\!=\!\text{C} \quad \text{CH}_2 \\
| \qquad\qquad\qquad | \qquad\qquad\qquad\qquad\qquad\qquad\qquad\qquad\qquad | \qquad\qquad | \\
\text{HOCH} \quad \text{C} \qquad \text{CH·C}\!=\!\text{CHCH}\!=\!\text{CH·C}\!=\!\text{CHCH}\!=\!\text{CHCH}\!=\!\text{C·CH}\!=\!\text{CHCH}\!=\!\text{C·CH} \quad \text{C} \qquad \text{CHOH} \\
\diagdown\diagup \diagdown \qquad\qquad\qquad\qquad\qquad \text{Auroxanthin} \qquad\qquad\qquad\qquad\qquad\qquad \diagup \diagdown \\
\text{CH}_2 \quad \text{O} \qquad\qquad\qquad\qquad\qquad\qquad\qquad\qquad\qquad\qquad\qquad \text{O} \quad \text{CH}_2 \\
\text{CH}_3 \qquad\qquad\qquad\qquad\qquad\qquad\qquad\qquad\qquad\qquad\qquad\qquad\qquad\qquad \text{CH}_3
\end{array}
$$

Die Bruttoformel des Auroxanthins wurde von P. KARRER und J. RUTSCHMANN[4]) ermittelt und die Anzahl der Doppelbindungen mittelst katalytischer Hydrierung bestimmt. Die Lage der Absorptionsbanden (in CS_2 454 423 mμ) machte das Vorhandensein von 7 konjugierten und 2 isolierten Doppelbindungen wahrscheinlich. Die Zerewitinoffbestimmung ergab Werte, die auf 2–3 aktive Wasserstoffatome schließen ließen. Da aber die Bestimmung des aktiven Wasserstoffs beim Xanthophyll Werte ergab, welche auf 2,5 aktive H-Atome stimmten, war anzunehmen, daß Auroxanthin nur 2 Hydroxylgruppen besitzt. Die Funktion der beiden anderen Sauerstoffatome konnte vorerst nicht aufgeklärt werden. Nachdem Auroxanthin (neben Mutatoxanthin und etwas

---

[1]) Über den Zusammenhang zwischen Auroxanthin und Violaxanthin vgl. weiter unten.
[2]) P. KARRER und J. RUTSCHMANN, Helv. chim. Acta *25*, 1624 (1942).
[3]) P. KARRER und E. JUCKER, Helv. chim. Acta *28*, 300 (1945).
[4]) P. KARRER und J. RUTSCHMANN, Helv. chim. Acta *25*, 1624 (1942); *27*, 320 (1944).

Zeaxanthin) bei der Säureeinwirkung auf Violaxanthin[1]) erhalten worden war, lag die Vermutung nahe, daß ein Zusammenhang zwischen diesen Farbstoffen bestehen muß.

Über die Art dieses Zusammenhanges brachten Untersuchungen von P. KARRER und E. JUCKER Aufschluß, in deren Verlauf es gelang, Violaxanthin als Zeaxanthin-di-epoxyd (vgl. S. 198) und Auroxanthin als das entsprechende furanoide Dioxyd zu identifizieren[2]). Die vorgeschlagene Formel des Auroxanthins steht mit allen Eigenschaften der Verbindung in zwangloser Übereinstimmung. Auch in der Konfiguration scheinen sich das natürliche und das partialsynthetische Auroxanthin nicht zu unterscheiden[3]).

Eigenschaften

Auroxanthin kristallisiert aus Methanol in goldgelben Nadeln, welche bei 203° C (unkorr. im evakuierten Röhrchen) schmelzen. Die Löslichkeitsverhältnisse des Farbstoffes sind denjenigen des Violaxanthins sehr ähnlich. In Benzol läßt der Farbstoff keine optische Drehung erkennen.

Charakteristisch für Auroxanthin ist die Blaufärbung, welche beim Schütteln einer ätherischen Lösung mit 15%iger Salzsäure eintritt. Diese Blaufärbung ist sehr beständig. In CS_2 besitzt Auroxanthin Absorptionsmaxima bei: 454 und 423 mμ.

8. *Xanthophyll* $C_{40}H_{56}O_2$[4])

Geschichtliches

1837 J. J. BERZELIUS[5]) prägt die Bezeichnung «Xanthophyll» für das im Herbst auftretende gelbe Pigment der Laubblätter.

1907 R. WILLSTÄTTER und W. MIEG[6]) isolieren Xanthophyll aus grünen Blättern in kristallinem Zustand und bestimmen seine Bruttoformel und sein Molekulargewicht.

---

[1]) P. KARRER und J. RUTSCHMANN, Helv. chim. Acta *27*, 1684 (1944).

[2]) P. KARRER und E. JUCKER, Helv. chim. Acta *28*, 300 (1945).

[3]) P. KARRER, E. JUCKER und J. RUTSCHMANN, Helv. chim. Acta *28*, 1156 (1945).

[4]) In der Literatur herrscht keine Einheitlichkeit bezüglich der Benennung dieser Verbindung, indem verschiedene Forscher die von KUHN vorgeschlagene Bezeichnung «Lutein» gebrauchen. Von dieser Seite wird «Xanthophyll» nur noch als Sammelbegriff für die hydroxylhaltigen Carotinoide verwendet, für welche P. KARRER die Bezeichnung «Phytoxanthine» vorschlug. In dieser Monographie wird für den gelben Blattfarbstoff $C_{40}H_{56}O_2$ der Name Xanthophyll beibehalten.

[5]) J. J. BERZELIUS, A. *21*, 261 (1837).

[6]) R. WILLSTÄTTER und W. MIEG, A. *355*, 1 (1907).

1912 R. WILLSTÄTTER und H. H. ESCHER[1]) isolieren aus Eidotter das Lutein, welches später als ein Gemisch von Xanthophyll und Zeaxanthin erkannt wurde.

1930–33 P. KARRER und Mitarbeiter[2]) führen die Konstitutionsaufklärung des Xanthophylls durch.

Vorkommen

Xanthophyll ist in der Natur sehr verbreitet. In allen grünen Pflanzenteilen trifft man es in Begleitung von Carotin und Chlorophyll. Ferner kommt es sehr häufig in roten und gelben Blüten vor, bisweilen in verestertem Zustand (z. B. als Dipalmitinsäureester = Helenien[3])).

Nach einer Mitteilung von H. JUNGE[4]) soll Xanthophyll – gebunden an Eiweiß – in verschiedenen grünen Insekten vorkommen. Diese Angaben bedürfen jedoch weiterer Bestätigung.

Tabelle 43
Vorkommen von Xanthophyll

a) Blüten:	Literaturangaben
Caltha palustris	P. KARRER und A. NOTTHAFFT, Helv. chim. Acta 15, 1195 (1932).
Ranunculus acer	C. A. SCHUNCK, Proc. Roy. Soc. London 72, 165 (1903). – R. KUHN und H. BROCKMANN, H. 213, 192 (1932). – P. KARRER und Mitarbeiter, Helv. chim. Acta 28, 1146 (1945).
Ranunculus arvensis . .	P. KARRER und A. NOTTHAFFT, Helv. chim. Acta 15, 1195 (1932).
Ranunculus Steveni . . .	H. H. ESCHER, Helv. chim. Acta 11, 752 (1928).
Trollius europaeus . . .	P. KARRER und A. NOTTHAFFT, Helv. chim. Acta 15, 1195 (1932). – P. KARRER und E. JUCKER, Helv. 29, 1539 (1946).
Acacia decurrens var. mollis	R. KUHN, A. WINTERSTEIN und E. LEDERER, H. 197, 141 (1931).
Acacia discolor	J. M. PETRIE, Biochem. J. 18, 957 (1924).
Acacia linifolia	do.
Acacia longifolia	do.
Calendula officinalis . .	L. ZECHMEISTER und L. v. CHOLNOKY, H. 208, 27 (1932).

---

[1]) R. WILLSTÄTTER und H. H. ESCHER, H. 76, 214 (1912).

[2]) P. KARRER und Mitarbeiter, Helv. chim. Acta 13, 268, 1094 (1930); 14, 614, 843 (1931); 16, 977 (1933).

[3]) R. WILLSTÄTTER und A. STOLL, «Untersuchungen über Chlorophyll», Julius Springer, Berlin 1913; P. KARRER und Mitarb., Helv. chim. Acta 14, 614 (1931); R. KUHN und A. BROCKMANN, H. 206, 41 (1932); R. KUHN und A. WINTERSTEIN, Naturw. 18, 754 (1930).

[4]) H. JUNGE, H. 268, 179 (1941).

Ausgangsmaterial	Literaturangabe
Helenium autumnale . .	R. Kuhn, A. Winterstein und E. Lederer, H. *197*, 141 (1931).
Helianthus annuus . . .	R. Kuhn, A. Winterstein und E. Lederer, H. *197*, 141 (1931). – L. Zechmeister und P. Tuzson, B. *63*, 3203 (1930); *67*, 170 (1934).
Leontodon autumnalis .	R. Kuhn und E. Lederer, H. *213*, 188 (1932).
Rudbeckia Neumannii .	R. Kuhn, A. Winterstein und E. Lederer, H. *197*, 141 (1931).
Tagetes erecta, T. . . .	do.
Tagetes grandiflora . . .	do.
Tagetes nana	do.
Tagetes patula	do.
Taraxacum officinale . .	P. Karrer und H. Salomon, Helv. chim. Acta *13*, 1063 (1930). – P. Karrer und J. Rutschmann, Helv. chim. Acta *25*, 1144 (1942). – R. Kuhn und E. Lederer, H. *200*, 108 (1931).
Tragopogon pratensis . .	P. Karrer und A. Notthafft, Helv. chim. Acta *15*, 1195 (1932). – P. Karrer und Mitarbeiter, Helv. chim. Acta *28*, 1146 (1945).
Kerria japonica	T. Ito, H. Suginome, K. Ueno und Sh. Watanabe, Bul. chem. Soc. Japan, *11*, 770 (1936).
Cucurbita Pepo	L. Zechmeister, T. Béres und E. Ujhelyi, B. *68*, 1321 (1935); *69*, 573 (1936).
Genista tridentata . . .	K. Schön und B. Mesquita, Biochem. J. *30*, 1966 (1936).
Sarothamnus scoparius .	P. Karrer und E. Jucker, Helv. chim. Acta *27*, 1586 (1944).
Gazania rigens	K. Schön, Biochem. J. *32*, 1566 (1938). – L. Zechmeister und W. A. Schröder, Am. Soc. *65*, 1535 (1943).
Winterastern	P. Karrer und E. Jucker, Helv. chim. Acta *26*, 626 (1943).
Viola tricolor	R. Kuhn und A. Winterstein, B. *64*, 326 (1931). – P. Karrer und Mitarbeiter, Helv. chim. Acta *25*, 1624 (1942); *27*, 1684 (1944).

b) Früchte:

Convallaria majalis . .	A. Winterstein und U. Ehrenberg, H. *207*, 25 (1932).
Musa paradisiaca . . .	H. v. Loesecke, Am. Soc. *51*, 2439 (1929).
Mangifera indica	R. Yamamoto, Y. Osima und T. Goma, C. *1933*, I, 441.
Capsicum annuum . . .	L. Zechmeister und L. v. Cholnoky, A. *509*, 269 (1934).
Cucurbita maxima . . .	H. Suginome und K. Ueno, C. *1931*, II, 2892. – L. Zechmeister und P. Tuzson, B. *67*, 824 (1934).
Luffa-Arten	T. N. Godnew und S. K. Korschenewsky, C. *1931*, I, 1299.
Momordica Balsamina .	G. und F. Tobler, Ber. bot. Ges. *28*, 365, 496 (1910). – B. M. Duggar, Washington Univ. Stud. *1*, 22 (1913).

Ausgangsmaterial	Literaturangaben
Rosa rubiginosa	R. KUHN und CH. GRUNDMANN, B. *67*, 339 (1934).
Citrus madurensis . . .	L. ZECHMEISTER und P. TUZSON, H. *221*, 278 (1933); *240*, 191 (1936).
Citrus aurantium	L. ZECHMEISTER und P. TUZSON, B. *69*, 1878 (1936).
Arbutus	K. SCHÖN, Biochem. J. *29*, 1779 (1935).
Ananas sativus	O. C. MAGISTAD, Plant. Physiol. *10*, 187 (1935).
Weizenembryo	B. SULLIVAN und C. H. BAILEY, Am. Soc. *58*, 383 (1936).
Preiselbeere	H. WILLSTAEDT, Svensk Kemisk. Tidskr. *48*, 212 (1936).
Prunus persica	G. MACKINNEY, Plant. Physiol. *12*, 216 (1937).

c) Sonstiges pflanzliches und tierisches Material:

Moorerde	O. BAUDISCH und H. V. EULER, Arch. Chem. Mineral. Geol. Ser. A, *11*, Nr. 21, C. 1935, II. 1390.
Torf	R. C. JOHNSON und R. TIESSEN, C. *1934*, I, 2686.
Mycobacterium phlei . .	M. A. INGRAHAM und H. STEENBOCK, Biochem. J. *29*, 2553 (1935).
Cladophora Sauteri . . .	J. M. HEILBRON, E. G. PARRY und R. F. PHIPERS, Biochem. J. *29*, 1376 (1935).
Nitella opaca, ...	do.
Oedogonium	do.
Rhodymenia palmata . .	do.
Haematococcus pluvialis .	J. TISCHER, H. *250*, 147 (1937).
Leber des Menschen . .	L. ZECHMEISTER und P. TUZSON, H. *234*, 241 (1935). – H. WILLSTAEDT und T. LINDQVIST, H. *240*, 10 (1936).
Serum (Rind)	A. E. GILLAM und M. S. EL RIDI, Biochem. J. *29*, 2465 (1935).
Menschenfett	L. ZECHMEISTER und P. TUZSON, H. *225*, 189 (1934); *231*, 259 (1935).
Hühnerfett	L. ZECHMEISTER und P. TUZSON, H. *225*, 189 (1934).
Eidotter (Huhn)	A. E. GILLAM und J. M. HEILBRON, Biochem. J. *29*, 1064 (1935).
Federn (*Serinus canaria*)	H. BROCKMANN und O. VOELKER, H. *224*, 193 (1934).
Federn (Specht)	do.
Rana esculenta	L. ZECHMEISTER und P. TUZSON, H. *238*, 197 (1936).
Bombix mori	F. G. DIETEL, Kl. Wschr. *12*, 601 (1933). – CH. RAND, Biochem. Z. *281*, 200 (1935).

Diese Zusammenstellung über das Vorkommen des Xanthophylls ist unvollständig; sie zeigt indessen, wie außerordentlich weit verbreitet dieses Phytoxanthin ist.

Darstellung[1])

6 kg trockenes Brennesselmehl werden mit 80 %igem Methanol übergossen und in vollkommen gefüllten Flaschen längere Zeit vorextrahiert. Hierauf setzt man

---

[1]) R. KUHN, A. WINTERSTEIN und E. LEDERER, H. *197*, 153 (1931). – P. KARRER und Mitarbeiter, Helv. chim. Acta *14*, 625 (1931).

die Extraktion mit peroxydfreiem Äther fort, schüttelt die vereinigten Extrakte mit Wasser aus, verseift sie mit methanolischer Kalilauge und wäscht alkalifrei. Nach Abdestillieren des Lösungsmittels im Kohlensäurestrom auf etwa 300 cm³ und Abkühlen kristallisiert ein Teil des Xanthophylls aus. Die Mutterlaugen geben nach weiterem Einengen und Versetzen mit Petroläther noch weitere Mengen Farbstoff. Die letzten Mutterlaugen nimmt man schließlich mit Methanol auf und versetzt sie sorgfältig unter Petroläther mit Wasser, wobei der Rest des Farbstoffs ausfällt. Die Gesamtausbeute beträgt bis 6 g. Die auf diese Art gewonnenen Präparate weichen voneinander in bezug auf Drehung und Schmelzpunkt stark ab. Weitgehende Reinigung des Farbstoffes kann durch wiederholtes Umkristallisieren aus Methanol oder durch Chromatographieren an Zinkcarbonat aus benzolischer Lösung erreicht werden. Über weitere Darstellungsmöglichkeiten vergleiche man bei R. KUHN, A. WINTERSTEIN und E. LEDERER[1]) bei E. S. MILLER[2]) und bei L. ZECHMEISTER und P. TUZSON[3]).

Chemische Konstitution

$$
\begin{array}{l}
CH_3 \quad CH_3 \\
\diagdown C \diagup \\
CH_2 \quad C\cdot CH=CH\cdot C=CHCH=CH\cdot C=CHCH=CHCH=C\cdot CH=CHCH=C\cdot CH=CH\cdot CH \\
HOCH_3 \quad \overset{\parallel}{C}\cdot CH_3 \\
\diagdown CH_2
\end{array}
\qquad
\begin{array}{l}
CH_3 \quad CH_3 \\
\diagdown C \diagup \\
CH_2 \\
H_3C\cdot C \quad 3' \quad CHOH \\
\diagdown CH
\end{array}
$$

Xanthophyll

Die Konstitutionsaufklärung des Xanthophylls wurde in der Hauptsache von P. KARRER und Mitarbeitern[4]) durchgeführt. Nach der Bestimmung der Bruttoformel des Xanthophylls von R. WILLSTÄTTER und W. MIEG[5]) ermittelten L. ZECHMEISTER und P. TUZSON[6]) mittels der katalytischen Hydrierung das Vorliegen von 11 Doppelbindungen. Nach R. PUMMERER und L. REBMANN[7]) nimmt der Farbstoff 11 Mol Chlorjod auf, was mit dem Befund von L. ZECHMEISTER und P. TUZSON in Übereinstimmung steht. Das spektrale Verhalten des Phytoxanthins stimmt überein mit demjenigen des α-Carotins, woraus auf die Übereinstimmung der chromophoren Systeme geschlossen wird. Nach P. KARRER, A. HELFENSTEIN und H. WEHRLI[8]) liegen die beiden Sauerstoffatome als Hydroxyle vor, da sie nach der Methode von ZEREWITINOFF quantitativ erfaßt werden können. Durch die Herstellung verschiedener Ester und

[1]) R. KUHN, A. WINTERSTEIN und E. LEDERER, H. *197*, 153 (1931).

[2]) E. S. MILLER, C. *1935*, I 3545.

[3]) L. ZECHMEISTER und P. TUZSON, B. *63*, 3203 (1930); B. *67*, 170 (1934).

[4]) P. KARRER und Mitarbeiter, Helv. chim. Acta *13*, 268, 1084 (1930); *14*, 614, 843 (1931); *16*, 977 (1933).

[5]) R. WILLSTÄTTER und W. MIEG, A. *355*, 1 (1907).

[6]) L. ZECHMEISTER und P. TUZSON, Ber. *61*, 2003 (1928).

[7]) R. PUMMERER und L. REBMANN, Ber. *61*, 1099 (1928).

[8]) P. KARRER, A. HELFENSTEIN und H. WEHRLI, Helv. chim. Acta *13*, 87 (1930).

eines Mono-methyläthers des Xanthophylls (P. KARRER und Mitarbeiter[1])[2]))
findet dieser Befund Bestätigung. Ferner konnten P. KARRER, A. ZUBRYS und
R. MORF[3]) Perhydroxanthophyll zu einem Diketon oxydieren, womit bewiesen wird, daß die beiden Hydroxylgruppen sekundären Charakter haben
und keine Enolgruppierungen sind. Die Anzahl der seitenständigen Methylgruppen wurde mit Hilfe der Chromsäure- und der Permanganatoxydation
ermittelt[4]). Näheren Einblick in den Bau der Xanthophyllmolekel gewannen
P. KARRER und Mitarbeiter[5]) bei der Kaliumpermanganatoxydation des Pigmentes, bei welcher αα-Dimethylbernsteinsäure und Dimethylmalonsäure erhalten wurden. Geronsäure und αα-Dimethylglutarsäure wurden dabei nicht
gebildet, woraus der Schluß gezogen wird, daß Xanthophyll sich im Bau der
beiden Kohlenstoffringe von Carotin unterscheidet. Die beiden Hydroxylgruppen befinden sich in den beiden Ringen, und zwar kommen vorerst die
C-Atome 3 oder 4 und 3′ oder 4′ in Betracht. Denn nur bei einer solchen Lage
ist die Bildung der αα-Dimethylbernsteinsäure einerseits und das Fehlen von
αα-Dimethylglutarsäure anderseits zu erklären.

αα-Dimethylbernsteinsäure   Dimethylmalonsäure

Schon das spektrale Verhalten des Xanthophylls deutet auf einen Zusammenhang mit α-Carotin hin. R. NILSSON und P. KARRER[6]) führten Perhydroxanthophyll in das Dibromid über und entfernten daraus die beiden
Bromatome reduktiv. Das entstandene Perhydrocarotin $C_{40}H_{78}$ besaß optische
Aktivität, und zwar die Drehung im selben Sinn und von der gleichen Größen-
ordnung wie Perhydrocarotin, das man bei der Reduktion von α-Carotin erhalten hatte. Somit liegt im Xanthophyll ein Dioxy-α-carotin vor. Aus diesen
Untersuchungen geht ferner hervor, daß die OH-Gruppe des α-Iononringes nur
in der Stellung 3′ sein kann, denn eine Hydroxylgruppe am C-Atom 4′ hätte
Enolcharakter.

In jüngster Zeit gelang es P. KARRER, H. KÖNIG und U. SOLMSSEN[7]) beim
vorsichtigen Kaliumpermanganatabbau des Xanthophylls ein Isomeres des von

[1]) P. KARRER und Mitarbeiter, Helv. chim. Acta 13, 709, 1099, 1102 (1930).
[2]) P. KARRER und Mitarbeiter, Helv. chim. Acta 13, 1103 (1930).
[3]) P. KARRER, A. ZUBRYS und R. MORF, Helv. chim. Acta 16, 977 (1933).
[4]) P. KARRER und Mitarbeiter, Helv. chim. Acta 14, 631 (1931).
[5]) P. KARRER und Mitarbeiter, Helv. chim. Acta 13, 270, 1094 (1930).
[6]) R. NILSSON und P. KARRER, Helv. chim. Acta 14, 843 (1931).
[7]) P. KARRER, H. KÖNIG und U. SOLMSSEN, Helv. chim. Acta 21, 445 (1938).

L. Zechmeister und P. Tuzson[1]) entdeckten β-Citraurins, das α-Citraurin, zu fassen. Damit fand die Xanthophyllformel eine weitere Bestätigung:

$$\begin{array}{c}
CH_3 \quad CH_3 \\
\diagdown \diagup \\
C \\
\diagup \diagdown \\
CH_2 \quad C \cdot CH=CH \cdot \underset{\underset{CH_3}{|}}{C}=CHCH=CH \cdot \underset{\underset{CH_3}{|}}{C}=CHCH=CHCH=\underset{\underset{CH_3}{|}}{C} \cdot CH=CHCH=\underset{\underset{CH_3}{|}}{C} \cdot CHO \\
| \quad \| \\
HOCH \quad C \cdot CH_3 \\
\diagdown \diagup \\
CH_2
\end{array}$$

β-Citraurin

$$\begin{array}{c}
CH_3 \quad CH_3 \\
\diagdown \diagup \\
C \\
\diagup \diagdown \\
CH_2 \quad CH \cdot CH=CH \cdot \underset{\underset{CH_3}{|}}{C}=CHCH=CH \cdot \underset{\underset{CH_3}{|}}{C}=CHCH=CHCH=\underset{\underset{CH_3}{|}}{C} \cdot CH=CHCH=\underset{\underset{CH_3}{|}}{C} \cdot CHO \\
| \quad \| \\
HOCH \quad C \cdot CH_3 \\
\diagdown \diagup \\
CH
\end{array}$$

α-Citraurin

Eigenschaften und Konstanten

Kristallform: Aus Methanol kristallisiert der Farbstoff in violett metallglänzenden Prismen mit charakteristischer Schwalbenschwanzform. Die Kristalle enthalten 1 Mol Kristallmethanol.

Schmelzpunkt: 193⁰ C (korr.).

Löslichkeit: Xanthophyll ist in Chloroform, Benzol, Aceton, Äther und Schwefelkohlenstoff leicht, in Äthanol und Methanol schwer und in Petroläther fast unlöslich. 1 g Xanthophyll löst sich in etwa 700 g siedendem Methanol.

Absorptionsmaxima in[2]):

CS_2.	508	475	445 mμ
Chloroform	487	456	428 mμ
Äthanol	476	446,5	420 mμ
Benzin	477,5	447,5	420 mμ
Methanol	473,5	444	418 mμ

Lösungsfarben: Die Lösung von Xanthophyll in Schwefelkohlenstoff ist rot, verdünnte Lösungen in Benzol, Äthanol, Äther und Chloroform sind goldgelb, konzentrierte orange.

Optische Aktivität: Wie α-Carotin ist auch Xanthophyll stark optisch aktiv. $[\alpha]_{C.l}^{20} = +145^0$ C (in Essigester) $[\alpha]_{Cd}^{20} = +160^0$ C (in Chloroform).

---

[1]) L. Zechmeister und P. Tuzson, B. *69*, 1878 (1936).

[2]) Quantitative Extinktionsmessung in Schwefelkohlenstoff: R. Kuhn und A. Smakula, H. *197*, 163 (1931); in Äthanol und Schwefelkohlenstoff: K. W. Hausser und A. Smakula, Z. angew. Chem. *47*, 663 (1934); *48*, 152 (1935). – K. W. Hausser, Z. techn. Phys. *15*, 13 (1934). Röntgendiagramm: G. Mackinney, Am. Soc. *56*, 488 (1934).

Farbenreaktionen[1]): In konzentrierter Schwefelsäure löst sich Xanthophyll zuerst mit grüner, dann blauer Farbe. Konzentrierte Ameisensäure ruft eine saftgrüne, Trichloressigsäure eine dunkelblaue und Antimontrichlorid (in Chloroform) eine tief dunkelblaue Färbung hervor.

Verteilungsprobe: Bei der Verteilung zwischen Petroläther und 90%igem Methanol geht Xanthophyll in die untere Schicht.

Chromatographisches Verhalten: Xanthophyll wird aus benzolischer Lösung von Calciumcarbonat und von Zinkcarbonat leicht adsorbiert. Die Elution erfolgt mit Äther, der wenige Prozente Methanol enthält.

Nachweis und Bestimmung: Die Trennung des Xanthophylls von anderen Phythoxanthinen erfolgt durch Adsorption an Zinkcarbonat (oder Calciumcarbonat). Sein Nachweis geschieht durch Bestimmung der Absorptionsmaxima. Die kolorimetrische Bestimmung erfolgt nach R. KUHN und H. BROCKMANN[2]) mit einer Standardlösung von Azobenzol in Äthanol.

Physiologisches Verhalten: Xanthophyll besitzt keine Vitamin-A-Wirkung. Nach H. v. EULER, P. KARRER und A. ZUBRYS entsteht aber bei der Behandlung des Phytoxanthins mit Phosphortribromid ein Vitamin-A-wirksames Produkt[3]).

Derivate

Perhydroxanthophyll $C_{40}H_{78}O_2$:

Man erhält diese Verbindung bei der katalytischen Reduktion von Xanthophyll als dickes, farbloses Öl, das schwach nach rechts dreht[4]). $[\alpha]_D = +28^0$ C, in Chloroform. Perhydroxanthophyll löst sich in organischen Lösungsmitteln viel leichter als Xanthophyll und läßt sich zu einem öligen Diacetat verestern[5]).

Xanthophyllhalogenide:

Läßt man auf Xanthophyll unverdünntes Brom einwirken, so entsteht ein sauerstofffreies Bromid $C_{40}H_{40}Br_{22}$[6]). In Chloroform gelöstes Brom wirkt milder, indem nur 8 Mol eintreten[7]). Durch Chlorjod werden nach 24 Stunden 10 Doppelbindungen abgesättigt und erst nach 7 Tagen alle 11[8]).

Eine wohldefinierte und schön kristallisierte Verbindung ist das Xanthophylldijodid $C_{40}H_{56}O_2J_2$, durch dessen Analyse das Molekulargewicht von

---

1) Über die Farbintensität der Antimontrichloridreaktion vgl. H. v. EULER, P. KARRER und M. RYDBOM, B. *62*, 2445 (1929).

2) R. KUHN und H. BROCKMANN, H. *206*, 43 (1932).

3) H. v. EULER, P. KARRER und A. ZUBRYS, Helv. chim. Acta *17*, 24 (1934).

4) L. ZECHMEISTER und P. TUZSON, B. *61*, 2003 (1928); B. *62*, 2226 (1929).

5) P. KARRER und S. ISHIKAWA, Helv. chim. Acta *13*, 709, 1099 (1930).

6) R. WILLSTÄTTER und H. H. ESCHER, H. *64*, 47 (1910). – H. ESCHER, Diss., Zürich 1909.

7) L. ZECHMEISTER und P. TUZSON, B. *62*, 2226 (1929).

8) R. PUMMERER, L. REBMANN und W. REINDEL, B. *62*, 1411 (1929).

Xanthophyll bestätigt wurde[1]). Natriumthiosulfat setzt aus dem Dijodid unverändertes Xanthophyll in Freiheit[2]).

Synthetische Ester des Xanthophylls[3]):

In Pyridinlösung lassen sich beide Hydroxylgruppen des Xanthophylls durch Säureanhydride oder Säurechloride verestern. Im spektralen Verhalten besteht weitgehende Übereinstimmung zwischen den Estern und Xanthophyll, bei der Verteilungsprobe zeigen jene jedoch gerade das umgekehrte Verhalten wie letzteres, indem sie quantitativ in die Oberschicht gehen. Mit zunehmender Länge des Säureesters fallen im allgemeinen die Schmelzpunkte der Ester. Die Ester sind in Alkoholen sehr wenig, in Benzol und Petroläther gut löslich.

a) Xanthophyll-diacetat $C_{44}H_{60}O_4$:
Kristalle aus einem Gemisch von Benzol und Methanol. F: 170° C.

b) Dipropionat $C_{46}H_{64}O_4$:
Aus Benzol-Methanol-Gemisch kristallisiert das Dipropionat in gelbroten Blättchen, welche bei 138° C schmelzen.

c) Dibutyrat $C_{48}H_{68}O_4$:
Rotgelbe Blättchen aus Methanol. Smp. 156° C.

d) Di-n-valerianat $C_{50}H_{72}O_4$:
Aus Benzol-Methanol-Gemisch kristallisiert die Verbindung in rotgelben Blättchen, welche bei 128° C schmelzen.

e) Di-n-capronat $C_{52}H_{76}O_4$:
Gelbrote Blättchen aus Benzol-Methanol-Gemisch. Smp. 117° C.

f) Diönanthat $C_{54}H_{80}O_4$:
Gelbrote Blättchen aus Benzol-Methanol-Gemisch. F: 111° C.

g) Dicaprylat $C_{56}H_{84}O_4$:
Gelbrote Blättchen aus Benzol-Methanol-Gemisch. Smp. 108° C.

h) Dipalmitat, *Helenien* $C_{72}H_{116}O_4$:

Wurde von R. KUHN und A. WINTERSTEIN[4]) in den Blütenblättern von *Helenium autumnale* entdeckt. Helenien besitzt weite Verbreitung im Pflanzenreich. (Zusammenstellung von Pflanzen, welche Helenien enthalten, siehe R. KUHN und A. WINTERSTEIN[4]).)

Helenien kann auch synthetisch aus Xanthophyll und Palmitinsäurechlorid hergestellt werden[5]). Aus Äthanol kristallisiert die Verbindung in roten Nadeln, die bei 92° C schmelzen. Über die kolorimetrische Bestimmung vgl. R. KUHN und H. BROCKMANN[6]).

---

[1]) R. WILLSTÄTTER und W. MIEG, A. *355*, 1 (1907).
[2]) P. KARRER und O. WALKER, Helv. chim Acta *17*, 43 (1934).
[3]) P. KARRER und S. ISHIKAWA, Helv. chim. Acta *13*, 709, 1099 (1930).
[4]) R. KUHN und A. WINTERSTEIN, Naturw. *18*, 754 (1930). Dieselben mit E. LEDERER, H. *197*, 147, 150 (1931).
[5]) P. KARRER und S. ISHIKAWA, Helv. chim. Acta *13*, 1099 (1930).
[6]) R. KUHN und H. BROCKMANN, H. *206*, 43 (1932).

i) Distearat $C_{76}H_{124}O_4$:
Rote Blättchen, unter dem Mikroskop hellgelb. Smp. 87⁰ C[1]).

k) Dibenzoat $C_{54}H_{64}O_4$:
Rote Blättchen aus Äthanol. Smp. etwa 165⁰ C[1]).

l) Bis-4-nitro-benzoat $C_{54}H_{62}O_8N_2$:
Aus Benzol rotes, mikrokristallines Pulver. Smp. 210⁰ C[1]).

Xanthophyll-mono-methyläther $C_{41}H_{58}O_2$[2]):

Entsteht aus Xanthophyllkalium (dargestellt aus Xanthophyll und Kalium-tert.-amylat) und Methyljodid. Die Verbindung kristallisiert aus Methanol in Nadeln, welche bei 150⁰ C schmelzen. Bei der Verteilung zwischen Petroläther und 90%igem Methanol zeigt der Farbstoff mehr epiphasisches Verhalten, es werden jedoch beide Schichten angefärbt.

α-Citraurin $C_{30}H_{40}O_2$:

α-Citraurin

P. KARRER, H. KOENIG und U. SOLMSSEN[3]) erhielten bei der vorsichtigen Kaliumpermanganatoxydation von Xanthophyll α-Citraurin. Dieses steht zum β-Citraurin[4]) im gleichen Isomerieverhältnis wie α-Apo-2-carotinal zum β-Apo-2-carotinal.

α-Citraurin kristallisiert aus Methanol in glänzenden, orangefarben Blättchen, welche bei 153⁰ C schmelzen.

Absorptionsmaxima in:

Schwefelkohlenstoff	514	480	449 mμ
Petroläther	477	438	mμ

$[\alpha]_D^{18} = +372^0 \; (\mp 25^0)$.

Beim Umsatz von α-Citraurin mit Hydroxylamin-acetat entsteht sein Oxim. Dieses kristallisiert aus Methanol in zu Drusen vereinigten Nädelchen. Smp. 148⁰ C.

Absorptionsmaxima in:

Schwefelkohlenstoff	499	468 mμ
Äthanol	470	440 mμ

---

[1]) P. KARRER und S. ISHIKAWA, Helv. chim. Acta *13*, 713 (1930).
[2]) P. KARRER und B. JIRGENSONS, Helv. chim. Acta *13*, 1103 (1930).
[3]) P. KARRER, H. KOENIG und U. SOLMSSEN, Helv. chim. Acta *21*, 445 (1938)
[4]) L. ZECHMEISTER und P. TUZSON, B. *69*, 1878 (1936). – P. KARRER und Mitarbeiter, Helv. chim. Acta *20*, 682 (1937); Helv. chim. Acta *20*, 1020 (1937).

9. Xanthophyllepoxyd und seine Umwandlungsprodukte

Xanthophyllepoxyd $C_{40}H_{56}O_3$:

$$CH_3 \quad CH_3 \qquad\qquad\qquad\qquad\qquad\qquad\qquad\qquad CH_3 \quad CH_3$$

$$C \qquad CH_3 \qquad CH_3 \qquad CH_3 \qquad CH_3 \qquad C$$

$$CH_2 \quad C\cdot CH=CH\cdot C=CHCH=CH\cdot C=CHCH=CHCH=C\cdot CH=CHCH=C\cdot CH=CH\cdot CH \qquad CH_2$$

$$\qquad\qquad O \qquad\qquad\qquad\qquad\qquad\qquad\qquad\qquad\qquad\qquad H_3C\cdot C \qquad CHOH$$

$$HOCH \quad C$$

$$CH_2 \quad CH_3 \qquad\qquad\qquad\qquad Xanthophyllepoxyd \qquad\qquad\qquad\qquad CH$$

P. KARRER und E. JUCKER[1]) erhielten Xanthophyll-mono-epoxyd bei der Oxydation von Xanthophylldiacetat mit Phtalmonopersäure. Es kristallisiert aus Benzol-Methanol-Gemisch in rotgelben Kristallen, welche bei 192⁰ C (unkorr. im evakuierten Röhrchen) schmelzen. Spätere Untersuchungen haben gezeigt, daß dieses Epoxyd in Blüten stark verbreitet ist und vor allem auch in großer Menge in Laubblättern aller Art vorkommt.

Tabelle 44

Vorkommen von Xanthophyllepoxyd

Ausgangsmaterial	Literaturangaben
Winterastern	P. KARRER und E. JUCKER, Helv. chim. Acta 26, 626 (1943).
Sarothamnus scoparius .	P. KARRER und E. JUCKER, Helv. chim. Acta 27, 1585 (1944).
Tragopogon pratensis . .	P. KARRER, E. JUCKER, J. RUTSCHMANN und K. STEINLIN, Helv. chim. Acta 28, 1146 (1945).
Brennesselmehl	do.
Ranunculus acer	do.
Trollius europaeus . . .	P. KARRER und E. JUCKER, Helv. chim. Acta 29, 1539 (1946).
Laburnum anagyroides .	do.
Kerria japonica DC. . .	do.
Elodea canadensis . . .	P. KARRER und J. RUTSCHMANN, Helv. chim. Acta 28, 1526 (1945). – D. HEY, Biochem. J. 31, 532 (1937).
Grüne und etiolierte Blätter	P. KARRER, E. KRAUSE-VOITH und K. STEINLIN, Helv. chim. Acta 31, 113 (1948).

Absorptionsmaxima in:

Schwefelkohlenstoff	501,5	472 mμ
Benzol	482	453 mμ
Petroläther	471	442 mμ
Äthanol	473	445 mμ

[1]) P. KARRER und E. JUCKER, Helv. chim. Acta 28, 300 (1945).

Bei der Einwirkung von Essigsäureanhydrid in Pyridin auf Xanthophyll-epoxyd erhält man das Xanthophyll-epoxyd-diacetat. Diese Verbindung verhält sich rein epiphasisch. Smp. 184–185⁰ C (unkorr. im evakuierten Röhrchen).

Xanthophyllepoxyd besitzt in organischen Lösungsmitteln etwa die gleiche Löslichkeit wie Xanthophyll. Bei der Verteilungsprobe verhält es sich rein hypophasisch. Versetzt man seine ätherische Lösung mit konzentrierter, wäßriger Salzsäure, so nimmt letztere eine blaue Farbe an.

Umlagerung des Xanthophyllepoxyds durch verdünnte mineralische Säure:

Xanthophyllepoxyd ist gegenüber Säuren außerordentlich unbeständig. Schon Spuren Salzsäure, wie sie in längere Zeit gestandenem Chloroform anzutreffen sind, vermögen den Farbstoff in die beiden isomeren, furanoiden Oxyde, das Flavoxanthin und das Chrysanthemaxanthin umzulagern. Die Beschreibung dieser Pigmente erfolgt weiter unten (S. 212, 216).

Eloxanthin (Xanthophyllepoxyd)

1937 fand DONALD HEY[1]) bei der Untersuchung der Carotinoide aus den Blättern von *Elodea canadensis* ein bisher unbekanntes Pigment, für das er die Bezeichnung *Eloxanthin* vorschlägt. Die Eigenschaften des Eloxanthins besitzen so weitgehende Übereinstimmung mit denjenigen des Xanthophyllepoxyds, daß die Vermutung der Identität beider Farbstoffe sehr naheliegend war. In der Tat konnten P. KARRER und J. RUTSCHMANN[2]) in *Elodea canadensis* letzteres feststellen. Da ein zweiter Farbstoff mit Eloxanthineigenschaften nicht vorlag, darf die Identität beider Verbindungen als sehr wahrscheinlich gelten.

Natürliches Xanthophyllepoxyd (Eloxanthin) ist optisch aktiv $[\alpha]_{Cd}^{18}=+225^0$ (in Benzol); beim partialsynthetischen Produkt steht diese Bestimmung noch aus.

10. *Flavoxanthin* $C_{40}H_{56}O_3$

Geschichtliches

1932 R. KUHN und H. BROCKMANN[3]) isolieren Flavoxanthin aus Blüten von *Ranunculus acer.*

1942 P. KARRER und J. RUTSCHMANN[4]) berichten über weiteres Vorkommen dieses Phytoxanthins und stellen eine hypothetische Formel auf.

---

[1]) DONALD HEY, Biochem. J. *31*, 532 (1937).
[2]) P. KARRER und J. RUTSCHMANN, Helv. chim. Acta *28*, 1526 (1945).
[3]) R. KUHN und H. BROCKMANN, H. *213*, 192 (1932).
[4]) P. KARRER und J. RUTSCHMANN, Helv. chim. Acta *25*, 1144 (1942).

1945 P. Karrer und E. Jucker[1]) stellen Flavoxanthin partialsynthetisch her, woraus dessen Konstitution mit großer Wahrscheinlichkeit hervorgeht.

Vorkommen

Flavoxanthin kommt in Pflanzen ziemlich häufig vor, doch immer nur in sehr geringer Konzentration und nicht als Hauptfarbstoff.

Tabelle 45

Vorkommen von Flavoxanthin

Ausgangsmaterial	Literaturangaben
Ranunculus acer	R. Kuhn und H. Brockmann, H. *213*, 192 (1932). – P. Karrer, E. Jucker, J. Rutschmann und K. Steinlin, Helv. chim. Acta *28*, 1146 (1945).
Senecio vernalis (?) . . .	R. Kuhn und H. Brockmann, H. *213*, 192 (1932).
Löwenzahn	P. Karrer und J. Rutschmann, Helv. chim. Acta, *25*, 1144 (1942).
Viola tricolor	P. Karrer und J. Rutschmann, Helv. chim. Acta *27*, 1684 (1944).
Sarothamnus scoparius .	P. Karrer und E. Jucker, Helv. chim. Acta *27*, 1585 (1944).
Ulex europaeus	K. Schön, Biochem. J. *30*, 1960 (1936).

Darstellung

Nach R. Kuhn und H. Brockmann[3]) extrahiert man den Farbstoff aus Hahnenfußblüten. Die Ausbeute beträgt etwa 10 mg Flavoxanthin aus 1 kg Blüten. P. Karrer und J. Rutschmann[4]) extrahierten das Phytoxanthin mit Petroläther aus Löwenzahnblüten und erhielten aus 1,5 kg trockenen Blüten 80 mg reinstes Flavoxanthin.

a) Flavoxanthin aus *Ranunculus acer*:

Die getrockneten und fein gemahlenen Blüten wurden bei Raumtemperatur mit Methanol extrahiert, das Lösungsmittel dieser Auszüge im Vakuum auf ein kleines Volumen abdestilliert, die Farbstoffe in Äther übergeführt und mit alkoholischer Kalilauge verseift. Nach der Trennung der Polyene in eine epiphasische und hypophasische Fraktion chromatographierte man die Phytoxanthine aus einem Gemisch von Benzol und Benzin an Calciumcarbonat und entwickelte mit Benzin. Nach Elution des Flavoxanthins mit Benzin, das 1% Methanol enthielt, kristallisierte man das Pigment wiederholt aus Methanol um.

b) Flavoxanthin aus Löwenzahn:

Die getrockneten und fein zerriebenen Löwenzahnblüten wurden im Extraktionsapparat erschöpfend mit Petroläther extrahiert, daraufhin die Farbstoffe der Verseifung mit methanolischer Kalilauge unterworfen, in hypophasische und

---

[1]) P. Karrer und E. Jucker, Helv. chim. Acta *28*, 300 (1945).

epiphasische Anteile getrennt und die ersten der Vorreinigung durch Adsorption an Aluminiumoxyd unterworfen. Das kristallisierte Phytoxanthingemisch adsorbierte man an Zinkcarbonat und erhielt nach Elution mit methanolhaltigem Äther und Kristallisation aus Methanol reines Flavoxanthin.

Chemische Konstitution

Die ersten Versuche zur Konstitutionsaufklärung des Flavoxanthins haben R. KUHN und H. BROCKMANN[1]) unternommen. Nach der Ermittlung der Bruttoformel haben die genannten Autoren die Anzahl der Doppelbindungen festgestellt[2]) und die Zahl der Hydroxylgruppen mit 3 angegeben. Nach den neuesten Untersuchungen[3]) kann Flavoxanthin aber nur 2 Hydroxylgruppen enthalten, das dritte Sauerstoffatom ist ätherartig gebunden. Über die Natur dieses Sauerstoffatoms haben erst Untersuchungen von P. KARRER und E. JUCKER[3]), in deren Verlauf Flavoxanthin partialsynthetisch hergestellt wurde, Aufschluß gebracht. Die beiden Autoren erhielten Flavoxanthin (neben dem isomeren Chrysanthemaxanthin) bei der Einwirkung von sehr verdünnter Salzsäure (in Form von längere Zeit gestandenem Chloroform) auf Xanthophyllepoxyd. Nach den theoretischen Ausführungen auf Seite 67 nimmt diese Umlagerung folgenden Verlauf:

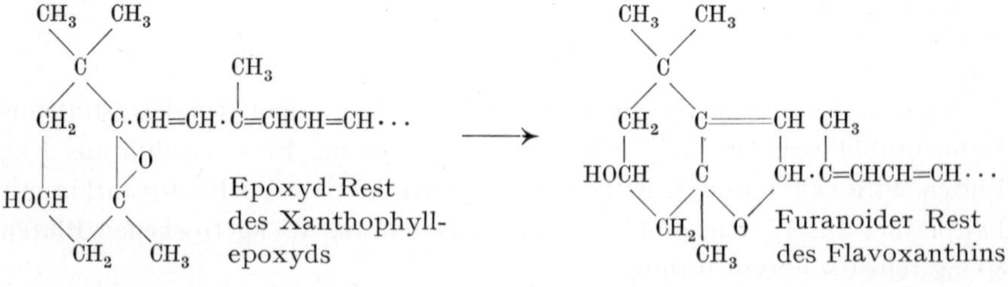

so daß dem Flavoxanthin (und dem isomeren Chrysanthemaxanthin) folgende Formel zukommt:

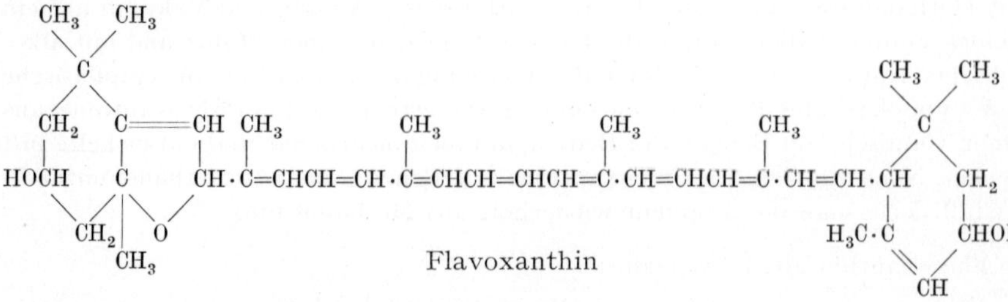

Flavoxanthin

---

[1]) R. KUHN und H. BROCKMANN, H. *213*, 192 (1932).

[2]) Man hat früher die Aufnahme von 10–11 Mol Wasserstoff beobachtet. Nach dem heutigen Stand der Konstitutionsaufklärung kann nur die Zahl 10 als richtig angesehen werden.

[3]) P. KARRER und E. JUCKER, Helv. chim. Acta *28*, 300 (1945).

Alle Eigenschaften des Farbstoffs stehen mit dieser Formulierung in zwangloser Übereinstimmung. Das partialsynthetische Produkt erwies sich mit dem natürlichen Flavoxanthin in allen Eigenschaften identisch[1])[2]).

Eigenschaften und Konstanten

Kristallform: Bei raschem Abkühlen kristallisiert Flavoxanthin aus Methanol in büschelig vereinigten, schmalen Prismen, welche goldgelbe Farbe und schönen Oberflächenglanz besitzen.

Schmelzpunkt: 184° C (korr.) (im evakuierten Röhrchen).

Löslichkeit: Flavoxanthin besitzt ähnliche Löslichkeitsverhältnisse wie Xanthophyll. Es löst sich leicht in Chloroform, Benzol und Aceton, schwerer in Methanol und Äthanol und fast nicht in Petroläther.

Absorptionsmaxima in:

CS_2	479	449 mμ
Chloroform	459	430 mμ
Petroläther	450	421 mμ
Äthanol	448	421 mμ

Optische Aktivität[3]): $[\alpha]_C^{20} = +190°$ C (in Benzol).

Verteilungsprobe: Flavoxanthin verhält sich bei der Verteilung zwischen 90%igem Methanol und Petroläther rein hypophasisch.

Chromatographisches Verhalten: Zur Trennung des Flavoxanthins von anderen Phytoxanthinen, namentlich von Xanthophyll und Chrysanthemaxanthin, eignet sich Zinkcarbonat[1]). Auch an Calciumcarbonat läßt sich eine gute Trennung von den genannten Pigmenten herbeiführen. Als Lösungsmittel dient Benzol, zum Eluieren verwendet man Äther, dem wenig Methanol beigemischt wurde. In der Chromatogrammsäule liegt Flavoxanthin unterhalb des Violaxanthins, aber oberhalb des Chrysanthemaxanthins. Xanthophyll befindet sich im untersten Teil der Röhre.

Farbreaktionen:

Schwefelsäure, konzentriert	tief blau
Trichloressigsäure	rein blau
SbCl$_3$ in Chloroform . . .	rein blau
Ameisensäure, wasserfrei .	grasgrün
Pikrinsäure in Äther . . .	grasgrün
wäßrige, konzentrierte HCl	blau, nicht sehr lange beständig.
	(Unterschied von Violaxanthin.)

---

[1]) P. KARRER und E. JUCKER, Helv. chim. Acta *28*, 300 (1945).

[2]) P. KARRER, E. JUCKER und J. RUTSCHMANN, Helv. chim. Acta *28*, 1156 (1945).

[3]) Auch bezüglich der Konfiguration stimmen das partialsynthetische und das natürliche Flavoxanthin überein (Helv. chim. Acta *28*, 1156 (1945)).

Nachweis und Bestimmung: Flavoxanthin wird durch Adsorption an Zink-carbonat von anderen Phytoxanthinen getrennt, wobei langes Waschen zur Trennung von evtl. vorhandenem Chrysanthemaxanthin erforderlich ist. Der Nachweis geschieht durch die Bestimmung der Absorptionsmaxima und durch die Salzsäurereaktion.

Physiologisches Verhalten: Flavoxanthin besitzt, wie seine Struktur erwarten läßt, keine Vitamin-A-Wirkung.

Derivate

Flavoxanthindiacetat $C_{44}H_{60}O_5$[1]):

Das Diacetat kristallisiert aus Methanol in glänzend orangeroten Blättchen. Smp. 157° C (unkorr. im evakuierten Röhrchen).

11. *Chrysanthemaxanthin* $C_{40}H_{56}O_3$

Geschichtliches

1943 P. KARRER und E. JUCKER isolieren Chrysanthemaxanthin aus roten und gelben Blüten von Winterastern[2]).

1944 Das neue Phytoxanthin wird in Blüten von *Sarothamnus scoparius* (Besenginster) gefunden und näher untersucht[3]).

1945 P. KARRER und E. JUCKER stellen Chrysanthemaxanthin partialsynthetisch her und klären damit seine Konstitution auf[4]).

Vorkommen

Chrysanthemaxanthin ist bis jetzt nicht sehr häufig in der Natur angetroffen worden. Immer ist es von Xanthophyll und meistens von Flavoxanthin begleitet, was gewisse Rückschlüsse auf seine Entstehung in der Pflanze erlaubt. (Vgl. dazu die Originalmitteilung von P. KARRER und E. JUCKER[4]).)

Tabelle 46

Vorkommen von Chrysanthemaxanthin in Blüten

Winterastern	P. KARRER und E. JUCKER, Helv. chim. Acta *26*, 626 (1943).
Besenginster.	P. KARRER und E. JUCKER, Helv. chim. Acta *27*, 1585 (1944).
Ranunculus acer	P. KARRER, E. JUCKER, J. RUTSCHMANN und K. STEINLIN, Helv. chim. Acta *28*, 1146 (1945).

---

[1]) P. KARRER und J. RUTSCHMANN, Helv. chim. Acta *25*, 1144 (1942).
[2]) P. KARRER und E. JUCKER, Helv. chim. Acta *26*, 626 (1943).
[3]) P. KARRER und E. JUCKER, Helv. chim. Acta *27*, 1585 (1944).
[4]) P. KARRER und E. JUCKER, Helv. chim. Acta *28*, 300 (1945).

Darstellung

Die Extraktion des Farbstoffes bereitet gewisse Schwierigkeiten. Die Beschaffung größerer Mengen Winterastern ist eine kostspielige Angelegenheit, die Ausbeute an Chrysanthemaxanthin sehr gering[1]). Aus Ginsterblüten erhält man bedeutend größere Mengen dieses Phytoxanthins, doch ist das Pflücken dieser Blüten mit besonderer Sorgfalt vorzunehmen und ihr Chrysanthemaxanthingehalt an die Jahreszeit gebunden[2]). Es empfiehlt sich deshalb, Chrysanthemaxanthin partialsynthetisch aus Xanthophyll herzustellen[3]).

Zu diesem Zweck führt man Xanthophyll durch Einwirkung verdünnter, ätherischer Phthalmonopersäure in das Xanthophyllepoxyd über. Dieses läßt sich mit verdünnter Salzsäure in ein Gemisch von Flavoxanthin, Chrysanthemaxanthin und wenig Xanthophyll verwandeln. Die Trennung und Reindarstellung dieser Pigmente gelingt durch Adsorption aus benzolischer Lösung an Zinkcarbonat und nachfolgende Kristallisation der Phytoxanthine aus einem Gemisch von Benzol und Methanol.

Chemische Konstitution

Chrysanthemaxanthin

Chrysanthemaxanthin besitzt die gleiche Bruttoformel wie Flavoxanthin[4]). In vielen Eigenschaften, mit Ausnahme des Schmelzpunktes, der Reaktion mit konzentrierter, wäßriger Salzsäure und der Haftfähigkeit an Zinkcarbonat, stimmt es mit letzterem überein. Auf Grund dieser Tatsachen und seiner Entstehung neben Flavoxanthin bei der Einwirkung verdünnter Säure auf Xanthophyllepoxyd geben P. KARRER und E. JUCKER[3]) dem Chrysanthemaxanthin die vorstehende Formel, die mit allen Eigenschaften dieses Phytoxanthins in zwangloser Übereinstimmung steht.

Die Isomerie von Flavoxanthin und Chrysanthemaxanthin hat vermutlich eine sterische Ursache. Strukturisomerie ist deswegen unwahrscheinlich, weil beide Farbstoffe identische Absorptionsspektren besitzen. Es wäre z. B. mög-

---

[1]) P. KARRER und E. JUCKER, Helv. chim. Acta 26, 626 (1943).

[2]) P. KARRER und E. JUCKER, Helv. chim. Acta 27, 1585 (1944).

[3]) P. KARRER und E. JUCKER, Helv. chim. Acta 28, 300 (1945).

[4]) P. KARRER und E. JUCKER, Helv. chim. Acta 27, 1585 (1944), vgl. S. 212.

lich, daß die Isomerie darauf beruht, daß im Ring A beim einen Pigment Hydroxylgruppe und Äther-Sauerstoff cis-ständig stehen, im anderen trans-Lage haben. Dieses Isomerieproblem bedarf noch weiterer Abklärung.

Eigenschaften und Konstanten

Kristallform: Aus einem Gemisch von Benzol und Methanol kristallisiert Chrysanthemaxanthin in goldgelben Blättchen.

Schmelzpunkt: 184–185° C (unkorr. im evakuierten Röhrchen).

Löslichkeit: Chrysanthemaxanthin besitzt die gleichen Löslichkeitsverhältnisse wie Flavoxanthin. Es löst sich leicht in Chloroform, Benzol, Aceton und Äther, etwas schwerer in Äthanol und Methanol und fast nicht in Petroläther.

Absorptionsmaxima in:

CS_2	479	449 mμ
Chloroform	459	430 mμ
Petroläther	450	421 mμ
Äthanol	448	421 mμ

Optische Aktivität: Das natürliche und das partialsynthetische Chrysanthemaxanthin stimmen in der optischen Drehung überein[1]).

$$[\alpha]_C^{20} = +190\text{--}180° C \text{ (in Benzol).}$$

Verteilungsprobe: Chrysanthemaxanthin zeigt rein hypophasisches Verhalten.

Chromatographisches Verhalten: Chrysanthemaxanthin haftet aus benzolischer Lösung gut an Zinkcarbonat (auch an Calciumcarbonat). In der Säule befindet es sich unterhalb des Flavoxanthins und oberhalb des Xanthophyllepoxyds.

Farbreaktionen: Mit konzentrierter Schwefelsäure tritt eine tiefblaue Färbung auf. Im Gegensatz zu Flavoxanthin ruft konzentrierte Salzsäure beim Vermischen mit einer ätherischen Lösung des Chrysanthemaxanthins keine Blaufärbung hervor.

Nachweis und Bestimmung: Chrysanthemaxanthin wird durch Adsorption an Zinkcarbonat von anderen Phytoxanthinen getrennt und durch die Bestimmung der Absorptionsmaxima und der Salzsäurereaktion nachgewiesen.

Physiologisches Verhalten: Chrysanthemaxanthin ist Vitamin-A-unwirksam.

---

[1]) P. KARRER, E. JUCKER und J. RUTSCHMANN, Helv. chim. Acta *28*, 1156 (1945).

12. *Lycophyll* $C_{40}H_{56}O_2$

Geschichtliches und Vorkommen

1936 L. Zechmeister und L. v. Cholnoky isolieren Lycophyll aus *Solanum dulcamara* und stellen außerdem das Vorkommen des neuen Phytoxanthins in *Solanum esculentum* fest[1]).

Darstellung

17 kg frische Beeren von *Solanum dulcamara* wurden mit Äthanol entwässert und mit peroxydfreiem Äther bei Raumtemperatur extrahiert. Nach Abdestillieren des Lösungsmittels nahm man den Rückstand in Benzol auf und adsorbierte das Farbstoffgemisch an Calciumhydroxyd. Man wiederholte die Adsorption mehrmals und kristallisierte schließlich den Farbstoff aus Benzol und Methanol um. Die Ausbeute betrug 9 mg Lycophyll.

Chemische Konstitution

$$
\begin{array}{c}
\underset{\text{CH}_3}{\text{CH}_3} \quad \underset{}{\text{CH}_3} \\
\text{C} \\
\text{CH} \quad \text{CHCH=CH}\cdot\overset{\text{CH}_3}{\text{C}}\text{=CHCH=CH}\cdot\overset{\text{CH}_3}{\text{C}}\text{=CHCH=CHCH=}\overset{\text{CH}_3}{\text{C}}\cdot\text{CH=CHCH=}\overset{\text{CH}_3}{\text{C}}\cdot\text{CH=CH}\cdot\text{CH} \\
\text{HOCH} \quad \text{C}\cdot\text{CH}_3 \qquad\qquad \text{Lycophyll} \\
\text{CH}_2
\end{array}
$$

L. Zechmeister und L. v. Cholnoky geben dem Lycophyll die vorstehende Formel, welche aber aus Materialmangel nicht bewiesen werden konnte[1]). Die Bruttoformel $C_{40}H_{56}O_2$ und das rein hypophasische Verhalten des Farbstoffes sprechen für eine Dioxy-Verbindung. Das Absorptionsspektrum, das mit demjenigen des Lycopins übereinstimmt, deutet auf die Anwesenheit von 13 Doppelbindungen. Aus diesen Gründen liegt der Gedanke nahe, dem Phytoxanthin die Konstitution eines 4,4'-Dioxylycopins zuzuschreiben. Die Herstellung von Lycophylldipalmitat[1]) bestätigt die Annahme von 2 Hydroxylgruppen.

Eigenschaften

Aus einem Gemisch von Benzol und Methanol kristallisiert Lycophyll in violetten Blättchen, aus Benzol und Petroläther in violettroten Nadeln, welche bei 179° C (korr.) schmelzen. Es löst sich gut in Schwefelkohlenstoff, etwas weniger in Benzol und Äthanol und ganz wenig in Petroläther. Bei der Verteilung zwischen Methanol und Petroläther geht es quantitativ in die untere

---

[1]) L. Zechmeister und L. v. Cholnoky, Ber. *69*, 422 (1936).

Schicht. Aus benzolischer Lösung haftet Lycophyll an Calciumhydroxyd etwas stärker als Lycoxanthin.

Absorptionsmaxima in:

CS_2.	546	506	472 mμ
Benzol	521	487	456 mμ
Benzin	504	473	444 mμ
Äthanol	505	474	444 mμ

Lycophyll-di-palmitat: Kristallisiert in violettroten Nädelchen (aus einem Gemisch von Benzol und Methanol). F: 76⁰ C (korr.). Das Dipalmitat zeigt rein epiphasisches Verhalten. Es löst sich gut in Schwefelkohlenstoff und Benzol, weniger in Petroläther und fast nicht in Äthanol. Das Spektrum ist gegenüber Lycophyll nicht verändert.

III. Carotinoide, welche in ihrer Molekel eine oder mehrere Carbonylgruppen enthalten und deren Struktur bekannt oder größtenteils bekannt ist.

1. *β-Citraurin* $C_{30}H_{40}O_2$

Geschichtliches und Vorkommen

Bei der Untersuchung von Carotinoiden aus Orangenschalen (*Citrus aurantium*) fanden L. ZECHMEISTER und P. TUZSON[1]) neben Carotin, Kryptoxanthin, Zeaxanthin, Xanthophyll und Violaxanthin ein bisher unbekanntes Pigment, für das sie die Bezeichnung Citraurin[2]) vorschlugen. Außer in Orangen wurde Citraurin in der Natur noch nirgends gefunden.

Darstellung[1])

Orangenschalen werden mit Äthanol entwässert und mit peroxydfreiem Äther extrahiert. Nach Abdestillieren des Lösungsmittels im Teilvakuum verbleibt ein rot gefärbter Rückstand, welcher zum größten Teil aus ätherischen Ölen besteht. Um die Farbstoffe von letzteren zu trennen, nimmt man diesen Rückstand in Benzin auf und chromatographiert ihn auf Calciumcarbonat, wobei durch langes Waschen die öligen Begleitstoffe, zusammen mit Carotin und Kryptoxanthin, herausgewaschen werden. Die violettrote Zone, welche β-Citraurin enthält, wird mit einem Gemisch von Äther und Methanol eluiert und die Farbstoff-

---

[1]) L. ZECHMEISTER und P. TUZSON, Ber. *69*, 1878 (1936); *70*, 1966 (1937).

[2]) P. KARRER und Mitarbeiter, Helv. chim. Acta *20*, 682, 1020 (1937), schlagen vor, die von L. ZECHMEISTER und P. TUZSON[1]) aufgefundene Verbindung als β-Citraurin zu bezeichnen, um Verwechslungen mit dem isomeren α-Citraurin (vgl. S. 210) zu vermeiden.

ester mit methanolischer Kalilauge verseift. Man nimmt nach beendeter Verseifung die freien Phytoxanthine in Äther auf, dampft das Lösungsmittel vollständig ab und löst den Rückstand in warmem Schwefelkohlenstoff auf. Nach Erkalten dieser Lösung kristallisiert reichlich Farbstoff aus (Violaxanthin u. a. m.), während β-Citraurin in Lösung verbleibt. Diese adsorbiert man an einer Calciumcarbonatsäule und wäscht mit Schwefelkohlenstoff nach. Im Chromatogramm bildet β-Citraurin eine weichselrote Zone, welcher der Farbstoff durch Elution mit methanolhaltigem Äther entzogen wird. Nach Abdestillieren des Lösungsmittels, Aufnehmen des Rückstandes in wenig heißem Methanol und Zusetzen von etwas Wasser kristallisiert β-Citraurin in runden, weichselroten Aggregaten aus. Aus 100 kg Orangen erhält man etwa 35 mg Farbstoff.

Chemische Konstitution

β-Citraurin

Die Zusammensetzung des β-Citraurins ($C_{30}H_{40}O_2$) und die auf einen Aldehyd deutende, leichte Oximierung, veranlaßten L. Zechmeister und P. Tuzson[1]) zu der Annahme, daß im Farbstoff ein Abbauprodukt eines C-40-Carotinoides vorliegt. P. Karrer und U. Solmssen[2]) stellten die außerordentlich nahe Verwandtschaft zwischen β-Citraurin und β-Apo-2-carotinal[3]) fest. Sie schlugen für ersteres die oben wiedergegebene Formulierung vor, gemäß welcher β-Citraurin ein 3-Oxy-β-apo-2-carotinal ist. Diese Formel konnte in der Folge von P. Karrer und Mitarbeitern[4]) und von L. Zechmeister und L. v. Cholnoky[5]) bewiesen werden. Die ersteren erhielten durch Permanganatabbau aus Zeaxanthin (vgl. S. 186) β-Citraurin, dessen Konstitution auf diese Weise sichergestellt wurde, und L. Zechmeister und L. v. Cholnoky konnten den Aldehyd durch Hydrolyse des Capsanthins (vgl. S. 254) mittelst starkem Alkali gewinnen. Auch durch Permanganatabbau von Xanthophyll läßt sich, wenn auch in sehr geringer Menge, β-Citraurin, neben mehr α-Citraurin, herstellen[6]). Schließlich gelang es P. Karrer und H. König[7]), aus Capsanthin durch Permanganatoxydation den Aldehyd zu gewinnen.

---

[1]) L. Zechmeister und P. Tuzson, Ber. *69*, 1878 (1936); *70*, 1966 (1937).

[2]) P. Karrer und U. Solmssen, Helv. chim. Acta *20*, 682 (1937).

[3]) P. Karrer und U. Solmssen, Helv. chim. Acta *20*, 682, 1020 (1937) (vgl. S. 147).

[4]) P. Karrer und Mitarbeiter, Helv. chim. Acta *21*, 448 (1938).

[5]) L. Zechmeister und L. v. Cholnoky, A. *530*, 291 (1937).

[6]) P. Karrer, H. König und U. Solmssen, Helv. chim. Acta *21*, 445 (1938).

[7]) Hans König, Diss. Universität Zürich, 1940.

Eigenschaften

Kristallform: Aus einem Gemisch von Benzol und Benzin kristallisiert β-Citraurin in sehr dünnen, orange bis gelb gefärbten Tafeln, die unter dem Mikroskop fast farblos erscheinen.

Schmelzpunkt: 147° C (korr., Berl-Block, kurzes Thermometer).

Löslichkeit: β-Citraurin löst sich gut in Aceton, Äthanol, Äther, Benzol und Schwefelkohlenstoff. In Benzin ist die Löslichkeit selbst in der Siedehitze sehr gering.

Absorptionsmaxima in:

CS_2	525	490	457 mμ (wenig scharf)
Benzol	497	467	mμ
Benzin	488	459	mμ (scharf)
Hexan	487	458	mμ
Äthanol	verschwommen.		

Farbreaktionen: Versetzt man eine ätherische Lösung des Aldehyds mit konzentrierter, wäßriger Salzsäure, so färbt sich letztere blau an.

Lösungsfarben: Die Lösung des Farbstoffes in Schwefelkohlenstoff ist schön weichselrot, in Äthanol rot, in Hexan und Benzin strohgelb und in Benzol ist sie etwas bräunlicher.

Verteilungsprobe: β-Citraurin verhält sich bei der Verteilung zwischen Methanol und Petroläther hypophasisch.

Chromatographisches Verhalten: Im Chromatogramm haftet β-Citraurin aus Schwefelkohlenstoff etwas stärker als Kryptoxanthin und befindet sich in der Säule oberhalb letzterem und unterhalb von Zeaxanthin.

Nachweis und Bestimmung: Nach der Verseifung befindet sich der Farbstoff im hypophasischen Anteil und wird mittelst chromatographischer Adsorptionsanalyse von anderen Phytoxanthinen getrennt. Er bildet im Chromatogramm eine Zone von so typischer, weichselroter (nicht violetter!) Farbe, daß er mit keinem anderen natürlichen Carotinoid verwechselt werden kann. Der Nachweis der Verbindung geschieht durch Bestimmung der Absorptionsmaxima und nötigenfalls durch Herstellung des Oxims.

Derivate

β-*Citraurin-oxim* $C_{30}H_{41}O_2N$:

Man erhält diese Verbindung bei der Behandlung des β-Citraurins mit freiem Hydroxylamin[1]). Aus Methanol kristallisiert das Oxim in dünnen Stäbchen, welche zu Sternen gruppiert sind. Smp. 188° C (korr.).

---

[1]) L. ZECHMEISTER und L. v. CHOLNOKY, A. *530*, 291 (1937).

Absorptionsmaxima in (alle scharf):

CS₂	505	473 mμ
Benzol	487	456 mμ
Benzin	474	444 mμ
Hexan	473	443 mμ
Äthanol	476	444 mμ

Das Oxim ist in kaltem Benzin unlöslich. Größer erweist sich die Löslichkeit in Äthanol und Aceton.

β-Citraurinsemicarbazon $C_{31}H_{43}O_2N_3$[1]):

Das Semicarbazon kristallisiert aus Benzol in mikroskopischen, rötlichbraunen Blättchen, welche bei 190° C unscharf schmelzen. Es löst sich leicht in Äthanol, Aceton, schwer dagegen in Benzin.

CS₂	517	483 mμ	(unscharf)
Benzol	498	463 mμ	(unscharf)
Hexan	485	454 mμ	(scharf)
Äthanol	486	454 mμ	(scharf)

2. *Rhodoxanthin* $C_{40}H_{50}O_2$

Geschichtliches

1893 N. A. MONTEVERDE[2]) beobachtet in den rotbraunen Blättern von *Potamogeton natans* einen neuen Farbstoff, der kurz darauf (1911) von M. TSWETT[3]) in verschiedenen Koniferen gefunden und unter der Bezeichnung «Thujorhodin» beschrieben wird.

1913 N. A. MONTEVERDE und V. N. LUBIMENKO[4]) isolieren Rhodoxanthin in kristallinem Zustand, welches 1925 von S. PRÁT[5]) und 1926 und 1927 von TH. LIPPMAA[6]) untersucht wird.

1933 R. KUHN und H. BROCKMANN[7]) isolieren Rhodoxanthin aus dem Arillus der Eiben und schlagen eine Konstitutionsformel für den Farbstoff vor.

1935 P. KARRER und U. SOLMSSEN[8]) führen Dihydro-rhodoxanthin in Zeaxanthin über, wodurch die Konstitution des Rhodoxanthins eine Bestätigung findet.

---

[1]) L. ZECHMEISTER und L. v. CHOLNOKY, A. *530*, 291 (1937).

[2]) N. A. MONTEVERDE, Acta Horti Petropol. *13*, 121 (1893).

[3]) M. TSWETT, C. r. *152*, 788 (1911).

[4]) N. A. MONTEVERDE und V. N. LUBIMENKO, Bull. Acad. Sci. Petrograd, S. 7, *7*, II, 1105 (1913).

[5]) S. PRÁT, Biochem. Z. *152*, 495 (1924).

[6]) TH. LIPPMAA, C. r. *182*, 867, 1040 (1926); Ber. bot. Ges. *44*, 643 (1926).

[7]) R. KUHN und H. BROCKMANN, Ber. *66*, 828 (1933).

[8]) P. KARRER und U. SOLMSSEN, Helv. chim. Acta *18*, 477 (1935).

Vorkommen[1])

In untergeordneten Mengen ist Rhodoxanthin in der Natur ziemlich weit verbreitet. In reichlichen Mengen kommt es in den Arillen von *Taxus baccata* L. (Eibe) vor.

Tabelle 47

Vorkommen von Rhodoxanthin

Ausgangsmaterial	Literaturangaben
Taxus baccata (Arillen) .	R. Kuhn und H. Brockmann, Ber. *66*, 828 (1933). – M. Tswett, C. r. *152*, 788 (1911).
In Blättern und Zweigen von:	
Thuja orientalis L.	M. Tswett, C. r. *152*, 788 (1911).
Cryptomeria japonica Don.	do.
Cypressus Naitnocki (Nadeln)	do.
Retinospora plumosa . .	do.
Juniperus virginiana L.	do.
Aloe-Species	Th. Lippmaa, Ber. bot. Ges. *44*, 643 (1926), H. Kylin, H. *163*, 229 (1927) – H. Molisch, Ber. bot. Ges. *20*, 442 (1902).
Bulbine annua	Th. Lippmaa, Ber. bot. Ges. *44*, 643 (1926).
Buxus	Th. Lippmaa, Ber. bot. Ges. *44*, 643 (1926).
Encephalartos Hilde-brandtii	M. W. Lubimenko, Rev. gén. Bot. *25*, 475 (1914); C. r. *158*, 510 (1914).
Equisetum-Species (Internodien)	Th. Lippmaa, Ber. bot. Ges. *44*, 643 (1926). – S. Prát, Biochem. Z. *152*, 495 (1924).
Gasteria	Th. Lippmaa, Ber. bot. Ges. *44*, 643 (1926).
Gnetum-Species	N. A. Monteverde und V. N. Lubimenko, Bull. Acad. Sci. Petrograd [6], 7, II, 1105 (1913).
Reseda odorata	Th. Lippmaa, Ber. bot. Ges. *44*, 643 (1926).
Potamogeton natans . .	N. A. Monteverde, Acta Horti Petropol. *13*, 201 (1893).
Selaginella	N. A. Monteverde und V. N. Lubimenko, Bull. Acad. Sci. Petrograd [6], 7, II, 1105 (1913). Th. Lippmaa, Ber. bot. Ges. *44*, 643 (1926).
Chamaecyparis	do.
Haworthia	do.
Scirpus	do.

---

[1]) Vgl. hierzu auch: Th. Lippmaa, Das Rhodoxanthin, Schriften herausgegeben von der Naturforsch. Ges. bei der Universität Tartu (1925).

Darstellung[1])

Die reifen Eibenfrüchte werden in Portionen von 10 kg nach Zerquetschen zu einem feinen Brei mit Methanol extrahiert. Die zwei ersten Auszüge sind gewöhnlich farblos bis hellrot gefärbt und enthalten fast keinen Farbstoff, die beiden nachfolgenden Methanolextrakte besitzen tiefrote Farbe. Anschließend extrahiert man den Rückstand mit Petroläther (Kp. 70–80⁰ C). Die vereinigten Methanolauszüge werden mit Wasser versetzt und der Farbstoff in Benzin übergeführt. Diese Benzinlösung vereinigt man mit dem Benzinextrakt. Durch wiederholte Verteilung des Rhodoxanthins zwischen Methanol und Petroläther wird eine weitgehende Reinigung des Farbstoffes erzielt. Zu seiner Isolierung dampft man die letzte Benzinlösung im Vakuum fast zur Trockne ein und kristallisiert das Pigment in der Kälte aus. Dieses wird zuerst mit wenig Methanol und dann mit Petroläther ausgekocht. Auf diese Weise erhält man aus 10 kg Eibenfrüchten etwa 70 mg rohen Farbstoff.

Die Reindarstellung des Rhodoxanthins erfolgt durch Umkristallisieren aus einem Gemisch von 1 Teil Benzol und 4 Teilen Methanol, oder durch langsames Eindunsten einer äthylalkoholischen Lösung.

Chemische Konstitution

$$CH_3 \quad CH_3 \qquad\qquad\qquad\qquad\qquad\qquad\qquad\qquad CH_3 \quad CH_3$$

$$C \qquad\quad CH_3 \qquad CH_3 \qquad\quad CH_3 \qquad CH_3 \qquad\quad C$$

$$CH_2 \quad C{=}CHCH{=}C{\cdot}CH{=}CHCH{=}C{\cdot}CH{=}CHCH{=}CH{\cdot}C{=}CHCH{=}CH{\cdot}C{=}CHCH{=}C \quad CH_2$$

$$O{=}C \quad C{\cdot}CH_3 \qquad\qquad\qquad Rhodoxanthin \qquad\qquad\qquad H_3C{\cdot}C \quad C{=}O$$

$$CH \qquad\qquad\qquad\qquad\qquad\qquad\qquad\qquad\qquad\qquad CH$$

Die Konstitution des Rhodoxanthins ist durch Arbeiten von R. KUHN und H. BROCKMANN[1]) aufgeklärt worden. Die Elementaranalyse ergab die Bruttoformel $C_{40}H_{50}O_2$. Bei der katalytischen Hydrierung des Farbstoffes werden zuerst schnell 12 Mol Wasserstoff aufgenommen, zu welchen bei weiterer Hydrierung noch 2 Mol hinzukommen. Dieses Verhalten läßt auf 12 Doppelbindungen, welche infolge des langwelligen Absorptionsspektrums konjugiert sein müssen, und 2 Carbonylgruppen schließen. Diese letztere Annahme wird durch die Herstellung eines Dioxims bestätigt. Polyenaldehyde (z. B. Lycopinal) reagieren mit Hydroxylamin leicht; Rhodoxanthin tritt aber nur schwer mit diesem Reagens in Umsatz; aus diesem Grund nehmen R. KUHN und H. BROCKMANN an, daß in der Farbstoffmolekel 2 Ketongruppen anwesend sind, welche an das System der konjugierten Doppelbindungen konjugiert angeschlossen sind, womit auch die langwellige Lage der Absorptionsbanden übereinstimmt.

Mittelst Chromsäureoxydation ermittelten R. KUHN und H. BROCKMANN[1]) die Anwesenheit von 6 seitenständigen Methylgruppen. Die *Zerewitinoff-*

---

[1]) R. KUHN und H. BROCKMANN, Ber. *66*, 828 (1933).

Bestimmung ergab das Vorhandensein von 1 Hydroxylgruppe, doch ist diese Tatsache auf teilweise Enolisierung des Ketons zurückzuführen, denn bei der Einwirkung von Essigsäureanhydrid in Pyridin konnte keine Acetylverbindung erhalten werden. (Dieses Verhalten wäre allerdings auch mit einer tertiären OH-Gruppe vereinbar, doch ist das allgemeine Verhalten des Farbstoffes mit einer solchen nicht in Einklang zu bringen.)

Die Rhodoxanthinformel wird durch Untersuchungen von P. KARRER und U. SOLMSSEN[1]) bestätigt, in deren Verlauf es gelang, den Farbstoff über die Dihydroverbindung in Zeaxanthin überzuführen und so einen Zusammenhang zwischen den beiden Pigmenten zu ermitteln. Über diese Untersuchung wurde auf Seite 184 berichtet.

Eigenschaften

Kristallform: Aus einem Gemisch von Benzol und Methanol 1:4 kristallisiert Rhodoxanthin in dunkelvioletten, zu Rosetten zusammengewachsenen, lanzettförmigen Kriställchen, aus wässerigem Pyridin oder Äthanol erhält man fein verästelte, dünne Stäbchen. Läßt man eine äthanolische Rhodoxanthinlösung langsam eindunsten, so kristallisiert das Pigment in gut ausgebildeten, lanzettförmigen Blättchen.

Schmelzpunkt: F: 219⁰ C (im evakuierten Röhrchen, korr.).

Löslichkeit: Sehr leicht löst sich Rhodoxanthin in Pyridin, leicht in Benzol und Chloroform. In Äthanol und Methanol ist die Löslichkeit sehr gering und in Benzin, Hexan und Petroläther löst sich das Pigment gar nicht.

Lösungsfarben: In Benzin löst sich der Farbstoff mit gelbroter Farbe, in Methanol dagegen mit weinroter. Dieser Unterschied wurde schon beim Capsanthin beobachtet. L. ZECHMEISTER und A. POLGÁR[2]) begründen diese Erscheinung mit der polaren Natur des Alkohols.

Absorptionsmaxima in:

CS₂	564	525	491 mμ
Chloroform	546	510	482 mμ
Benzol	542	503,5	474 mμ
Äthanol	538	496	(sehr unscharf)
Benzin	524	489	458 mμ
Petroläther	521	487	456 mμ

Farbreaktionen: In konzentrierter Schwefelsäure löst sich Rhodoxanthin mit tiefblauer Farbe. Versetzt man eine Chloroformlösung des Pigmentes mit Antimontrichlorid, so tritt eine starke, blauviolette Färbung auf. Beim Schütteln einer ätherischen Lösung des Rhodoxanthins mit 25%iger Salzsäure färbt

---

[1]) P. KARRER und U. SOLMSSEN, Helv. chim. Acta *18*, 477 (1935).
[2]) A. POLGÁR und L. ZECHMEISTER, Am. Soc. *66*, 186 (1944).

sich letztere schwach rotviolett, mit konzentrierter Säure fällt diese Färbung etwas stärker aus.

Verteilungsprobe: Bei der Verteilung zwischen Petroläther und 90%igem Methanol färbt Rhodoxanthin beide Schichten an.

Chromatographisches Verhalten: Rhodoxanthin haftet – im Gegensatz zu Phytoxanthinen – an Calciumcarbonat nicht. Dagegen haftet es aus einem Benzol-Benzin-Gemisch gut an Aluminiumoxyd. Es bildet im Chromatogramm eine tiefviolette Zone, welche mit methanolhaltigem Benzin eluiert werden kann.

Nachweis und Bestimmung: Nach der Trennung von anderen Carotinoiden mittelst chromatographischer Analyse an Aluminiumoxyd wird Rhodoxanthin durch sein Absorptionsspektrum nachgewiesen.

Chemisches Verhalten: Rhodoxanthin ist gegenüber Luftsauerstoff relativ beständig.

Derivate

Rhodoxanthindioxim $C_{40}H_{52}O_2N_2$:

Das Dioxim stellt man durch Kochen von Rhodoxanthin in wenig Pyridin mit einer, etwas Natriumhydroxyd enthaltenden Lösung von 6 Mol Hydroxylamin her[1]). Aus einem Gemisch von Pyridin und Benzin kristallisiert die Verbindung in viereckigen, roten Blättchen, welche bei 227–228° C (korr. in evakuierter Kapillare) schmelzen. Rhodoxanthindioxim löst sich in Benzin und Benzol schwerer, in Äthanol leichter als Rhodoxanthin. Im Gegensatz zum letzteren läßt es sich aus Benzin an Calciumcarbonat adsorbieren. An Aluminiumoxyd haftet es so stark, daß man es kaum mehr eluieren kann.

Absorptionsmaxima in:

CS$_2$	516	483	453 mμ
Chloroform	527	490	457 mμ
Benzol	527	490	457 mμ
Äthanol	516	483	454 mμ
Benzin	516	483	453 mμ
Hexan	513	479	451 mμ
Petroläther	510	477	450 mμ

Dihydrorhodoxanthin $C_{40}H_{52}O_2$:

Dihydrorhodoxanthin

---

[1]) R. Kuhn und H. Brockmann, Ber. *66*, 828 (1933).

R. Kuhn und H. Brockmann[1]) stellten diese Verbindung durch Reduktion von in Pyridin-Eisessig-Gemisch gelöstem Rhodoxanthin mit Zink her. Aus einem Gemisch von Benzol und Methanol kristallisiert Dihydrorhodoxanthin in goldgelben Blättchen, welche bei 219⁰ C (korr. im evakuierten Röhrchen) schmelzen. Es zeigt ähnliche Löslichkeit wie Rhodoxanthin. Das chromophore System des Dihydrorhodoxanthins stimmt mit demjenigen des β-Carotins und des Zeaxanthins überein, was in der weitgehenden Übereinstimmung der Absorptionsmaxima zum Ausdruck kommt:

Absorptionsmaxima in:	Dihydrorhodoxanthin:			Zeaxanthin:		
CS₂.	514	479	448 mμ	517	482	450 mμ
Chloroform	492	460	431 mμ	495	462	429 mμ
Benzin	483	452	425 mμ	483,5	451,5	423 mμ
Äthanol	480	450	422 mμ	483	451	423,5 mμ

Entsprechend seinem symmetrischen Bau ist Dihydrorhodoxanthin optisch inaktiv. Es wird in Lösung (z. B. in Piperidin oder in Pyridin und etwas alkoholischer Kalilauge) durch Luftsauerstoff schnell zu Rhodoxanthin dehydriert. Bei der katalytischen Hydrierung in Dekalin nimmt der Farbstoff 13 Mol Wasserstoff auf. P. Karrer und U. Solmssen (vgl. S. 66, 184) gelang es, durch Reduktion des Dihydrorhodoxanthins Zeaxanthin zu erhalten.

Dihydrorhodoxanthin-dioxim $C_{40}H_{54}O_2N_2$:

Man erhält diese Verbindung nach einer analogen Vorschrift, wie sie für die Rhodoxanthin-dioxim-Herstellung gegeben wurde (S. 227). Aus Äthanol kristallisiert das Dioxim in gelbroten Nadeln, welche bei 226–227⁰ C (korr. im Vakuum) schmelzen.

Absorptionsmaxima in:

CS₂.	514	479	448 mμ
Benzin	483	451,5	424 mμ
Hexan	480	449	422 mμ

3. *Myxoxanthin* $C_{40}H_{54}O$

Geschichtliches und Vorkommen

J. M. Heilbron, B. Lythgoe und R. F. Phipers[2]) fanden in der Alge *Rivularia nitida* ein bis dahin unbekanntes, epiphasisches Carotinoid, das sie Myxoxanthin nannten. Später wurde dieser Farbstoff in *Oscillatoria rubescens*[3]) und in *Calothrix scopulorum* (?) festgestellt[4]).

1) R. Kuhn und H. Brockmann, Ber. *66*, 828 (1933).
2) J. M. Heilbron, B. Lythgoe und R. F. Phipers, Nature *136*, 989 (1935).
3) J. M. Heilbron und B. Lythgoe, Soc. *1936*, 1376.
4) J. Tischer, H. *251*, 109 (1938).

Darstellung

Aus *Oscillatoria rubescens*[1]): Die Algen werden mit Methanol entwässert und mit dem gleichen Lösungsmittel, dann mit Äther ausgezogen. Die vereinigten Extrakte engt man unter Stickstoff im Vakuum ein, schließt die Verseifung mit wäßriger Kalilauge an und trennt die Farbstoffe in eine epiphasische und eine hypophasische Fraktion. Aus der Hypophase wird Myxoxanthophyll extrahiert (S. 231), die Aufarbeitung der Epiphase liefert Myxoxanthin.

Der petrolätherische Epiphasen-Auszug wird alkalifrei gewaschen, getrocknet und kurze Zeit stehen gelassen, worauf sich eine bedeutende Menge β-Carotin abscheidet. Man verdampft die Mutterlaugen im Vakuum zur Trockene, chromatographiert den Rückstand an Aluminiumoxyd und den Farbstoff der mittleren Zone des Chromatogramms, das Myxoxanthin, erneut an Aluminiumoxyd. Anschließend führt man den Farbstoff in Äther-Methanol-Gemisch über, engt ein und friert aus dieser Lösung farblose Begleitstoffe aus. Die Mutterlaugen liefern nach dem Einengen und Abkühlen Myxoxanthin, das zur weiteren Reinigung wiederholt aus einem Gemisch von Pyridin und Methanol umkristallisiert wird.

Chemische Konstitution

Myxoxanthin (?)

Die Konstitution des Myxoxanthins ist noch nicht restlos aufgeklärt; Untersuchungen von J. H. Heilbron und B. Lythgoe[1]) und von P. Karrer und J. Rutschmann[2]) haben jedoch die wiedergegebene Formel wahrscheinlich gemacht.

Die Elementaranalyse ergab die Bruttoformel $C_{40}H_{54}O$. Bei der Mikrohydrierung nahm Myxoxanthin 12 Mol Wasserstoff auf; Myxoxanthinoxim benötigt dagegen zur Absättigung 13 Mol H_2. Daraus geht hervor, daß der freie Farbstoff 12 Doppelbindungen und 1 Carbonylgruppe enthält. Letztere läßt sich durch Aluminiumisopropylat und Isopropylalkohol zu einem sekundären Alkohol, Myxoxanthol, reduzieren. Dieser stimmt in seinem spektralen Verhalten mit γ-Carotin und Rubixanthin überein, enthält demnach dasselbe oder ein sehr ähnliches chromophores System. Ferner muß Myxoxanthin einen unsubstituierten β-Iononring enthalten, da es Vitamin-A-wirksam ist. Aus Analogiegründen (Astacin) nimmt man an, daß die Carbonylgruppe innerhalb des Systems konjugierter Doppelbindungen liegt. (Carotinoidketone, deren Keto-

---

[1]) J. M. Heilbronn und B. Lythgoe, Soc. *1936*, 1376.

[2]) J. Rutschmann, Diss. Zürich 1946; Helv. chim. Acta *27*, 1691 (1944).

gruppe an das ungesättigte System endständig angeschlossen ist, besitzen ein dreibandiges Absorptionsspektrum, während Astacin und Myxoxanthin nur eine Bande aufweisen.)

Eigenschaften

Aus einem Gemisch von Pyridin und Methanol kristallisiert Myxoxanthin in tiefvioletten Prismen, welche bei 168–169⁰ C schmelzen. In einem Gemisch von Chloroform und Äther oder Petroläther löst sich der Farbstoff gut; in Chloroform allein ist die Löslichkeit gering. Bei der Verteilung zwischen Methanol und Petroläther verhält er sich rein epiphasisch. Aus petrolätherischer Lösung haftet Myxoxanthin an Calciumhydroxyd und an Magnesiumhydroxyd, nicht aber an Calciumcarbonat.

Absorptionsmaximum in:

CS_2. . . . .   488 mμ *
Chloroform . . . .   473 mμ
Äthanol . . . .   470 mμ
Petroläther . . . .   465 mμ

Farbreaktionen: Auf Zusatz von konzentrierter Schwefelsäure zu einer Chloroformlösung des Myxoxanthins färbt sich letztere tief blau. Konzentrierte Salzsäure bewirkt in Chloroform keine Farbveränderung; auf Zusatz von Salzsäure zu einer ätherischen Lösung tritt grünblaue Färbung auf.

Myxoxanthinoxim $C_{40}H_{55}ON$:
Glänzende, zinnoberrote Platten. Smp. 195–196⁰ C.

Absorptionsmaximum in:
Chloroform . . . .   463 mμ

Myxoxanthol $C_{40}H_{56}O$:
Tiefrote Kristalle. Smp. 169–172⁰ C.

Absorptionsmaxima in:

CS_2.	529	494	464 mμ
Chloroform	508	474	441 mμ
Petroläther	495	465	431 mμ

Myxoxanthol (?)

4. *Myxoxanthophyll* $C_{40}H_{56}O_7$

Bei der Untersuchung von *Oscillatoria rubescens* fanden J. M. HEILBRON und B. LYTHGOE[1]) neben Myxoxanthin, Xanthophyll und β-Carotin ein neues, hypophasisches Pigment, für welches sie die Bezeichnung Myxoxanthophyll vorschlagen. In neuerer Zeit wurde dieser Farbstoff von P. KARRER und J. RUTSCHMANN[2]) untersucht.

Zur Isolierung des Farbstoffes geht man vom hypophasischen Anteil des Oscillatoria-Extraktes (vgl. S. 229) aus. Man führt den Farbstoff in Äther über, wäscht diese Lösung alkalifrei, trocknet sie über Natriumsulfat und destilliert das Lösungsmittel im Vakuum ab. Der dunkelrote, harzige Rückstand wird in Chloroform aufgenommen und an Calciumcarbonat chromatographiert. Myxoxanthin wird nach Elution und Befreien vom Lösungsmittel in Pyridin gelöst und nach dem Ausfrieren farbloser Begleitstoffe die Mutterlauge mit Petroläther versetzt, worauf das Pigment in der Kälte auskristallisiert.

Über den Bau des Myxoxanthophylls geben hauptsächlich Untersuchungen von P. KARRER und J. RUTSCHMANN[2]) Auskunft. Die Bruttoformel des Farbstoffes ist $C_{40}H_{56}O_7$[1])[2]). Bei der Mikrohydrierung werden 10 Mol Wasserstoff schnell, und ein elftes langsam aufgenommen[2]), woraus auf das Vorliegen von 10 Doppelbindungen und einer Carbonylgruppe geschlossen werden kann. Von den restlichen 6 Sauerstoffatomen liegen 4 als sekundäre Hydroxylgruppen vor, was durch das Vorliegen eines Tetraacetates bewiesen wird. Dieses enthält noch 2 mittels der Methode von ZEREWITINOFF nachweisbare, freie Hydroxylgruppen, welche nicht verestert wurden, somit tertiären Charakter haben dürften[2]). Es ist noch zu bemerken, daß die Annahme einer Carbonylgruppe nicht bewiesen worden ist, das Verhalten des Farbstoffes und sein langwelliges Absorptionsspektrum weisen jedoch auf eine solche hin. P. KARRER und J. RUTSCHMANN[2]) schlagen unter Vorbehalt folgende Myxoxanthophyllformel vor, welche den erwähnten Eigenschaften des Farbstoffes gerecht wird:

Myxoxanthophyll (?)

Die beiden Autoren betonen jedoch, daß diese Formel keineswegs gesichert ist.

---

[1]) J. M. HEILBRON und B. LYTHGOE, Soc. *1936*, 1376.

[2]) P. KARRER und J. RUTSCHMANN, Helv. chim. Acta 27, 1691 (1944).

Myxoxanthophyll kristallisiert aus Aceton in violetten Nadeln, welche bei 182⁰ C (unkorr. im Vakuum)[1]) schmelzen. Nach J. M. Heilbron und B. Lythgoe dreht der Farbstoff das polarisierte Licht nach links: $[\alpha]_{Cd} = -255^0$ C (in Äthanol). Er löst sich leicht in Pyridin und Äthanol, schlechter in Chloroform und Aceton und ist in Petroläther, Äther und Benzol unlöslich.

Farbreaktionen: Konzentrierte Schwefelsäure ruft in einer Chloroformlösung des Farbstoffes tiefblaue Färbung hervor. Konzentrierte Salzsäure hat keine Farbveränderung zur Folge.

Absorptionsmaxima in:

Pyridin	526	489	458 mμ
Chloroform	518	484	454 mμ
Äthanol	503	471	445 mμ

Myxoxanthophyll-tetraacetat $C_{48}H_{64}O_{11}$:

Entsteht durch Veresterung von Myxoxanthophyll mit Essigsäureanhydrid in Pyridin[2]). Aus Methanol kristallisiert der Ester in glänzenden, violetten Blättchen, welche bei 131–132⁰ C schmelzen. Myxoxanthophyll-tetraacetat verhält sich bei der Verteilung zwischen Methanol und Petroläther rein hypophasisch.

Absorptionsmaxima in:

CS_2.	544	508	479 mμ

P. Karrer und J. Rutschmann[2]) haben auch das Myxoxanthophyllbenzoat hergestellt, jedoch wegen Materialmangels nicht in reiner Form erhalten.

5. *Astacin* $C_{40}H_{48}O_4$ *und Astaxanthin* $C_{40}H_{52}O_4$

Einleitung

Die Farbstoffe der Crustaceen nehmen das Interesse der Chemiker und Zoologen seit langem in Anspruch[3]). Aber erst in der neuesten Zeit gelang es, über diese Pigmente Aufschluß zu erhalten (vgl. S. 238) und die Untersuchungen

---

[1]) J. M. Heilbron und B. Lythgoe, Soc. *1936*, 1376, geben den Smp. 169–170⁰ C an; sie hatten wahrscheinlich ein weniger reines Präparat in Händen. Auch führten sie die Schmelzpunktsbestimmung nicht im Vakuum aus.

[2]) P. Karrer und J. Rutschmann, Helv. chim. Acta *27*, 1691 (1944).

[3]) G. Pouchet, J. Anat. Physiol. *12*, 1–90, 113–165 (1876). – R. Maly, Sitzsber. Akad. Wiss. Wien *83*, 1126 (1881); Mh. Chem. *2*, 351 (1881). – C. Fr. W. Kruckenberg, «Vergleichend-physiologische Studien», Ser. II, Teil 3, 92 (1882). – W. Zopf, Beitr. Phys. Morph. nied. Org. *3*, 26 (1893). – M. Newbigin, J. Anat. u. Physiol. *21*, 237 (1897). – G. Vegezzi, Diss., Fribourg 1916. – J. Verne, C. r. Soc. Biol. Paris *83*, 963 (1920); *94*, 1349 (1926); *97*, 1290 (1927); Arch. Morph. *16*, 1 (1923). – E. Chatton, A. Lwoff und M. Parat, C. r. Soc. Biol. Paris *94*, 567 (1926). – E. Lönnberg und H. Hellström, Ark. Zool. (schwed.) A. *26*, Nr. 7 (1932) usw.

über die chemische Zusammensetzung dieser Verbindungen zu einem gewissen Abschluß zu bringen.

Als erstes Pigment dieser Art wurde 1933 das Astacin aus Hummerpanzer isoliert[1]) und später von P. KARRER und Mitarbeitern[2]) als β-Carotin-tetraketon erkannt. Einige Jahre später fanden R. KUHN und N. A. SÖRENSEN[3]), daß der unter der Bezeichnung «Ovoester» beschriebene Farbstoff der Hummereier[1]) kein Astacinester, sondern ein neues Pigment ist. Es wurde mit dem Namen Astaxanthin belegt und seine leichte Umwandlung in alkalischem Medium durch Luftsauerstoff in Astacin festgestellt. Dadurch war die Vermutung nahegelegt, daß Astacin ein während der alkalischen Verseifung der Ester des Astaxanthins entstandenes Kunstprodukt, und Astaxanthin der native Farbstoff ist[3]). Diese Vermutung ließ sich in einigen Fällen beweisen, in anderen Fällen stehen die entsprechenden Versuche noch aus. Es zeigte sich, daß Astaxanthin in tierischen Organismen ziemlich häufig anzutreffen ist[4]) und auch in Pflanzen[5]) vorkommt.

Als bewiesen darf die nahe Verwandtschaft der beiden Carotinoide, sowie die schnelle Umwandlung des Astaxanthins durch Luftsauerstoff in alkalischer Lösung in Astacin gelten, so daß es vorteilhaft erscheint, die beiden Farbstoffe in einem Kapitel gemeinsam zu behandeln.

Geschichtliches

1933 R. KUHN und E. LEDERER[6]) isolieren aus Hummerpanzer in kristallinem Zustande Astacin, das im Tier teilweise an Eiweiß gebunden, teils verestert vorliegt.

1934–36 P. KARRER und Mitarbeiter[2]) unterwerfen das neue Pigment einer eingehenden Untersuchung, in deren Verlauf dessen Konstitution aufgeklärt wird.

1938 R. KUHN und N. A. SÖRENSEN[3]) stellen fest, daß in Eiern des Hummers nicht verestertes Astacin («Ovoester»), sondern ein neues Pigment, Astaxanthin, enthalten ist. Dessen Konstitution wird ermittelt und seine nahe Verwandtschaft mit Astacin festgestellt.

---

[1]) R. KUHN und E. LEDERER, Ber. *66*, 488 (1933).

[2]) P. KARRER und Mitarbeiter, Helv. chim. Acta *17*, 412, 745 (1934); *18*, 96 (1935); *19*, 479 (1936).

[3]) R. KUHN und N. A. SÖRENSEN, Z. angew. Chem. *51*, 465 (1938); Ber. *71*, 1879 (1938).

[4]) R. KUHN, J. STENE und N. A. SÖRENSEN, Ber. *72*, 1688 (1939).

[5]) J. TISCHER, H. *267*, 281 (1941).

[6]) R. KUHN und E. LEDERER, Ber. *66*, 488 (1933).

Vorkommen

Man hatte ursprünglich angenommen, daß Astacin bzw. Astaxanthin ein ausgesprochener Tierfarbstoff ist; neuere Untersuchungen zeigen jedoch, daß auch pflanzliche Organismen dieses Pigment enthalten[1]).

Seit der Isolierung des Astacins aus Hummer (Panzer, Hypodermis und Eier[2])) sind zahlreiche andere Vorkommen dieses Carotinoids, bzw. des Astaxanthins festgestellt worden, das entweder verestert vorliegt oder an Eiweiß gebunden ist. Die Bindung an Eiweiß scheint ionogener Art zu sein, wobei das Protein die positive Komponente darstellt (vgl. S. 240).

Tabelle 48

Vorkommen von Astaxanthin oder Astacin[1])[3])

Ausgangsmaterial	Literaturangaben
I. Grünalgen:	
Haematococcus pluvialis+	R. Kuhn, J. Stene und N. A. Sörensen, Ber. *72*, 1688 (1939). – J. Tischer H. *250*, 147 (1937).
II. Protozoa:	
Euglena heliorubescens+ .	J. Tischer, H. *239*, 257 (1936); *267*, 281 (1941).
III. Spongiaria:	
Axinella crista-galli . .	P. Karrer und U. Solmssen, Helv. chim. Acta *18*, 915 (1935).
IV. Crustacea:	
a) *Malacostraca:*	
1) *Schizopoda Euphausia*	J. C. Drummond und R. McWalter, J. exper. Biol. *12*, 105 (1934).
2) *Decapoda:*	
Astacus gammarus, Panzer+, Hypodermis+, Eier+	R. Kuhn und N. A. Sörensen, Ber. *71*, 1879 (1938).
Maja squinado, Eier . .	R. Kuhn, E. Lederer und A. Deutsch, H. *220*, 229 (1933).
Palinurus vulgaris . . .	R. Fabre und E. Lederer, Bull. Soc. Chim. Biol. *16*, 105 (1934).
Portunus puber	do.
Nephrops-Species	do.
Leander serratus	do.
Cancer pagurus	do.

---

[1]) R. Kuhn, J. Stene und N. A. Sörensen, Ber. *72*, 1688 (1939). – J. Tischer, H. *267*, 281 (1941). – (Vgl. S. 236.)

[2]) R. Kuhn und E. Lederer, Ber. *66*, 488, (1933).

[3]) Außer in den Fällen, die mit + bezeichnet sind, muß die Frage, ob Astacin der native Farbstoff oder ein Umwandlungsprodukt des Astaxanthins ist, offen gelassen werden, da die entsprechenden Untersuchungen noch nicht durchgeführt sind. In Organismen, die mit einem +-Zeichen vermerkt sind, wurde Astaxanthin gefunden.

Ausgangsmaterial	Literaturangaben

Potamobius astacus . . . Zum Beispiel H. WILLSTAEDT, Svensk Kem. Tidskr. *46*, 205, 261 (1934).

Eupagurus Prideauxii . E. LEDERER, Bull. Soc. Chim. Biol. *20*, 567, 554, 611 (1938).

b) *Copepoda:*

Calanus finmarchicus[+] . H. v. EULER, H. HELLSTRÖM und E. KLUSSMANN, H. *228*, 77 (1934). – E. LEDERER, Bull. Soc. Chim. Biol. *20*, 567, 554, 611 (1938).

Heterocope saliens . . . N. A. SÖRENSEN, Kgl. Norske, Vid. Selsk. Skr. *1936*, Nr. 1.

c) *Phyllopoda:*

Holopedium gibberum . . do.

d) *Arthrostraca:*

Gammarus pulex[+] . . . do.

V. *Mollusca (Lamellibranchiata):*

Lima excavata . . . . . N. A. SÖRENSEN, Kgl. Norske, Vid. Selsk. Skr. *1936*, Nr. 1.

VI. *Echinoderma:*

Ophidiaster ophidianus . P. KARRER und F. BENZ, Helv. chim. Acta *17*, 412 (1934).

Echinaster sepositus. . . P. KARRER und U. SOLMSSEN, Helv. chim. Acta *18*, 915 (1935).

VII. *Tunicata (Ascidiacea):*

Dendrodoa grossularia[+] . E. LEDERER, Bull. Soc. Chim. Biol. *20*, 567, 554, 611 (1938).

Halocynthia papillosa[+] . do.

VIII. Fische:

Regalecus glesne, Leber[+] . N. A. SÖRENSEN, Tidskr. Kjemi Bergves *1935*, 12. – R. KUHN, J. STENE und N. A. SÖRENSEN, Ber. *72*, 1688 (1939).

Lophius piscatorius, Leber N. A. SÖRENSEN, Tidskr. Kjemi Bergves *1935*, 12.

Beryx decadactylus, Haut E. LEDERER, C. r. Soc. Biol. *118*, 542 (1935).

Carassius auratus, Haut . E. LEDERER, C. r. Soc. Biol. *118*, 542 (1935).

Cyclopterus lumpus, Leber N. A. SÖRENSEN, H. *235*, 8 (1935).

Salmo salar, Muskelfleisch do.

Salmo trutta, Muskel-
fleisch[+] . . . . N. A. SÖRENSEN und J. STENE, Kgl. Norske Vid. Selsk. Skr. *1938*, Nr. 9.

Sebastes marinus, Haut . E. LEDERER, Bull. Soc. Biol. *20*, 567, 554, 611 (1938).

Perca fluviatilis, Flossen do.

Ausgangsmaterial   Literaturangaben

IX. Reptilien:

Clemmys insculpata,

Retina . . . .   G. WALD und H. ZUSSMAN, J. biol. Chem. *122*, 449
                         (1938).

X. Vögel:

Phasianus colchicus,

«Rosen»⁺ . . . .   R. KUHN, J. STENE und N. A. SÖRENSEN, Ber. *72*,
                         1688 (1939). – H. BROCKMANN und O. VÖLKER, H.
                         224, 193 (1934).

Haushuhn, Retina⁺ . .   R. KUHN, J. STENE und N. A. SÖRENSEN, Ber. *72*,
                         1688 (1939). – G. WALD und H. ZUSSMAN, J. biol.
                         Chem. *122*, 449 (1938).

XI. Säugetiere:

Balaenoptera musculus,

Fett . . . .   S. SCHMIDT-NIELSEN, N. A. SÖRENSEN und B. TRUMPY,
                         Kgl. Norske Vid. Selsk. Skr. *5*, 118 (1932). –
                         G. N. BURKHARDT, J. M. HEILBRON, H. JACKSON,
                         E. G. PARRY und J. A. LOVERN., Biochem. J. *28*,
                         1698 (1934).

Besonders soll das Vorkommen des Astaxanthins in der Grünalge *Haematococcus pluvialis*[1]) hervorgehoben werden, da damit die Ansicht, daß Astaxanthin
ein rein tierisches Carotinoid ist, widerlegt wird.

J. TISCHER hat bereits 1936 in der Flagellate *Euglena heliorubescens*[1]) ein
Pigment entdeckt, das er Euglenarhodon nannte. Diesen Farbstoff fand er
etwas später auch in der Grünalge *Haematococcus pluvialis*[2]). Untersuchungen
von R. KUHN, J. STENE und N. A. SÖRENSEN[3]) haben ergeben, daß Euglenarhodon aus *Haematococcus pluvialis* mit Astacin identisch ist. J. TISCHER[4]) hat
Euglenarhodon aus *Euglena heliorubescens* einer erneuten Prüfung unterworfen und kommt zum gleichen Ergebnis wie R. KUHN und Mitarbeiter.

Tabelle 49

Über die Bindungsart des Astaxanthins in der Natur

(Angaben, welche mit einem *-Zeichen versehen sind, bedeuten, daß aus dem betreffenden Material Astacin und nicht Astaxanthin isoliert worden ist; die Frage,
ob ersteres der native Farbstoff, oder ein erst während der Aufarbeitung entstandenes Kunstprodukt ist, muß daher noch offen gelassen werden. Über die
Literatur orientiert Tabelle 48, S. 234.

[1]) R. KUHN, J. STENE und N. A. SÖRENSEN, Ber. *72*, 1688 (1939). – J. TISCHER, H. *239*, 257
1936).

[2]) J. TISCHER, H. *250*, 147 (1937); *252*, 225 (1938).

[3]) R. KUHN, J. STENE und N. A. SÖRENSEN, Ber. *72*, 1688 (1939).

[4]) J. TISCHER, H. *267*, 281 (1941).

Bindungsart	Ausgangsmaterial
Epiphasischer Ester	*Hämatococcus pluvialis* *Euglena heliorubescens* *Astacus gammarus*, Hypodermis * *Beryx decadactylus*, Haut * *Carassius auratus*, Haut * *Sebastes marinus*, Haut * *Perca fluviatilis*, Flossen *Phasianus colchicus* «Rosen» Haushuhn, Retina
Freier Farbstoff	*Maja squinado*, Eier *Calanus finmarchicus* (teils verestert) *Regalecus glesne*, Leber *Salmo trutta*, Muskelfleisch *Phasianus colchicus* * *Balaenoptera musculus*, Fett
Chromoproteid blauschwarz grün blau olivbraun oder blau violettrot olivbraun	 *Astacus gammarus*, Panzer *Astacus gammarus*, Eier (Ovoverdin) * *Heterocope saliens* *Gammarus pulex* *Dendrodoa grossularia* * *Lophius piscatorius*

Darstellung des Astacins aus Hummerpanzern[1])

Die Panzer von frisch getöteten Tieren werden in 2-normale Salzsäure eingelegt und darin bis zur Rotfärbung belassen, anschließend mit Wasser abgespült und von den anhaftenden Hypodermispartien befreit. Sodann extrahiert man den Farbstoff bei Raumtemperatur mit Aceton und treibt ihn durch Verdünnen des Extraktes mit Wasser in Petroläther über. Diese Lösung wäscht man mit Wasser und anschließend mit 90%igem Methanol, versetzt sie mit 2-n NaOH und soviel Äthanol, als zur Erzielung einer homogenen Phase nötig ist und läßt sie 5 Stunden im Dunkeln bei Raumtemperatur stehen. Nach Verlauf dieser Zeit entmischt man mit Wasser, trennt die äthanolische Schicht ab, überschichtet sie mit wenig frischem Benzin und fällt Astacin durch vorsichtiges Ansäuern mit Essigsäure. Der Farbstoff wird mit heißem Wasser gewaschen, in wenig reinstem Pyridin aufgenommen und durch Zusatz von etwas Wasser zur Kristallisation gebracht. Die Ausbeute betrug aus 29 Tieren (12,8 kg Lebendgewicht) 0,265 g reines, dreimal umkristallisiertes Astacin.

---

[1]) R. Kuhn und E. Lederer, Ber. *66*, 488 (1933).

Darstellung des Astaxanthins aus Hummereiern[1])

2,5 kg Hummereier werden im Porzellanmörser unter Zugabe von Aceton und fester Kohlensäure zerquetscht, dieser Brei abgenutscht und auf der Nutsche mit stark gekühltem Aceton erschöpfend extrahiert. Den tiefrot gefärbten Extrakt überschichtet man mit einem Fünftel Volumen Petroläther und versetzt vorsichtig mit 1 Volumen destilliertem Wasser, worauf die Hauptmenge des Pigmentes sich in schönen, glitzernden Täfelchen abscheidet. Man saugt den Farbstoff ab, schüttelt die petrolätherische Lösung mit 90%igem Methanol aus, überschichtet diese mit frischem Benzin und fällt erneut eine weitere Menge Astaxanthin durch vorsichtigen Wasserzusatz aus. Beide Farbstofffraktionen werden gemeinsam aus einem Gemisch von Pyridin und Wasser[2]) umkristallisiert, wobei man 750 mg reinen Farbstoff erhält.

Über weitere Darstellungsmöglichkeiten der beiden Pigmente geben Untersuchungen von P. KARRER und Mitarbeitern Auskunft[3]).

Chemische Konstitution des Astacins $C_{40}H_{48}O_4$:

Astacin (Ketonformel)

Astacin (Enolformel)

Die Formel des Astacins (3,4,3′,4′-Tetra-keto-β-carotin) wurde von P. KARRER aufgestellt und begründet[4]). Die Elementaranalyse der freien Verbindung und des Dioxims ergab die Bruttoformel $C_{40}H_{48}O_4$, die sich von derjenigen des β-Carotins nur durch den Mindergehalt von 8 Wasserstoffatomen und durch das Vorhandensein von 4 Sauerstoffatomen unterscheidet. Aus der Bruttoformel und der Natur der Sauerstoffatome schlossen P. KARRER und Mitarbeiter, daß dem Farbstoff die Konstitution eines Tetra-keto-β-carotins zukommt. Astacin bildet ein Dioxim, in dem 4 aktive Wasserstoffatome nach-

---

[1]) R. KUHN und N. A. SÖRENSEN, Ber. *71*, 1879 (1938).

[2]) R. KUHN und E. LEDERER, Ber. *66*, 488 (1933).

[3]) P. KARRER und Mitarbeiter, Helv. chim. Acta *17*, 412, 745 (1934); *19*, 479 (1936). – W. JAFFÉ, Diss., Universität Zürich, S. 33 (1939).

[4]) P. KARRER und Mitarbeiter, Helv. chim. Acta *17*, 412 (1934); *17*, 745 (1934); *18*, 96 (1935); *19*, 479 (1936).

gewiesen werden können. Zwei davon stammen aus den Oximresten, während die andern zwei durch Enolisierung zweier Carbonyle entstanden sind. Nicht alle 4 Ketogruppen besitzen demnach gleiche Natur, indem 2 der Oximbildung fähig sind und 2 zu enolisieren vermögen. Astacin bildet mit o-Phenylendiamin ein Bis-phenazinderivat (nach der Art der α-β-Diketone), wodurch erwiesen wird, daß je 2 und 2 Carbonylgruppen benachbart liegen.

P. KARRER und Mitarbeiter erhielten bei der Oxydation des Astacins mit Permanganat Dimethylmalonsäure, bei der Oxydation des Di-phenazinderivates konnten sie dazu noch $\alpha\alpha$-Dimethyl-bernsteinsäure fassen, wodurch der Beweis erbracht wird, daß die 4 Carbonylgruppen in den Stellungen 3,4,3′,4′ liegen. In Übereinstimmung damit steht der Befund von H. WILLSTAEDT, daß Astacin bei Gegenwart von Eisessig durch Zinkstaub in Pyridinlösung zu einer hellgelben Verbindung reduziert wird[1]).

Die Mikrohydrierung des Astacins ergab das Vorliegen von 13 Doppelbindungen, deren 2 durch die Enolisierung entstanden sind. Freies Astacin enolisiert schwach, was durch den langsamen Verlauf der Verätherung mit Diazomethan und durch die Ergebnisse der Zerewitinoff-Bestimmung bestätigt wird. Der saure Charakter des Farbstoffes verschwindet nach der Hydrierung, da dadurch der Enolcharakter aufgehoben wird.

P. KARRER, L. LOEWE und H. HÜBNER[2]) untersuchten den epiphasischen Astacinester aus Hummer und sprachen ihn als Astacin-dipalmitinsäureester an:

Astacin-dipalmitinsäureester

In Wirklichkeit dürfte es sich aber wahrscheinlich um den Astaxanthin-dipalmitinsäureester handeln.

Chemische Konstitution des Astaxanthins $C_{40}H_{52}O_4$:

Astaxanthin

[1]) H. WILLSTAEDT, Svensk Kem. Tidskr. *46*, 205 (1934).
[2]) P. KARRER, L. LOEWE und H. HÜBNER, Helv. chim. Acta *18*, 96 (1935).

R. KUHN und E. LEDERER[1]) haben die Isolierung eines kristallisierten «Ovoesters» aus den Eiern des Hummers beschrieben. Später haben R. KUHN und N. A. SÖRENSEN festgestellt, daß der «Ovoester» kein Ester, sondern ein freies Phytoxanthin ist. Sie bezeichnen es als Astaxanthin und legen die Formel $C_{40}H_{52}O_4$[2]) fest. Gestützt auf die von P. KARRER und Mitarbeitern für Astacin ermittelte Formel geben R. KUHN und N. A. SÖRENSEN[2]) dem Astaxanthin die Struktur eines 3,3'-Dioxy-4,4'-diketo-β-carotins. Beweisend dafür ist der Umstand, daß der Farbstoff in alkalischer Lösung genau 2 Mol Sauerstoff verbraucht, wobei er in Astacin übergeht[3]). Unter Luftausschluß bildet Astaxanthin mit Kalilauge ein tiefblau gefärbtes Salz. Die Umwandlung in Astacin ist die Autoxydation eines doppelten α-Ketols. In Übereinstimmung mit der Formel des Pigmentes ließen sich Diester herstellen (Formel vgl. S. 239). R. KUHN und N. A. SÖRENSEN vergleichen das tiefblaue Kaliumsalz des Astaxanthins mit dem organgefarbigen Stilbendiolkalium[3]) und den entsprechenden Salzen von Dihydro-crocetindimethylester und Dihydrobixin-dimethylester[4]) und schreiben ersterem folgende Struktur zu:

Astaxanthinkalium (tiefblau)

Konstitution des Ovoverdins[5])

Nach R. KUHN und N. A. SÖRENSEN stellt auch das Ovoverdin ein Analogon des Stilbendiolkaliums dar. Sie erteilen diesem natürlichen Chromoproteid die nachstehende Formel, welche die blaugrüne Farbe erklären könnte.

Dabei ist es eigenartig, daß Ovoverdin – im Gegensatz zu Astaxanthinkalium – nicht autoxydabel ist. R. KUHN und N. A. SÖRENSEN führen diese Tatsache darauf zurück, daß die Bindung der Eiweißkomponente nicht nur salzartig ist,

---

[1]) R. KUHN und E. LEDERER, Ber. *66*, 488 (1933).

[2]) R. KUHN und N. A. SÖRENSEN, Z. angew. Chem. *51*, 465 (1938); Ber. *71*, 1879 (1938).

[3]) Für Astaxanthin käme auch die Formel eines 4,4'-Dioxy-3,3'-diketo-β-carotins in Frage. R. KUHN und N. A. SÖRENSEN geben aber aus energetischen Gründen der oben wiedergegebenen Formel den Vorzug.

[4]) Ausführliche Literaturangaben befinden sich in der Mitteilung von R. KUHN und N. A. SÖRENSEN, Ber. *71*, 1882 (1938).

[5]) Unter Ovoverdin beschrieben R. KUHN und E. LEDERER, Ber. *66*, 488 (1933), das blaugrüne Chromoproteid, welches den nativen Farbstoff der Hummerpanzer usw. (vgl. Tabelle 49) darstellt.

```
  CH₃  CH₃                                                              CH₃  CH₃
   \  /                                                                  \  /
    C          CH₃        CH₃          CH₃        CH₃                      C
    |           |          |            |          |                      |
  CH₂   C·CH=CH·C=CHCH=CH·C=CHCH=CHCH=C·CH=CHCH=C·CH=CH·C              CH₂
   |    ||                                                        H₃C·C      C
   C    C·CH₃                                                         \     //
  / \\  //                                                            C     O⁻
-O    C                                                               |
   |                                                                 O⁻
  O⁻                      Ovoverdin (blaugrün)
 Protein⁺⁺                                                        Protein⁺⁺
```

sondern daß überdies noch Kräfte im Spiel sind, welche eine verhältnismäßig feste «Verankerung» («Einbettung») der Farbstoffkomponente am Protein nach Art einer Molekülverbindung bewirken. Die wahre Natur dieser Kräfte ist noch verborgen. Die beiden Autoren denken eher an *ein* Protein mit 2 getrennten, spezifischen Haftstellen, als – wie die Formel vermuten lassen könnte – an 2 voneinander unabhängige Proteine.

Über die Natur der Eiweißkomponente sind verschiedene Untersuchungen angestellt worden. So fand z. B. R. W. G. WYCKOFF[1]) für Ovoverdin ein Molekulargewicht von etwa 300000. R. KUHN und N. A. SÖRENSEN[2]) haben für die Reinigung des Ovoverdins ein Verfahren ausgearbeitet, welches in fraktionierter Adsorption des Chromoproteids an Aluminiumhydroxyd und fraktionierter Elution mit Dinatriumphosphat oder Ammonsulfat besteht und gute Resultate lieferte. Das auf chemischem Weg ermittelte Molekulargewicht mit so gereinigtem Ovoverdin betrug 144000. K. G. STERN und K. SALOMON[3]) schreiben der Eiweißkomponente des Ovoverdins Albumincharaktei zu.

Eigenschaften und Derivate des Astacins

Kristallform: Aus einem Gemisch von Pyridin und Wasser kristallisiert der Farbstoff in metallglänzenden, violetten Nadeln, welche manchmal sichelförmig gebogen sind.

Schmelzpunkt: 240–243⁰ C (korr., bei langsamem Erhitzen im Vakuum)[4]), 241⁰ C[5]), 228⁰ C[6]).

Löslichkeit: Astacin ist in Wasser unlöslich, sehr schwer löst es sich in Äther, Petroläther und Methanol, schwer in Benzol, Essigester und Eisessig, ziemlich leicht in Schwefelkohlenstoff, leicht in Chloroform, Pyridin und Dioxan.

---

[1]) R. W. G. WYCKOFF, Science *86*, 311 (1937).

[2]) R. KUHN und N. A. SÖRENSEN, Z. angew. Chem. *51*, 465 (1938).

[3]) K. G. STERN und K. SALOMON, J. biol. Chem. *122*, 461 (1938).

[4]) R. KUHN und E. LEDERER, Ber. 66, 488 (1933).

[5]) P. KARRER und F. BENZ, Helv. chim. Acta *17*, 412 (1934).

[6]) R. KUHN, J. STENE und N. A. SÖRENSEN, Ber. *72*, 1688 (1939). In der neueren Literatur wird immer der Smp. 228⁰ C angegeben.

Optische Aktivität: Astacin ist optisch inaktiv.

Verteilungsprobe: Bei der Verteilung von Astacin zwischen Petroläther und 90%igem Methanol geht es fast vollständig in die Unterschicht. Fügt man etwas mehr Wasser zu, so tritt der Farbstoff leicht in die Petrolätherschicht über, bleibt aber bei Anwesenheit von Lauge in der Unterschicht[1]).

Chromatographisches Verhalten: Aus einem Gemisch von Benzol und Benzin wird Astacin an Calciumcarbonat kaum adsorbiert, haftet aber aus dem gleichen Lösungsmittelgemisch an Aluminiumoxyd in der obersten Schicht des Chromatogramms. Es läßt sich aus Aluminiumoxyd weder mit Benzol-Methanol-Gemisch noch mit einem solchen von Pyridin und Methanol eluieren.

Absorptionsmaxima in:

Pyridin . . . .   etwa 500 mμ (breites Maximum)
CS$_2$ . . . .   etwa 510 mμ[2])

Lösungsfarben: Konzentrierte Lösungen des Pigmentes in Pyridin sind blutrot, verdünnte orangerot.

Farbreaktionen: In konzentrierter Schwefelsäure löst sich Astacin mit tiefblauer Farbe, beim Versetzen einer Lösung des Pigmentes in Chloroform mit Antimontrichlorid entsteht eine blaustichig grüne Färbung.

Nachweis und Bestimmung: Astacin zeichnet sich von anderen Carotinoiden durch sein Einbandenspektrum und sein Verhalten gegenüber Lauge aus.

Chemisches Verhalten: Gegen Luftsauerstoff ist Astacin sehr beständig. Sein allgemeines chemisches Verhalten wird durch die Fähigkeit zweier Carbonylgruppen, zu enolisieren, und der restlichen beiden, Ketonumsetzungen einzugehen, bestimmt.

Astacindioxim C$_{40}$H$_{50}$O$_4$N$_2$[3]) :

Astacindioxim (Enolformel)

Die Verbindung kristallisiert aus Äthanol in schwarzen Kristallen.

---

[1]) R. Kuhn, E. Lederer und A. Deutsch, H. *220*, 231 (1933).
[2]) P. Karrer und F. Benz, Helv. chim. Acta *17*, 412 (1934).
[3]) P. Karrer und L. Loewe, Helv. chim. Acta *17*, 745 (1934).

Bis-phenazin-astacin $C_{52}H_{56}N_4$[1]):

P. KARRER und L. LOEWE[1]) erhielten dieses Astacinderivat durch 1½-stündiges Erwärmen von Astacin mit o-Phenylendiamin in Eisessig auf dem Wasserbad. Die Verbindung kristallisiert aus Benzol in dunkelvioletten Kristallen. Da sie kein Enolisierungsvermögen besitzt, wird die Bildung der α,α-Dimethylbernsteinsäure bei der Oxydation mit Permanganat (vgl. S. 54) ermöglicht. Smp. 224–225⁰ C[2]). Absorptionsmaxima in CS_2 etwa 515 $m\mu$[2]).

Astacindiacetat $C_{44}H_{52}O_6$:

Man gewinnt diese Verbindung durch 16stündiges Stehenlassen von Astacin in Pyridin mit Essigsäureanhydrid[3]). Schwarzviolette Nadeln (aus einem Gemisch von Pyridin und Wasser), welche bei 235⁰ C (Zers. unkorr.) schmelzen.

Astacindipalmitat $C_{72}H_{108}O_6$[2]) (Astacein):

P. KARRER und Mitarbeiter (vgl. S. 239) haben gezeigt, daß Astacin bezw. Astaxanthin mit Palmitinsäure verestert im Hummer vorkommt. R. KUHN und Mitarbeiter[2]) stellten Astacin-dipalmat partialsynthetisch aus Astacin und Palmitinsäurechlorid dar. Die Verbindung kristallisiert aus Petrolätherlösung in nahezu rechtwinkligen roten Blättchen, welche bei 121⁰ C schmelzen. Astacindipalmitat zeigt epiphasisches Verhalten.

Eigenschaften und Derivate des Astaxanthins

Kristallform: Aus Pyridin kristallisiert der Farbstoff in glänzenden Täfelchen.

Schmelzpunkt: 216⁰ C (unter Zersetzung).

Löslichkeit: Über die Löslichkeit des Astaxanthins finden sich in der Literatur keine speziellen Angaben. In Pyridin löst sich der Farbstoff gut und kann daraus nach Zusatz von Wasser kristallisiert werden.

Absorptionsmaxima: Im Gegensatz zu Astacin besitzt Astaxanthin eine Absorptionskurve[4]), welche deutlich 3 Maxima erkennen läßt. In Pyridin liegen

[1]) P. KARRER und L. LOEWE, Helv. chim. Acta *17*, 745 (1934).
[2]) Vgl. R. KUHN und Mitarbeiter, Ber. *72*, 1688 (1939).
[3]) R. KUHN, E. LEDERER und A. DEUTSCH, H. *220*, 231 (1933). – Vgl. P. KARRER und L. LOEWE, Helv. chim. Acta *17*, 745 (1934).
[4]) R. KUHN und N. A. SÖRENSEN, Ber. *71*, 1879 (1938).

diese etwa bei 476, 493, 513 mμ. (In der Originalmitteilung von R. Kuhn und N. A. Sörensen[1]) findet sich eine Absorptionskurve des Pigmentes, der diese Maxima entnommen sind.)

Optische Aktivität: Astaxanthin ist optisch inaktiv[2]).

Verteilungsprobe: Astaxanthin zeigt rein hypophasisches Verhalten.

Chromatographisches Verhalten: R. Kuhn und Mitarbeiter haben Astaxanthin aus Benzol-Petroläther-Gemisch 1:4 an Rohrzucker chromatographiert[3]). Die Elution erfolgte mit Benzol.

Farbreaktionen: Charakteristisch für Astaxanthin ist die tiefblaue Färbung welche die Alkalisalze des Farbstoffes unter Luftausschluß besitzen. Bei Zutritt von Sauerstoff schlägt die Farbe augenblicklich nach Rot um und es findet Dehydrierung zu Astacin statt.

Nachweis und Bestimmung: Der Nachweis des Pigmentes erfolgt in einfacher Weise mit Hilfe der beschriebenen Reaktion mit Alkalien und Sauerstoff.

Astaxanthindiacetat $C_{44}H_{56}O_6$[3]) :

Astaxanthin-diacetat

Man erhält diese Verbindung durch Einwirkung von Essigsäureanhydrid auf in Pyridin gelöstes Astaxanthin. Das Diacetat kristallisiert aus einem Gemisch von Pyridin und Wasser in derben, tiefblauschwarzen Nadeln, welche bei 203 bis 205° C (Berl-Block, im Vakuum) schmelzen (unkorr.). Es ist in der Kälte praktisch nicht enolisiert. Bei der Verteilungsprobe geht Astaxanthindiacetat in die untere Schicht. Die Absorptionsmaxima liegen einige mμ kürzerwellig als beim freien Farbstoff.

Astaxanthindicaprylat $C_{56}H_{70}O_6$[3]) :

Die Darstellung dieses Esters erfolgte durch Einwirkung von Caprylsäurechlorid auf Astaxanthin (in Pyridin). Zur Reinigung chromatographierte man die Verbindung an Calciumcarbonat (aus Petroläther). Aus einem Gemisch von Petrolbenzin und Methanol kristallisiert Astaxanthindicaprylat in dunkelroten kristallinen Körnern, welche bei 121–124° C (nicht sehr scharf, im Vakuum, Berl-Block) schmelzen. Bei der Verteilungsprobe (90%iges Methanol und Petroläther) geht der Ester fast quantitativ in die obere Schicht, erst bei Anwendung von 97%igem Methanol verhält sich die Verbindung hypophasisch.

---

[1]) R. Kuhn und N. A. Sörensen, Ber. *71*, 1879 (1938).
[2]) Vgl. Ber. *71*, 1886 (1938).
[3]) R. Kuhn und N. A. Sörensen, Ber. *71*, 1887 (1938).

Astaxanthindipalmitat $C_{72}H_{112}O_6$[1]):

Die Darstellung dieses Esters erfolgte auf analoge Weise wie bei Astaxanthin-dicaprylat beschrieben. Aus Pyridin-Methanol-Wasser-Gemisch kristallisiert die Verbindung in flachen, zugespitzten Nadeln von violettroter Farbe. Smp. 71,5 bis 72,5⁰ C.

Astaxanthindipalmitat zeigt ein rein epiphasisches Verhalten.

Astaxanthinmonopalmitat $C_{56}H_{82}O_5$[2]):

Man gewinnt diese Verbindung durch Veresterung von Astaxanthin mit der berechneten Menge Palmitinsäurechlorid. Aus einem Gemisch von Benzol und Methanol kristallisiert der Ester in rein roten, himbeerförmigen Kugeln aus, welche bei 113,5–114,5⁰ C (korr.) schmelzen. Bei der Verteilungsprobe zwischen 90%igem Methanol und Petroläther verhält sich Astaxanthinmonopalmitat rein epiphasisch.

Weitere Astaxanthinester aus *Haematococcus pluvialis*

R. Kuhn und N. A. Sörensen[3]) isolierten aus *Haematococcus pluvialis* verschiedene Ester des Astaxanthins, deren Zusammensetzung aber noch nicht eindeutig festgestellt werden konnte.

Ovoverdin, Chromoproteide

Über die mutmaßliche Zusammensetzung des Ovoverdins ist weiter oben (S. 240) berichtet worden. Es ist sehr wahrscheinlich, daß die Natur der Eiweißkomponente in verschiedenen Organismen verschiedene Natur besitzt. Gemeinsam ist diesen Chromoproteiden die grüne oder blaue Farbe, Wasserlöslichkeit und große Empfindlichkeit gegenüber Erhitzen, Säure und organischen Lösungsmitteln (mit Ausnahme des Petroläthers). Durch diese Agentien wird das Eiweiß des Chromoproteids koaguliert, und es hinterbleibt die Farbstoffkomponente, das Astaxanthin.

6. *Capsanthin* $C_{40}H_{58}O_3$

Geschichtliches

1817 H. Braconnot untersucht als Erster das Pigment des Paprikas[4]).

1869 Thudichum erkannte die nahe Beziehung des Paprikafarbstoffes zu den Carotinoiden[5]), was später von Pabst[6]) und F. G. Kohl[7]) bestätigt wurde.

[1]) R. Kuhn und N. A. Sörensen, Ber. *71*, 1888 (1938).

[2]) R. Kuhn, J. Stene und N. A. Sörensen, Ber. *72*, 1701 (1939).

[3]) R. Kuhn und N. A. Sörensen, Ber. *72*, 1699 (1939).

[4]) H. Braconnot, Ann. Chim. *6*, 122, 133 (1817).

[5]) J. L. W. Thudichum, Proc. Roy. Soc. *17*, 253 (1869).

[6]) Th. Pabst, Arch. Pharm. *230*, 108 (1892).

[7]) F. G. Kohl, «Untersuchungen über das Carotin und seine physiologische Bedeutung in Pflanzen», Gebr. Borntraeger. Leipzig 1902.

1913 Verschiedene Forscher stellten die spektroskopische Übereinstimmung von Lycopin mit dem Paprikapigment fest[1]).

1927 L. Zechmeister und L. v. Cholnoky[2]) gelingt es, den Farbstoff aus *Capsicum annuum* (Paprika) kristallin zu erhalten. Sie schlagen für dieses neue Carotinoid die Bezeichnung Capsanthin vor.

1927–35 L. Zechmeister und L. v. Cholnoky[3]) und P. Karrer und Mitarbeiter[4]) führen die Konstitutionsaufklärung des Capsanthins durch.

Vorkommen

Capsanthin gehört zu jenen Carotinoiden, die in der Natur recht selten anzutreffen sind. L. Zechmeister und L. v. Cholnoky[5]) fanden den Farbstoff verestert in den reifen Schoten von *Capsicum annuum* und *Capsicum frutescens japonicum*[6]), und P. Karrer und A. Oswald[7]) stellten fest, daß Staubbeutel von *Lilium tigrinum* neben Antheraxanthin (vgl. S. 195) Capsanthin enthalten.

Darstellung[8])

Die Paprikaschoten werden von Gehäuse und Samen befreit und bei 35 bis 40° C getrocknet. Sodann extrahiert man das fein gemahlene Material bei Raumtemperatur mit Petroläther (1 kg Schoten benötigen ¾ l Petroläther), versetzt diese Lösung mit der dreifachen Menge Äther, fügt 30%ige methanolische Kalilauge zu und läßt das Gemisch 1–2 Tage bei Raumtemperatur stehen. (Betreffs Kontrolle der Verseifung vergleiche man die Originalmitteilung von L. Zechmeister und L. v. Cholnoky[8]).) Nach Verlauf dieser Zeit führt man die freien Phytoxanthine in Äther über, wäscht diese Lösung bis zur neutralen Reaktion, trocknet sie über Natriumsulfat und dampft das Lösungsmittel im Vakuum größtenteils ab. Der noch ätherhaltige Rückstand wird mit viel Petroläther versetzt und 24 Stunden in die Kälte gestellt. Auf diese Weise erhält man aus 1 kg guter Droge 1,2–2,0 g Rohcapsanthin. Nach zweimaligem Umkristallisieren aus Schwefelkohlenstoff beträgt die Ausbeute 0,8–1,2 g an kristallisiertem, aber noch uneinheitlichem Farbstoff. Die Abtrennung der Begleitcarotinoide (Zeaxanthin, Capsorubin) geschieht mittels chromatographischer Adsorption an Calciumcarbonat oder Zinkcarbonat. Als Lösungsmittel dient Schwefelkohlenstoff, mit

---

[1]) A. Tschirch, Ber. bot. Ges. *22*, 414 (1904). – B. M. Duggar, Washington, Univ. Stud. *1*, 22 (1913). – N. A. Monteverde und V. N. Lubimenko, Bull. Acad. Sci. Petrograd, S. *6*, *7*, II, 1105 (1913).

[2]) L. Zechmeister und L. v. Cholnoky, A. *454*, 54 (1927).

[3]) L. Zechmeister und L. v. Cholnoky, A. *455*, 70 (1927); *465*, 288 (1928); Ber. *61*, 1534 (1928); A. *487*, 197 (1931); *489*, 1 (1931); *509*, 269 (1934); *516*, 30 (1935).

[4]) P. Karrer und Mitarbeiter, Helv. chim. Acta *14*, 614 (1931); *19*, 474 (1936).

[5]) L. Zechmeister und L. v. Cholnoky, A. *454*, 57 (1927); *487*, 197 (1931).

[6]) L. Zechmeister und L. v. Cholnoky, A. *489*, 1 (1931).

[7]) P. Karrer und A. Oswald, Helv. chim. Acta *18*, 1303 (1935).

[8]) L. Zechmeister und L. v. Cholnoky, A. *454*, 54 (1927); *509*, 269 (1934).

dem das Chromatogramm auch entwickelt wird. Auch ein Gemisch von Benzol und Äther 1:1 ist dazu gut geeignet[1]).

Chemische Konstitution

$$CH_3 \quad CH_3 \qquad\qquad\qquad\qquad\qquad\qquad\qquad CH_3 \quad CH_3$$

Capsanthin

Die Bruttoformel des Capsanthins, $C_{40}H_{58}O_3$, wurde von L. ZECHMEISTER und L. v. CHOLNOKY[2]) ermittelt. Die gleichen Autoren stellten ferner fest, daß der Farbstoff 10 Doppelbindungen enthält[3]), welche – entsprechend den langwelligen Absorptionsmaxima – konjugiert sein müssen. Von den 3 Sauerstoffatomen liegen nur 2 als Hydroxyle vor, was durch die Zerewitinoff-Bestimmung und durch Veresterung[4]) bewiesen wird. (Dieser Befund wurde auch von L. ZECHMEISTER und L. v. CHOLNOKY[5]) bestätigt.) Das dritte Sauerstoffatom besitzt Carbonylcharakter und ist direkt an das System der konjugierten Doppelbindungen angeschlossen. Letzterer Umstand bewirkt, daß Capsanthin kein Oxim bildet. Das Vorliegen einer Carbonylgruppierung wurde von L. ZECHMEISTER und L. v. CHOLNOKY[3]) indirekt bewiesen, indem sie nachweisen konnten, daß im perhydrierten Capsanthin 3 OH-Gruppen (Acylierung!) anwesend sind. In Übereinstimmung mit diesem Ergebnis steht der Befund der Mikrohydrierung[6]), gemäß welchem Capsanthin 11 Mol Wasserstoff aufnimmt.

Untersuchungen von P. KARRER und H. HÜBNER[7]), in deren Verlauf aus Capsanthin mittelst Reduktion mit Aluminiumisopropylat und Isopropylalkohol der entsprechende Alkohol, Capsanthol, hergestellt wurde, bestätigen die von L. ZECHMEISTER nachgewiesene Ketogruppe, sowie ihre Stellung zum System konjugierter Doppelbindungen. Capsanthol ist ein Triol der Formel $C_{40}H_{57}(OH)_3$, dessen längstwellige Absorptionsbande gegenüber Capsanthin nur um 35 mμ nach dem kürzerwelligen Spektralbereich verschoben ist. Wäre die CO-Gruppe des Capsanthins nicht an einem Ende des konjugierten Systems, sondern innerhalb, so müßte die Verschiebung der Absorptionsmaxima infolge Unterbrechung der Konjugation größer ausfallen.

[1]) P. KARRER und E. JUCKER, Helv. chim. Acta 28, 1145 (1945).
[2]) L. ZECHMEISTER und L. v. CHOLNOKY, A. 509, 269 (1934).
[3]) L. ZECHMEISTER und L. v. CHOLNOKY, A. 516, 30 (1935).
[4]) P. KARRER und Mitarbeiter, Helv. chim. Acta 14, 614 (1931).
[5]) L. ZECHMEISTER und L. v. CHOLNOKY, A. 454, 54 (1927); 509, 269 (1934).
[6]) L. ZECHMEISTER und L. v. CHOLNOKY, A. 516, 30 (1934).
[7]) P. KARRER und H. HÜBNER, Helv. chim. Acta 19, 474 (1936).

P. KARRER und Mitarbeiter[1]) unterwarfen Capsanthin dem Permanganat-abbau und erhielten dabei αα-Dimethylmalonsäure und αα-Dimethylbernstein-säure. αα-Dimethylglutarsäure wurde nicht gebildet, so daß die Anwesenheit eines unsubstituierten β-Iononringes ausgeschlossen ist. In Übereinstimmung mit diesem Befund stehen die Ergebnisse der biologischen Prüfung[2]), gemäß welcher Capsanthin keine Vitamin-A-Wirkung besitzt. Eine weitere Bestäti-gung der offenkettigen Capsanthinformel lieferte eine Arbeit von P. KARRER und E. JUCKER[3]), in deren Verlauf ein Carotinoid mit dem chromophoren System des Capsanthins auf durchsichtige Weise partialsynthetisch erhalten wurde (vgl. S. 257).

Eigenschaften

Kristallform: Aus Schwefelkohlenstoff kristallisiert Capsanthin in dunkel-karminroten Spießen, aus Benzin erhält man den Farbstoff in Nadeln, und aus Methanol in Prismen.

Schmelzpunkt: F: 176⁰ C (unkorr.)[4]), 175–176⁰ C (korr.)[5]).

Löslichkeit: Capsanthin löst sich gut in Aceton und Chloroform, etwas schlechter in Methanol, Äthanol, Äther und Benzol, schlecht in Schwefelkohlen-stoff und fast gar nicht in Petroläther[6]).

Absorptionsmaxima in:

CS_2.	542	503 mμ
Benzin	505	475 mμ
Benzol	520	486 mμ

Die Lösung des Farbstoffes in Äthanol ist dunkelrot, diejenige in Benzin zitronen- bis orangegelb.

Farbreaktionen: Versetzt man die Lösung des Pigmentes in Chloroform mit konzentrierter Schwefelsäure, so färbt sich letztere tiefblau an. Beim Versetzen einer ätherischen Farbstofflösung mit konzentrierter, wäßriger Salzsäure tritt *kein* Farbumschlag ein. Mit $SbCl_3$ in Chloroform färbt sich Capsanthin tief-blau. Zahlreiche andere Farbreaktionen sind von L. ZECHMEISTER[7]) beschrieben worden.

Optische Aktivität: $[\alpha]_{Cd} = +36^0$ C (in Chloroform).

Verteilungsprobe: Bei der Verteilung zwischen Petroläther und 90%igem Methanol geht Capsanthin quantitativ in die untere Schicht.

[1]) P. KARRER und Mitarbeiter, Helv. chim. Acta *14*, 614 (1931).

[2]) B. v. EULER, H. v. EULER und P. KARRER, Helv. chim. Acta *12*, 278 (1929).

[3]) P. KARRER und E. JUCKER, Helv. chim. Acta *27*, 1588 (1944).

[4]) P. KARRER und A. OSWALD, Helv. chim. Acta *18*, 1305 (1935).

[5]) L. ZECHMEISTER und L. v. CHOLNOKY, A. *509*, 287 (1934).

[6]) L. ZECHMEISTER und L. v. CHOLNOKY, A. *509*, 269 (1934); *454*, 67 (1927).

[7]) L. ZECHMEISTER, «Carotinoide», Berlin 1934.

Chromatographisches Verhalten: Capsanthin haftet aus Schwefelkohlenstoff oder aus einem Gemisch von Benzol-Äther 1:1 sehr gut an Calciumcarbonat oder an Zinkcarbonat. Es wird in der Säule oberhalb Violaxanthin festgehalten. Die Elution erfolgt mit Methyl- oder Äthylalkohol oder Äther-Methanol-Gemisch 5:1[1]).

Nachweis und Bestimmung: Über eine Mikromethode zum Nachweis des Capsanthins vergleiche man bei L. ZECHMEISTER[2]). Der einfachste Nachweis des Farbstoffes geschieht durch die Bestimmung des Absorptionsspektrums. Nach L. ZECHMEISTER[2]) ist folgende Reaktion für den Farbstoff charakteristisch: Man unterschichtet eine petrolätherische Lösung des Capsanthins mit 30%iger methanolischer Kalilauge und läßt dieses Gemisch einen Tag lang ruhig stehen. Nach Verlauf dieser Zeit erschienen dunkelrote, meist gebogene Nadeln.

Physiologisches Verhalten: Capsanthin besitzt nach B. v. EULER, H. v. EULER und P. KARRER[3]) keine Vitamin-A-Wirkung.

Chemisches Verhalten: Capsanthin besitzt keinen sauren Charakter, doch bestehen gewisse Anzeichen dafür, daß der Farbstoff wenigstens zum Teil enolisiert ist. Chromatographiert man nämlich das Pigment aus Benzol an Calciumcarbonat, so beobachtet man regelmäßig zwei Schichten[4]). Dasselbe Verhalten beobachteten auch P. KARRER und E. JUCKER bei der chromatographischen Adsorption von Capsochrom[5]) (vgl. auch S. 254).

Beim Liegen an der Luft oxydiert sich Capsanthin allmählich. In Sauerstoff tritt die Oxydation bedeutend rascher ein. Der Endwert der Sauerstoffaufnahme wird nach etwa einem Monat erreicht und beträgt etwa 29%, was rund 10 Mol Sauerstoff entspricht. Das Farbwachs des Capsanthins zeigt gegenüber Sauerstoff bedeutend größere Beständigkeit. Behandelt man Capsanthin nach R. PUMMERER und L. REBMANN[6]) mit Benzopersäure, so beobachtet man die Aufnahme von 8 Mol Sauerstoff. In Chloroform addiert der Farbstoff 16 Atome Brom.

Bei der thermischen Zersetzung des Pigmentes entsteht m-Xylol.

Derivate

Capsanthindijodid: Die Verbindung entsteht beim Behandeln von Capsanthin mit Jod in Schwefelkohlenstofflösung. Capsanthin-dijodid kristallisiert

---

[1]) Über die Beobachtung von L. ZECHMEISTER und L. v. CHOLNOKY, daß der Farbstoff im CaCO$_3$-Chromatogramm 2 Zonen bildet, vgl. im Kapitel «Cis-trans-Isomerie», S. 254.

[2]) L. ZECHMEISTER, «Carotinoide», Berlin 1934.

[3]) B. v. EULER, H. v. EULER und P. KARRER, Helv. chim. Acta *12*, 278 (1929).

[4]) L. ZECHMEISTER und L. v. CHOLNOKY, A. *530*, 291 (1937).

[5]) P. KARRER und E. JUCKER, Helv. chim. Acta *28*, 1143 (1945).

[6]) R. PUMMERER und L. REBMANN, Ber. *61*, 1099 (1928).

in flachen Nadeln, welche unter dem Mikroskop gelbbraun bis schwarz aussehen[1]). Es löst sich leicht in Chloroform und Aceton, etwas weniger in Alkohol und Äther und ist in Petroläther beinahe unlöslich.

Perhydrocapsanthin: Hydriert man Capsanthin in Eisessig mit Platin als Katalysator, so nimmt der Farbstoff 10 Mol Wasserstoff auf; die Carbonylgruppe bleibt erhalten. Das so gebildete Perhydrocapsanthin ist ein farbloses, dickes Öl, das in organischen Lösungsmitteln viel größere Löslichkeit zeigt als Capsanthin selbst. Behandelt man das Perhydrocapsanthin mit Natrium und Alkohol, so wird die Carbonylgruppe reduziert, und man erhält das vollkommen hydrierte Triol $C_{40}H_{80}O_3$[2]).

Capsanthol $C_{40}H_{60}O_3$:

Capsanthol

P. KARRER und H. HÜBNER[3]) stellten Capsanthol mittelst Reduktion von Capsanthin mit Aluminiumisopropylat und Isopropylalkohol her. Die Reinigung der Verbindung erfolgte durch wiederholte Adsorption an Calciumhydroxyd aus Benzol. Capsanthol kristallisiert aus Äthanol in braunroten Blättchen, welche unter dem Mikroskop gelb aussehen. Smp. 175–176⁰ C (unkorr.). In siedendem Äthanol ist die Verbindung schwer löslich. Bei der katalytischen Reduktion ließen sich 10 Doppelbindungen nachweisen.

Absorptionsmaxima in:

CS$_2$	508	477 mμ
Pyridin	493	463 mμ
Benzol	492	462 mμ
Chloroform	486	456 mμ
Äthanol	478	448 mμ

Capsanthindiacetat $C_{44}H_{62}O_5$: L. ZECHMEISTER und L. v. CHOLNOKY[4]) stellten diese Verbindung durch Acetylierung von Capsanthin (in Pyridin mit Acetylchlorid) her. Zur Reinigung chromatographiert man das Diacetat an Calciumcarbonat aus Benzin und kristallisiert es aus Methanol um (Tafeln). Smp.

---

[1]) L. ZECHMEISTER und L. v. CHOLNOKY, A. *478*, 103 (1930).
[2]) L. ZECHMEISTER und L. v. CHOLNOKY, A. *516*, 38 (1935).
[3]) P. KARRER und H. HÜBNER, Helv. chim. Acta *19*, 476 (1936).
[4]) L. ZECHMEISTER und L. v. CHOLNOKY, A. *487*, 210 (1931).

146,5⁰ C (korr.). Die Löslichkeit ist in Chloroform, Äther, Schwefelkohlenstoff und Benzol sehr gut, etwas weniger löst sich der Farbstoff in Methanol. Bei der Verteilung zwischen Methanol und Petroläther geht der Ester quantitativ in die Oberschicht.

Capsanthindipropionat $C_{46}H_{66}O_5$: Die Herstellung erfolgt analog derjenigen des Diacetats[1]). Man erhält den Ester aus einem Gemisch von Äthanol und Schwefelkohlenstoff, oder aus Äthanol allein in Kristallen, welche bei 140⁰ C schmelzen.

Capsanthindicaprinat $C_{60}H_{94}O_5$: Die Verbindung wird wie bei Capsanthin-diacetat beschrieben hergestellt[1]) [2]). Smp. 109⁰ C (korr.). Aus einem Gemisch von Benzol und Methanol kristallisiert der Ester in violettstichig roten Tafeln. Er löst sich gut in Petroläther, Chloroform, Äther, Schwefelkohlenstoff und Benzol, dagegen viel schlechter als das Diacetat in Äthanol. $[\alpha]_{656,3}^{20} = -61^0$ C (Hexan).

Capsanthindimyristat $C_{68}H_{110}O_5$: Der Ester kristallisiert in roten Nadeln aus einem Gemisch von Benzol und Methanol. Smp. 88⁰ C. Die Löslichkeitsverhältnisse sind ähnlich denjenigen des Dicaprinats, mit dem Unterschied der Unlöslichkeit in Alkoholen.

Capsanthindipalmitat $C_{72}H_{118}O_5$: Bildung und Reinigung der Verbindung erfolgen wie beim Diacetat[3]). Aus einem Gemisch von Benzol und Methanol kristallisiert der Ester in bordeauxroten Tafeln. Smp. 95⁰ C (korr.)[4]) [5]). Über die Absorptionsspektra in verschiedenen Lösungsmitteln finden sich Angaben in der Originalmitteilung von L. ZECHMEISTER und L. v. CHOLNOKY[4]).

Capsanthindistearat $C_{76}H_{126}O_5$: Man erhält das Distearat nach analoger Vorschrift, wie sie für die Diacetatherstellung[3]) gegeben wurde. Smp. 84⁰ C. Die Verbindung zeigt in Aussehen und Löslichkeit große Ähnlichkeit mit dem Dipalmitat.

Capsanthindibenzoat $C_{54}H_{66}O_5$: Aus einem Gemisch von Benzol und Methanol kristallisiert der Ester in roten Nadeln, aus Schwefelkohlenstoff-Äthanol-Gemisch in Blättchen, welche bei 121–122⁰ C (?) schmelzen. Die Verbindung ist in Alkoholen leichter löslich als die Fettsäureester.

Capsanthinon $C_{40}H_{58}O_5$:

Capsanthinon

---

[1]) L. ZECHMEISTER und L. v. CHOLNOKY, A. *487*, 210 (1931).

[2]) L. ZECHMEISTER und L. v. CHOLNOKY, A. *509*, 285 (1934), gaben früher den Smp. 102⁰ C (korr.) an.

[3]) L. ZECHMEISTER und L. v. CHOLNOKY, A. *487*, 209 (1931).

[4]) L. ZECHMEISTER und L. v. CHOLNOKY, A. *509*, 286 (1934), gaben den Smp. 92⁰ C (korr.) an.

[5]) L. ZECHMEISTER und L. v. CHOLNOKY, A. *543*, 248 (1940).

Die Darstellung des Capsanthinons erfolgt durch Oxydation von Capsanthindiacetat mit Chromsäure[1]). Capsanthinon-diacetat kristallisiert aus einem Gemisch von Benzol und Benzin in metallisch glänzenden Nadeln, welche bei 123–124° C (korr.) schmelzen. Das Acetat verhält sich hypophasisch. Es löst sich gut in Äthanol, Äther, Benzol und Schwefelkohlenstoff, etwas weniger in Aceton und ist in Benzin beinahe unlöslich. Versetzt man eine ätherische Lösung des Pigmentes mit konzentrierter, wäßriger Salzsäure, so färbt sich letztere tiefblau.

Absorptionsmaxima in:

CS_2.	541	503	468 mμ
Benzol	524	487	454 mμ
Hexan	503	472	440 mμ

Anhydrocapsanthinon $C_{40}H_{56}O_4$:

Anhydro-capsanthinon

R. Kuhn und H. Brockmann[2]) konnten aus Semi-β-carotinon durch Wasserabspaltung das Anhydro-β-semicarotinon (vgl. S. 143) gewinnen. Einer analogen Reaktion verdankt auch Anhydro-capsanthinon seine Entstehung[1]) aus Capsanthinondiacetat. Die Verbindung kristallisiert aus Methanol in kleinen, roten Nädelchen, welche keinen scharfen Schmelzpunkt haben. Bei der Verteilung zwischen Methanol und Petroläther geht der Farbstoff in die untere Schicht. Die Salzsäurereaktion fällt im Gegensatz zu Capsanthinon negativ aus. Das spektrale Verhalten steht in Übereinstimmung mit der Formel des Anhydro-capsanthinons, dessen chromophores System sich nur durch einen Mehrgehalt von einer konjugierten Doppelbindung von demjenigen des Capsanthinons unterscheidet. Dies bewirkt die Verschiebung von 16 mμ in das längerwellige Spektralgebiet gegenüber Capsanthinon.

Absorptionsmaxima in:

CS_2.	557	517	483 mμ
Benzol	537	499	467 mμ
Cyclohexan	524	489	458 mμ
Hexan	518	483	453 mμ

[1]) L. Zechmeister und L. v. Cholnoky, A. *523*, 101 (1936).
[2]) R. Kuhn und H. Brockmann, A. *516*, 95 (1935).

Capsanthylal $C_{30}H_{42}O_3$[1]) [2]) :

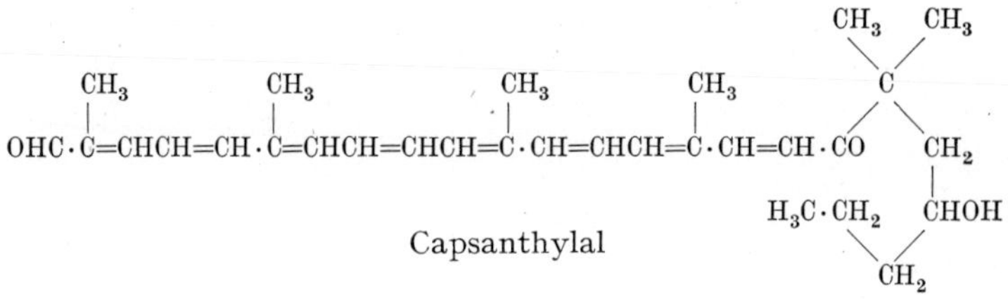

Capsanthylal

Capsanthylal entsteht bei der Oxydation von Capsanthindiacetat mitChromsäure[2]), wobei die Oxydation bei Überschuß des Oxydationsmittels über die Capsanthinonstufe zu kürzeren Spaltstücken führt. Der Aldehyd kristallisiert aus 80%igem Methanol in sternartig gruppierten Nadeln, welche bei 127⁰ C (korr.) schmelzen.

Absorptionsmaxima in:

CS₂.	518	483	452 mμ
Hexan	483	452	mμ

Die Löslichkeit des Capsanthylals in Benzol, Äthanol und Schwefelkohlenstoff ist gut, in Petroläther schlecht.

Capsanthylalmonoxim $C_{30}H_{43}O_3N$: Das Oxim kristallisiert aus Methanol in Nädelchen, welche den Farbton des Zeaxanthins zeigen. Smp. 184⁰ C. Die Verbindung löst sich gut in Benzol oder Schwefelkohlenstoff, etwas weniger in Hexan und Benzin.

Absorptionsmaxima in:

Hexan   483   452 mμ

Capsylaldehyd $C_{27}H_{38}O_3$[3]) :

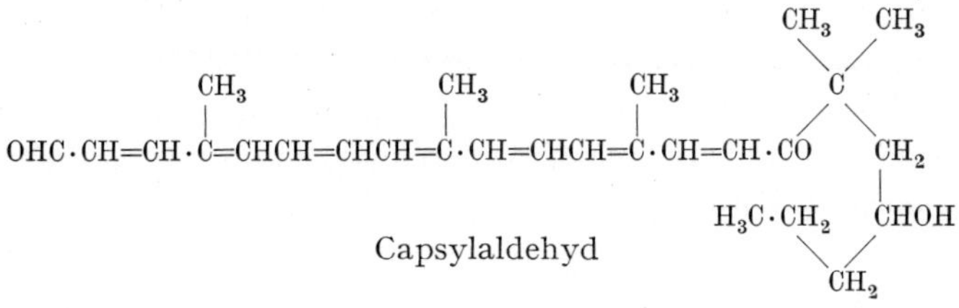

Capsylaldehyd

Capsylaldehyd konnte nur in Form seines Oxims kristallin erhalten werden. L. ZECHMEISTER und L. v. CHOLNOKY[2]) schreiben der Verbindung die oben wiedergegebene Struktur zu. Das Oxim kristallisiert in zitronengelben Nädelchen, welche bei 172⁰ C schmelzen und in Benzin kaum löslich sind. Größer ist die Löslichkeit in Methanol, Benzol und Schwefelkohlenstoff.

---

[1]) R. KUHN und H. BROCKMANN, A. *516*, 95 (1935).
[2]) L. ZECHMEISTER und L. v. CHOLNOKY, A. *523*, 101 (1936).

Absorptionsmaxima in: *Capsylaldehyd*   *β-Carotinonaldehyd*

CS_2.	491	459	430	490	459	430 mμ
Benzol	476	446	420	478	448	421 mμ
Hexan	458	431		458	431	mμ

4-Oxy-β-carotinonaldehyd $C_{27}H_{36}O_4$[1]):

$$
\begin{array}{l}
\mathrm{CH_3}\quad\mathrm{CH_3} \\
\diagdown\;\diagup \\
\;\;\mathrm{C}\qquad\qquad\mathrm{CH_3}\qquad\qquad\mathrm{CH_3}\qquad\qquad\mathrm{CH_3} \\
\qquad\qquad\qquad\;\;|\qquad\qquad\;\;|\qquad\qquad\;\;| \\
\mathrm{CH_2\;\;OC\cdot CH{=}CH\cdot C{=}CHCH{=}CH\cdot C{=}CHCH{=}CHCH{=}C\cdot CH{=}CH\cdot CHO} \\
\;| \\
\mathrm{HOCH\quad OC\cdot CH_3} \\
\diagdown\quad\diagup\qquad\qquad\text{4-Oxy-β-carotinonaldehyd} \\
\;\;\mathrm{CH_2}
\end{array}
$$

Dieser Aldehyd entsteht bei der Chromsäureoxydation von Capsanthin-diacetat neben Capsylaldehyd und Capsanthylal. Man konnte bisher nur sein Oxim in kristallinem Zustande gewinnen. Es bildet zigarrenförmige, gelbe Kristalle, die bei 189° C (korr.) schmelzen. Die Löslichkeit des Oxims in Benzol, Methanol, heißem Benzin und heißem Hexan ist gut; schlecht löst sich die Verbindung in Schwefelkohlenstoff. Das Absorptionsspektrum des Aldehyds stimmt mit demjenigen seines Oxims überein und ist kaum von dem des Capsylaldehyds zu unterscheiden:

Absorptionsmaxima in:

CS_2.	490,5	459,5	429 mμ
Benzol	477	449	420 mμ
Hexan	459	433	408 mμ

L. Zechmeister und L. v. Cholnoky[2]) unterwarfen Capsanthin einem neuen Abbau, nämlich der Hydrolyse durch wäßrig-alkoholische Lauge im geschlossenen Rohr. Das auf diese Weise gewonnene Produkt konnten sie mit Citraurin (vgl. S. 221) identifizieren, wodurch die Konstitutionsformeln beider Pigmente bestätigt wurden.

Cis-trans-Isomere

Schon 1937 beobachteten L. Zechmeister und L. v. Cholnoky[1]), daß reines Capsanthin im Chromatogramm 2 Zonen bildete. Man erklärte diese Erscheinung mit der Bildung der Enolform des Pigmentes. Die gleichen Autoren haben 1940 diese Untersuchungen wieder aufgegriffen, wobei sie feststellten,

---

[1]) L. Zechmeister und L. v. Cholnoky, A. *523*, 101 (1936).
[2]) L. Zechmeister und L. v. Cholnoky, A. *530*, 291 (1937).

daß nicht nur 2, sondern mehrere Schichten in der Adsorptionsröhre auftreten[1]). Sie führen – in Anlehnung an die Arbeiten von A. E. GILLAM und
M. S. EL RIDI[2]), und an Untersuchungen von L. ZECHMEISTER und Mitarbeitern[3]) – diese Erscheinung auf cis-trans-Umlagerungen zurück. Durch die
üblichen Eingriffe (vgl. S. 46) gelingt es, Capsanthin und Capsanthindipalmitat[4]) in verschiedene Verbindungen umzulagern, die nach L. ZECHMEISTER
und L. v. CHOLNOKY[4]) und A. POLGÁR und L. ZECHMEISTER[5]) cis-trans- Isomere
der beiden Pigmente sind. Nur Neo-Capsanthin A konnte in mikrokristallinem
Zustande erhalten werden, es liegen jedoch keine Angaben über Schmelzpunkt
und Elementaranalyse vor.

Absorptionsmaxima in:	*Neo-A.*		*Neo-B.*		*Neo-C.*	
Schwefelkohlenstoff . . .	(532)	(495) mμ				
Benzol	(513)	(481)	(513)	(481)	(508)	(479) mμ
Hexan.	496	465 mμ				

In Benzol betragen die optischen Drehungen der einzelnen Isomeren:

Capsanthin.	$[\alpha]_c = \pm\ 0^0\ (\pm 5\text{–}10^0)$
Neocapsanthin A	$[\alpha]_c = +89^0$
Neocapsanthin B	$[\alpha]_c = +21^0\ (\pm\ 5^0)$
Neocapsanthin C	$[\alpha]_c = +27^0\ (\pm 10^0)$

Die analogen Versuche mit Capsanthindipalmitat ergaben zwei Umlagerungsprodukte, welche folgende Absorptionsmaxima besitzen:

Absorptionsmaxima in:	CS$_2$		*Benzol*		*Hexan*	
Capsanthindipalmitat . .	541,5	502	(519)	(488)	506	473 mμ
Neocapsanthindipalmitat I	535	499	(512)	(483)	502	470 mμ
Neocapsanthindipalmitat II	533	497	(510)	(482)	496	465 mμ

Die Drehungen in Benzin betragen:

Capsanthindipalmitat . .	$[\alpha]_c = -30^0$
Neocapsanthindipalmitat I	$[\alpha]_c = -22^0$
Neocapsanthindipalmitat II	$[\alpha]_c = -20^0$

Nach der Jodkatalyse zeigen die Neocapsanthine einen ausgeprägten «Cis-
Gipfel» bei 363 mμ (in Benzin).

Über mögliche Konfigurationsformeln der einzelnen Isomeren liegen Angaben
von A. POLGÁR und L. ZECHMEISTER[5]) vor.

---

[1]) L. ZECHMEISTER und L. v. CHOLNOKY, A. *543*, 248 (1940).

[2]) A. E. GILLAM und M. S. EL RIDI, Nature *136*, 914 (1935); Biochem. J. *30*, 1735 (1936);
31, 1605 (1937).

[3]) L. ZECHMEISTER und Mitarbeiter, Nature *141*, 249 (1938); Biochem. J. *32*, 1305 (1938);
B. *72*, 1340 (1939); B. *72*, 1678, 2039 (1939).

[4]) L. ZECHMEISTER und L. v. CHOLNOKY, A. *543*, 248 (1940).

[5]) A. POLGÁR und L. ZECHMEISTER, Am. Soc. *66*, 186 (1944).

Capsanthin-mono-epoxyd und Capsochrom

P. KARRER und E. JUCKER[1]) unterwarfen Capsanthin (als Acetat angewandt) der Oxydation mit Phtalmonopersäure und erhielten ein schön kristallisiertes Monoepoxyd $C_{40}H_{58}O_4$:

```
 CH₃  CH₃                                                          CH₃  CH₃
   \  /                                                             \  /
    C          CH₃        CH₃         CH₃        CH₃                 C
   / \         |          |           |          |                 / \
 CH₂  C·CH=CH·C=CHCH=CH·C=CHCH=CHCH=C·CH=CHCH=C·CH=CH·CO          CH₂
   \ O                                                              |
  HOCH  C·CH₃                                               H₃C·CH₂  CHOH
   \  /                        Capsanthinepoxyd                   \  /
    CH₂                                                            CH₂
```

Die Verbindung kristallisiert aus einem Gemisch von Benzol und Petroläther in Blättchen und Nädelchen, welche bei 189° C (unkorr. im Vakuum) schmelzen. Beim Schütteln der ätherischen Lösung des Farbstoffes mit konzentrierter ,wäßriger Salzsäure nimmt diese eine tiefblaue, nicht sehr beständige Färbung an. Bei der Verteilungsprobe sucht der Farbstoff quantitativ die untere Schicht auf.

Läßt man auf Capsanthinepoxyd sehr verdünnte Salzsäure einwirken, so wird jenes in das beständigere furanoide Oxyd umgelagert, und man erhält Capsochrom:

```
 CH₃  CH₃
   \  /
    C
   / \
 CH₂   C══CH CH₃         CH₃         CH₃        CH₃                CH₃  CH₃
   |   |      |           |           |          |                  \  /
 HOCH  C    CH·C=CHCH=CH·C=CHCH=CHCH=C·CH=CHCH=C·CH=CH·CO            C
   \  / \   / O                                                    / \
    CH₂  O                                                        CH₂
         |                                                         |
        CH₃            Capsochrom                          H₃C·CH₂  CHOH
                                                                  \  /
                                                                   CH₂
```

Capsochrom kristallisiert gut aus Benzol-Petroläther-Gemisch. Smp. 195°C (unkorr. im Vakuum). Gegenüber Salzsäure zeigt der Farbstoff dasselbe Verhalten wie Capsanthinepoxyd. Beim Verteilen zwischen Methanol und Petroläther verhält er sich hypophasisch.

Absorptionsmaxima in:	Capsanthinepoxyd		Capsochrom	
CS₂	534	499	515	482 mμ
Chloroform	511	481	492	462 mμ (unscharf)
Benzol	514	483	496	464 mμ

[1]) P. KARRER und E. JUCKER, Helv. chim. Acta 28, 1143 (1945).

Partialsynthetisches Polyenketon mit dem chromophoren System des Capsanthins

Durch Kondensation von β-Apo-2-carotinal[1]) (I) mit Pinakolin (II) stellten P. KARRER und E. JUCKER[2]) das Polyenketon (III) her, welches dasselbe chromophore System besitzt, das Capsanthin nach L. ZECHMEISTER und L. v. CHOLNOKY[3]) zukommt. Die Absorptionsbanden der beiden Pigmente stimmen im sichtbaren Spektralbereich vollkommen überein, was für die Richtigkeit der für Capsanthin vorgeschlagenen Formulierung spricht.

$$CH_3 \quad CH_3$$
$$\diagdown \diagup$$
$$C \qquad CH_3 \qquad\quad CH_3 \qquad\quad CH_3 \qquad\quad CH_3$$
$$\diagup\diagdown \qquad | \qquad\quad\quad | \qquad\quad\quad | \qquad\quad\quad |$$
$$CH_2 \quad C\cdot CH{=}CH\cdot C{=}CHCH{=}CH\cdot C{=}CHCH{=}CHCH{=}C\cdot CH{=}CHCH{=}C\cdot CHO + CH_3CO\cdot C(CH_3)_3$$
$$| \qquad | $$
$$CH_2 \quad C\cdot CH_3$$
$$\diagdown\diagup \qquad\qquad\qquad I \qquad\qquad\qquad\qquad\qquad\qquad\qquad II$$
$$CH_2$$

$$CH_3 \quad CH_3 \qquad\qquad\qquad\qquad\qquad\qquad\qquad\qquad\qquad CH_3 \quad CH_3$$
$$\diagdown\diagup \qquad\qquad\qquad\qquad\qquad\qquad\qquad\qquad\qquad \diagdown\diagup$$
$$C \qquad CH_3 \qquad\quad CH_3 \qquad\quad CH_3 \qquad\quad CH_3 \qquad C$$
$$\diagup\diagdown \qquad | \qquad\quad\quad | \qquad\quad\quad | \qquad\quad\quad | \qquad\diagup\diagdown$$
$$CH_2 \quad C\cdot CH{=}CH\cdot C{=}CHCH{=}CH\cdot C{=}CHCH{=}CHCH{=}C\cdot CH{=}CHCH{=}C\cdot CH{=}CH\cdot CO \qquad CH_3$$
$$| \qquad |$$
$$CH_2 \quad C\cdot CH_3$$
$$\diagdown\diagup \qquad\qquad\qquad\qquad III$$
$$CH_2$$

Absorptionsmaxima in:	Polyenketon (III)		Capsanthin	
CS$_2$.	543	503	543	503 mμ
Petroläther	503	473	503	475 mμ

Die meisten Farbreaktionen, welche Capsanthin mit verschiedenen Säuren und Chloriden usw.[4]) zeigt, fallen mit dem Polyenketon gleich oder ähnlich aus. Ein größerer Unterschied besteht zwischen den beiden Verbindungen hinsichtlich des Verhaltens zu konzentrierter, wäßriger Salzsäure, indem die Säureschicht beim Schütteln einer ätherischen Lösung des Capsanthins rot gefärbt wird, im Falle des Polyenketons aber farblos bleibt.

---

[1]) P. KARRER und U. SOLMSSEN, Helv. chim. Acta 20, 682 (1937).
[2]) P. KARRER und E. JUCKER, Helv. chim. Acta 27, 1588 (1944).
[3]) L. ZECHMEISTER und L. v. CHOLNOKY, A. 516, 30 (1935).
[4]) L. ZECHMEISTER, «Carotinoide», Springer-Verlag. Berlin 1934.

7. *Capsorubin* $C_{40}H_{60}O_4$

Geschichtliches und Vorkommen

1934 konnten L. ZECHMEISTER und L. v. CHOLNOKY[1] bei der chromatographischen Reinigung des Capsanthins ein neues Pigment, Capsorubin, isolieren. Es wurde bis jetzt lediglich im *Capsicum annuum* gefunden.

Darstellung

Die Paprikaschoten werden mit Äthanol vorbehandelt, anschließend mit Petroläther extrahiert, die vereinigten Auszüge im Vakuum eingeengt und die Farbstoffester an Calciumcarbonat chromatographiert. Nach mehrmaliger chromatographischer Adsorption verseift man den Capsorubinester mit methanolischer Kalilauge und chromatographiert schließlich den Farbstoff wiederholt aus Schwefelkohlenstoff an Calciumcarbonat. Zur weiteren Reinigung kristallisiert man das Pigment aus einem Gemisch von Benzol und Benzin um. Aus 5 kg Fruchthaut beträgt die Ausbeute an analysenreinem Farbstoff etwa 130 mg.

Chemische Konstitution[1] [2]

$$
\begin{array}{l}
\text{CH}_3 \quad \text{CH}_3 \qquad\qquad\qquad\qquad\qquad\qquad\qquad\qquad\qquad\qquad \text{CH}_3 \quad \text{CH}_3 \\
\quad\searrow\swarrow \qquad \text{CH}_3 \qquad\;\; \text{CH}_3 \qquad\;\; \text{CH}_3 \qquad\;\; \text{CH}_3 \qquad \searrow\swarrow \\
\quad\text{C} \qquad\qquad | \qquad\qquad | \qquad\qquad | \qquad\qquad | \qquad\qquad \text{C} \\
\swarrow\quad\searrow \\
\text{CH}_2 \;\; \text{OC·CH=CH·C=CHCH=CH·C=CHCH=CHCH=C·CH=CHCH=C·CH=CH·CO} \quad \text{CH}_2 \\
| \qquad\qquad\qquad\qquad\qquad\qquad\qquad\qquad\qquad\qquad\qquad\qquad\qquad\qquad\qquad\qquad | \\
\text{HOCH} \quad \text{CH}_2\text{·CH}_3 \qquad\qquad\qquad\qquad\qquad\qquad\qquad \text{H}_3\text{C·CH}_2 \quad \text{CHOH} \\
\quad\searrow\swarrow \qquad\qquad\qquad\qquad \text{Capsorubin} \qquad\qquad\qquad\quad \searrow\swarrow \\
\quad\text{CH}_2 \qquad\qquad\qquad\qquad\qquad\qquad\qquad\qquad\qquad\qquad\qquad\quad \text{CH}_2
\end{array}
$$

Die von L. ZECHMEISTER und L. v. CHOLNOKY[1] [2] vorgeschlagene Capsorubinformel ist nicht völlig bewiesen, sie steht aber mit allen Eigenschaften des Farbstoffes in zwangloser Übereinstimmung. Die Bruttoformel des Capsorubins ist $C_{40}H_{60}O_4$. Es besitzt 9 konjugierte Doppelbindungen und 2 Carbonyle. Zwei Hydroxylgruppen, welche aus Analogiegründen in gleichen Stellungen wie bei Xanthophyll (S. 206), Zeaxanthin (S. 185) und Capsanthin (S. 247) angenommen werden, lassen sich durch Acetylierung nachweisen. Durch Oxydation mit Chromsäure können 4 seitenständige Methylgruppen festgestellt werden.

Eigenschaften[1] [2]

Capsorubin kristallisiert aus einem Gemisch von Benzol und Benzin in violettroten Nadeln, aus Schwefelkohlenstoff erhält man den Farbstoff in

---

[1] L. ZECHMEISTER und L. v. CHOLNOKY, A. *509*, 269 (1934).
[2] L. ZECHMEISTER und L. v. CHOLNOKY, A. *516*, 30 (1935).

rhombenförmigen Tafeln. Seine Löslichkeit in Alkohol und Aceton ist gut, schlechter ist sie in Äther, Benzol und Schwefelkohlenstoff. In Petroläther ist das Pigment fast unlöslich. Das chromatographische Verhalten das Capsorubins ist demjenigen des Capsanthins ähnlich. Aus Schwefelkohlenstoff haftet es gut an Calciumcarbonat und liegt in der Säule oberhalb des letzteren. Smp. 201⁰ C (korr.).

Versetzt man eine ätherische Lösung von Capsorubin mit konzentrierter, wäßriger Salzsäure, so nimmt diese sofort violette, nach tiefblau umschlagende Färbung an. Mit 25%iger Salzsäure tritt kein Farbumschlag ein. Bei der Verteilungsprobe verhält sich der Farbstoff rein hypophasisch.

Absorptionsmaxima in:

Schwefelkohlenstoff	541,5	503	468 mμ
Benzol	520	486	455 mμ
Benzin	506	474	444 mμ

Capsorubindiacetat C$_{44}$H$_{64}$O$_6$:

Man erhält diese Verbindung durch Acetylieren von Capsorubin in Pyridin mit Acetylchlorid. Der Ester kristallisiert aus Methanol in viereckigen Blättchen, welche bei 179⁰ C (korr.) schmelzen. Er löst sich gut in Benzin, Benzol und Methanol.

Cis-trans-Isomere

L. ZECHMEISTER und L. v. CHOLNOKY[1]) haben das Verhalten von Capsorubin gegenüber der Einwirkung von Jod, Wärme und längerem Stehenlassen untersucht. Sie stellten fest, daß der Farbstoff dabei ähnliche Umwandlungen erleidet wie Capsanthin (vgl. S. 254). Im Verlauf dieser Untersuchungen gelang es den genannten Autoren jedoch noch nicht, die Umlagerungsprodukte, die sie als cis-trans-Isomere ansprechen, kristallin zu isolieren. Es liegen nur Daten über Absorptionsspektren und optische Drehungen vor.

Absorptionsmaxima in:

	CS$_2$			Benzol			Hexan		
Capsorubin . . .	541	502	467	524	489	455	502	470	471 mμ
Neocapsorubin A	533	495	460	517	483	451	498	466	(435) mμ
Neocapsorubin B .	535	497	462	518	484	453	500	467	(436) mμ
Capsorubin-dipalmitat . . .	541,5	502,5	467	524	489	455	507	474	442 mμ
Neocapsorubin-dipalmitat I . . .	536	496	463	521	486	452	502	470	439 mμ
Neocapsorubin-dipalmitat II . .	533	495	460	518	484	450	499	467	437 mμ

---

[1]) L. ZECHMEISTER und L. v. CHOLNOKY, A. *543*, 248 (1940).

Die optische Drehung in Benzol beträgt für die einzelnen Umlagerungsprodukte:

Capsorubin . . . . $[\alpha]_c =$ 0^0
Neocapsorubin A . . . . $[\alpha]_c = -134^0$
Neocapsorubin B . . . . $[\alpha]_c = -69^0$
Capsorubindipalmitat . . . . . . $[\alpha]_c =$ 0^0
Neocapsorubindipalmitat I . . . . $[\alpha]_c = -75^0$
Neocapsorubindipalmitat II . . . $[\alpha]_c = -15^0$

IV. Carotinoid-Carbonsäuren.

1. *Bixin* $C_{25}H_{30}O_4$

Geschichtliches

1825 BOUSSINGAULT[1]) beschreibt erstmals den Farbstoff des Orleans, Bixin,
das seither Gegenstand der Untersuchung zahlreicher Forscher war[2]).

1878 C. ETTI[3]) gelingt die Kristallisation des Bixins.

1917 A. HEIDUSCHKA und A. PANZER[4]) schlagen als erste auf Grund sorgfältig
ausgeführter Elementaranalysen die richtige Bruttoformel des Farbstoffes
vor.

1928-33 R. KUHN und Mitarbeiter[5]) schlagen für Bixin eine Konstitutionsformel vor, die von P. KARRER und Mitarbeitern durch Totalsynthese
des Perhydronorbixins bestätigt wurde[6]).

Vorkommen

Bixin wurde lediglich in *Bixa orellana* gefunden. Frische Samen dieser
Pflanze sind mit einer breiigen Masse von rotorganger Farbe umgeben, welche
die Hauptmenge des Farbstoffes enthält. Nach dem Eintrocknen umgibt eine
braunrote Kruste die Samen. Bixin kommt aber auch in vegetativen Organen
der Pflanze vor. So enthalten die Sekretzellen der Laubblätter den Farbstoff,
was durch zahlreiche braune Pünktchen an der Unterseite des Blattes sichtbar
gemacht ist.

---

[1]) J. B. BOUSSINGAULT, Ann. Chim. (2) *28*, 440 (1825).

[2]) Vgl. WEHMER, «Pflanzenstoffe», 2. Aufl., Bd. *2*, 796. – F. CZAPEK, «Biochemie», 2. Aufl., Bd.
3, 576. – KARNOT, Diss., Leipzig 1849; Jber. *1849*, 457. – K. G. ZWICK, Ber. *30*, 1972 (1897). –
L. MARCHLEWSKI und L. MATEJKO, Anz. Akad. Wiss. Krakau, *1905*, 745. – J. F. B. VAN HASSELT,
Chem. Weekbl. *6*, 480 (1909); Rec. *30*, 1 (1911); *33*, 192 (1914). – A. HEIDUSCHKA und H. RIFFART,
Arch. Pharm. *249*, 43 (1911).

[3]) C. ETTI, Ber. *11*, 864 (1878).

[4]) A. HEIDUSCHKA und A. PANZER, Ber. *50*, 546 und 1525 (1917).

[5]) R. KUHN und Mitarbeiter, Helv. chim. Acta *11*, 427 (1928); *12*, 64 (1929); Ber. *64*, 1732
(1931); Helv. chim. Acta *12*, 904 (1929); Ber. *65*, 646 (1932); *65*, 1873 (1932).

[6]) P. KARRER und Mitarbeiter, Helv. chim. Acta *15*, 1218, 1399 (1932).

Darstellung[1])

a) Aus käuflichem Orlean: Die Handelsdroge wird fein gemahlen und mit Aceton überschichtet, mehrere Tage stehen gelassen. Das auf diese Weise gereinigte Material wird koliert und an der Luft getrocknet. Anschließend extrahiert man den Farbstoff im Soxhlet-Apparat mit Chloroform und kristallisiert ihn aus dem gleichen Lösungsmittel oder Essigester oder Eisessig um. Nach dieser Aufarbeitung erhält man gute Präparate des labilen Bixins, doch leidet die Ausbeute durch das Vorextrahieren mit Aceton.

b) Aus «pâte de rocou»: der rote Teig wird mit Methanol angerührt, Bixin durch Zusatz von Ammoniak in das Ammoniumsalz übergeführt und dieses in Wasser gelöst. Nach dem Abfiltrieren von Ungelöstem wird die Mutterlauge mit Eisessig angesäuert, worauf Bixin als rotes Pulver ausfällt. Man nutscht es ab, wäscht es mit Methanol und extrahiert es im Extraktionsapparat mit Chloroform. Das Rohpräparat wird anschließend umkristallisiert. Aus 25 kg «pâte de rocou» gewinnt man auf diese Weise etwa 500 g Bixin.

c) Aus Bixa-Samen[2]): Die Samen werden mit Wasser übergossen und einige Stunden stehen gelassen, anschließend mechanisch gerührt und durch ein Sieb gegossen. Die trübe Flüssigkeit läßt man in großen Perkolatoren über Nacht stehen, hebert die untere Schicht und zentrifugiert. Man zerbröckelt das Zentrifugat, trocknet es an der Luft und anschließend im Vakuum über Calciumchlorid so weit, daß es nicht spröde ist, sondern zerquetscht werden kann. Nach dem Mahlen in einer Kugelmühle erhält man aus 100 kg Samen etwa 5–6 kg Droge, deren Bixingehalt etwa 15–30% beträgt.

Diese Droge wird in Portionen von 200 g sofort mit je 2 l Äthanol übergossen, auf dem Wasserbade auf etwa 60–65° C erwärmt und so lange Ammoniak eingeleitet, bis der Farbumschlag beendet ist und die Lösung freies Ammoniak enthält. Das Reaktionsgemisch läßt man 20 Minuten stehen, filtriert noch warm und rührt den Rückstand mit 1 l Äthanol an. In dieses Gemisch wird in der Wärme nochmals Ammoniak eingeleitet, eine Stunde stehen gelassen und filtriert. Die vereinigten Filtrate scheiden beim Erkalten Ammoniumbixinat aus. Um die Abscheidung zu vervollständigen, gibt man auf je 1 l Flüssigkeit 1 cm³ Eisessig hinzu und turbiniert kräftig. Nach einiger Zeit hat sich am Rührer und an den Wänden dunkelrotes Harz abgeschieden, das nach Abtrennen der Mutterlauge unter gutem mechanischem Rühren mit Eisessig versetzt wird. Nach einigen Stunden hat sich das freie Bixin ausgeschieden und kann abgenutscht und im Vakuum über NaOH und CaCl$_2$ getrocknet werden. Anschließend kristallisiert man es aus Eisessig um. (Zum Lösen von 1 g Rohbixin benötigt man etwa 18 g siedenden Eisessig.) Aus 100 kg Samen erhält man etwa 120–160 g reines Bixin.

Chemische Konstitution

$$H_3COOC \cdot CH{=}CH \cdot \overset{\underset{\displaystyle |}{CH_3}}{C}{=}CHCH{=}CH \cdot \overset{\underset{\displaystyle |}{CH_3}}{C}{=}CHCH{=}CHCH{=}\overset{\underset{\displaystyle |}{CH_3}}{C} \cdot CH{=}CHCH{=}\overset{\underset{\displaystyle |}{CH_3}}{C} \cdot CH{=}CH \cdot COOH$$

Bixin

---

[1]) Vgl. L. Zechmeister, «Carotinoide», Verlag Julius Springer, Berlin 1934.

[2]) Die ausführliche Darstellung ist von R. Kuhn und L. Ehmann, Helv. chim. Acta *12*, 904 (1929), bzw. von E. Forcát, Diss., Zürich 1930, beschrieben worden.

Die Konstitutionsaufklärung des Bixins zog sich über mehrere Jahre hin.
A. Heiduschka und A. Panzer[1]) ermittelten die richtige Bruttoformel $C_{25}H_{30}O_4$.
Nach einer zuerst vorgeschlagenen unsymmetrischen Konstitutionsformel
schlugen R. Kuhn und A. Winterstein[2]) die richtige Bixinformel vor, die
später durch Untersuchungen von P. Karrer und Mitarbeitern[3]), in deren
Verlauf Perhydronorbixin synthetisiert wurde, bestätigt worden ist.

J. Herzig und F. Faltis[4]) erkannten im Bixin den Monomethylester einer
ungesättigten Dicarbonsäure, welche bei der katalytischen Hydrierung 9 Mol
Wasserstoff aufnimmt und dabei in den Halbester einer gesättigten Dicarbonsäure übergeht. Aus der tiefroten Farbe des Farbstoffes darf geschlossen werden, daß die 9 Doppelbindungen konjugiert sind. Beim Ozonabbau von Methylbixin konnten I. J. Rinkes und J. F. B. van Hasselt[5]) β-Acetyl-acryl-
säuremethylester und Methylglyoxal fassen. Während Methylglyoxal einer
Gruppierung $=CH \cdot C(CH_3)=$ entstammen muß, läßt die erstere Verbindung
auf eine Atomgruppe

$$H_3CO \cdot OC \cdot CH=CH \cdot C=$$
$$|$$
$$CH_3$$

schließen. Schon 1909 hat J. F. B. van Hasselt[6]) beim trockenen Erhitzen
von Bixin die Bildung von m-Xylol beobachtet, was später J. Herzig und
F. Faltis[7]) bestätigten. Dieser Befund weist auf eine Atomgruppe

$$=CH \cdot C=CHCH=CH \cdot C=$$
$$| \qquad \qquad |$$
$$CH_3 \qquad \qquad CH_3$$

hin. R. Kuhn und Mitarbeiter unterwarfen Bixin dem oxydativen Abbau mit
Permanganat und später mit Chromsäure und konnten in beiden Fällen das
Vorliegen von 4 seitenständigen Methylgruppen ermitteln[8]). Nachdem die
Struktur der von I. J. Rinkes beim Ozonabbau erhaltenen Spaltstücke[9]) I und
II ermittelt worden waren,

---

[1]) A. Heiduschka und A. Panzer, Ber. *50*, 546, 1525 (1917).

[2]) R. Kuhn und A. Winterstein, Ber. *65*, 646 (1932).

[3]) P. Karrer und Mitarbeiter, Helv. chim. Acta *15*, 1218, 1399 (1932).

[4]) J. Herzig und F. Faltis, A. *431*, 40 (1923).

[5]) I. J. Rinkes, Chem. Weekbl. *12*, 996 (1915) und I. J. Rinkes und J. F. B. van Hasselt, Chem. Weekbl. *13*, 436, 1224 (1916), *14*, 888 (1917).

[6]) J. F. B. van Hasselt, Chem. Weekbl. *6*, 480 (1909).

[7]) J. Herzig und F. Faltis, M. *35*, 997 (1914); Ber. *50*, 927 (1917); A. *431*, 40 (1931).

[8]) R. Kuhn, A. Winterstein und L. Karlovitz, Helv. chim. Acta *12*, 64 (1929). – R. Kuhn und F. L'Orsa, Ber. *64*, 1732 (1931).

[9]) I. J. Rinkes, Rec. *47*, 934 (1928); *48*, 603 (1929); *48*, 1093 (1929).

$$CH_3OOC \cdot CH = CH \cdot C = CH \cdot CHO \qquad OHC \cdot CH = C \cdot CHO$$
$$\quad\quad\quad\quad\quad\quad\quad\; | \qquad\qquad\qquad\qquad\quad\; |$$
$$\text{I} \qquad\qquad CH_3 \qquad\qquad\qquad \text{II} \qquad CH_3$$

schlugen R. KUHN und A. WINTERSTEIN[1]) die oben wiedergegebene Strukturformel für Bixin vor, die außerdem auf der Erkenntnis der symmetrischen
Struktur von Carotin, Lycopin und Squalen (P. KARRER) basiert. Einen Beweis
für die Richtigkeit dieser Formel erbrachten die Untersuchungen P. KARRERS,
in deren Verlauf durch oxydativen Abbau des partiell hydrierten Bixins die
Stellung der beiden endständigen Methylgruppen ermittelt wurde[2]). Durch
Abbau des Perhydronorbixins erhielten P. KARRER und Mitarbeiter[2]) das
3,7,12,16-Tetramethyloctadecan-1,18-dial III,

$$OHC \cdot CH_2CHCH_2CH_2CH_2CHCH_2CH_2CH_2CHCH_2CH_2CH_2CHCH_2CHO$$
$$\quad\quad\quad\; | \qquad\qquad\quad | \qquad\qquad\qquad | \qquad\qquad\quad |$$
$$\quad\quad\quad CH_3 \qquad\quad CH_3 \qquad\qquad CH_3 \qquad\quad CH_3$$
$$\text{III}$$

welches zur Dicarbonsäure oxydiert und in Perhydrocrocetin übergeführt werden konnte[3]) S. 290).

Den Abschluß der Konstitutionsaufklärung des Bixins bildete die Synthese
des Perhydronorbixins von P. KARRER und Mitarbeitern[2]) und die Überführung
des Perhydrocrocetins in das Perhydronorbixin, wodurch die Formeln beider
Pigmente eine Bestätigung erfuhren[4]). Die Bildung der m-Toluylsäure und des
m-Toluylsäureesters bei der thermischen Zersetzung des Bixins[5]) steht mit der
oben wiedergegebenen Formel ebenfalls in Übereinstimmung.

Die Synthese des Perhydronorbixins nahm folgenden Verlauf:

$$\qquad\quad CH_3 \qquad\qquad CH_3$$
$$\qquad\quad\; | \qquad\qquad\qquad\; |$$
$$HOCH_2CHCH_2CH_2CH_2CHCH_2OH$$

$$\qquad\quad CH_3 \qquad\downarrow\qquad CH_3$$
$$\qquad\quad\; | \qquad\qquad\qquad\; |$$
$$BrCH_2CHCH_2CH_2CH_2CHCH_2Br$$
$$\qquad\qquad\qquad\; |$$
$$\qquad\quad + 2\ NaCH(COOR)_2$$
$$\qquad\qquad\qquad\; \downarrow$$

[1]) R. KUHN und A. WINTERSTEIN, Ber. 65, 646 (1932). – Vgl. R. KUHN und L. EHMANN, Helv. chim. Acta 12, 904 (1929).

[2]) P. KARRER, F. BENZ, R. MORF, H. RAUDNITZ, M. STOLL und T. TAKAHASHI, Helv. chim. Acta 15, 1218, 1399 (1932).

[3]) H. RAUDNITZ und J. PESCHEL, Ber. 66, 901 (1933).

[4]) P. KARRER und F. BENZ, Helv. chim. Acta 16, 337 (1933).

[5]) R. KUHN und A. WINTERSTEIN, Ber. 65, 1873 (1932).

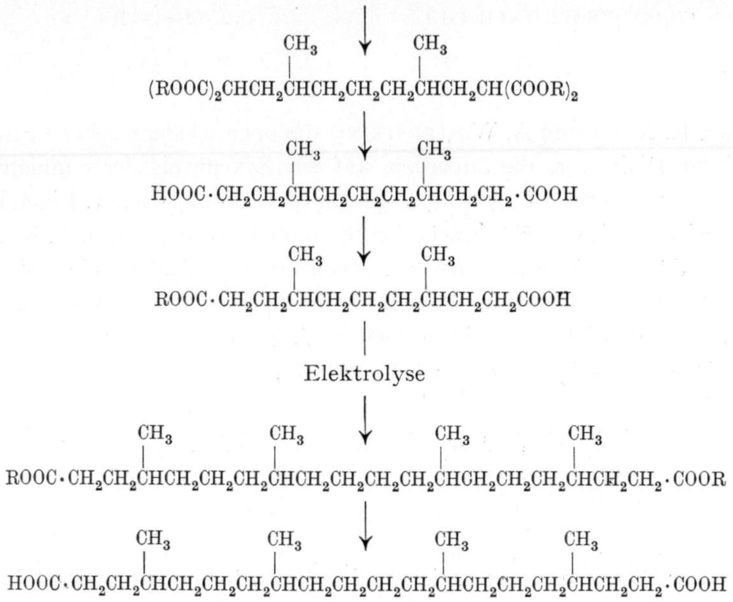

$$CH_3 \qquad\quad CH_3$$
$$(ROOC)_2CHCH_2CHCH_2CH_2CH_2CHCH_2CH(COOR)_2$$

$$CH_3 \qquad\quad CH_3$$
$$HOOC \cdot CH_2CH_2CHCH_2CH_2CH_2CHCH_2CH_2 \cdot COOH$$

$$CH_3 \qquad\quad CH_3$$
$$ROOC \cdot CH_2CH_2CHCH_2CH_2CH_2CHCH_2CH_2COOH$$

Elektrolyse

$$CH_3 \qquad\quad CH_3 \qquad\quad CH_3 \qquad\quad CH_3$$
$$ROOC \cdot CH_2CH_2CHCH_2CH_2CH_2CHCH_2CH_2CH_2CH_2CHCH_2CH_2CH_2CHCH_2CH_2 \cdot COOR$$

$$CH_3 \qquad\quad CH_3 \qquad\quad CH_3 \qquad\quad CH_3$$
$$HOOC \cdot CH_2CH_2CHCH_2CH_2CH_2CHCH_2CH_2CH_2CH_2CHCH_2CH_2CH_2CHCH_2CH_2 \cdot COOH$$

Perhydronorbixin

Bezüglich der Überführung des Perhydrocrocetins in das Perhydronorbixin sei auf Seite 288 verwiesen.

Stereochemie des Bixins

Die erste Beobachtung über ein Isomeres des Bixins haben 1923 J. HERZIG und F. FALTIS[1]) gemacht, als sie durch Zufall bei der Isolierung des Farbstoffes eine andere, höher schmelzende Form erhielten, welche sie als β-Bixin bezeichneten. Später haben P. KARRER und Mitarbeiter[2]) die Vermutung ausgesprochen, daß es sich um cis-trans-isomere Formen handelt. Sie konnten durch Einwirkung von Jod aus dem natürlichen, labilen Bixin die stabile Form erhalten, welche mit dem β-Bixin von J. HERZIG und F. FALTIS identisch ist[3]). Die gleiche Umwandlung konnte auch beim Methylbixin (S. 275) vollzogen werden. Damit war der Beweis erbracht, daß es *zwei* Verbindungsreihen gibt, deren eine sich vom labilen (natürlichen) Bixin und die andere vom stabilen (β-Bixin) ableitet. Um eine Doppelspurigkeit in der Benennung dieser Verbindungen zu vermeiden, haben P. KARRER und R. KUHN eine einheitliche Nomenklatur vorgeschlagen, die im folgenden Anwendung findet.

---

[1]) J. HERZIG und F. FALTIS, A. *431*, 40 (1923).

[2]) P. KARRER, A. HELFENSTEIN, R. WIDMER und TH. B. VAN ITALLIE, Helv. chim. Acta *12*, 741 (1929).

[3]) Vgl. R. KUHN und A. WINTERSTEIN, Ber. *65*, 646 (1932); *66*, 209 (1933).

Tabelle 50

Nomenklatur von Bixinderivaten[1])

Formel	Smp.	geom. Form	Neuer Name	Alter Name	
				P. Karrer	J. Herzig und F. Faltis
$C_{22}H_{26}(COOH)_2$	254 bis 255° C	cis	labiles Norbixin	Norbixin	Norbixin
$C_{22}H_{26}\begin{cases}COOCH_3\\COOH\end{cases}$	196° C	cis	labiles Bixin	Bixin	Bixin
$C_{22}H_{26}(COOCH_3)_2$	163 bis 164° C	cis	labiler Bixin-methylester	Bixinme-thylester	Bixinme-thylester
$C_{22}H_{26}(COOH)_2$	über 300° C	trans	stabiles Norbixin	Isonorbixin	β-Norbixin
$C_{22}H_{26}\begin{cases}COOCH_3\\COOH\end{cases}$	220° C	trans	stabiles Bixin	Isobixin	β-Bixin
$C_{22}H_{26}(COOCH_3)_2$	200 bis 201° C	trans	stabiler Bixinmethyl-ester	Isobixin-methylester	β-Bixinme-thylester

Die Frage, an welcher Stelle der Bixinmolekel cis-Anordnung besteht, haben P. Karrer und U. Solmssen zu beantworten versucht[2]). Sie unterwarfen Bixin dem Permanganatabbau[3]) und verglichen die Produkte, welche aus dem labilen Bixin hervorgingen, mit jenen aus dem stabilen Bixin. Aus den beiden Isomeren entstehen auf diese Weise je ein Apo-1-norbixinal-methylester I und sehr wahrscheinlich je ein Apo-2-norbixinal-methylester II[4]), die sich nach Schmelzpunkten und Absorptionsspektren unterscheiden. Die aus den beiden isomeren Bixinen entstandenen Apo-3-norbixinal-methylester III sind dagegen identisch. Aus diesen Tatsachen geht hervor, daß die Isomerie der beiden Bixine wahrscheinlich auf verschiedener konfigurativer Ausbildung an derjenigen Doppelbindung beruht, die von der unveresterten Carbonylgruppe gerechnet, die dritte in der Kette ist. Im Hinblick auf die nicht ganz gesicherte Verschiedenheit der Apo-2-norbixinal-methylester käme evtl. noch cis-trans-Isomerie in Frage, die durch verschiedene Anordnung an der zweiten Doppelbindung bedingt wäre.

---

[1]) Vgl. O. Walker, Diss., Universität Zürich 1935.

[2]) P. Karrer und U. Solmssen, Helv. chim. Acta *20*, 1396 (1937).

[3]) Über den gemäßigten Permanganatabbau sei auf die Beschreibung auf S. 55 verwiesen.

[4]) Die Frage der Verschiedenheit oder Identität beider Verbindungen konnte deswegen nicht sicher entschieden werden, weil die Apo-2-norbixinal-methylester nur in Form ihrer Oxime kristallisiert werden konnten.

$$
\begin{array}{ccccc}
& \text{CH}_3 & \text{CH}_3 & \text{CH}_3 & \text{CH}_3 \\
& | & | & | & | \\
\text{H}_3\text{COOC}\cdot\text{CH}=\text{CH}\cdot\text{C}=\text{CHCH}=\text{CH}\cdot\text{C}=\text{CHCH}=\text{CHCH}=\text{C}\cdot\text{CH}=\text{CHCH}=\text{C}\cdot\text{CHO}
\end{array}
$$

I

$$
\begin{array}{cccc}
& \text{CH}_3 & \text{CH}_3 & \text{CH}_3 \\
& | & | & | \\
\text{H}_3\text{COOC}\cdot\text{CH}=\text{CH}\cdot\text{C}=\text{CHCH}=\text{CH}\cdot\text{C}=\text{CHCH}=\text{CHCH}=\text{C}\cdot\text{CH}=\text{CH}\cdot\text{CHO}
\end{array}
$$

II

$$
\begin{array}{ccc}
& \text{CH}_3 & \text{CH}_3 & \text{CH}_3 \\
& | & | & | \\
\text{H}_2\text{COOC}\cdot\text{CH}=\text{CH}\cdot\text{C}=\text{CHCH}=\text{CH}\cdot\text{C}=\text{CHCH}=\text{CHCH}=\text{C}\cdot\text{CHO}
\end{array}
$$

III

labiles Bixin

stabiles Bixin

Neuerdings haben L. ZECHMEISTER und R. B. ESCUE[1]) Untersuchungen über stereochemische Verhältnisse beim Bixin angestellt. Statt des natürlichen, labilen Bixins wählten sie das besser chromatographierbare labile Methylbixin und unterwarfen es der Wärmeeinwirkung, der Jodkatalyse und der Bestrahlung mit Sonnenlicht. Eine größere Anzahl von Umwandlungsprodukten trat bei diesen Versuchen auf; zwei davon, Neomethylbixin A und Neomethylbixin C, konnten in kristallinem Zustand erhalten werden. Die anderen Isomeren werden durch ihre optischen Eigenschaften unterschieden.

Neomethylbixin A kristallisiert aus einem Gemisch von Benzol und Methanol in langen, schmalen Platten, welche bei 190–192⁰ C (korr.) schmelzen. Die Verbindung ist leichter löslich und weniger beständig als der labile oder als der stabile Bixinmethylester. In Petroläther absorbiert Neomethylbixin A bei: 485 und 453 mμ. Neomethylbixin C erhält man aus Benzol-Methanol-Gemisch in kleinen Nädelchen, welche zu Büscheln vereinigt sind. Smp. 150–151⁰ C (korr.). In Petroläther liegen die Absorptionsmaxima bei: 479 und 448,5 mμ.

---

[1]) L. ZECHMEISTER und R. B. ESCUE, Science 96, 229 (1942); Am. Soc. 66, 322 (1944).

1. *Stabiles Norbixin* $C_{24}H_{28}O_4$:

$$\underset{\text{Norbixin}}{\overset{\displaystyle CH_3 \qquad\quad CH_3 \qquad\quad CH_3 \qquad\quad CH_3}{HOOC\cdot CH{=}CH\cdot C{=}CHCH{=}CH\cdot C{=}CHCH{=}CHCH{=}C\cdot CH{=}CHCH{=}C\cdot CH{=}CH\cdot COOH}}$$

Man gewinnt das Kaliumsalz des stabilen Norbixins durch Kochen von labilem Bixin mit überschüssiger, 10%iger Kalilauge. Auf Zusatz von Salzsäure zu dessen wäßriger Lösung scheidet sich die freie Säure aus[1]). Das Dinitril des Norbixins entsteht aus Bixindialdehyd-dioxim (vgl. unter Lycopin, S. 119 und S. 125) und liefert beim Verseifen mit methanolischer Kalilauge Norbixin.

Aus Pyridin kristallisiert das stabile Norbixin in blauroten Blättchen, welche schönen Oberflächenglanz besitzen. Bei 300⁰ C schmilzt es noch nicht. In Pyridin löst es sich ziemlich leicht; sehr schwer in Eisessig und Amylalkohol und ist in sonstigen organischen Lösungsmitteln fast unlöslich.

Absorptionsmaxima in:

CS_2.	527,5	492	457,5 mμ
Chloroform	509	474,5	442 mμ

Beim Zusatz von Alkalilauge zu einer Suspension von stabilem Norbixin in Wasser verwandelt sich dieses in ein gelbes, kristallines, sehr schwer lösliches Salz. Durch Einwirkung von Diazomethan wird aus ersterem das stabile Methylbixin gebildet. An der Luft ist stabiles Norbixin beständig. Von konzentrierter Schwefelsäure wird es mit grünlichblauer Farbe aufgenommen.

Stabiles Bixin, Monomethylester des stabilen Norbixins $C_{25}H_{30}O_4$:

P. KARRER und Mitarbeiter[2]) erhielten das stabile Bixin durch Stehenlassen von labilem (natürlichem) Bixin mit Jod in Chloroformlösung. Aus Eisessig oder Pyridin kristallisiert die Verbindung in schönen Kristallen, aus Aceton in Tafeln. Smp. 216–217⁰ C (unkorr., Zersetzung). Die Löslichkeit in organischen Lösungsmitteln ist bedeutend geringer als diejenige des labilen Bixins.

Absorptionsmaxima in:

CS_2.	526,5	491	457 mμ
Chloroform	509,5	475	443 mμ

---

[1]) P. KARRER und Mitarbeiter, Helv. chim. Acta *12*, 753 (1929).

[2]) P. KARRER und Mitarbeiter, Helv. chim. Acta *12*, 754 (1929). Vgl. dazu die Mitteilung von R. KUHN und A. WINTERSTEIN, Ber. *65*, 650 (1932).

Durch kurzes Schütteln einer Lösung von stabilem Bixin in Eisessig und Pyridin mit Zinkstaub wird dasselbe Dihydrobixin gebildet, das aus labilem Bixin[1]) unter analogen Bedingungen entsteht.

Stabiles Methylbixin, Dimethylester des stabilen Norbixins $C_{26}H_{32}O_4$:

Stabiles Methylbixin kann entweder durch Umlagerung von labilem Methylbixin durch Jod[2])[1]) oder durch Veresterung aus stabilem Norbixin gewonnen werden[2]). Ferner entsteht der Ester durch Schütteln einer Lösung von Dihydromethylbixin in Piperidin oder der mit etwas Natronlauge versetzten Lösung des Dihydroderivates in Pyridin mit Luft[3]).

$$\begin{array}{cccc} CH_3 & CH_3 & CH_3 & CH_3 \\ | & | & | & | \end{array}$$
$$H_3COOC \cdot CH=CH \cdot C=CHCH=CH \cdot C=CHCH=CHCH=C \cdot CH=CHCH=C \cdot CH=CH \cdot COOCH_3$$
stabiles Methylbixin

Aus einem Gemisch von Chloroform und Äthanol erhält man das stabile Methylbixin in breiten, blauvioletten Nadeln, welche bei 205–206° C (korr.) schmelzen. Schüttelt man die Lösung in Pyridin und etwas Eisessig bei 50° C mit Zinkstaub, so entsteht dasselbe Dihydromethylbixin wie aus labilem Methylbixin.

Absorptionsmaxima in:

CS$_2$.   525,5   490   456,5 mμ
Chloroform   509,5   475,5   444   mμ

Quantitative Extinktionsmessung führten K. W. HAUSSER und A. SMAKULA[4]) aus. Über das Fluorescenzspektrum berichten K. W. HAUSSER, R. KUHN und E. KUHN[5]).

Stabiler Apo-1-norbixinal-methylester $C_{23}H_{28}O_3$:

$$\begin{array}{cccc} CH_3 & CH_3 & CH_3 & CH_3 \\ | & | & | & | \end{array}$$
$$H_3COOC \cdot CH=CH \cdot C=CHCH=CH \cdot C=CHCH=CHCH=C \cdot CH=CHCH=C \cdot CHO$$
Apo-1-norbixinal-methylester

---

[1]) R. KUHN und A. WINTERSTEIN, Ber. *65*, 650 (1932).

[2]) P. KARRER und Mitarbeiter, Helv. chim. Acta *12*, 754 (1929). Vgl. dazu die Mitteilung von R. KUHN und A. WINTERSTEIN, Ber. *65*, 650 (1932).

[3]) R. KUHN und P. J. DRUMM, Ber. *65*, 1459 (1932). – R. KUHN und Mitarbeiter, *65*, 1785 (1932).

[4]) K. W. HAUSSER und A. SMAKULA, Z. angew. Chem. *47*, 663 (1934); A. SMAKULA, *48*, 152 (1935).

[5]) K. W. HAUSSER, R. KUHN und E. KUHN, Z. Physik. Chem., Abt. B. *29*, 452 (1935).

Man erhält diesen Ester durch gemäßigte Permanganatoxydation des stabilen Bixins[1]). Auch die Umlagerung des labilen Apo-1-norbixinalmethylesters durch Jod führt zum stabilen Aldehyd[1]). Er kristallisiert in schmalen Prismen, welche bei 167° C schmelzen.

Absorptionsmaxima in:

CS_2.	509	478 mμ
Äthanol	487	456 mμ
Petroläther	472,5	445 mμ

Absorptionsmaxima des Oxims in:

CS_2.	509	478 mμ
Äthanol	483	452 mμ
Petroläther	475	446 mμ

Stabiler Apo-2-norbixinal-methylester $C_{20}H_{24}O_3$:

$$\underset{\text{CH}_3}{|} \quad \underset{\text{CH}_3}{|} \quad \underset{\text{CH}_3}{|}$$

$$H_3COOC \cdot CH=CH \cdot C=CHCH=CH \cdot C=CHCH=CHCH=C \cdot CH=CH \cdot CHO$$

Apo-2-norbixinal-methylester

Man gewinnt diesen Ester bei der gemäßigten Oxydation von stabilem Methylbixin mit Kaliumpermanganat[1]). Die Verbindung ist noch nicht in kristalliner Form erhalten worden, wohl aber ihr Oxim und Semicarbazon.

Absorptionsmaxima in:

CS_2.	483,5	453 mμ
Petroläther	450	424 mμ

Absorptionsmaxima des Oxims in:

CS_2.	481	451 mμ
Äthanol	459	mμ

Absorptionsmaxima des Semicarbazons in:

CS_2.	493	462 mμ
Äthanol	471	mμ

Apo-3-norbixinal-methylester $C_{18}H_{22}O_3$[1]):

$$\underset{\text{CH}_3}{|} \quad \underset{\text{CH}_3}{|} \quad \underset{\text{CH}_3}{|}$$

$$H_3COOC \cdot CH=CH \cdot C=CHCH=CH \cdot C=CHCH=CHCH=C \cdot CHO$$

Apo-3-norbixinal-methylester

Bei der gemäßigten Permanganatoxydation von stabilem und labilem Methylbixin wird dieselbe Form des Apo-3-norbixinal-methylesters gebildet

---

[1]) P. Karrer und U. Solmssen, Helv. chim. Acta *20*, 1396 (1937).

(vgl. S. 265). Die Verbindung schmilzt bei 147⁰ C, das Oxim bei 188⁰ C und das Semicarbazon bei 215⁰ C. Beim Schütteln einer ätherischen Lösung des Farbstoffes mit konzentrierter, wäßriger Salzsäure tritt keine Blaufärbung auf.

Absorptionsmaxima in:

CS_2.	455	427 mμ
Petroläther	425	mμ
Äthanol . . . . etwa	440	mμ

Absorptionsmaxima des Semicarbazons in:

CS_2.	472	443 mμ
Äthanol	449	mμ

Absorptionsmaxima des Oxims in:

CS_2.	458	428 mμ
Petroläther	428	408 mμ

2. *Labiles Norbixin* $C_{24}H_{28}O_4$:

Man erhält diese Verbindung durch Verseifen von labilem Bixin[1]) oder von labilem Methylbixin[2]). Aus Eisessig kristallisiert sie in breiten, roten Nadeln, welche bei 254–255⁰ C schmelzen. Labiles Norbixin ist in Pyridin leicht löslich, ziemlich leicht in Eisessig, Äthanol und Methanol, schwerer in Chloroform und Essigester und ist in Äther fast unlöslich[1]). In wäßrigen Alkalilaugen löst es sich sehr leicht. An der Luft ist labiles Norbixin etwas autoxydabel[1]). P. KARRER und Mitarbeiter[1]) konnten durch Kochen der Lösung des Natriumsalzes mit überschüssigem Ammoniak und 2,3 Mol Titantrichlorid Dihydronorbixin erhalten. Tetrahydro- oder Hexahydronorbixin entstehen bei Anwendung von mehr Titantrichlorid und längerem Kochen.

Bei längerem Erhitzen mit wäßriger Kalilauge (weniger glatt mit äthanolischer Kalilauge) bildet sich stabiles Norbixin[1]). P. KARRER und T. TAKAHASHI[2]) erhielten nach mehrstündigem Kochen mit 3%igem methanolischem Chlorwasserstoff stabiles Methylbixin. Das labile Methylbixin entsteht durch Methylierung des labilen Bixins mit Diazomethan[3]). Aus labilem Norbixin gewinnt man durch Methylierung mit Dimethylsulfat labiles Bixin und labiles Methylbixin[4]). Über die Einwirkung von Chlor und Chlorwasserstoff auf das Pigment vergleiche man die Mitteilung von A. HEIDUSCHKA und H. RIFFART[5]).

---

[1]) P. KARRER und Mitarbeiter, Helv. chim. Acta *12*, 752 (1929). – Vgl. J. F. B. VAN HASSELT, R. *30*, 6 (1911).

[2]) P. KARRER und T. TAKAHASHI, Helv. chim. Acta *16*, 287 (1933).

[3]) J. HERZIG und F. FALTIS, A. *431*, 60 (1923).

[4]) J. F. B. VAN HASSELT, R. *30*, 11 (1932).

[5]) A. HEIDUSCHKA und H. RIFFART, Arch. Pharm. *249*, 47 (1911).

Labiles Norbixin löst sich in konzentrierter Schwefelsäure mit grünlich-blauer Farbe[1]).

Das Monokaliumsalz hat mikrokristalline Struktur. Es ist in Wasser unlöslich, schwer löslich in Äthanol. Das Dikaliumsalz bildet braunrote Nadeln, welche sich in Wasser leicht lösen. Es oxydiert sich in feuchtem Zustand leicht an der Luft.

Absorptionsmaxima in:

CS_2.	527	491	458 mμ
Chloroform	503	469,5	440 mμ

Dihydronorbixin $C_{24}H_{30}O_4$:

P. KARRER und Mitarbeiter erhielten diese Verbindung durch Kochen von labilem Norbixin in 2,1 Mol verdünnter Natronlauge mit überschüssigem Ammoniak und 2,3 Mol Titantrichlorid[2]). Aus Äther kristallisiert sie in ockergelben Drusen, welche bei 197° C zusammensintern. Dihydronorbixin löst sich leicht in Eisessig, Äthanol, Aceton und Chloroform, sehr schwer in Äther und ist in Ligroin kaum löslich. An der Luft oxydiert es sich leicht.

Die große Verschiebung der Absorptionsmaxima (etwa 70 mμ) beim Übergang von Norbixin in Dihydronorbixin weist darauf hin, daß die beiden Carboxylgruppen nicht mehr in Konjugation mit dem System konjugierter Doppelbindungen liegen; demnach hat die Wasserstoffaddition in 1,18-Stellung stattgefunden:

$$\text{HOOC}\cdot\text{CH}_2\text{CH=}\overset{\overset{\displaystyle CH_3}{|}}{\text{C}}\cdot\text{CH=CHCH=}\overset{\overset{\displaystyle CH_3}{|}}{\text{C}}\cdot\text{CH=CHCH=CH}\cdot\overset{\overset{\displaystyle CH_3}{|}}{\text{C}}\text{=CHCH=CH}\cdot\overset{\overset{\displaystyle CH_3}{|}}{\text{C}}\text{=CH}\cdot\text{CH}_2\cdot\text{COOH}$$

Dihydronorbixin

Absorptionsmaxima in:

CS_2.	454	428 mμ
Chloroform	435	410 mμ

Perhydro-norbixin $C_{24}H_{46}O_4$ (3, 7, 12, 16-Tetramethyl-octadecan-dicarbonsäure-(1, 18)).

J. HERZIG und F. FALTIS[3]) erhielten diese Verbindung durch Kochen von Perhydro-methylbixin mit methanolischer Kalilauge. P. KARRER und F. BENZ[4]) konnten sie auf die weiter oben beschriebene Art (S. 263) totalsynthetisch her-

---

[1]) P. KARRER und Mitarbeiter, Helv. chim. Acta *12*, 752 (1929). – Vgl. J. F. B. VAN HASSELT, R. *30*, 6 (1911).

[2]) P. KARRER und Mitarbeiter, Helv. chim. Acta *12*, 746, 754 (1929). – Vgl. P. KARRER und F. RÜBEL, Helv. chim. Acta *17*, 773 (1934).

[3]) J. HERZIG und F. FALTIS, A. *431*, 51 (1923).

[4]) P. KARRER und F. BENZ, Helv. chim. Acta *16*, 337 (1933).

stellen. Perhydronorbixin ist ein farbloses zähes Öl, das bei 0,3 mm bei 250⁰ C siedet. $Kp._{0,24}$: 245,5⁰ C; $Kp._{0,03}$: 227⁰ C[1]). D_4^{20}: 0,953; n_D^{20}: 1,468[1]). Die Verbindung löst sich in Wasser nicht. Durch Veresterung mit Diazomethan oder mit einem Gemisch von Methanol und Chlorwasserstoff erhielten J. HERZIG und F. FALTIS[2]) Perhydro-methylbixin.

αα'-Dioxy-perhydro-norbixin-dimethylester $C_{26}H_{50}O_6$ (I):

$$\underset{\text{(I)}}{} \quad H_3COOC\cdot CH(OH)\cdot CH_2\cdot \overset{\overset{\displaystyle CH_3}{|}}{CH}\cdot CH_2\cdot CH_2\cdot CH_2\cdot \overset{\overset{\displaystyle CH_3}{|}}{CH}\cdot CH_2CH_2CH_2CH_2\cdot \overset{\overset{\displaystyle CH_3}{|}}{CH}\cdot CH_2\cdot CH_2\cdot CH_2\cdot$$

$$\overset{\overset{\displaystyle CH_3}{|}}{\cdot CH}\cdot CH_2CH(OH)\cdot COO\cdot CH_3$$

P. KARRER und Mitarbeiter[3]) führten Perhydro-norbixin durch aufeinanderfolgende Einwirkung von Brom und rotem Phosphor, Kalilauge und Diazomethan in αα'-Dioxy-perhydro-norbixin-methylester (I) über. Die Verbindung ist ein fast farbloses Öl. $Kp_{0,14}$: 213–216⁰ C.

3,7,12,16-Tetrametyl-octandial-(1,18.) $C_{22}H_{42}O_2$ (I):

Entsteht aus αα'-Dioxy-perhydro-norbixin-methylester durch Einwirkung von Methylmagnesiumjodid und nachfolgende Oxydation mit Bleitetraacetat[4]).

$$OHC\cdot CH_2\overset{\overset{\displaystyle CH_3}{|}}{CHCH_2}CH_2CH_2\overset{\overset{\displaystyle CH_3}{|}}{CHCH_2}CH_2CH_2CH_2\overset{\overset{\displaystyle CH_3}{|}}{CHCH_2}CH_2CH_2\overset{\overset{\displaystyle CH_3}{|}}{CHCH_2}\cdot CHO$$

$$\text{(I)}$$

Die Verbindung ist ein gelbliches Öl von intensivem, an Ozon erinnernden Geruch. $Kp._{0,3}$: 185⁰ C.

2,6,11,15-Tetramethyl-hexadecan-dicarbonsäure-(1,16) $C_{22}H_{42}O_4$ (II):

$$HOOC\cdot CH_2\overset{\overset{\displaystyle CH_3}{|}}{CHCH_2}CH_2CH_2\overset{\overset{\displaystyle CH_3}{|}}{CHCH_2}CH_2CH_2CH_2\overset{\overset{\displaystyle CH_3}{|}}{CHCH_2}CH_2CH_2\overset{\overset{\displaystyle CH_3}{|}}{CHCH_2}COOH$$

$$\text{(II)}$$

Man gewinnt diese Dicarbonsäure (II) durch Oxydation von 3,7,12,16-Tetramethyl-octadecandial-(1,18) mit Chromsäure in Eisessig[5]). $Kp._{0,1}$: 220⁰ C.

Diamid: $C_{22}H_{44}O_2N_2$: Man führt die Säure (II) mittelst Thionylchlorid in das Säurechlorid über und behandelt dieses mit konzentriertem, wässerigem Ammoniak[5]). Aus Essigester erhält man die Verbindung in Kristallen, welche bei 127⁰ C schmelzen.

[1]) R. KUHN und L. EHMANN, Helv. chim. Acta *12*, 905 (1929).

[2]) J. HERZIG und F. FALTIS, A. *431*, 51 (1923).

[3]) P. KARRER und Mitarbeiter, Helv. chim. Acta *15*, 1409 (1932).

[4]) P. KARRER und Mitarbeiter, Helv. chim. Acta *15*, 1410 (1932).

[5]) P. KARRER und Mitarbeiter, Helv. chim. Acta *15*, 1411 (1932).

1,16-Dioxy-2,6,11,15-Tetramethyl-hexadecan-dicarbonsäure-(1,16)-
dimethylester $C_{24}H_{46}O_6$ (III):

H. RAUDNITZ und J. PESCHEL[1]) erhielten diesen Ester (III) durch aufeinanderfolgende Einwirkung von Brom und rotem Phosphor, Kalilauge und Diazomethan auf 2,6,11,15-Tetramethyl-hexadecan-dicarbonsäure-(1,16):

$$\underset{\text{(III)}}{H_3COOCCH(OH)\overset{\overset{\displaystyle CH_3}{|}}{C}HCH_2CH_2CH_2\overset{\overset{\displaystyle CH_3}{|}}{C}HCH_2CH_2CH_2\overset{\overset{\displaystyle CH_3}{|}}{C}HCH_2CH_2CH_2\overset{\overset{\displaystyle CH_3}{|}}{C}HCH(OH)COOCH_3}$$

Der Ester (III) ist ein farbloses Öl, im Hochvakuum destillierbar. Bezüglich
seiner Überführung in Perhydrocrocetin sei auf die Ausführungen auf Seite 290
verwiesen.

4,8,13,17-Tetramethyl-eikosandiol-1,20. (1,20-Dioxy-bixan) $C_{24}H_{50}O_2$:

$$HO\cdot CH_2CH_2CH_2\overset{\overset{\displaystyle CH_3}{|}}{C}HCH_2CH_2CH_2\overset{\overset{\displaystyle CH_3}{|}}{C}HCH_2CH_2CH_2CH_2\overset{\overset{\displaystyle CH_3}{|}}{C}HCH_2CH_2CH_2\overset{\overset{\displaystyle CH_3}{|}}{C}HCH_2CH_2CH_2\cdot OH$$
$$1,20\text{-Dioxy-bixan}$$

R. KUHN und L. EHMANN[2]) erhielten dieses Diol durch Erhitzen von Perhydro-methylbixin mit Natrium und Amylalkohol. Es ist ein blaßgelbes Öl,
das in der Kälte zum Teil erstarrt. $Kp._{0,12}$: 198° C. In Chloroform und Benzol
löst es sich leicht, in Eisessig, Äthanol, Aceton und Petroläther ist es hingegen
nur in der Wärme löslich.

4,8,13,17-Tetramethyl-eikosan (Bixan) $C_{24}H_{50}$:

$$H_3CCH_2CH_2\overset{\overset{\displaystyle CH_3}{|}}{C}HCH_2CH_2CH_2\overset{\overset{\displaystyle CH_3}{|}}{C}HCH_2CH_2CH_2CH_2\overset{\overset{\displaystyle CH_3}{|}}{C}HCH_2CH_2CH_2\overset{\overset{\displaystyle CH_3}{|}}{C}HCH_2CH_2CH_3$$
$$\text{Bixan}$$

Man gewinnt Bixan durch 15stündiges Erhitzen von 1,20-Dioxy-bixan mit
66%iger, wäßriger Bromwasserstoffsäure im Rohr auf 230° C und 14stündiges
Erwärmen des entstandenen Dibromids mit Zink (verkupfert) und 60%ige Essigsäure auf 100° C[2]).

Es ist eine leicht bewegliche, farblose Flüssigkeit, die bei 162° C (0,51 mm)
siedet (korr.). D_4^{20} = 0,8054. n_D^{20} = 1,4502. Der Kohlenwasserstoff löst sich leicht
in Chloroform, Schwefelkohlenstoff und Petroläther, schwerer in Äthanol und
Eisessig.

Labiles Bixin, Monomethylester des labilen Norbixins $C_{25}H_{30}O_4$:

Aus Eisessig kristallisiert labiles (natürliches) Bixin in tiefvioletten, stahl-
blau-granatroten, dichroitischen Prismen; aus Essigester erhält man den Farb-

---

[1]) H. RAUDNITZ und J. PESCHEL, Ber. *66*, 901 (1933).
[2]) R. KUHN und L. EHMANN, Helv. chim. Acta *12*, 904 (1929).

stoff in Rhomben. Nach schnellem Erhitzen schmilzt er bei 198° C, langsam erhitzt bei 191,5° C. Bei 18° C lösen 100 cm³ Chloroform 0,5 g labiles Bixin; in Äthanol, Äther und kaltem Eisessig ist der Farbstoff noch bedeutend schwerer löslich. Leicht löst er sich in siedendem Eisessig, Pyridin und Nitrobenzol. In 1000 cm³ siedendem Essigester lösen sich 4 g.

Absorptionsmaxima in:

CS_2.	523,5	489	457 mμ
Chloroform	503	469,5	439 mμ

Während sich Bixin an der Luft auch bei längerem Aufbewahren nicht verändert, erleidet es schon durch längeres Erhitzen auf 110° C geringe Zersetzung. J. F. B. VAN HASSELT[1]) konnte durch Erhitzen über den Schmelzpunkt m-Xylol erhalten (vgl. S. 56). Über die Umlagerung des labilen Bixins in die stabile Form ist schon auf Seite 264 berichtet worden[2]). R. PUMMERER, L. REBMANN und W. REINDEL[3]) stellten fest, daß Benzopersäure nur etwa 6 Doppelbindungen absättigt.

Bezüglich einer neuartigen Oxydation des labilen Bixins mit Manganiacetat sei auf die Mitteilung von F. VIEBÖCK[4]) verwiesen.

P. KARRER und Mitarbeiter[5]) erhielten aus labilem Bixin durch Reduktion mit Natriumamalgam ein hellgelbes Öl, welches bei der Oxydation mit sodaalkalischer Permanganatlösung Bernsteinsäure lieferte.

Über die Einwirkung von Chlor und Brom[6]), Jod in Benzol[7]), Chlorjod[3]), Chlorwasserstoff[8]) und Dirhodan[3]), sei auf die Originalmitteilungen verwiesen.

Beim Behandeln von labilem Bixin mit methanolischer Kalilauge erhält man zunächst das Kaliumsalz[9]), das sich durch längeres Schütteln oder kurzes Kochen in labiles Norbixin verwandelt. Durch Kochen mit wäßrig-äthanolischer Kalilauge kann außer labilem Norbixin auch die stabile Form gewonnen werden[10]).

Untersuchungen von B. v. EULER, H. v. EULER und P. KARRER[11]) ergaben, daß labiles Bixin keine Vitamin-A-Wirkung besitzt.

---

[1]) J. F. B. VAN HASSELT, Rec. Trav. chim. Pays-Bas et Belg. *30*, 31 (1911).

[2]) P. KARRER und Mitarbeiter, Helv. chim. Acta *12*, 754 (1929). – Vgl. R. KUHN und A. WINTERSTEIN, Ber. *65*, 650 (1932).

[3]) R. PUMMERER, L. REBMANN und W. REINDEL, Ber. *62*, 1417 (1929).

[4]) F. VIEBÖCK, Ber. *67*, 377 (1934).

[5]) P. KARRER und Mitarbeiter, Helv. chim. Acta *15*, 1417 (1932).

[6]) A. HEIDUSCHKA und H. RIFFART, Arch. Pharmaz. *249*, 43 (1911). – J. F. B. VAN HASSELT, R. *30*, 26 (1911).

[7]) C. LIEBERMANN und G. MÜHLE, Ber. *48*, 1657 (1915).

[8]) A. HEIDUSCHKA und H. RIFFART, Arch. Pharmaz. *249*, 43 (1911).

[9]) J. F. B. VAN HASSELT, Rec. Trav. chim. Pays-Bas et Belg. *30*, 17 (1911).

[10]) P. KARRER und Mitarbeiter, Helv. chim. Acta *12*, 750 (1929).

[11]) B. v. EULER, H. v. EULER und P. KARRER, Helv. chim. Acta *12*, 278 (1929).

In konzentrierter Schwefelsäure löst sich der Farbstoff mit kornblumen-
blauer Farbe. Bezüglich weiterer Farbreaktionen sei auf die Mitteilung von
R. KUHN und Mitarbeitern[1]) verwiesen.

Das Natriumsalz des labilen Bixins kristallisiert aus 70%igem Äthanol in
dunkeln, kupferroten Kristallen[2]); das Kaliumsalz bildet dunkelviolette Nadeln, welche in Äthanol und Methanol leicht, in Wasser unlöslich sind.

Dihydrobixin $C_{25}H_{32}O_4$:

P. KARRER und Mitarbeiter[3]) gewannen diese Verbindung auf analoge
Weise wie das Dihydronorbixin (S. 271). R. KUHN und A. WINTERSTEIN[4])
beschreiben die Darstellung des Dihydrobixins durch kurzes Schütteln von
labilem oder stabilem Bixin in Pyridin mit Zinkstaub und etwas Eisessig.
Smp. 207–208⁰ C (unkorr.)[3]) (Konstitution: S. 271).

Absorptionsmaxima in:

CS_2.	454	428 mμ
Chloroform	435	410 mμ

Perhydrobixin, Perhydronorbixin-monomethylester $C_{25}H_{48}O_4$:

Entsteht durch katalytische Hydrierung von labilem Bixin in Eisessig bei
Gegenwart von Palladium-Barium-Sulfat[5]). Die Verbindung ist ein farbloses
Öl. Kp.$_{0,3}$: 213–217⁰ C[6]). D_4^{20}: 0,9368; n_D^{20}: 1,4615.

Labiles Methylbixin, Dimethylester des labilen Norbixins $C_{26}H_{32}O_4$:

Labiles Methylbixin kann durch Veresterung von labilem Bixin oder von
labilem Norbixin mit Dimethylsulfat[7]) gewonnen werden. Auch bei der Einwirkung von Diazomethan auf in Chloroform gelöstes labiles Bixin[8]) oder labiles Norbixin[9]) entsteht das labile Methylbixin.

Die Verbindung kristallisiert aus Essigester in roten, pleochroitischen Rhomben, welche bei 163⁰ C schmelzen (unkorr.)[8]). Sie löst sich ziemlich leicht in
Chloroform, Aceton, Eisessig und Essigester, schwer in Äthanol und sehr
schwer in Methanol. Bezüglich der quantitativen Extinktionsmessung sei auf
die Mitteilung von K. W. HAUSSER und A. SMAKULA[10]) verwiesen.

---

[1]) R. KUHN und Mitarbeiter, Helv. chim. Acta *11*, 723 (1928).

[2]) L. MARCHLEWSKI und L. MATEJKO, Anz. Akad. Wiss. Krakau *1905*, 749 (C. *1906*, II, 1265).

[3]) P. KARRER und Mitarbeiter, Helv. chim. Acta *12*, 748, 755 (1929).

[4]) R. KUHN und A. WINTERSTEIN, Ber. *65*, 650 (1932).

[5]) J. HERZIG und F. FALTIS, A. *431*, 49 (1923). – Vgl. R. KUHN und Mitarbeiter, Helv. chim. Acta *11*, 723 (1928); *12*, 910 (1929).

[6]) P. KARRER und Mitarbeiter, Helv. chim. Acta *12*, 749 (1929).

[7]) J. F. B. VAN HASSELT, Rec. Trav. chim. Pays-Bas et Belg. *30*, 8 (1911).

[8]) P. KARRER und Mitarbeiter, Helv. chim. Acta *12*, 751 (1929).

[9]) J. HERZIG und F. FALTIS, A. *431*, 61 (1923).

[10]) K. W. HAUSSER und A. SMAKULA, Z. angew. Chem. *47*, 662 (1934); A. SMAKULA, Z. angew. Chem. *48*, 152 (1935).

Wie labiles Bixin läßt sich labiles Methylbixin durch Jod in die stabile Form umlagern[1]). Über den oxydativen Abbau sind zahlreiche Untersuchungen angestellt worden, bezüglich welcher auf die Originalarbeiten verwiesen wird[2]). R. KUHN und A. WINTERSTEIN[3]) erhielten aus labilem Methylbixin durch kurzes Schütteln seiner Lösung in Pyridin und Eisessig mit Zinkstaub Dihydromethylbixin.

P. KARRER und T. TAKAHASHI[4]) stellten fest, daß bei der Verseifung von labilem Methylbixin mit äthanolischer Natronlauge (1 Mol) bei 65° C neben labilem auch stabiles Bixin entsteht.

In konzentrierter Schwefelsäure löst sich labiles Methylbixin mit intensiv blauer Farbe.

Dihydromethylbixin $C_{26}H_{34}O_4$:

Entsteht durch kurzes Schütteln von labilem oder stabilem Methylbixin in Pyridin-Eisessig-Lösung mit Zinkstaub[5]). Die Verbindung kristallisiert in orangegelben Blättchen, welche bei 180–182° C (korr.) schmelzen. Dihydromethylbixin oxydiert sich an der Luft in Piperidinlösung zu stabilem Methylbixin[6]) (Konstitution S. 271).

Absorptionsmaxima in:

CS$_2$.   454   428 mμ
Chloroform   435   410 mμ

Perhydro-norbixin-dimethylester, Perhydro-methylbixin $C_{26}H_{50}O_4$:

J. HERZIG und F. FALTIS stellten Perhydromethylbixin durch katalytische Hydrierung von labilem Methylbixin her[7]). Man erhält es auch durch Methylierung von Perhydronorbixin mit Diazomethan oder Methanol-Chlorwasserstoff-Gemisch[7]). P. KARRER und Mitarbeiter[8]) methylierten Perhydrobixin mit Dimethylsulfat und wäßriger Kalilauge in Aceton zum Dimethylester.

Kp.$_{0,3}$: 211° C. D$_4^{20}$: 0,9234; n$_D^{20}$: 1,4568[9]).

[1]) P. KARRER und Mitarbeiter, Helv. chim. Acta *12*, 753 (1929). – R. KUHN und A. WINTERSTEIN, Ber. *65*, 650 (1932).

[2]) I. J. RINKES, C. *1916*, I, 336. – I. J. RINKES und F. J. B. VAN HASSELT, C. *1917*, I, 208, II, 680. – R. KUHN, A. WINTERSTEIN und L. KARLOVITZ, Helv. chim. Acta *12*, 66 (1929). – I. J. RINKES und J. F. B. VAN HASSELT, C. *1916*, II, 390; C. *1917*, I, 208, II, 680. – I. J. RINKES, Rec. Trav. chim. Pays-Bas et Belg. *48*, 1093 (1929).

[3]) R. KUHN und A. WINTERSTEIN, Ber. *65*, 650 (1932).

[4]) P. KARRER und T. TAKAHASHI, Helv. chim. Acta *16*, 288 (1933).

[5]) R. KUHN und A. WINTERSTEIN, Ber. *65*, 650 (1932).

[6]) R. KUHN und Mitarbeiter, Ber. *65*, 1459, 1785 (1932).

[7]) J. HERZIG und F. FALTIS, A. *431*, 48 (1923).

[8]) P. KARRER und Mitarbeiter, Helv. chim. Acta *12*, 751 (1929).

[9]) R. KUHN und L. EHMANN, Helv. chim. Acta *12*, 905 (1929).

Perhydromethylbixin wird durch Erhitzen mit Natrium und Amylalkohol in 4,8,13,17-Tetramethyl-eikosandiol-(1,20) übergeführt[1]).

Perhydronorbixin-diäthylester $C_{28}H_{54}O_4$:

Die Totalsynthese dieses Esters von P. KARRER und Mitarbeitern[2]) ist schon weiter oben erwähnt worden (S. 264).

Die Verbindung ist ein farbloses Öl, das bei 0,3 mm Druck bei 207° C siedet.

Perhydro-norbixin-diamid $C_{24}H_{48}O_2N_2$:

Perhydronorbixin wird durch Phosphorpentachlorid oder durch Thionylchlorid in das Säurechlorid übergeführt und dieses mit konzentriertem, wäßrigem Ammoniak umgesetzt[3]). Aus Essigester oder Äther erhält man das Diamid in farblosen Kristallen, welche bei 111° C schmelzen. Die Verbindung ist in Äther fast unlöslich, löst sich aber in Äthanol und Chloroform.

Perhydro-norbixin-bis-(2,4,6-tribrom-anilid) $C_{36}H_{50}O_2N_2Br_6$:

Das Säurechlorid aus Perhydronorbixin (vgl. weiter oben) wird mit 2,4,6-Tribrom-anilin umgesetzt[4]) und das Reaktionsprodukt aus Essigester umkristallisiert. Farblose Kristalle. Smp. 83° C.

Norbixinmonoäthylester, Äthylnorbixin $C_{26}H_{32}O_4$:

J. F. B. VAN HASSELT stellte Äthylnorbixin durch Verseifung von labilem Bixin mit äthanolischer Kalilauge und Behandeln des Reaktionsproduktes mit Diäthylsulfat her. Das ausgeschiedene Diäthylnorbixin wurde abfiltriert und angesäuert[5]). Rote, grünlich schimmernde Nadeln (aus Eisessig). Smp. 176° C.

Es bildet ein Kaliumsalz, das in Nadeln kristallisiert und in Wasser unlöslich ist.

Methyläthylnorbixin $C_{27}H_{34}O_4$:

a) Vom Schmelzpunkt 149° C: Entsteht durch Methylierung von Äthylnorbixin[6]). Es kristallisiert in roten, rhombenförmigen Kristallen.

b) Vom Schmelzpunkt 138° C (Äthylbixin): Entsteht durch Behandeln von labilem Bixin in äthanolischer Lösung mit 1 Mol Kalilauge und Diäthylsulfat

---

[1]) R. KUHN und L. EHMANN, Helv. chim. Acta *12*, 905 (1929). – P. KARRER und Mitarbeiter, Helv. chim. Acta *15*, 1406 (1932).

[2]) P. KARRER und Mitarbeiter, Helv. chim. Acta *15*, 1404 (1932).

[3]) F. FALTIS und F. VIEBÖCK, Ber. *62*, 706 (1929). – P. KARRER und Mitarbeiter, Helv. chim. Acta 12, 750 (1929); *15*, 1416 (1932).

[4]) P. KARRER und Mitarbeiter, Helv. chim. Acta *15*, 1417 (1932).

[5]) J. F. B. VAN HASSELT, Rec. Trav. chim. Pays-Bas et Belg. *30*, 13 (1911).

[6]) J. F. B. VAN HASSELT, Chem. Weekbl. *6*, 482 (1909); Rec. Trav. chim. Pays-Bas et Belg. *30*, 14 (1911).

bei Gegenwart von Essigester[1]). Aus Äthanol kristallisiert es in roten, rhombenförmigen Kristallen. Smp. 138⁰ C. Löst sich in Chloroform, Essigester und
Aceton sehr leicht.

Diäthylnorbixin $C_{28}H_{36}O_4$:

Darstellung: siehe bei Äthylnorbixin. Aus Aceton erhält man die Verbindung in blauen Kristallen, welche bei 121⁰ C schmelzen[1]).

Methyl-n-octyl-norbixin $C_{33}H_{46}O_4$ (n-Octyl-bixinester):

P. KARRER und A. OSWALD[2]) erhielten diesen Ester durch Einwirkung von
n-Octyljodid auf Kaliumbixinat. Dunkelviolette Kristalle aus Äthanol. Smp.
132⁰ C.

Methyl-n-butyl-norbixin $C_{29}H_{38}O_4$ (n-Butyl-bixin-ester):

Die Darstellung[2]) erfolgt wie bei der vorbeschriebenen Verbindung. Dunkle
Kristalle. Smp. 160⁰ C.

Methyl-n-octadecyl-norbixin $C_{43}H_{66}O_4$ (n-Octadecyl-bixinester):

Dunkle Kristalle. Smp. 118⁰ C[2]).

1,1,20,20-Tetramethyl-dihydro-bixinol $C_{28}H_{42}O_2$ (I):

$$\underset{H_3C}{\overset{H_3C}{>}}C\cdot CH_2 CH=\underset{|}{\overset{CH_3}{C}}\cdot CH=CHCH=\underset{|}{\overset{CH_3}{C}}\cdot CH=CHCH=CH\cdot \underset{|}{\overset{CH_3}{C}}=CHCH=CH\cdot \underset{|}{\overset{CH_3}{C}}=CHCH_2 \underset{CH_3}{\overset{CH_3}{<}}C\cdot OH$$

(I)

P. KARRER und F. RÜBEL[3]) konnten diese Verbindung bei der Umsetzung
von Dihydro-bixinmethylester und Methylmagnesiümjodid gewinnen. Sie kristallisiert aus Essigester in goldgelben Nadeln, welche bei 166–167⁰ C (unkorr.)
schmelzen. Bei der Verteilungsprobe verhält sie sich rein hypophasisch.

Absorptionsmaxima in:

CS₂.	455	429 mμ
Chloroform	435	410 mμ

Labiler Apo-1-norbixinal-methylester $C_{23}H_{28}O_3$:

P. KARRER und U. SOLMSSEN[4]) unterwarfen das labile Bixin dem gemäßigten Permanganatabbau und erhielten 3 verschiedene Aldehyde, welche
als Apo-1-, Apo-2- und Apo-3-norbixinal-methylester[5]) identifiziert wurden.
Der erste entsteht in größter Ausbeute. Smp. 156⁰ C. Smp. des Oxims: 186⁰ C,
des Semicarbazons: etwa 225⁰ C.

---

[1]) J. F. B. VAN HASSELT, Rec. Trav. chim. Pays-Bas et Belg. *30*, 13 (1911).
[2]) A. OSWALD, Diss., Zürich 1939.
[3]) P. KARRER und F. RÜBEL, Helv. chim. Acta *17*, 773 (1934).
[4]) P. KARRER und U. SOLMSSEN, Helv. chim. Acta *20*, 1396 (1937).
[5]) Der Apo-3-norbixinal-methylester trat nur in einer Form auf.

Absorptionsmaxima in:

CS$_2$ . . . . 505 475 mμ

Petroläther . . . . 470 441 mμ

Äthanol . . . . etwa 484 mμ

Absorptionsmaxima des Oxims in:

CS$_2$ . . . . 501 470 mμ

Äthanol . . . . 479 448 mμ

Absorptionsmaxima des Semicarbazons in:

CS$_2$ . . . . 515 487 mμ

Äthanol . . . . 487 460 mμ

Labiler Apo-2-norbixinal-methylester C$_{20}$H$_{24}$O$_3$:

Diese Verbindung entstand nur in sehr geringer Menge[1]) und konnte nicht in kristallinem Zustand gefaßt werden.

Absorptionsmaxima in:

CS$_2$ . . . . 479,5 449 mμ

Petroläther . . . . 446,5 421 mμ

Äthanol . . . . breite Bande

Absorptionsmaxima des Oxims in:

CS$_2$ . . . . 478 449 mμ

Äthanol . . . . 456 mμ

Petroläther . . . . 447 mμ

Absorptionsmaxima des Semicarbazons in:

CS$_2$ . . . . 488,5 458 mμ

Äthanol . . . . 465,5 mμ

2. *Crocetin* C$_{20}$H$_{24}$O$_4$

Geschichtliches

1818 ASCHOFF[2]) untersucht den Safranfarbstoff und nennt ihn Crocin.

1852–1914 Verschiedene Forscher[3]) stellen über Crocin Untersuchungen an, in deren Verlauf seine Glucosidnatur erkannt wird.

---

[1]) P. KARRER und U. SOLMSSEN, Helv. chim. Acta *20*, 1396 (1937).

[2]) ASCHOFF, Berl. Jb. *51*, 142 (1818).

[3]) B. QUADRAT, J. prakt. Chem. *56*, 68 (1852). – FR. ROCHLEDER, J. prakt. Chem. *74*, 1 (1858). – B. WEISS, J. prakt. Chem. *101*, 65 (1867). – R. KAYSER, Ber. *17*, 2228 (1884). – E. FISCHER, Ber. *21*, 988 (1888). – E. SCHUNCK und L. MARCHLEWSKI, A. *278*, 349 (1894). – PFYHL und SCHERZ, Z. Unters. d. Genußmittel *16*, 237 (1906). – F. DECKER, Arch. Pharm. *252*, 139 (1914).

1915 F. Decker[1]) isoliert aus Crocin das noch nicht einheitliche Aglukon (Crocetin).

1927–33 P. Karrer und H. Salomon[2]) und P. Karrer und Mitarbeiter[3]) klären die Konstitution des Crocins und des Crocetins auf[4]).

Vorkommen

Das färbende Prinzip des Safrans, das als Droge seit alter Zeit in verschiedenen Ländern Verwendung findet, ist Crocin, welches von P. Karrer und K. Miki[5]) als Di-gentiobiose-ester des Crocetins erkannt wurde. Neben Crocin enthalten die Narben von *Crocus sativus* geringe Mengen Crocetin[6]) und außerdem β-Carotin, γ-Carotin, Lycopin und Zeaxanthin. Ferner fand man darin ein farbloses Glucosid, Pikrocrocin (Safranbitter), welches mit Crocin in naher Beziehung steht[7]).

Tabelle 51
Vorkommen von Crocetin

Ausgangsmaterial	Literaturangaben
a) In den Narben der Blüten von:	
Crocus sativus L.	B. Weiss, J. pr. Ch. (1) *101*, 65 (1867); J. *1867*, 733. – Vgl. B. Quadrat, J. pr. Ch. (1) *56*, 68 (1852); J. *1851*, 532.
Crocus albiflorus kit.; var. *Neapolitanus hort.* . . .	R. Kuhn, A. Winterstein und W. Wiegand, Helv. chim. Acta *11*, 718 (1928).
b) In Früchten von:	
Gardenia grandiflora Lour.	Fr. Rochleder und L. Mayer, J. pr. Ch. (1) *72*, 394 (1857); *74*, 1 (1858); J. *1857*, 490; *1858*, 475. – R. Kuhn und Mitarbeiter, Helv. chim. Acta *11*, 718 (1928).
c) In Blütenblättern:	
Crocus luteus	R. Kuhn, A. Winterstein und W. Wiegand, Helv. chim. Acta *11, 718* (1928).

[1]) F. Decker, Arch. Pharm. *252*, 139 (1915).

[2]) P. Karrer und H. Salomon, Helv. chim. Acta *10*, 397 (1927); *11*, 513 (1928); *11*, 711 (1928); *16*, 643 (1933).

[3]) P. Karrer und Mitarbeiter, Helv. chim. Acta *12*, 985 (1929); *13*, 392 (1930); *15*, 1218, 1399 (1932); *16*, 297 (1933).

[4]) Vgl. R. Kuhn und Mitarbeiter, Helv. chim. Acta *11*, 716 (1928); *12*, 64 (1929); Ber. *64*, 1732 (1931).

[5]) P. Karrer und K. Miki, Helv. chim. Acta *12*, 985 (1929).

[6]) Bezüglich der Stereoisomerie des natürlichen Crocetins aus *Crocus sativus* sei auf die Mitteilung von R. Kuhn und A. Winterstein, Ber. *66*, 209 (1933); *67*, 348 (1934), verwiesen.

[7]) E. Winterstein und J. Teleczky, Helv. chim. Acta *5*, 376 (1922). – R. Kuhn und A. Winterstein, Naturwiss. *21*, 527 (1933), Ber. *67*, 344 (1934).

Ausgangsmaterial	Literaturangaben
Nyctanthes Arbor-tristis .	E. G. HILL und A. P. SIKKAR, Soc. *91*, 1501 (1907).
Cedrela Toona Roxb. . .	E. G. HILL und A. P. SIKKAR, Soc. *91*, 1501 (1907). –
	A. G. PERKIN, Soc. *101*, 1540 (1912). – R. KUHN und
	A. WINTERSTEIN, Helv. chim. Acta *12*, 496 (1929).
Verbascum phlomoides L.	
(Königskerze)	L. SCHMID und E. KOTTER, M. *59*, 346, 353 (1932).

Stereochemie des Crocetins

Die ersten Beobachtungen über stereoisomere Crocetine stammen von R. KUHN und A. WINTERSTEIN[1]), welche bei der Verarbeitung des Safrans neben dem bekannten Crocetindimethylester vom Smp. 222° C einen isomeren Körper vom Smp. 141° C fassen konnten. Dieser lagert sich schon durch Belichten in den höherschmelzenden, stabilen Ester um. Auch durch verschiedene andere Einflüsse, wie Erhitzen, Jodkatalyse und auf dem Umwege über die Dihydroverbindung, wird diese Umlagerung erreicht. R. KUHN und Mitarbeiter deuten sie als cis-trans-Umlagerung.

Aus der leichten Umwandlung in die höher schmelzende Form schließen R. KUHN und A. WINTERSTEIN, daß die tiefer schmelzende Verbindung eine cis- und die höher schmelzende die trans-Form des Crocetins ist. Zur Vereinheitlichung der Benennung wird folgende Nomenklatur vorgeschlagen[2]).

Tabelle 52
Nomenklatur des Crocetins

Neue Nomenklatur	Smp.	geom. Form	Alte Bezeichnung
Stabiles Crocetin . . .	285° C	trans	α-Crocetin
Stabiler Crocetin-mono-methylester	218° C	trans	β-Crocetin
Stabiler Crocetin-dimethylester	222° C	trans	γ-Crocetin
Labiler Crocetin-dimethylester	141° C	cis	Farbstoff von R. KUHN

Darstellung

a) *Crocin:* Gemäß den Angaben von P. KARRER und H. SALOMON[3]) wird Safran bei 90° C getrocknet und mit Äther vorextrahiert. Anschließend zieht

---

[1]) R. KUHN und A. WINTERSTEIN, Ber. *66*, 209 (1933); *67*, 344 (1934). – Vgl. auch Ber. *65*, 1785 (1932).

[2]) Vgl. O. WALKER, Diss., Zürich 1935. – R. KUHN und A. WINTERSTEIN, Ber. *66*, 209 (1933).

[3]) P. KARRER und H. SALOMON, Helv. chim. Acta *11*, 513 (1928). – Vgl. R. KUHN und A. WINTERSTEIN, Ber. *67*, 344 (1934).

man die Droge mit Äthanol aus und fällt daraus mit Äther ölige Begleitstoffe. Durch weiteren Ätherzusatz und Stehenlassen läßt sich Crocin in mikrokristallinem Zustande gewinnen. Daneben erhält man größere Mengen Öl, das größtenteils aus Crocin besteht, dessen Kristallisation aber nicht nur längere Zeit in Anspruch nimmt, sondern infolge harziger Begleitstoffe recht mühsam ist. Durch wiederholtes Lösen dieses Öles in heißem Äthanol, Impfen mit Crocin und Stehenlassen, lassen sich mehrere Kristallisationen gewinnen, die gemeinsam aus dem gleichen Lösungsmittel umkristallisiert werden.

b) *Crocetin*[1]): 500 g getrockneter Safran werden mit Äther vorextrahiert, der Rückstand an der Luft getrocknet und mit 70%igem Äthanol ausgezogen. Man dampft etwa die Hälfte des Lösungsmittels ab und verseift die verbliebene Lösung, nach starkem Verdünnen mit Wasser, mit einer Lösung von 30 g Kaliumhydroxyd in 500 cm³ Wasser. Nach dem Ansäuern mit Salzsäure fällt ein dicker, gelber Niederschlag aus, der auf Tonteller getrocknet und anschließend mit 10%-iger äthanolischer Kalilauge verseift wird. Das entstandene Kaliumsalz des Crocetins wird abgenutscht und mit Eisessig zersetzt. Zur weiteren Reinigung kristallisiert man das rohe Crocetin aus Pyridin um.

Bezüglich der Isolierung des Crocetins aus den Blütenblättern von *Crocus luteus* sei auf die Mitteilung von R. KUHN und Mitarbeitern[2]) verwiesen. Über die Gewinnung von Crocetindimethylester aus Safran orientiert eine Vorschrift von P. KARRER und A. HELFENSTEIN[3]).

Chemische Konstitution des Crocetins

Die Konstitutionsaufklärung des Crocetins wurde von P. KARRER, H. SALOMON und Mitarbeitern[4]) durchgeführt. Durch diese (sowie die Bearbeitung des Bixins) konnte man erstmals einen tieferen Einblick in das Bauprinzip der Carotinoide gewinnen.

$$\underset{\text{Crocetin}}{HOOC \cdot \overset{\overset{\displaystyle CH_3}{|}}{C}=CHCH=CH \cdot \overset{\overset{\displaystyle CH_3}{|}}{C}=CHCH=CHCH=\overset{\overset{\displaystyle CH_3}{|}}{C} \cdot CH=CHCH=\overset{\overset{\displaystyle CH_3}{|}}{C} \cdot COOH}$$

Die wesentlichen Züge der Crocetinformel haben P. KARRER und H. SALOMON[5]) festgelegt, als sie die Polyennatur mit konjugierten Doppelbindungen und seitenständigen Methylgruppen erkannten und das Perhydrocrocetin als eine aliphatische, gesättigte Dicarbonsäure charakterisierten. Die Bruttoformel $C_{20}H_{24}O_4$ wurde von R. KUHN und F. L'ORSA[6]) vorgeschlagen und von P. KARRER und Mitarbeitern bestätigt. P. KARRER und H. SALOMON[5]) stellten mittelst katalytischer Hydrierung in der Crocetinmolekel 7 Doppelbindungen

1) P. KARRER und Mitarbeiter, Helv. chim. Acta *10*, 397 (1927); *11*, 513 (1928); *13*, 392 (1930).

2) R. KUHN und Mitarbeiter, Helv. chim. Acta *11*, 716 (1928).

3) P. KARRER und A. HELFENSTEIN, Helv. chim. Acta *13*, 392 (1930).

4) Literaturzusammenstellung S. 280.

5) P. KARRER und H. SALOMON, Helv. chim. Acta *11*, 513 (1928).

6) R. KUHN und F. L'ORSA, Ber. *64*, 1732 (1931); Z. angew. Chem. *44*, 847 (1931).

fest, und R. Kuhn und F. L'Orsa[1]) ermittelten durch Chromsäureabbau 4 seitenständige Methylgruppen.

Während die letzteren eine «unsymmetrische» Crocetinformel in Erwägung zogen, schlugen P. Karrer und Mitarbeiter[2]) die wiedergegebene Formel vor, deren Richtigkeit sie durch den Abbau des Perhydrocrocetins zum 6,11-Dimethyl-hexadecandion-(2,15)[2]) und durch die Totalsynthese des ersteren[3]) beweisen konnten.

Abbau des Perhydrocrocetins zu 6,11-Dimethyl-hexadecandion(2,15):

$$
\begin{array}{cccc}
CH_3 & CH_3 & CH_3 & CH_3 \\
| & | & | & | \\
HOOCCHCH_2CH_2CH_2CHCH_2CH_2CH_2CHCH_2CH_2CH_2CH \cdot COOH
\end{array}
$$
Perhydrocrocetin

$$
\begin{array}{cccc}
CH_3 & CH_3 & CH_3 & CH_3 \\
| & | & | & | \\
HOOCC \cdot CH_2CH_2CH_2CHCH_2CH_2CH_2CHCH_2CH_2CH_2C \cdot COOH \\
| & & & | \\
Br & & & Br
\end{array}
$$

$$
\begin{array}{cccc}
CH_3 & CH_3 & CH_3 & CH_3 \\
| & | & | & | \\
H_3COOC \cdot CCH_2CH_2CH_2CHCH_2CH_2CH_2CHCH_2CH_2CH_2COOCH_3 \\
| & & & | \\
OH & & & OH
\end{array}
$$
αα'-Dioxy-perhydrocrocetin-dimethylester

$$
\begin{array}{cccc}
& CH_3 & CH_3 & CH_3 & CH_3 \\
H_3C & | & | & | & | & CH_3 \\
\diagdown C—CCH_2CH_2CH_2CHCH_2CH_2CH_2CHCH_2CH_2CH_2C—C \diagup \\
H_3C \diagup | \; | & & & | \; | \diagdown CH_3 \\
HO \; OH & & & HO \; OH
\end{array}
$$

$$
\begin{array}{cccc}
CH_3 & CH_3 & CH_3 & CH_3 \\
| & | & | & | \\
OCCH_2CH_2CH_2CHCH_2CH_2CH_2CHCH_2CH_2CH_2CO
\end{array}
$$
6,11-Dimethyl-hexadecandion-(2,15)

---

[1]) R. Kuhn und F. L'Orsa,Ber. 64, 1732 (1931); Z. angew. Chem. 44, 847 (1931).
[2]) P. Karrer und Mitarbeiter, Helv. chim. Acta 15, 1399 (1932).
[3]) P. Karrer und Mitarbeiter, Helv. chim. Acta 16, 297 (1933).

Totalsynthese des Perhydrocrocetins[1] :

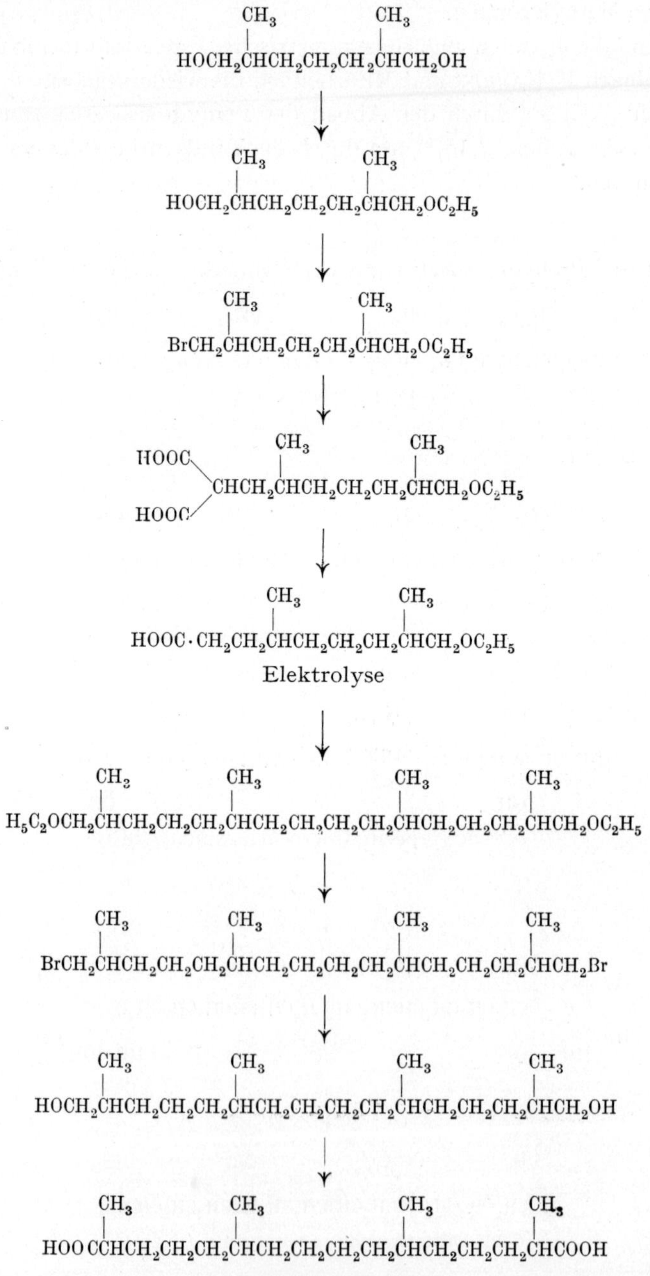

$$\overset{\displaystyle CH_3}{\underset{\displaystyle |}{}}\qquad\overset{\displaystyle CH_3}{\underset{\displaystyle |}{}}$$
$$HOCH_2CHCH_2CH_2CH_2CHCH_2OH$$

↓

$$\overset{CH_3}{|}\qquad\overset{CH_3}{|}$$
$$HOCH_2CHCH_2CH_2CH_2CHCH_2OC_2H_5$$

↓

$$\overset{CH_3}{|}\qquad\overset{CH_3}{|}$$
$$BrCH_2CHCH_2CH_2CH_2CHCH_2OC_2H_5$$

↓

$$\overset{CH_3}{|}\qquad\overset{CH_3}{|}$$
$$\begin{array}{c}HOOC\!\!\diagdown\\[2pt] \qquad\ CHCH_2CHCH_2CH_2CH_2CHCH_2OC_2H_5\\[2pt] HOOC\!\!\diagup\end{array}$$

↓

$$\overset{CH_3}{|}\qquad\overset{CH_3}{|}$$
$$HOOC\cdot CH_2CH_2CHCH_2CH_2CH_2CHCH_2OC_2H_5$$

Elektrolyse

↓

$$\overset{CH_2}{|}\qquad\overset{CH_3}{|}\qquad\qquad\overset{CH_3}{|}\qquad\overset{CH_3}{|}$$
$$H_5C_2OCH_2CHCH_2CH_2CH_2CHCH_2CH_2CH_2CH_2CHCH_2CH_2CH_2CHCH_2OC_2H_5$$

↓

$$\overset{CH_3}{|}\qquad\overset{CH_3}{|}\qquad\qquad\overset{CH_3}{|}\qquad\overset{CH_3}{|}$$
$$BrCH_2CHCH_2CH_2CH_2CHCH_2CH_2CH_2CH_2CHCH_2CH_2CH_2CHCH_2Br$$

↓

$$\overset{CH_3}{|}\qquad\overset{CH_3}{|}\qquad\qquad\overset{CH_3}{|}\qquad\overset{CH_3}{|}$$
$$HOCH_2CHCH_2CH_2CH_2CHCH_2CH_2CH_2CH_2CHCH_2CH_2CH_2CHCH_2OH$$

↓

$$\overset{CH_3}{|}\qquad\overset{CH_3}{|}\qquad\qquad\overset{CH_3}{|}\qquad\overset{CH_3}{|}$$
$$HOOCCHCH_2CH_2CH_2CHCH_2CH_2CH_2CH_2CHCH_2CH_2CH_2CHCOOH$$

Perhydrocrocetin

---

[1]) Helv. chim. Acta *16*, 297 (1933).

Eigenschaften

Stabiles Crocetin $C_{20}H_{24}O_4$:

Aus Essigsäureanhydrid erhält man den Farbstoff in ziegelroten Rhomben, welche bei 285° C (korr.) schmelzen. In Wasser und in den üblichen organischen Lösungsmitteln löst er sich sehr schlecht. In Pyridin ist die Löslichkeit ziemlich gut, ebenso in sehr verdünnter Lauge. In festem Zustand erweist sich Crocetin an der Luft ziemlich beständig, die Kristalle werden jedoch unter dem Einfluß des Lichtes an der Oberfläche entfärbt[1]). Der in Lauge gelöste Farbstoff nimmt hingegen schon bei 20° C aus der Luft Sauerstoff auf; durch Hämin wird diese Oxydation erheblich beschleunigt[2]). Mit konzentrierter Schwefelsäure gibt Crocetin eine tief blaue Färbung, die bald in Violett und schließlich in Braun übergeht[3]). 20%ige Salzsäure ist ohne Einfluß.

Bezüglich der Trennung von anderen Carotinoiden sei auf die Mitteilung von R. KUHN und H. BROCKMANN[4]) verwiesen. Über einen mikrochemischen Nachweis berichtet O. TUNMANN[5]).

Absorptionsmaxima in:

CS_2	482	453	426 mμ
Pyridin	464	436	411 mμ
Chloroform	463	434,5	mμ
Benzin	450,5	424,5	mμ

Dinatriumcrocetin $C_{20}H_{22}O_4Na_2$:

Orangegelbe Nadeln[6]).

Dikaliumcrocetin $C_{20}H_{22}O_4K_2$:

Aus wäßrigem Äthanol erhält man die Verbindung in gelben Kristallen[6]).

Diammoniumcrocetin $C_{20}H_{22}O_4(NH_4)_2$:

Rote Nadeln (aus NH_3-haltigem, wäßrigem Äthanol)[6]).

Dipyridincrocetin $C_{20}H_{22}O_4 + 2C_5H_5N$:

Dunkelrote Tafeln (aus wäßrigem Pyridin[7]).

Crocin wurde erstmals von P. KARRER und H. SALOMON[8]) in kristallinem Zustand erhalten. P. KARRER und K. MIKI erkannten seine Natur als Digentiobioseester des Crocetins[9]). Alkali spaltet die Zuckerreste des Crocins sehr

[1]) A. G. PERKIN, Soc. *101*, 1541 (1912).

[2]) R. KUHN und K. MEYER, H. *185*, 193 (1929).

[3]) Weitere Farbreaktionen werden von P. KARRER und Mitarbeitern, Helv. chim. Acta *11*, 1201 (1928), beschrieben.

[4]) R. KUHN und H. BROCKMANN, H. *206*, 42 (1932).

[5]) O. TUNMANN, C. *1916*, II, 279, Apoth.-Ztg. *31*, 237 (1916).

[6]) F. DECKER, Arch. Pharm. *252*, 147 (1914). – R. KUHN und Mitarbeiter, Helv. chim. Acta *11*, 722 (1928).

[7]) P. KARRER und H. SALOMON, Helv. chim. Acta *10*, 402 (1927).

[8]) P. KARRER und H. SALOMON, Helv. chim. Acta *11*, 513 (1928).

[9]) P. KARRER und K. MIKI, Helv. chim. Acta *12*, 985 (1929).

leicht ab. Beim Arbeiten in wäßrigem Medium erhält man Crocetin, in Gegenwart von Methanol durch Umesterung Methylester des Farbstoffes, welche nach P. KARRER und A. HELFENSTEIN Kunstprodukte sind[1]).

Crocin $C_{44}H_{64}O_{24}$:

$$\begin{array}{cccc}
CH_3 & CH_3 & CH_3 & CH_3
\end{array}$$

$$-HCOOC-C=CH-CH=CH-C=CH-CH=CH-CH=C-CH=CH-CH=C-COOCH-$$

$$O\ (CHOH)_3 \qquad\qquad\qquad\qquad\qquad (CHOH)_3\ O$$

$$-CH \qquad\qquad\qquad O \qquad\qquad\qquad O \qquad\qquad CH-$$

$$CH_2O\cdot CH(CHOH)_3CH\cdot CH_2OH \qquad\qquad HOCH_2CH(CHOH)_3CH\cdot OCH_2$$

In Wasser ist Crocin mit orangeroter Farbe gut löslich. Smp. 186° C (unter Aufschäumen). Crocinkristalle enthalten Kristallwasser, das erst bei längerem Trocknen im Vakuum bei 100° C abgegeben wird.

Stabiler Crocetin-monomethylester (β-Crocetin) $C_{21}H_{26}O_4$:

Man gewinnt diesen Monoester entweder durch Umestern von Crocin mit 70%igem Methanol und Kalilauge oder durch Veresterung von Crocetin mit Dimethylsulfat[2]).

Die Verbindung kristallisiert aus Chloroform in rechteckigen Blättchen, welche bei 218° C schmelzen.

Stabiler Crocetin-dimethylester (γ-Crocetin) $C_{22}H_{28}O_4$:

Die gebräuchlichste Darstellung des Esters besteht in der Umesterung des Crocins[2]), aber auch aus Crocetin durch Veresterung mit Diazomethan läßt er sich darstellen[3]). Sechseckige Blättchen. Smp. 222,5° C (korr.)[4]). (Bezüglich der Umlagerung des labilen Crocetin-dimethylesters sei auf die Ausführungen auf Seite 281 verwiesen.) Crocetindimethylester läßt sich im Vakuum unzersetzt destillieren. Über die trockene Destillation berichten R. KUHN und A. WINTERSTEIN[5]).

Absorptionsmaxima in[6]):

Benzin	450,5	424,5 mμ
Chloroform	463	434,5 mμ

[1]) P. KARRER und A. HELFENSTEIN, Helv. chim. Acta *13*, 392 (1930).

[2]) P. KARRER und A. HELFENSTEIN, Helv. chim. Acta *13*, 396 (1930). – P. KARRER und H. SALOMON, Helv. chim. Acta *10*, 397 (1927).

[3]) P. KARRER und Mitarbeiter, Helv. chim. Acta *15*, 1418 (1932).

[4]) R. KUHN und F. L'ORSA, Ber. *64*, 1732 (1931).

[5]) R. KUHN und A. WINTERSTEIN, Ber. *65*, 1876 (1932); *66*, 1733 (1933).

[6]) Quantitative Extinktionsmessung: K. W. HAUSSER und A. SMAKULA, Z. angew. Chem. *47*, 663 (1934); *48*, 152 (1935). – K. W. HAUSSER, Z. techn. Phys. *15*, 13 (1934). – P. KARRER und H. SALOMON, Helv. chim. Acta *11*, 516 (1928).

Bei 20⁰ C löst sich ein Teil Crocetin-dimethylester in 100000 Teilen Methanol; auch in Äther ist die Löslichkeit gering.

Labiler Crocetindimethylester $C_{22}H_{28}O_4$:

Labiles Crocetin findet sich nach Angaben von R. KUHN und A. WINTERSTEIN[1]) mit Gentiobiose verestert in den Narben der Safranblüten (*Crocus sativus*); es konnte jedoch nur als Dimethylester isoliert werden.

Der labile Dimethylester entsteht neben der stabilen Form bei der Einwirkung von verdünnter Natronlauge auf einen methanolischen Safranextrakt. Seine Trennung vom letzteren erfolgt auf Grund seiner größeren Löslichkeit in Äther.

Aus Methanol kristallisiert der Ester in rechteckigen, langgestreckten Täfelchen, welche bei 141⁰ C schmelzen. Unter dem Mikroskop erscheinen die Kristalle gelb. Ein Teil des labilen Esters löst sich in 5900 Teilen Methanol. Sein Verhalten gegenüber Belichten, Jod oder Erwärmen wurde schon auf Seite 281 geschildert. Bei der Reduktion mit Zinkstaub und Eisessig in Pyridin erhält man dieselbe Dihydroverbindung, welche aus dem stabilen Ester gebildet wird. Durch Verseifen mit warmer, äthanolischer Kalilauge entsteht stabiles Crocetin.

Absorptionsmaxima in:

Benzin		445	422 mμ
Chloroform		458	432,5 mμ

Tricyclocrocetin $C_{20}H_{24}O_4$ (?):

R. KUHN und A. WINTERSTEIN[2]) erhielten diese Verbindung bei der trockenen Destillation des stabilen Crocetindimethylesters im Vakuum und anschließendem Chromatographieren und Verseifen. Sie kristallisiert in farblosen Nadeln (aus Methanol), welche bei 263–264⁰ C schmelzen. Bei der Oxydation mit Chromsäure werden 2,5 Mol Essigsäure gebildet. Durch katalytische Hydrierung lassen sich 4 Doppelbindungen nachweisen. Bezüglich des Absorptionsspektrums sei auf die Originalmitteilung verwiesen.

Perhydrocrocetindimethylester $C_{22}H_{42}O_4$:

P. KARRER und H. SALOMON erhielten diese Perhydroverbindung bei der katalytischen Reduktion von stabilem Crocetin-dimethylester[3]). Sie ist ein dickes Öl, das zum Teil kristallin erstarrt. (Schmelzpunkt des kristallierten Anteils: 27⁰ C[4]).)

---

[1]) R. KUHN und A. WINTERSTEIN, Ber. *66*, 209 (1933), *67*, 348 (1934).
[2]) R. KUHN und A. WINTERSTEIN, Ber. *66*, 1737 (1933).
[3]) P. KARRER und H. SALOMON, Helv. chim. Acta *11*, 515, 524 (1928).
[4]) R. KUHN und F. L'ORSA, Ber. *64*, 1735 (1931).

Perhydrocrocetin-dimethylester siedet bei 1 mm Druck bei 198–200° C,
bei 0,05 mm bei 180–185° C. Angaben über das Absorptionsspektrum finden
sich in der Mitteilung von P. Karrer und H. Salomon[1]).

2,6,11,15-Tetramethyl-hexadecandiol-(1,16) $C_{20}H_{42}O_2$:

P. Karrer und Mitarbeiter[2]) erhielten dieses Diol bei der Reduktion von
Perhydrocrocetin-dimethylester nach Bouveault-Blanc mit Natrium und
Alkohol.

$$\underset{\underset{HO \cdot CH_2CHCH_2CH_2CH_2CHCH_2CH_2CH_2CH_2CHCH_2CH_2CH_2CHCH_2 \cdot OH}{|\qquad\qquad|\qquad\qquad\qquad|\qquad\qquad\qquad|}}{CH_3\qquad\quad CH_3\qquad\qquad CH_3\qquad\qquad CH_3}$$

Farbloses Öl. Kp.$_{0,1}$ 180–181° C (unkorr.).

2,6,11,15-Tetramethyl-hexadecandiol-(1,16) verwandelt sich durch Einwirkung von Bromwasserstoff in das 1,16-Dibrom-2,6,11,15-tetramethyl-
hexadecan, woraus durch Kondensation mit Natriummalonester, Verseifung
des Reaktionsproduktes und Abspaltung einer Carboxylgruppe durch Erhitzen
auf 200° C, Perhydronorbixin gewonnen wird[3]):

$$\underset{Br \cdot CH_2CHCH_2CH_2CH_2CHCH_2CH_2CH_2CH_2CHCH_2CH_2CH_2CHCH_2Br}{\overset{CH_3\qquad\quad CH_3\qquad\qquad CH_3\qquad\qquad CH_3}{|\qquad\qquad|\qquad\qquad\qquad|\qquad\qquad\qquad|}}$$

↓

$$\underset{\overset{HOOC}{\underset{HOOC}{}}\diagdown CH \cdot CH_2CHCH_2CH_2CH_2CHCH_2CH_2CH_2CH_2CHCH_2CH_2CH_2CHCH_2CH \diagup \overset{COOH}{\underset{COOH}{}}}{CH_3\qquad\quad CH_3\qquad\qquad CH_3\qquad\qquad CH_3}$$

↓

$$\underset{HOOC \cdot CH_2CH_2CHCH_2CH_2CH_2CHCH_2CH_2CH_2CH_2CHCH_2CH_2CH_2CHCH_2CH_2 \cdot COOH}{\overset{CH_3\qquad\quad CH_3\qquad\qquad CH_3\qquad\qquad CH_3}{|\qquad\qquad|\qquad\qquad\qquad|\qquad\qquad\qquad|}}$$

Perhydronorbixin (vgl. S. 271)

2,6,11,15-Tetramethyl-hexadecan (Crocetan) $C_{20}H_{42}$:

P. Karrer und Th. Golde stellten Crocetan aus 1,16-Dibrom-2,6,11,15-
tetramethyl-hexadecan durch Reduktion mit verkupfertem Zink und verdünnter
Essigsäure her[4]):

$$\underset{H_3C \cdot CHCH_2CH_2CH_2CHCH_2CH_2CH_2CH_2CHCH_2CH_2CH_2CHCH_3}{\overset{CH_3\qquad\quad CH_3\qquad\qquad CH_3\qquad\qquad CH_3}{|\qquad\qquad|\qquad\qquad\qquad|\qquad\qquad\qquad|}}$$

Crocetan

---

[1]) P. Karrer und H. Salomon, Helv. chim. Acta *11*, 515, 524 (1928).
[2]) P. Karrer und Th. Golde, Helv. chim. Acta *13*, 707 (1930).; vgl. P. Karrer und Mitarbeiter, Helv. chim. Acta *15*, 1406 (1932);
[3]) P. Karrer und F. Benz, Helv. chim. Acta *16*, 337 (1933).
[4]) P. Karrer und Th. Golde, Helv. chim. Acta *13*, 707 (1930); vgl. P. Karrer und Mitarbeiter, Helv. chim. Acta *15* 1406 (1932).

Crocetan ist ein farbloses Öl. $Kp._{0,5}$: 135° C. Es löst sich gut in Petroläther, Chloroform und Schwefelkohlenstoff, schwerer in Äthanol und Eisessig.

6,11-Dimethyl-hexadecahexaen-(3,5,7,9,11,13)-dicarbonsäure-(2,15),
Dihydrocrocetin $C_{20}H_{26}O_4$ (I):

$$
\begin{array}{cccc}
CH_3 & CH_3 & CH_3 & CH_3 \\
| & | & | & | \\
\end{array}
$$
$$HOOC \cdot CHCH=CHCH=C \cdot CH=CHCH=CH \cdot C=CHCH=CH \cdot CH \cdot COOH$$

I

P. KARRER, A. HELFENSTEIN und R. WIDMER[1]) stellten das Dihydrocrocetin durch Reduktion von Crocetin mit Titantrichlorid in verdünnter Natronlauge und wässerigem Ammoniak her. Es bildet (aus Äther) schwefelgelbe, breite Nadeln, welche bei 192–193° C schmelzen. Die Löslichkeit ist gut in Äthanol und Eisessig, etwas schlechter in Äther und sehr schlecht in Wasser, Ligroin und Benzol. An der Luft wird Dihydrocrocetin schnell oxydiert. Mit konzentrierter Schwefelsäure tritt eine blaustichig weinrote Färbung auf. K. W. HAUSSER und A. SMAKULA[2]) haben eine quantitative Extinktionsmessung in Äthanol ausgeführt.

Dihydrocrocetindimethylester $C_{22}H_{30}O_4$:

Diesen Ester erhielten P. KARRER und A. HELFENSTEIN[3]) aus Dihydrocrocetin und Diazomethan; R. KUHN und A. WINTERSTEIN durch Hydrierung von stabilem[4]) oder von labilem[5]) Crocetin-dimethylester in Pyridin mit Zinkstaub und Eisessig.

Die Verbindung bildet (aus Äther) schwefelgelbe Kristalle, welche bei 96° C schmelzen. Beim Schütteln ihrer Lösung in Piperidin mit Luft entsteht schnell stabiler Crocetin-dimethylester[4]). Löst man den Farbstoff in Pyridin und gibt etwas Natronlauge hinzu, so tritt sofort tiefblaue Färbung auf, die bei Zutritt von Luft nach orangerot umschlägt, wobei Oxydation zu stabilem Crocetin-dimethylester stattfindet[6]).

Dihydrocrocetindiäthylester $C_{24}H_{34}O_4$:

Darstellung: Veresterung von Dihydrocrocetin mit Diazoäthan[7]). Smp. 62° C. Der Ester ist in organischen Lösungsmitteln sehr leicht löslich.

---

[1]) P. KARRER, A. HELFENSTEIN und R. WIDMER, Helv. chim. Acta *11*, 1207 (1928).
[2]) K. W. HAUSSER und A. SMAKULA, Z. angew. Chem. *47*, 663 (1934); *48*, 152 (1935).
[3]) P. KARRER und A. HELFENSTEIN, Helv. chim. Acta *13*, 392 (1930).
[4]) R. KUHN und P. J. DRUMM, Ber. *65*, 1459 (1932), Anmerkung 6.
[5]) R. KUHN und A. WINTERSTEIN, Ber. *66*, 209 (1933).
[6]) R. KUHN und Mitarbeiter, Ber. *65*, 1785 (1932).
[7]) P. KARRER und A. HELFENSTEIN, Helv. chim. Acta *13*, 397 (1930).

Hexahydrocrocetin $C_{20}H_{30}O_4$:

P. KARRER und Mitarbeiter[1]) stellten das Hexahydrocrocetin durch Reduktion von Crocetin mit überschüssigem Titantrichlorid her. Es ist ein hellgelbes Öl, das gegen Luftsauerstoff sehr beständig ist. Seine katalytische Hydrierung führt zu Perhydrocrocetin. Auf Zusatz von konzentrierter Schwefelsäure tritt eine braunrote Färbung auf.

6,11-Dimethyl-hexadecan-dicarbonsäure-(2,15) (*Perhydrocrocetin*) $C_{20}H_{38}O_4$:

Über die Totalsynthese dieser Verbindung ist schon weiter oben (S. 284) berichtet worden. Sie entsteht auch bei der katalytischen Hydrierung von Crotecin[2]). RAUDNITZ und PESCHEL[3]) konnten Perhydrocrocetin außerdem aus 1,16-Dioxy-2,6,11,15-tetramethyl-hexadecan-dicarbonsäure-(1,16)-dimethylester (vgl. S. 273) gewinnen. Sie setzten letzteres mit Methylmagnesiumjodid um, behandelten die entstandene Tetraoxyverbindung mit Bleitetraacetat und oxydierten den entstandenen Dialdehyd mit Chromsäure in Eisessig.

Perhydrocrocetindiamid $C_{20}H_{40}O_2N_2$:

Perhydrocrocetin wird mittels Thionylchlorid in das Säurechlorid übergeführt und dieses mit konzentriertem, wäßrigem Ammoniak umgesetzt[4])[3]). Smp. 130° C.

αα'-Dioxy-perhydrocrocetin-dimethylester $C_{22}H_{42}O_6$ (I):

$$\underset{OH}{\overset{CH_3}{H_3COOC\cdot\underset{|}{C}}}-CH_2CH_2CH_2\overset{CH_3}{\underset{|}{CH}}CH_2CH_2CH_2\overset{CH_3}{\underset{|}{CH}}CH_2CH_2\underset{OH}{\overset{CH_3}{\underset{|}{C}}}\cdot COOCH_3$$

I

Dieser Ester wurde durch Einwirkung von Brom und rotem Phosphor auf Perhydrocrocetin, anschließender Überführung in das Diol und Veresterung mit Diazomethan hergestellt. Zähes, farbloses Öl, das bei 0,04 mm Druck bei 165° C siedet.

6,11-Dimethyl-hexadecandion-(2,15) $C_{18}H_{34}O_2$ (II):

Die Herstellung erfolgte aus der vorbeschriebenen Verbindung (I)[5]). Das Diketon ist eine schwach aromatisch riechende Flüssigkeit. Kp.$_{0,05}$: 132–135° C.

Di-semicarbazon: Kristalle aus Äthanol. Smp. 168° C ($C_{20}H_{40}O_4N_6$).

---

[1]) P. KARRER und Mitarbeiter, Helv. chim. Acta *11*, 1207 (1928).
[2]) R. KUHN und F. L'ORSA, Ber. *64*, 1735 (1931).
[3]) H. RAUDNITZ und J. PESCHEL, Ber. *66*, 901 (1933).
[4]) P. KARRER, F. BENZ und M. STOLL, Helv. chim. Acta *16*, 297 (1933).
[5]) P. KARRER und Mitarbeiter, Helv. chim. Acta *15*, 1408 (1932).

Crocetintetrabromid $C_{20}H_{24}O_4Br_4$:

Entsteht aus Crocetin auf Zusatz von in Chloroform gelöstem Brom[1]). Gelbliche Kristalle (aus einem Gemisch von Äthanol und Äther). Smp. 103–104° C (unter Zersetzung). Es löst sich leicht in Chloroform, Äthanol, Äther und Eisessig.

3. *Azafrin* $C_{27}H_{38}O_4$

Geschichtliches

1885 MAISCH[2]) erwähnt als Erster den Wurzelfarbstoff des Azafrans (*Escobedia scabrifolia*) und legt ihm den Namen Escobedin zu.

1911 C. LIEBERMANN[3]) gelingt die Isolierung des Escobedins in kristallinem Zustand. Er schlägt für das Pigment die neue Bezeichnung Azafrin vor.

1913–16 C. LIEBERMANN und W. SCHILLER[4]) und C. LIEBERMANN und G. MÜHLE[5]) versuchen die Konstitution des Azafrins aufzuklären.

1931–33 R. KUHN und Mitarbeiter[6]) führen Untersuchungen über Azafrin durch, in deren Verlauf seine Formel aufgestellt und bewiesen wird.

Vorkommen

Azafrin wurde bis jetzt nur in zwei südamerikanischen Pflanzen, *Escobedia scabrifolia* und *Escobedia linearis*, festgestellt[7]). Am meisten Farbstoff enthalten die Wurzeln, doch auch im Stengel liegt er vor. In Paraguay findet Azafrin unter der Bezeichnung «Azafran» oder «Azafranillo» zum Färben von Fetten Verwendung.

Darstellung[8])

Die fein gemahlene Droge wird im Extraktionsapparat mit Benzol oder mit Chloroform ausgezogen, diese Lösung anschließend stark eingeengt und in die Kälte gestellt. Nach etwa 24 Stunden kristallisiert der rohe Farbstoff aus. Er wird in 0,1n alkoholischer Kalilauge gelöst, nach Filtration mit verdünnter Essigsäure gefällt und aus Toluol umkristallisiert. Man erhält aus 3,0 kg Droge 7,5 g reinen Farbstoff.

Nach einer neueren Vorschrift von R. KUHN und A. WINTERSTEIN[7]) (zweite Anmerkung) werden die *Escobedia*wurzeln grob gemahlen, in einer Kugelmühle

---

[1]) F. DECKER, Arch. Pharm. *252*, 155 (1914).

[2]) DRAGENDORF, «Heilpflanzen», 608, 1885.

[3]) C. LIEBERMANN, Ber. *44*, 850 (1911).

[4]) C. LIEBERMANN und W. SCHILLER, Ber. *46*, 1973 (1913).

[5]) C. LIEBERMANN und G. MÜHLE, Ber. *48*, 1653 (1915).

[6]) R. KUHN und A. DEUTSCH, Ber. *66*, 883 (1933). – R. KUHN und H. BROCKMANN, Ber. *67*, 885 (1934). A. *516*, 104 (1935).

[7]) Vgl. Y. TAKEDA und T. OHTA, H. *258*, 6 (1939).

[8]) R. KUHN und Mitarbeiter, Ber. *64*, 333 (1931); *65*, 1873 (1932).

fein verrieben und im Soxhlet-Apparat mit Aceton erschöpfend ausgezogen. Man läßt die dunkelbraune Lösung über Nacht stehen, filtriert sie von einer gallertigen Masse ab und dampft das Lösungsmittel im Vakuum größtenteils ab. Der zunächst flüssige Rückstand erstarrt bald zu einem Kristallbrei, der nach Zusatz von Toluol abgesaugt wird. Zur weiteren Reinigung kristallisiert man den rohen Farbstoff noch zweimal aus einem Gemisch von Aceton und Toluol um.

Die Reinigung des Azafrins kann auch durch chromatographische Adsorption an Calciumcarbonat aus Benzin-Benzol-Gemisch erfolgen. Weniger verlustreich gestaltet sich jedoch eine Extraktion der Begleitstoffe mit Benzin aus einer alkalischen Azafrinlösung.

Chemische Konstitution

Azafrin[1])

Die Formel des Azafrins wurde von R. KUHN und Mitarbeitern aufgestellt und durch folgende Befunde bewiesen:

Der Farbstoff ist eine monozyklische Carbonsäure mit 7 Doppelbindungen, welche untereinander und mit der Carboxylgruppe in Konjugation stehen müssen[2]). Die beiden restlichen Sauerstoffatome gehören 2 Hydroxylgruppen an. Diese sind tertiärer Natur und liegen benachbart, denn bei der Behandlung mit Bleitetraacetat nach R. CRIEGEE[3]) entsteht aus Tetradecahydro-azafrin ein Diketon (Perhydro-azafrinon)[1]):

Perhydro-azafrinon

Azafrin liefert bei der vorsichtigen Oxydation mit Chromsäure ein Diketon, das von R. KUHN und A. DEUTSCH[4]) die Bezeichnung Azafrinon erhielt. Diese

---

[1]) R. KUHN und A. DEUTSCH, Ber. *66*, 883 (1933).
[2]) R. KUHN, A. WINTERSTEIN und H. ROTH, Ber. *64*, 333 (1931).
[3]) R. CRIEGEE, Ber. *64*, 260 (1931).
[4]) R. KUHN und A. DEUTSCH, Ber. *66*, 883 (1933).

Verbindung ist optisch inaktiv, woraus der Schluß gezogen wird, daß das Drehvermögen des Azafrins durch die beiden Hydroxyle-tragenden C-Atome verursacht wird, Azafrinon absorbiert etwas längerwellig als Azafrin. Da der Unterschied etwa gleich groß ist wie zwischen β-Carotin und β-Semi-carotinon (S. 142), ist auch hier anzunehmen, daß eine Carbonylgruppe des Azafrinons mit dem System konjugierter Doppelbindungen in Konjugation steht:

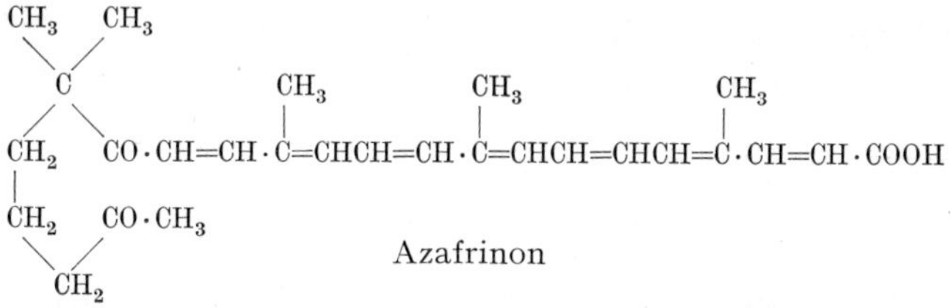

$$
\begin{array}{c}
CH_3 \quad CH_3 \\
\diagdown \diagup \\
C \\
|
\end{array}
$$

$$CH_2 \quad CO \cdot CH=CH \cdot \overset{|}{C}=CHCH=CH \cdot \overset{|}{C}=CHCH=CHCH=\overset{|}{C} \cdot CH=CH \cdot COOH$$

Azafrinon

Beim Ozonabbau entstanden aus Azafrin αα-Dimethylglutarsäure und Geronsäure. Mit Chromsäure ließen sich gegen 4 seitenständige Methylgruppen nachweisen, deren Lage durch 3 Produkte des thermischen Abbaus, m-Xylol, Toluol und m-Toluylsäure, sichergestellt wird[1]:

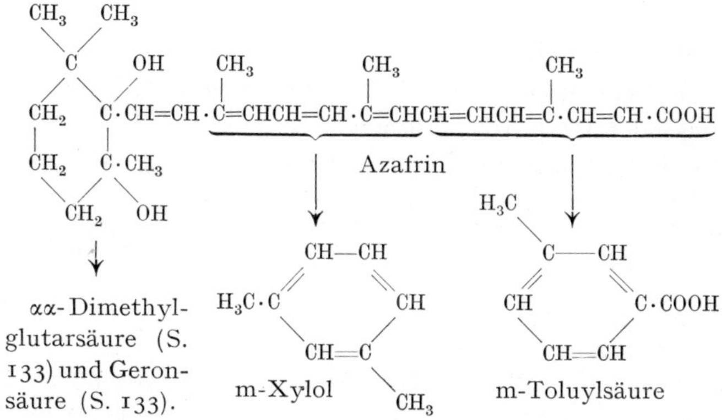

αα-Dimethylglutarsäure (S. 133) und Geronsäure (S. 133).   m-Xylol   m-Toluylsäure

Durch die Überführung des Azafrins in das Anhydro-azafrinonamid, das auch aus β-Carotin erhalten worden ist (vgl. S. 137), haben R. Kuhn und H. Brockmann den Zusammenhang zwischen den beiden Pigmenten bewiesen und die Formel des Azafrins weiter gesichert[2]: Aus Azafrin wird durch Chromsäureoxydation Azafrinon hergestellt, welches man über das Säurechlorid in Azafrinonamid überführt:

---

[1]) R. Kuhn und A. Winterstein, Ber. *65*, 1873 (1932).
[2]) R. Kuhn und H. Brockmann, A. *516*, 95 (1935).

$$\begin{array}{c} CH_3 \quad CH_3 \\ \diagdown\ \diagup \\ C \qquad\qquad CH_3 \qquad\quad CH_3 \qquad\quad CH_3 \\ \diagup\ \diagdown \qquad\qquad | \qquad\qquad | \qquad\qquad | \\ CH_2 \quad CO\cdot CH=CH\cdot C=CHCH=CH\cdot C=CHCH=CHCH=C\cdot CH=CH\cdot CONH_2 \\ | \\ CH_2 \quad CO\cdot CH_3 \\ \diagdown\ \diagup \\ CH_2 \end{array}$$

Azafrinonamid

Durch Einwirkung von Kalilauge wird Azafrinonamid in Anhydro-aza-frinonamid verwandelt:

$$\begin{array}{c} CH_3 \quad CH_3 \\ \diagdown\ \diagup \\ C \qquad\qquad CH_3 \qquad\quad CH_3 \qquad\quad CH_3 \\ \diagup\ \diagdown \qquad\quad | \qquad\qquad | \qquad\qquad | \\ CH_2 \quad C\cdot CH=CH\cdot C=CHCH=CH\cdot C=CHCH=CHCH=C\cdot CH=CH\cdot CONH_2 \\ | \quad\ \| \\ CH_2\!\!-\!\!C\cdot CO\cdot CH_3 \quad \text{Anhydro-azafrinonamid} \end{array}$$

Eigenschaften

Kristallform: Aus Benzol kristallisiert Azafrin in orangeroten, mikroskopischen Nadeln, welche zu Krusten vereinigt sind. Aus Toluol erhält man Prismen.

Schmelzpunkt: 212–214⁰ C (korr.).

Löslichkeit: Der Farbstoff ist in Wasser unlöslich, löst sich dagegen in verdünnter Lauge oder Alkalicarbonatlösung. In Chloroform, Alkohol, Eisessig und Benzol löst sich Azafrin ziemlich gut; sehr wenig in Äther.

Absorptionsmaxima in:

Chloroform	458	428 mμ
Pyridin	458	428 mμ
Natriumhydroxyd	447	422 mμ

Optische Aktivität: $[\alpha]_{643,8}^{20} = -75^0$ (Alkohol: c = 0,28). Durch Borsäurezusatz wird die optische Drehung nicht wesentlich verändert[1]).

Farbreaktionen[2]): Konzentrierte Schwefelsäure löst Azafrin mit intensiv blauer Farbe, welche durch Alkoholzusatz in Violett übergeht. Löst man den Farbstoff in Eisessig und setzt konzentrierte Salzsäure zu, so tritt nach kurzem Kochen oder mehrstündigem Stehen violette Färbung auf. Beim Einleiten von Chlorwasserstoff in eine gesättigte Chloroformlösung nimmt diese kornblumenblaue Farbe an. Antimontrichlorid in Chloroformlösung bewirkt eine smaragdgrüne, in Blau übergehende Färbung.

---

[1]) R. KUHN und A. DEUTSCH, Ber. *66*, 883 (1933).

[2]) R. KUHN, A. WINTERSTEIN und H. ROTH vergleichen Farbreaktionen von Azafrin, Crocetin und Norbixin, Ber. *64*, 333 (1931).

Verteilungsprobe: Azafrin besitzt rein hypophasische Eigenschaften.

Chromatographisches Verhalten: Aus Benzol-Benzin-Lösung läßt sich Azafrin an einer Calciumcarbonatsäule chromatographieren. Die Entwicklung des Chromatogramms geschieht mit Benzol und die Elution mit einem Gemisch von Benzol und Methanol oder Pyridin und Methanol[1]).

Derivate

Azafrinon $C_{27}H_{36}O_4$ (Formel S. 293):

R. Kuhn und A. Deutsch[2]) erhielten Azafrinon bei der Oxydation von Azafrin in einem Gemisch von Eisessig und Benzol mit 0,1 n Chromsäurelösung. Auch durch Verseifen von Azafrinonmethylester läßt sich das Diketon gewinnen[2]). Es bildet orangerote Täfelchen oder Nadeln (aus Aceton), welche bei 191° C (korr.) schmelzen. Bei der katalytischen Hydrierung nimmt der Farbstoff 9 Mol Wasserstoff auf. Azafrinon ist optisch inaktiv.

Absorptionsmaxima in:

Schwefelkohlenstoff	483	452 mμ
Chloroform	472	440 mμ
Benzin	454	429 mμ

Azafrinonmonoxim $C_{27}H_{37}O_4N$:

Azafrinonmonoxim

Wie β-Semi-carotinon bildet auch Azafrinon nur ein Monoxim. Kristalle aus Aceton, welche bei 194° C (korr.) schmelzen[2]).

Azafrinonmethylester $C_{28}H_{38}O_4$:

Azafrinonmethylester

---

[1]) R. Kuhn und A. Deutsch, Ber. *66*, 883 (1933).

[2]) R. Kuhn und A. Deutsch, Ber. *66*, 891 (1933). – Vgl. R. Kuhn und H. Brockmann, A. *516*, 131 (1935).

Man gewinnt diese Verbindung durch Veresterung von in Äther suspendiertem Azafrinon mit Diazomethan[1]), ferner durch Oxydation von Azafrinmethylester mit Chromsäure[1]).

Aus Benzin kristallisiert der Ester in roten Nadeln, welche bei 112° C (korr.) schmelzen. Er ist in Hexan schlecht löslich, etwas besser in Äthanol, Äther und Eisessig und sehr gut in Chloroform, Aceton, Benzol und Pyridin. Das adsorptive Verhalten des Azafrinonmethylesters ist demjenigen des Azafrinmethylesters ähnlich.

Absorptionsmaxima in:

CS_2	483	452 mμ
Chloroform	472	440 mμ
Benzin	454	429 mμ

Azafrinonamid $C_{27}H_{37}O_3N$:

Azafrinonamid

R. KUHN und H. BROCKMANN[2]) führten Azafrinon mittelst Thionylchlorid in das Säurechlorid über und ließen dieses in benzolischer Lösung während mehrerer Stunden mit Ammoniak stehen. Zur Reinigung adsorbierten sie das Reaktionsprodukt aus Benzol an einer Säule von Calciumcarbonat. Das Amid kristallisiert aus Methanol in roten Nadeln. Smp. 177–178° C. Es löst sich schwer in Hexan, Petroläther und Benzin, leichter in Chloroform, Schwefelkohlenstoff und heißem Benzol oder Methanol.

Anhydroazafrinon $C_{27}H_{34}O_3$:

Anhydroazafrinon

Man gewinnt diese Verbindung durch Einwirkung von Kalilauge auf Azafrinon[3]). Aus verdünntem Methanol kristallisiert sie in dunkelroten Prismen.

---

[1]) R. KUHN und A. DEUTSCH, Ber. *66*, 891 (1933) – Vgl. R. KUHN und H. BROCKMANN, A. *516*, 131 (1935).

[2]) R. KUHN und H. BROCKMANN, Ber. *67*, 885 (1934); A. *516*, 132 (1935).

[3]) R. KUHN und H. BROCKMANN, A. *516*, 131 (1935).

Smp. 196⁰ C. Die Löslichkeit in Hexan, Petroläther und Benzin ist gering, etwas größer ist sie in Chloroform, Schwefelkohlenstoff, heißem Benzol und heißem Methanol.

Absorptionsmaxima in:

CS$_2$.	511	476	447 mμ
Hexan	478	449	420 mμ
Benzol	493	460	430 mμ
Petroläther	477	447	419 mμ
Chloroform	493	459	433 mμ
Äthanol	(479)	(449)	mμ (unscharf)

Anhydro-azafrinon-methylester $C_{28}H_{36}O_3$[1]):

Die Darstellung erfolgt durch Veresterung von Anhydroazafrinon mit Diazomethan. Kristalle (aus verdünntem Methanol). Smp. 153⁰ C.

Absorptionsmaxima in:

Benzin . . . . 479 448 420 mμ

Anhydro-azafrinon-oxim-methylester $C_{28}H_{37}O_3N$[1]):

$$
\begin{array}{l}
\text{CH}_3 \quad \text{CH}_3 \\
\quad \diagdown \diagup \\
\quad\quad \text{C} \quad\quad \text{CH}_3 \quad\quad \text{CH}_3 \quad\quad \text{CH}_3 \\
\quad \diagup \diagdown \quad\quad | \quad\quad\quad | \quad\quad\quad\quad | \\
\text{CH}_2 \quad \text{C·CH=CH·C=CHCH=CH·C=CHCH=CHCH=C·CH=CH·COOCH}_3 \\
\quad | \quad\quad || \\
\text{CH}_2\text{——C·C(CH}_3\text{)=NOH}
\end{array}
$$

Anhydro-azafrinon-oxim-methylester entsteht beim Umsatz von Anhydro-azafrinon-methylester mit überschüssigem Hydroxylamin und etwas Alkali. Zur Reinigung chromatographiert man das Reaktionsgemisch an Aluminiumoxyd aus benzolischer Lösung. Aus verdünntem Methanol kristallisiert die Verbindung in dunkelroten Blättchen mit violettem Oberflächenglanz. Smp. 149–150⁰ C.

Absorptionsmaxima in:

Benzin . . . . 476 447 420 mμ

Anhydro-azafrinon-amid $C_{27}H_{35}O_2N$[2]):

Über die Darstellung des Anhydro-azafrinon-amids aus β-Carotin oder aus Azafrinon ist bereits berichtet worden (S. 137 und 293). Aus Methanol kristallisiert es in roten Nadeln mit violettem Oberflächenglanz. Smp. 215⁰ C. In Hexan, Petroläther und Benzin löst es sich schlecht, etwas besser in Chloroform und heißem Benzol.

---

[1]) R. KUHN und H. BROCKMANN, A. *516*, 132 (1935).
[2]) R. KUHN und H. BROCKMANN, A. *516*, 133 (1935).

Absorptionsmaxima in:

CS₂	508	474	444 mμ
Hexan	475	444	419 mμ
Petroläther	473	443	418 mμ
Benzin	477	447	420 mμ
Chloroform	492	459	430 mμ
Äthanol	(481)	(450)	mμ

Perhydroazafrin $C_{27}H_{52}O_4$:

Man gewinnt das Perhydroazafrin durch katalytische Hydrierung von Azafrin[1]), ferner durch Verseifung des Perhydro-azafrinmethylesters[2]).

Farbloses, dickes Öl, das im Hochvakuum destilliert werden kann[1]). Optische Drehung in Äthanol: $[\alpha]_D^{20} = -6{,}7^0$ (c = 3,2)[1]).

Apo-1-azafrinal $C_{25}H_{36}O_3$:

Apo-1-azafrinal

P. KARRER, H. OBST und U. SOLMSSEN[3]) erhielten diesen Aldehyd bei der vorsichtigen Permanganatoxydation von Azafrin. Er kristallisiert aus Benzol in orangegelben Nadeln, welche bei 171⁰ C schmelzen.

Absorptionsmaxima in:

CS₂	461 mμ
Petroläther	431 mμ
Äthanol	verschwommen

Apo-1-azafrinal-oxim $C_{25}H_{37}O_3N$[3]):

Smp. 185⁰ C.

Absorptionsmaxima in:

CS₂	445	416 mμ
Petroläther	415	mμ
Äthanol	423	mμ

---

[1]) R. KUHN, A. WINTERSTEIN und H. ROTH, Ber. *64*, 340 (1931). – C. LIEBERMANN und G. MÜHLE, Ber. *48*, 1653 (1915).

[2]) R. KUHN und A. DEUTSCH, Ber. *66*, 890 (1933).

[3]) P. KARRER, H. OBST und U. SOLMSSEN, Helv. chim. Acta *21*, 451 (1938).

Azafrinmethylester (Methylazafrin) $C_{28}H_{40}O_4$[1]):

$$
\begin{array}{c}
CH_3 \quad CH_3 \\
\diagdown \diagup \\
C \quad OH \quad CH_3 \qquad CH_3 \qquad\qquad CH_3 \\
\diagup\diagdown\diagup \quad | \qquad\qquad | \qquad\qquad\qquad | \\
CH_2 \quad C\cdot CH=CH\cdot C=CHCH=CH\cdot C=CHCH=CHCH=C\cdot CH=CH\cdot COOCH_3 \\
| \qquad | \\
CH_2 \quad C\cdot CH_3 \\
\diagdown\diagup\diagdown \qquad \text{Azafrinmethylester} \\
CH_2 \quad OH
\end{array}
$$

Die Darstellung des Esters erfolgt durch Veresterung von Azafrin mit Dimethylsulfat und Alkalilauge.

Aus Methanol, oder aus einem Gemisch von Methanol und Äther oder Eisessig kristallisiert der Ester in rotgelben Blättchen oder Nadeln, welche bei 191° C schmelzen. In Chloroform löst er sich sehr leicht; leicht in allen organischen Lösungsmitteln außer Petroläther und Ligroin. In Chloroform ist die optische Drehung $[\alpha]_{643,8}^{22} = -32^0$.

Absorptionsmaxima in:

Benzin	447	422,5	mμ
Chloroform	458	428	mμ
Schwefelkohlenstoff	476	445,5	419 mμ

In Eisessiglösung liefert Azafrin-methylester mit Chlor-, Brom-, Jodwasserstoff, Perchlorsäure, Schwefelsäure und Trichloressigsäure farbige Additionsprodukte, aus welchen er nicht mehr regeneriert werden kann[1]. Bei der Einwirkung von Methylmagnesiumjodid werden 2 Mol Methan entwickelt[2]. Im biologischen Versuch zeigt Methylazafrin keine Vitamin-A-Wirkung[3].

3,8-Dimethyl-undecapentaenal-(11)-carbonsäure-(1)-methylester,
«Azafrinal I»-methylester, $C_{15}H_{18}O_3$ (I):

$$
\begin{array}{c}
OCH\cdot CH=CH\cdot C=CHCH=CHCH=C\cdot CH=CH\cdot COOCH_3 \\
| \qquad\qquad\qquad\qquad | \\
CH_3 \qquad\qquad\qquad CH_3 \\
\qquad\qquad I
\end{array}
$$

Der Ester entsteht neben anderen Produkten bei der Chromsäureoxydation von Methylazafrin[4].

---

[1]) C. Liebermann und W. Schiller, Ber. *46*, 1977 (1913). – R. Kuhn und Mitarbeiter, Ber. *64*, 338 (1931).

[2]) R. Kuhn, A. Winterstein und H. Roth, Ber. *64*, 333 (1931).

[3]) R. Kuhn und H. Brockmann, H. *221*, 133 (1933).

[4]) R. Kuhn und H. Brockmann, A. *516*, 104, 134 (1935).

Aus verdünntem Methanol kristallisiert er in hellgelben Nadeln, welche bei 159–160° C schmelzen. Die Löslichkeit ist in Chloroform, Äthanol, Schwefelkohlenstoff und Benzol gut; etwas schlechter in Benzin, Petroläther und Hexan.

Absorptionsmaxima in:

CS$_2$	421 mμ
Chloroform	411 mμ
Benzol	410 mμ

Das *Oxim* bildet sich aus dem Aldehyd und Hydroxylamin durch Aufbewahren in Äthanol. Gelbe Nadeln mit bläulichem Oberflächenglanz (aus verdünntem Methanol). Smp. 206–207° C.

Absorptionsmaxima in:

CS$_2$	425 mμ
Chloroform	413 mμ
Benzol	412 mμ

3,8-Dimethyl-decapentaen-dicarbonsäure-(1,10) C$_{14}$H$_{16}$O$_4$ (II):

Man erhält das Methylesternitril aus dem vorbeschriebenen Oxim durch Kochen mit Essigsäureanhydrid[1]). Durch Verseifung entsteht II:

$$\underset{\text{II}}{\text{HOOC·CH=CH·}\overset{\overset{\displaystyle CH_3}{|}}{C}\text{=CHCH=CHCH=}\overset{\overset{\displaystyle CH_3}{|}}{C}\text{·CH=CH·COOH}}$$

Gelbe Nadeln. Smp. 267–268° C. Die Säure ist in Hexan, Petroläther und Benzin unlöslich, schwer löslich in Chloroform, Äthanol, Schwefelkohlenstoff und Benzol, leicht löslich in Pyridin.

Absorptionsmaxima in:

CS$_2$	419 mμ

Das Kaliumsalz bildet blaßgelbe Blättchen.

Dimethylester C$_{16}$H$_{20}$O$_4$:

Entsteht bei der Veresterung der Säure mit Diazomethan[1]). F: 175–176° C.

Absorptionsmaxima in:

CS$_2$	419 mμ

---

[1]) R. KUHN und H. BROCKMANN, A. *516*, 136–137 (1935).

Methylesternitril $C_{15}H_{17}O_2N$:

Goldgelbe Prismen aus verdünntem Methanol. Smp. *165⁰* C[1]). (Über die Bildung vgl. unter 3, 8-Dimethyl-decapentaen-dicarbonsäure-(1, 10).) Die Verbindung ist in Chloroform, Benzol und heißem Methanol leicht, in kaltem Methanol, Benzin und Petroläther schwer löslich.

Absorptionsmaxima in:

CS_2. . . . . 413 mμ

Monoamid $C_{14}H_{17}O_3N$:

Die Verbindung entsteht durch Kochen des Methylesternitrils mit Kalilauge[1]). Sie kristallisiert aus Methanol in gelben Prismen, welche bei 256–257⁰ C schmelzen.

2, 7-Dimethyl-nonatetraenal-(1)-carbonsäure-(9)-methylester,
«*Azafrinal-II*»-*methylester* $C_{13}H_{16}O_3$ (III):

$$\overset{\text{CH}_3}{\underset{|}{}} \qquad \overset{\text{CH}_3}{\underset{|}{}}$$
OCH·C=CHCH=CHCH=C·CH=CH·COOCH₃

III

Die Verbindung bildet sich neben anderen Produkten bei der Chromsäureoxydation von Azafrinmethylester[2]). Zur Reinigung chromatographiert man sie wiederholt an Aluminiumoxyd. Aus 70%igem Methanol erhält man hellgelbe Prismen. Smp. 106⁰ C.

Das Oxim, $C_{13}H_{17}O_3N$. Aus verdünntem Methanol: hellgelbe Prismen. Smp. 194⁰ C[2]).

Perhydro-azafrin-methylester $C_{28}H_{54}O_4$:

R. KUHN, A. WINTERSTEIN und H. ROTH[3]) stellten diesen Perhydroester durch katalytische Hydrierung von Azafrinmethylester her. Farbloses, dickflüssiges Öl. Kp. (unter 1 mm Druck) etwa 180–200⁰ C[4]). $[\alpha]_D^{20} = -9,0⁰$ (in Äthanol).

Azafrinäthylester $C_{29}H_{42}O_4$:

Man gewinnt Azafrinäthylester durch Veresterung von Azafrin mit Diäthylsulfat[4]). Aus Äthanol kristallisiert der Ester in roten Prismen. Smp. 182⁰ C (korr., Zersetzung).

---

[1]) R. KUHN und H. BROCKMANN, A. *516*, 136–137 (1935).
[2]) R. KUHN und H. BROCKMANN, A. *516*, 139 (1935).
[3]) R. KUHN, A. WINTERSTEIN und H. ROTH, Ber. *64*, 340 (1931). – Vgl. C. LIEBERMANN und G. MÜHLE, Ber. *48*, 1653 (1916).
[4]) R. KUHN, A. WINTERSTEIN und H. ROTH, Ber. *64*, 339 (1931).

V. Carotinoide mit teilweise oder ganz unbekannter Struktur.

1. *Rhodoviolascin* $C_{42}H_{60}O_2$

Geschichtliches

1873 E. R. LANKESTER[1]) untersucht erstmals die Pigmente von Purpurbakterien, die in der Folgezeit von verschiedenen Forschern bearbeitet werden[2]).

1905 V. ARCHICHOVSKJI[3]) gelingt die Abtrennung eines grünen Farbstoffes, der von Chlorophyll verschieden ist, von den roten Purpurbakterien-farbstoffen.

1907 H. MOLISCH[4]) unterwirft diese roten Farbstoffe einer eingehenden Unter-suchung[5]).

1935–40 P. KARRER, und Mitarbeiter[6]) untersuchen das Pigmentgemisch der Rhodovibriobakterien und Thiocystisbakterien, isolieren daraus ver-schiedene Polyenfarbstoffe und klären die Konstitution des Rhodo-violascins teilweise auf.

Vorkommen

Rhodoviolascin wurde bisher nur in Rhodovibriobakterien[6]) und in Thio-cystisbakterien[6]) festgestellt (vgl. die Mitteilung von L. ZECHMEISTER und Mitarbeitern[7]), gemäß welcher Spirilloxanthin aus Rhodospirillum rubrum[8]) mit Rhodoviolascin identisch ist).

Darstellung[9])[10])

Über die Züchtung der Rhodovibriobakterien sei auf die Arbeit von P. KARRER und U. SOLMSSEN verwiesen[9]). Die Bakterienmasse wird mit Äthanol entwässert

---

[1]) E. R. LANKESTER, Quart. J. Mikrosc. Science *13*, 408 (1873); *16*, 27 (1876).

[2]) E. WARMING, zitiert bei H. MOLISCH «Die Purpurbakterien», Jena 1907, S. 2. – TH. W. ENGELMANN, Bot. Ztg. *46*, 661, 667, 693, 709 (1888). – S. WINOGRADSKY, Bot. Ztg. *45*, 489, 513, 529, 545, 569, 585, 606 (1887). – O. BÜTSCHLI, «Über den Bau der Bakterien und verwandter Organismen», Leipzig 1890. – G. A. NADSON, Bull. Jard. bot. St. Pétersbourg *3*, 109 (1903).

[3]) V. ARCHICHOVSKJI, Bot. Zentr. *99*, 25 (1905).

[4]) H. MOLISCH, «Die Purpurbakterien», Jena 1907.

[5]) Vgl. P. KARRER und U. SOLMSSEN, Helv. chim. Acta *18*, 1306 (1935).

[6]) P. KARRER, und U. SOLMSSEN, Helv. chim. Acta *18*, 25 (1935); *18*, 1306 (1935); *19*, 3 (1936); *19*, 1019 (1936); P. KARRER, U. SOLMSSEN und H. KOENIG, Helv. chim. Acta *21*, 454 (1938); P. KARRER und H. KOENIG, Helv. chim. Acta *23*, 460 (1940).

[7]) A. POLGÁR, C. B. VAN NIEL und L. ZECHMEISTER, Arch. Biochem. *5*, 243 (1944).

[8]) C. B. VAN NIEL und J. H. C. SMITH, Arch. Microbiol. *6*, 219 (1935).

[9]) P. KARRER, und U. SOLMSSEN, Helv. chim. Acta *18*, 25, 1306 (1935); *19*, 3, 1019 (1936) P. KARRER, U. SOLMSSEN und H. KOENIG Helv. chim. Acta *21*, 454 (1948); P. KARRER und H. KOENIG, Helv. chim. Acta *23*, 460 (1940).

[10]) Vgl. H. KOENIG, Diss., Univ. Zürich, 1940, S. 54.

und anschließend mit Schwefelkohlenstoff erschöpfend extrahiert. Nach Abdestillieren des Lösungsmittels verbleibt ein fast schwarzer Rückstand, der noch viel elementaren Schwefel enthält (durch Reduktionsprozesse während des Bakterienwachstums aus Magnesiumsulfat, das der Nährlösung zugesetzt wird, entstanden). Dieser Rückstand wird in einem Ligroin-Methanol-Gemisch aufgenommen, die Flüssigkeit vom Schwefel abdekantiert und mit wenig Wasser versetzt. An der Grenzschicht von Ligroin und Methanol fällt Rhodoviolascin als dunkelrotes Kristallpulver aus. Man nutscht es ab und schmilzt es in evakuierten Ampullen ein. Die Ligroinlösung, welche die anderen Carotinoide der Rhodovibriobakterien und noch etwas Rhodoviolascin enthält, wird zur Entfernung des Bakteriochlorophylls wiederholt mit Methanol ausgeschüttelt, anschließend mit Wasser gewaschen, über Natriumsulfat getrocknet und das Lösungsmittel abdestilliert. Den Rückstand löst man in wenig Benzol und chromatographiert an Calciumhydroxyd. Die Entwicklung des Chromatogramms geschieht im Anfang mit einem Gemisch von Benzol und Petroläther und schließlich mit Petroläther allein. Die lachsrote Rhodoviolascinzone wird mit Methanol-Benzol-Gemisch eluiert, das Lösungsmittel abdestilliert und der verbliebene Farbstoff mit dem kristallisierten Rhodoviolascin (siehe weiter oben!) vereinigt. (Die Aufarbeitung der übrigen Chromatogrammschichten ergab folgende Pigmente: Rhodovibrin, Rhodopin, Rhodopurpurin, β-Carotin(?) und Flavorhodin).

Zur weiteren Reinigung wird das Roh-Rhodoviolascin mehrmals an Calciumhydroxyd chromatographiert und schließlich aus Benzol umkristallisiert. Um 0,9 g Farbstoff zu erhalten, haben P. KARRER und H. KOENIG während zwei Jahren 19 320 l reifer Bakteriennährlösung aufgearbeitet.

Chemische Konstitution

Rhodoviolascin (?) I

P. KARRER und U. SOLMSSEN[1]) haben für Rhodoviolascin eine vorläufige Konstitutionsformel vorgeschlagen, die später von P. KARRER und H. KOENIG[2]) eine Abänderung erfahren hat (Formel I). Auch diese Formel kann noch nicht als gesichert gelten.

Die Bruttoformel des Rhodoviolascins ist $C_{42}H_{60}O_2$. Die Methoxylbestimmung ergab das Vorliegen von zwei Methoxylgruppen. Bei der katalytischen Hydrierung werden 13 Mol H_2 aufgenommen; entsprechend dem langwelligen Absorptionsspektrum (in CS_2: 573,5 534 496 mμ) müssen alle Doppelbindungen in Konjugation stehen. Mit Hydroxylamin reagiert der Farbstoff nicht; er lie-

[1]) P. KARRER und U. SOLMSSEN, Helv. chim. Acta 19, 1019 (1936).
[2]) P. KARRER und H. KOENIG, Helv. chim. Acta 23, 460 (1940).

fert durch Einwirkung von Pyridin-Eisessig und Zink kein Dihydroderivat. Im Gegensatz zu Carotindiketonen zeigt er in Benzin und Methanol das gleiche Absorptionsspektrum.

P. KARRER und H. KOENIG unterwarfen Rhodoviolascin dem stufenweisen Abbau mit Permanganat[1]) und erhielten mindestens 6 verschiedene Oxydationsprodukte. Daraus konnte Bixindialdehyd isoliert und identifiziert werden, so daß das Mittelstück von C-Atom 6 bis C-Atom 27 in seiner Struktur gesichert ist. Daneben erhielt man in sehr geringer Menge einen weiteren Dialdehyd, der im Chromatogramm oberhalb des Bixindialdehyds lag und 40 mμ längerwellig absorbierte. Er muß demnach 2 konjugierte Doppelbindungen mehr als letzterer enthalten. Die Methoxylbestimmung fiel bei dieser Verbindung negativ aus, so daß es sich wahrscheinlich um das 2,6,10,15,19,23-Hexamethyl-tetrakosa-undecaen-dial-1,24 handelt (II):

$$\mathrm{CH \cdot CH = CH \cdot C = CHCH = CH \cdot C = CHCH = CHCH = C \cdot CH = CHCH = C \cdot CH = CH \cdot CH}$$

II

Die Bildung dieser Verbindung aus Rhodoviolascin steht mit Formel I in zwangloser Übereinstimmung.

Eigenschaften

Kristallform: Aus Benzol kristallisiert Rhodoviolascin in dunkelroten, prachtvoll glitzernden spindelförmigen Kristallen.

Schmelzpunkt: 218^0 C.

Löslichkeit: In Petroläther, Ligroin und Methanol ist der Farbstoff fast unlöslich; etwas besser löst er sich in heißem Benzol.

Verteilungsprobe: Rhodoviolascin besitzt rein epiphasischen Charakter.

Optische Aktivität: Bei der großen Verdünnung des Farbstoffes, welche infolge der starken Farbintensität nötig ist, konnte keine Drehung des polarisierten Lichtes beobachtet werden.

Absorptionsmaxima in:

CS$_2$	573,5	534	496 mμ
Chloroform	544	507	476 mμ
Benzol	548	511	482 mμ
Äthanol	526	491	(465) mμ

---

[1]) P. KARRER und H. KOENIG, Helv. chim. Acta *23*, 460 (1940).

Farbreaktionen: Mit Antimontrichlorid in Chloroformlösung erfolgt Blaufärbung, deren Absorptionsmaximum bei 642 mμ liegt.

Chromatographisches Verhalten: Rhodoviolascin läßt sich aus benzolischer Lösung an Calciumhydroxyd gut chromatographieren. Es haftet in der Röhre unterhalb des Rhodopins, aber oberhalb des Rhodopurpurins.

2. *Rhodopin* $C_{40}H_{58}O$[1])

Rhodopin wurde erstmals von P. KARRER und U. SOLMSSEN[2]) aus Rhodovibriobakterien isoliert. Wie spätere Untersuchungen zeigten, enthalten auch Thiocystisbakterien dieses Pigment[3]).

Zur Isolierung des Rhodopins geht man zuerst nach der Vorschrift für die Rhodoviolascinherstellung (S. 302) vor. Die petrolätherischen Mutterlaugen der Rhodoviolascin-Kristallisation werden an Calciumhydroxyd chromatographiert, Rhodopin aus dem obersten Teil des Chromatogramms eluiert (Benzol-Methanol-Gemisch), das Lösungsmittel abdestilliert und der Rückstand wiederholt an Calciumhydroxyd adsorbiert. Nur so gelingt es, Rhodopin von Rhodoviolascin und Rhodovibrin zu trennen. Schließlich kristallisiert man den Farbstoff aus Schwefelkohlenstoff-Petroläther-Gemisch um.

Über die Struktur des Rhodopins läßt sich noch nichts Abschließendes sagen. Die Bruttoformel ist $C_{40}H_{58}O$ oder $C_{40}H_{56}O$. Bei der Zerewitinoff-Bestimmung ließ sich ein aktives H-Atom nachweisen; es gelang jedoch nicht, ein Acetylderivat des Rhodopins herzustellen. Die Mikrohydrierung ergab das Vorliegen von 12 Doppelbindungen, welche alle in Konjugation stehen dürften. Eine Carbonylgruppe ließ sich nicht nachweisen, ebenso trat bei der Reduktion des Farbstoffes mit Zinkstaub und Eisessig keine Veränderung des Spektrums ein. Auch die Methoxylbestimmung fiel negativ aus. P. KARRER und H. KOENIG[4]) versuchten durch oxydativen Abbau des Rhodopins mit Permanganat Einblick in seinen Bau zu erlangen. Die angewendete Menge war jedoch für die sichere Identifizierung der Abbauprodukte zu gering.

Aus Schwefelkohlenstoff-Petroläther-Gemisch kristallisiert Rhodopin in dunkelroten Kristallen, die unter dem Mikroskop als kleine Drusen von Nadeln und Prismen erscheinen. Smp. 171° C. (Nach vorgängigem Sintern.) Bei der

---

[1]) Die Bruttoformel $C_{40}H_{56}O$ steht mit den Ergebnissen der Elementaranalyse ebenfalls in Übereinstimmung. Ein eindeutiger Entscheid zwischen den beiden Formeln kann noch nicht getroffen werden.

[2]) P. KARRER und U. SOLMSSEN, Helv. chim. Acta *18*, 25, 1306 (1935); *19*, 3, 1019 (1936); P. KARRER, U. SOLMSSEN und H. KOENIG, Helv. chim. Acta *21*, 454 (1938).

[3]) P. KARRER und U. SOLMSSEN, Helv. chim. Acta *19*, 1019 (1936). – H. KOENIG, Diss., Univ. Zürich, 1940.

[4]) P. KARRER und H. KOENIG, Helv. chim. Acta *23*, 460 (1940).

Verteilung zwischen Petroläther und 90%igem Methanol zeigt Rhodopin epiphasisches Verhalten.

Absorptionsmaxima in:

CS_2.	547	508	478 mμ
Chloroform	521	486	453 mμ
Petroläther	501	470	440 mμ
Äthanol absolut	505	474	(445) mμ

3. *Rhodovibrin*

Bei der chromatographischen Reinigung des Rhodopins an Calciumhydroxyd erhielten P. KARRER und U. SOLMSSEN[1]) ein weiteres, bis dahin unbekanntes, Carotinoid, für welches sie die Bezeichnung Rhodovibrin vorschlugen. Rhodovibrin haftet im Chromatogramm etwas stärker als Rhodopin und kann auf diese Art von letzterem getrennt werden. Man hat jedoch die chromatographische Adsorption wiederholt vorzunehmen, da beide Farbstoffe sich voneinander nur schwer trennen lassen.

Rhodovibrin kristallisiert aus Schwefelkohlenstoff-Petroläther-Gemisch in kleinen, dunkelroten Kristalldrusen, die sich von denjenigen des Rhodopins in keiner Weise unterschieden. Smp. 168° C. Die Absorptionsmaxima in Schwefelkohlenstoff liegen bei: 556 und 517 mμ. Der Farbstoff konnte nicht in ganz reiner Form erhalten werden, da er in den Rhodovibriobakterien nur in sehr geringer Menge vorliegt, doch scheint seine Bruttoformel $C_{40}H_{58}O_2$ evtl. $C_{40}H_{56}O_2$ zu sein. Es ist unwahrscheinlich, daß beide Sauerstoffatome als Hydroxyle vorliegen, da sich Rhodovibrin bei der Verteilungsprobe wie Rhodopin epiphasisch verhält. Auch in diesem Fall fiel die Methoxylbestimmung negativ aus.

4. *Rhodopurpurin*

Rhodopurpurin kommt in den Rhodovibriobakterien in sehr geringer Menge vor und konnte daraus von P. KARRER und U. SOLMSSEN[1]) nach der für Rhodoviolascin und Rhodopin angegebenen Vorschrift (S. 302 und 305) isoliert werden. Es haftet im Calciumhydroxyd-Chromatogramm unterhalb des Rhodopins und wird durch Elution, Überführen in Petroläther und Einengen dieser Lösung erhalten. Aus Petroläther kristallisierte der Farbstoff in mikroskopisch feinen Nadeln, die teilweise zu Drusen vereinigt sind und bei 161–162° C schmelzen. Nach dem Ergebnis der Elementaranalyse handelt es sich wahrscheinlich um einen Kohlenwasserstoff der Formel $C_{40}H_{56}$ oder $C_{40}H_{58}$.

---

[1]) Die Zusammenstellung der Literaturangaben befindet sich unter Rhodopin, S. 305. Vgl. H. KOENIG, Diss., Univ. Zürich, 1940, S. 29.

Bei der Verteilung zwischen Methanol und Petroläther verhält sich Rhodo-purpurin rein epiphasisch. Im spektralen Verhalten zeigt es große Ähnlichkeit mit Lycopin; die Identität mit letzterem Farbstoff ist aber noch ungewiß.

Absorptionsmaxima in:

CS_2.	550	511	479 mμ
Chloroform	527	487	(458) mμ
Petroläther	502	472	mμ
Benzol	527	490	mμ

5. *Flavorhodin*

Dieses Pigment wurde ebenfalls von P. KARRER und U. SOLMSSEN[1]) aus Rhodovibriobakterien isoliert. Man gewinnt es aus den untersten Zonen des Calciumhydroxyd-Chromatogramms der Rhodopindarstellung[2]).

Auch über die Konstitution des Flavorhodins lassen sich keine Aussagen machen.

Die Löslichkeit des Flavorhodins in Petroläther, Benzol, Chloroform, Aceton und Äther ist gut, in Äthanol und Methanol löst es sich nur schwer. Bei der Ver-teilungsprobe verhält es sich epiphasisch.

Absorptionsmaxima in:

CS_2.	503	472	441 mμ
Chloroform	482	453	mμ
Petroläther	470	442	mμ
Äthanol	471	443	mμ

Das optische Verhalten erinnert weitgehend an das Sarcinin (S. 329); die Frage der Identität beider Pigmente muß indessen noch offen bleiben.

6. *Aphanin* $C_{40}H_{54}O$

Geschichtliches und Vorkommen

Obwohl die Pigmente der Blaualgen in den letzten Jahren wiederholt unter-sucht wurden, sind unsere Kenntnisse über sie noch lückenhaft. 1927 führte H. KYLIN[3]) auf kapillaranalytischem Wege Untersuchungen an Extrakten aus der Blaualge *Calotrix scopulorum* durch und fand darin außer Carotin 3 neue Farbstoffe, die er jedoch nicht in reiner Form abscheiden und analysieren konnte.

---

[1]) Diesbezügliche Literaturangaben befinden sich bei Rhodopin, S. 305.
[2]) Vgl. S. 305.
[3]) H. KYLIN, H. *166*, 50 (1927). – Vgl. Kungl. Fysiogr. Sällskid Lund Förh. *7*, Nr. 12, 1 (1937).

1936 haben J. M. HEILBRON und B. LYTHGOE über Carotinoide aus *Oscillatoria rubescens* berichtet[1]). Die Untersuchung dieser Farbstoffe ergab das Vorliegen von β-Carotin, Xanthophyll und 2 neuen Pigmenten, Myxoxanthin und Myxoxanthophyll (vgl. S. 228). P. KARRER und J. RUTSCHMANN[2]) haben in neuester Zeit die Untersuchung der Polyenfarbstoffe aus *Oscillatoria rubescens* erneut aufgenommen und außer β-Carotin, Zeaxanthin (kein Xanthophyll), Myxoxanthin und Myxoxanthophyll ein bisher unbekanntes, saures Pigment, Oscillaxanthin, nachgewiesen (vgl. S. 345).

J. TISCHER[3]) unterwarf die Carotinoide der Blaualge *Aphanizomenon flos-aquae* einer Untersuchung und konnte neben β-Carotin 4 neue Polyenfarbstoffe isolieren. Er schlägt für diese Pigmente die Bezeichnungen Aphanin, Aphanicin, Flavacin und Aphanizophyll vor. Außer in *Aphanizomenon flos-aquae* sind bisher keine Vorkommen dieser Farbstoffe bekannt geworden.

Darstellung[3])

Die im Wasser schwebenden Algen *Aphanizomenon flos-aquae* werden mit Hilfe von Organtinnetzen eingesammelt, von Verunreinigungen befreit und mit Äthanol entwässert. Hierauf wird der noch alkoholfeuchte Kollierrückstand mit Quarzsand und Ammonsulfat vermischt und bei Raumtemperatur mit frisch über Natrium destilliertem Äther ausgezogen. Man destilliert den Äther der vereinigten Extrakte ab und schüttelt den wäßrig-äthanolischen Rückstand mit Petroläther aus: Extrakt A. Die petrolätherunlöslichen Farbstoffe der alkoholischen Unterschicht werden durch Aussalzen mit Ammonsulfat in Form eines roten, flockigen Niederschlages erhalten. Auch die alkoholischen Auszüge, welche nach dem Entwässern der Algen zurückbleiben, scheiden eine geringe Menge roter Pigmente aus, die mit den durch Aussalzen gewonnenen vereinigt und in Pyridin gelöst werden: Extrakt B.

Die nach dem Ausäthern verbleibende Algenmasse extrahiert man noch mit Äthanol bei 40^0 C: Extrakt C.

Der Petroläther-Extrakt A wird an Aluminiumoxyd adsorbiert und das Chromatogramm mit Benzin entwickelt. Die Carotinoide haften in der Säule von oben nach unten in folgender Reihenfolge:

1. Aphanicin. 2. Aphanin. 3. Flavacin und 4. β-Carotin[4]).

a) *Aphanicin:* Der Farbstoff wird erneut an Aluminiumoxyd chromatographiert, nach Elution mit methanolischer Kalilauge verseift und wieder an Aluminiumoxyd chromatographiert. Man eluiert Aphanicin mit äthanolhaltigem Benzin, wäscht diese Lösung mit Wasser, dampft das Lösungsmittel ab und kristallisiert den Rückstand aus Benzin um. Aus 50 kg frischen Algen (feucht), die

---

[1]) J. M. HEILBRON und B. LYTHGOE, Soc. *1936*, 1376.

[2]) P. KARRER und J. RUTSCHMANN, Helv. chim. Acta *27*, 1691 (1944). – J. RUTSCHMANN, Diss., Univ. Zürich, 1946.

[3]) J. TISCHER, H. *251*, 109 (1938); *260*, 257 (1939).

[4]) Eine ausführliche Darstellungsbeschreibung findet sich in der Mitteilung von J. TISCHER, H. *251*, 109 (1938).

2 ¼ kg Trockensubstanz ergaben, konnten im ganzen etwa 50 mg reines Aphanicin gewonnen werden.

b) *Aphanin:* Die Aphaninzone wurde aus dem Chromatogramm in das Filtrat durchgewaschen. Nach Abdestillieren des Lösungsmittels konnte der Farbstoff leicht in kristallinem Zustande erhalten werden. Die weitere Reinigung des Pigmentes erfolgte durch Adsorption an Aluminiumoxyd und Kristallisation aus Benzol-Methanol-Gemisch 1 : 10. Die Ausbeute an Aphanin betrug etwa 110 mg (aus 50 kg Algen).

c) *Flavacin:* Den Farbstoff der dritten Schicht des ersten Chromatogramms hat man wiederholt an Aluminiumoxyd chromatographiert, anschließend farblose Begleitstoffe aus petrolätherischer Lösung ausgefroren, die Mutterlaugen, welche Flavacin enthielten, mit methanolischer Kalilauge verseift und den Farbstoff in Petroläther übergeführt. Nach dem Abdestillieren des Lösungsmittels kristallisierte aus dem Rückstand eine geringe Menge Flavacin, das sich durch mehrmaliges Umkristallisieren aus Benzol-Methanol-Gemisch reinigen ließ.

Aus der 4. Zone des Chromatogramms konnte analysenreines β-Carotin abgetrennt werden.

Aus der Pyridinlösung B und dem Äthanolextrakt C gewann man das Aphanizophyll. Die Pyridinlösung B wurde im Vakuum zur Trockene verdampft, der Rückstand mit äthanolischer Kalilauge verseift, das Verseifungsgemisch mit Essigsäure angesäuert und der Farbstoff ausgeäthert. Diese Lösung adsorbierte man an Natriumsulfat, eluierte Aphanizophyll mit Methanol und kristallisierte das Pigment aus Aceton. Zur weiteren Reinigung wurde es an Calciumcarbonat chromatographiert und wiederholt aus Aceton und schließlich aus Chloroform umkristallisiert. Aus 50 kg frischen Algen erhielt man auf diese Weise rund 10 mg Aphanizophyll. Die Aufarbeitung des Extraktes C ergab noch eine sehr geringe Menge des Pigmentes[1].

Chemische Konstitution[2])

Aphanin (?)

J. TISCHER[2]) schlägt für Aphanin vorstehende Formel vor, welche er im wesentlichen beweisen konnte. Die Ergebnisse der Elementaranalyse stimmen auf die Bruttoformel $C_{40}H_{54}O$. Bei der Mikrohydrierung nahm der Farbstoff schnell 11 und langsam 1 Mol Wasserstoff auf. Dieses Verhalten ließ das Vorliegen eines Ketons vermuten, was durch die Herstellung eines wohlkristallisierten Oxims bewiesen wurde. Es darf mit großer Sicherheit angenommen werden, daß die Carbonylgruppe zu der Kette konjugierter Doppelbindungen *nicht*

---

[1]) J. TISCHER, H. *251*, 127 (1938).
[2]) J. TISCHER, H. *260*, 257 (1939).

in Konjugation steht, da die Absorptionsmaxima des Oxims und der freien Verbindung die gleiche Lage haben. Ferner spricht dafür die Übereinstimmung der Absorptions-Maxima in verschiedenen Lösungsmitteln, wie Benzin und Äthanol, während Carotinoide mit Carbonylgruppen, die mit den Äthylendoppelbindungen konjugiert sind, ein anderes Verhalten zeigen (vgl. S. 62). Die Bestimmung der Isopropylidengruppen ergab ein negatives Resultat, wodurch die zuerst vermutete γ-Carotinstruktur ausgeschlossen wird. Beim Permanganatabbau entstanden fast 5 Mol (4,77) Essigsäure (Kryptoxanthin liefert ebenfalls 4,85 Mol Essigsäure, obwohl es 6 seitenständige Methylgruppen enthält[1])), so daß auch dieses Ergebnis mit der angenommenen Formel des Aphanins nicht im Gegensatz steht. Bei der Reduktion des Aphanins mit Aluminiumisopropylat und Isopropylalkohol erhielt J. TISCHER eine Verbindung, die in Benzin etwa 10 mμ kürzerwellig absorbiert. Er bezeichnet sie als Aphanol und vermutet, daß ihre Struktur mit derjenigen des Kryptoxanthins übereinstimmt. Aus diesem Grunde ist die Stellung 3′ des Carbonyls wahrscheinlich; da Aphanol aber nicht kristallin erhalten und analysiert werden konnte, muß diese Frage noch offen bleiben.

Im Tierversuch besitzt Aphanin die halbe Vitamin-A-Wirkung des β-Carotins, so daß es nach unseren heutigen Kenntnissen einen unsubstituierten β-Iononring enthalten muß. Deshalb ist die Konstitution einer Hälfte des Moleküls als mit β-Carotin übereinstimmend anzunehmen. Im Einklang mit der wiedergegebenen Formel des Pigmentes steht auch seine optische Inaktivität.

Eigenschaften

Kristallform: Aus einem Gemisch von Benzol und Methanol kristallisiert Aphanin in großen, blauschwarzen, lanzettförmigen Blättchen, welche vielfach zu Rosetten vereinigt sind und sehr lebhaften graphitischen Glanz besitzen. Aus Benzol-Benzin-Gemisch erhält man es in dicken, wetzsteinförmigen Kristallen.

Schmelzpunkt: 176⁰ C (korr., aus Benzol-Methanol-Gemisch kristallisiert[2])). 180⁰ C (korr. aus Benzol-Benzin-Gemisch kristallisiert[3])).

Löslichkeit: In Schwefelkohlenstoff, Chloroform und Benzol ist Aphanin sehr leicht löslich, schwerer löst es sich in Pyridin, Äther und Benzin und sehr schwer in Methanol.

Lösungsfarben: Die Lösungen des Farbstoffes in Benzin und Methanol sind gelb, diejenigen in Benzol, Chloroform und Pyridin orange und jene in Schwefelkohlenstoff ist rotorange.

---

[1]) R. KUHN und CH. GRUNDMANN, Ber. *66*, 1746 (1933).
[2]) J. TISCHER, H. *251*, 109 (1938).
[3]) J. TISCHER, H. *260*, 257 (1939).

Absorptionsmaxima in:

Lösungsmittel	Abs.-Bezirk	Abs.-Maxima	
CS₂	475–555	533,5	494 mµ
Chloroform	455–520	504	474 mµ
Benzol	455–520	505	472 mµ
Benzin (Kp. 70–80⁰ C) . .	445–510	494	460 mµ (432)
Pyridin	460–525	507,5	477 mµ
Methanol	445–505	491,5	457 mµ

J. Tischer[1]) beschreibt das optische Verhalten des Aphanins wie folgt: «Sein Absorptionsspektrum zeigt 2 Maxima, zwischen denen eine etwas schwächer absorbierende Zone liegt, so daß der Eindruck eines einzigen breiten Absorptionsbandes mit 2 Maxima erweckt wird. Der breite Absorptionsbezirk ist unscharf abgegrenzt, die beiden Maxima sind deutlich sichtbar, ihre optischen Schwerpunkte lassen sich aber nur angenähert feststellen.»

Optische Aktivität: Aphanin läßt keine Drehung des polarisierten Lichtes erkennen.

Verteilungsprobe: Bei der Verteilung zwischen Petroläther und 90%igem Methanol geht der Farbstoff vollständig in die obere Schicht; ist dagegen der Alkohol 95%ig, so wird auch die Unterschicht ein wenig angefärbt.

Chromatographisches Verhalten: Aus Benzinlösung haftet Aphanin an Aluminiumoxyd etwas stärker als β-Carotin, aber schwächer als Aphanicin. Wird das Chromatogramm mit Äther entwickelt, so schlägt die Farbe nach Braunrot um, durch Nachwaschen mit Benzol oder Chloroform wird sie dunkelviolett.

Farbreaktionen: 30- und höherprozentige, wäßrige Salzsäure gibt mit einer ätherischen Lösung des Aphanins keine Blaufärbung. Eine Chloroformlösung des Pigmentes nimmt auf Zusatz von konzentrierter Schwefelsäure tiefblaue Färbung an, die allmählich in Blaugrün umschlägt. Mit Antimontrichlorid in Chloroform zeigt Aphanin braunstichig violette Farbe, die über Blauviolett verblaßt[2]).

Physiologisches Verhalten: Aphanin besitzt Vitamin-A-Wirkung, die etwa halb so groß wie diejenige des β-Carotins ist[3]).

Nachweis und Bestimmung: Die Trennung des Aphanins von den übrigen Carotinoiden aus *Aphanizomenon flos-aquae* geschieht mittelst chromatographischer Adsorption an Aluminiumoxyd. Der Farbstoff läßt sich auf diese Weise von dem stärker haftenden Aphanicin trennen und kann durch sein Absorptionsspektrum nachgewiesen werden.

---

[1]) J. Tischer, H. *251*, 109 (1938).
[2]) Über weitere Farbreaktionen vgl. man die Originalmitteilung, H. *251*, 109 (1938).
[3]) A. Scheunert und K. H. Wagner, H. *260*, 272 (1939).

Derivate

Aphaninoxim $C_{40}H_{55}ON$

Die Verbindung entsteht durch Behandeln von in Pyridin gelöstem Aphanin mit freiem Hydroxylamin. Zur Reinigung hat man das kristallisierte Oxim an Aluminiumoxyd chromatographiert und nach Elution aus Benzol-Methanol-Gemisch umkristallisiert. Smp. 208° C (korr.). In Benzol ist das Oxim ziemlich schwer löslich.

Aphaninoxim zeigt folgendes optisches Verhalten:

Lösungsmittel	*Abs.-Bezirk*	*Abs.-Maxima*	
CS_2.	475–545	530	492 mμ
Chloroform	455–520	504	472 mμ
Benzol	455–520	505	472 mμ
Benzin (Kp. 70–80° C) . .	445–520	494	459 mμ
Pyridin.	460–525	509	477 mμ
Methanol	445–505	491	457 mμ

Das Spektrum des Aphaninoxims kann als 2bandig bezeichnet werden. Die Begrenzung des breiten Absorptionsbandes ist im Verhältnis zu Aphanin weniger deutlich und deshalb nicht völlig scharf ermittelbar[1]). Bezüglich verschiedener Farbreaktionen des Oxims sei auf die Originalmitteilung[1]) verwiesen.

Aphanol $C_{40}H_{56}O$

Bei der Reduktion von Aphanin mit Aluminiumisopropylat und Isopropyl-alkohol wird unter anderem eine Verbindung gebildet, die das Absorptionsspektrum von Kryptoxanthin zeigt. J. TISCHER[1]) vermutet darin ein strukturiden-tisches Produkt mit letzterem.

7. *Aphanicin*

J. TISCHER[2]) isolierte dieses Pigment erstmals aus *Aphanizomenon flos-aquae*[3]).

Chemische Konstitution

Über die Konstitution des Aphanicins ist noch wenig bekannt. Auf Grund verschiedener Überlegungen und Untersuchungsergebnisse vermutet J. TISCHER im Aphanicin ein «Di-Carotinoid» der Bruttoformel $C_{80}H_{106}O_3$, das aus 2 Mole-külen Aphanin, verbunden durch eine O-Brücke, bestehen soll. Da ähnliche Verbindungen in der Natur bisher nicht angetroffen und auch nicht synthetisch hergestellt worden sind, wird diese Frage weiterer Abklärung bedürfen. Ex-perimentell wurde folgendes ermittelt: Die Elementaranalyse des Aphanicins ergab: 86,14% C und 9,35% H. (Für $C_{40}H_{54}O$ berechnet sich: C: 87,20, H: 9,89%.) Der Farbstoff bildet ein Oxim, dessen N-Gehalt 3,97% beträgt. (Die

---

[1]) J. TISCHER, H. *251*, 109 (1938); *260*, 257 (1939).
[2]) J. TISCHER, H. *251*, 109 (1938).
[3]) Bezüglich der Darstellung dieses Farbstoffes sei auf den entsprechenden Abschnitt unter Aphanin, S. 308, verwiesen.

Bruttoformel $C_{40}H_{55}ON$ verlangt 2,48% N; für $C_{80}H_{108}O_3N_2$ berechnen sich 3,57% N)[1]). Es ist demnach in der Aphanicinmolekel mindestens *eine* Carbonylgruppe enthalten. Bei der Mikrohydrierung werden wie bei Aphanin 12 Mol Wasserstoff aufgenommen. Da das Absorptionsspektrum beider Verbindungen weitgehend übereinstimmt, darf auf ein ähnliches oder ein übereinstimmendes chromophores System geschlossen werden. Bei der Prüfung auf Vitamin-A-Wirksamkeit zeigte es sich, daß Aphanicin nur etwa die halbe Wirksamkeit des Aphanins besitzt[2]). Bei der Reduktion des Pigmentes mit Aluminiumisopropylat und Isopropylalkohol wurde ein Produkt, Aphanicol, gebildet, das etwa 10 mμ (in Benzin) kürzerwellig absorbiert als Aphanicin. Daraus – sowie aus den Absorptionsmaxima in Benzin und Methanol, welche die gleiche Lage haben – kann geschlossen werden, daß die Carbonylgruppe zum System konjugierter Doppelbindungen *nicht* in Konjugation steht.

Eigenschaften

Kristallform: Aphanicin kristallisiert aus Benzol-Methanol-Gemisch etwas schwerer als Aphanin und bildet rotviolette, prismatische Nadeln mit starkem Metallglanz.

Schmelzpunkt: Aus Benzol-Methanol-Gemisch kristallisiert: 190° C (korr.); aus Benzol-Benzin-Gemisch kristallisiert: 195° C (korr.).

Löslichkeit: In Methanol erwies sich der Farbstoff noch schwerer löslich als Aphanin; die Löslichkeit in anderen Lösungsmitteln ist bei beiden Pigmenten etwa gleich.

Lösungsfarben: Aphanicin löst sich in organischen Lösungsmitteln mit gleicher Farbe wie Aphanin (S. 310).

Absorptionsmaxima in:

Lösungsmittel	Abs.-Bezirk	Abs.-Maxima	
CS_2	475–555	533	494 mμ
Chloroform	455–520	504	474 mμ
Benzol	455–520	505	474 mμ
Benzin (Kp. 70–80° C) . .	445–510	494	462 mμ
Pyridin	460–525	507,5	478 mμ
Methanol	445–505	491,5	457 mμ

Optische Aktivität: Es liegen diesbezüglich keine Angaben vor.

Verteilungsprobe: Bei der Verteilung des Aphanicins zwischen Petroläther und 95%igem Methanol geht etwas mehr Farbstoff in die alkoholische Schicht,

---

[1]) Es sind Anlagerungserscheinungen von freiem Hydroxylamin an die Carotinoidmolekel bekannt; J. TISCHER, H. *267*, 281 (1941).

[2]) Neuerdings ist bekannt geworden, daß sterische Unterschiede großen Einfluß auf Vitamin-A-Wirkung auszuüben vermögen. Vgl. L. ZECHMEISTER und Mitarbeiter, Arch. Biochem. *5*, 107 (1944); *7*, 247 (1945); *7*, 157 (1945).

als dies bei Aphanin der Fall ist. Sogar bei Anwendung von 90%igem Methanol wird die untere Schicht etwas angefärbt.

Chromatographisches Verhalten: An Aluminiumoxyd haftet Aphanicin aus Benzol-Benzin-Gemisch (1:1) stärker als Aphanin und kann von diesem gut getrennt werden. Auch in ihrer Farbtiefe unterscheiden sich die beiden Zonen, indem die untere dunkler bordeauxrot als die obere ist.

Farbreaktionen: Aphanicin zeigt fast die gleichen Farbreaktionen. Nur folgende Reaktionen sind verschieden:

Reagenz	Aphanin	Aphanicin
Trichloressigsäure in Chloroform	schwach braunstichig violett	rotviolette Färbung, nicht verblassend
Arsentrichlorid in Chloroform	braun, wird sepiafarbig.	Braunfärbung, die violettstichig wird
Antimontrichlorid in Chloroform	braunstichig, violett, verblassend	braunstichig, violette Färbung
Antimontrichlorid in Äther	gelbbraun	rötlichbraun

Physiologisches Verhalten[1]): Aphanicin besitzt Vitamin-A-Wirkung, die etwa halb so groß wie diejenige des Aphanins ist.

Nachweis und Bestimmung: Aphanicin wird durch chromatographische Adsorption von den übrigen Carotinoiden aus *Aphanizomenon flos-aquae* getrennt und mit Hilfe seines spektralen Verhaltens, sowie seiner Farbreaktionen nachgewiesen.

Derivate

Aphanicinoxim:

Die Bildung des Aphanicinoxims erfolgt auf die gleiche Art wie bei Aphaninoxim beschrieben. Smp. 241° C.

Absorptionsmaxima in:

Lösungsmittel	Abs.-Bezirk	Abs.-Maxima	
CS_2.	460–545	529	492 mμ
Chloroform	450–520	504	474 mμ
Benzol	455–520	505	472 mμ
Benzin (Kp. 70–80° C) . .	445–505	493	461 mμ
Pyridin	460–525	508	478 mμ
Methanol	445–505	491	456 mμ

[1]) A. Scheunert und K. H. Wagner, H. *260*, 272 (1939).

Aphanicol:

Die Herstellung dieser Verbindung geschah nach der gleichen Vorschrift, wie diejenige des Aphanols[1]). Aphanicol konnte nicht kristallin erhalten werden.

Absorptionsmaxima in:

CS$_2$.	516	482 mμ
Benzin	484	454 mμ

8. *Flavacin*

J. TISCHER[2]) entdeckte Flavacin zusammen mit Aphanin, Aphanicin und Aphanizophyll in der Blaualge *Aphanizomenon flos-aquae.* Über die Gewinnung dieses Pigmentes wurde im Zusammenhang mit der Darstellung des Aphanins Seite 309 berichtet.

Tabelle 52

Vergleich einiger Eigenschaften von Mutatochrom und Flavacin

Eigenschaften	Flavacin	Mutatochrom
Schmelzpunkt . . .	155° C (korr.)[3])	163–164° C (unkorr. i.V.)
Abs.-Maximum in CS$_2$	490 457 (424) mμ	489,5 459 mμ
Abs.-Maximum in Benzin	458 428 mμ	456 427 mμ
Verhalten gegenüber konzentrierter, wäßriger HCl	keine Blaufärbung[4])	sehr schwache Blaufärbung, erst allmählich auftretend
Verteilungsprobe . .	epiphasisch	epiphasisch
Lage im Chromatogramm	oberhalb des β-Carotins	oberhalb des β-Carotins

Chemische Konstitution

Über die Struktur des Flavacins lassen sich fast keine Angaben machen, da sehr wenig experimentelles Material vorliegt. Der Farbstoff haftet im Chromatogramm unterhalb des Aphanins, aber oberhalb des β-Carotins. Gemäß seinem rein epiphasischen Charakter könnte er ein Kohlenwasserstoff sein. Die Ab-

---

[1]) J. TISCHER, H. *260*, 269, 270 (1939).

[2]) J. TISCHER, H. *251*, 109 (1938); H. *260*, 257 (1939).

[3]) Der Schmelzpunkt des Flavacins war noch nicht konstant und dürfte noch steigen.

[4]) J. TISCHER verwendete für diese Reaktion 30%ige Salzsäure, während P. KARRER und E. JUCKER 37%ige gebrauchten und auch dann nur eine sehr schwache Blaufärbung beobachteten.

sorptionsmaxima in CS$_2$ liegen bei 490, 457 mμ, das chromophore System des Flavacins muß also weniger konjugierte Doppelbindungen enthalten als z. B. dasjenige des β-Carotins. Da aber letzteres im Chromatogramm schwächer haftat als Flavacin, muß dieses noch eine funktionelle Gruppe enthalten, welche die Haftfestigkeit erhöht. Man wäre in diesem Fall versucht, Flavacin mit Mutatochrom[1]) zu vergleichen. In der Tat stimmen alle Eigenschaften beider Verbindungen weitgehend überein. Die Frage der Identität beider Farbstoffe muß aber noch offen gelassen werden, da ihr direkter Vergleich noch nicht durchgeführt worden ist.

9. Aphanizophyll[2])

Die chemische Konstitution des Aphanizophylls ist noch unbekannt. Es besitzt eine veresterbare Hydroxylgruppe und eine Carbonylgruppe, die mit Hydroxylamin reagiert. Die Elementaranalyse ergab jedoch sehr tiefe C-Werte (70,15% C, 9,42% H), so daß auf Grund der Analysenergebnisse keine Schlüsse auf den Bau des Farbstoffes möglich sind. J. TISCHER[3]) weist auf eine gewisse Ähnlichkeit zwischen Aphanizophyll und Myxoxanthophyll[4]) hin, hält jedoch beide Pigmente nicht für identisch.

Eigenschaften

Kristallform: Aus Methanol kristallisiert das Phytoxanthin in prismatischen, zu Rosetten vereinigten Kristallen; aus Pyridin erhält man es in kreisrunden, am Rande feinstacheligen Sphäriten.

Schmelzpunkt: 172–173° C (korr.).

Löslichkeit: In Pyridin und Äthanol löst sich Aphanizophyll am leichtesten, etwas schwerer in Aceton, Äther und Eisessig; in Benzol, Benzin und Schwefelkohlenstoff ist es völlig unlöslich.

Lösungsfarben: Die Methanollösung des Farbstoffes ist gelb, diejenige in Chloroform tiefrot und in Pyridin blutrot.

Optische Drehung: Es liegen diesbezüglich keine Angaben vor.

Absorptionsmaxima in:

Pyridin	531	494	462 mμ
Chloroform	523	487,5	457 mμ
Methanol	507	475	444 mμ

Verteilungsprobe: Aphanizophyll verhält sich bei der Verteilung zwischen Methanol und Petroläther rein hypophasisch.

---

[1]) P. KARRER und E. JUCKER, Helv. chim. Acta *28*, 427 (1945). – Vgl. S. 151.

[2]) Bezüglich der Darstellung des Pigmentes sei auf den entsprechenden Abschnitt bei Aphanin, S. 309, verwiesen.

[3]) J. TISCHER, H. *251*, 109 (1938).

[4]) J. M. HEILBRON und B. LYTHGOE, Soc. *1936*, 1376.

Chromatographisches Verhalten: Aphanizophyll wird von Aluminiumoxyd und Calciumhydroxyd so stark festgehalten, daß es sich kaum mehr eluieren läßt. An Calciumcarbonat oder an Natriumsulfat haftet es aus Chloroform- oder Ätherlösung gut, und kann mit Methanol restlos eluiert werden.

Farbreaktionen: In Chloroform gelöstes Aphanizophyll zeigt folgende Farbreaktionen: Mit konzentrierter Schwefelsäure: blau, mit konzentrierter Salpetersäure: blau, nach Grün umschlagend und nach einiger Zeit verblassend. Mit Antimontrichlorid in Chloroform: Blau, nach Violett umschlagend. Eine ätherische Lösung des Farbstoffes gibt mit 30%iger Salzsäure eine Blaugrünfärbung, die mit der Zeit verschwindet.

Nachweis und Bestimmung: Aphanizophyll wird mittelst chromatographischer Analyse von seinen Begleitcarotinoiden getrennt und durch Bestimmung der Absorptionsmaxima, der Verteilung zwischen Methanol-Petroläther und der Blaufärbung mit konzentrierter Salzsäure nachgewiesen.

Derivate

Aphanizophyll ließ sich mit Palmitinsäurechlorid verestern. Der Ester ist im Gegensatz zum freien Farbstoff in Benzol, Benzin und Schwefelkohlenstoff leicht löslich. Aus Methanol kristallisiert er in Nadeln, die schon bei Handwärme schmelzen.

Absorptionsmaxima in:

CS_2	547	506	474 mμ
Benzol	524	489	457 mμ

In Pyridin, $CHCl_3$ und Methanol zeigt der Aphanizophyllester die gleichen Absorptionsmaxima wie die freie Verbindung. Das adsorptive Verhalten ist gegenüber demjenigen des Aphanizophylls deutlich geschwächt, an Aluminiumoxyd haftet der Ester mit orangeroter Farbe und läßt sich gut eluieren, an Calciumcarbonat ist dagegen die Haftfestigkeit zu gering. Bei der Verteilung zwischen Petroläther und 90%igem Methanol verhält sich die Verbindung ausgesprochen epiphasisch; bei Anwendung von 95%igem Methanol wird auch die Unterschicht deutlich angefärbt. Es besteht die Möglichkeit, daß Aphanizophyll in den Algen ebenfalls mit Palmitinsäure verestert vorliegt, da sich aus der hypophasischen Fraktion bedeutende Mengen Palmitinsäure isolieren ließen[1].

Außer einer oder mehreren Hydroxylgruppen enthält Aphanizophyll auch eine Carbonylgruppe, was durch die Herstellung eines Oxims bewiesen wurde. Dieses löst sich in Benzol und haftet gut an Calciumcarbonat. In verschiedenen Lösungsmitteln zeigt es das gleiche Absorptionsspektrum wie das freie Aphanizophyll. In Benzol liegen die Absorptionsmaxima bei 524, 489 und 457 mμ. Auf Grund des spektroskopischen Verhaltens des Oxims darf angenommen werden, daß die Carbonylgruppe mit dem System konjugierter Doppelbindungen *nicht* in Konjugation steht.

Weder das Oxim noch der Ester konnten in kristallinem Zustand gefaßt und analysiert werden.

---

[1] H. *260*, 267 (1939).

10. *Fucoxanthin* $C_{40}H_{56}O_6$

Geschichtliches

1867 S. ROSANOFF[1]) vermutet, daß die Braunalgen neben Chlorophyll noch einen besonderen, gelben Farbstoff enthalten. Dieser wurde kurz daraufhin von G. KRAUS und A. MILLARDET[2]) auch beobachtet und Phycoxanthin benannt.

1873 H. C. SORBY[3]) stellt fest, daß Braunalgen nicht nur einen, sondern – seiner Ansicht nach – 3 gelbe Pigmente enthalten, die er als Xanthophyll, Lichnoxanthin und Fucoxanthin bezeichnet.

1906 M. TSWETT[4]) gelingt mittels chromatographischer Adsorption die feinere Trennung der Braunalgenpigmente, die er in Carotin, Fucoxanthophyll und Fucoxanthin aufteilt.

1914 R. WILLSTÄTTER und H. J. PAGE[5]) isolieren als erste das Fucoxanthin in kristallisiertem Zustand und führen eingehende Untersuchungen an diesem Farbstoff durch.

1931–35 P. KARRER und Mitarbeiter[6]), R. KUHN und A. WINTERSTEIN[7]), sowie J. M. HEILBRON und R. F. PHIPERS[8]) unternehmen Versuche zur Konstitutionsermittlung des Fucoxanthins.

Vorkommen

Fucoxanthin ist hauptsächlich in Phäophyceen angetroffen worden, wo es mit Chlorophyll (hauptsächlich α-Chlorophyll) und anderen Carotinoiden, wie Carotin und Xanthophyll, vergesellschaftet ist. Folgende Gattungen von Braunalgen enthalten den Farbstoff: *Fucus virsoides, Dictyota, Cystosira* und *Laminaria*[5]). Neuere Untersuchungen von J. M. HEILBRON und R. F. PHIPERS[8]) zeigen, daß alte, trockene Braunalgen (*Fucus vesiculosus*) β-Carotin und Zeaxanthin, frische dagegen β-Carotin und Fucoxanthin enthalten. Ferner kommt Fucoxanthin in *Zygnema pectinatum* und *Polysiphonia nigrescens* vor[9]).

---

[1]) S. ROSANOFF, Mém. Soc. Sci. nat. Cherbourg *13*, 195 (1867).
[2]) G. KRAUS und A. MILLARDET, C. r. *66*, 505 (1868); C. r. *68*, 462 (1869).
[3]) H. C. SORBY, Proc. Roy. Soc. *21*, 474 (1873).
[4]) M. TSWETT, Ber. dtsch. bot. Ges. *24*, 234 (1906).
[5]) R. WILLSTÄTTER und H. J. PAGE, A. *404*, 237 (1914).
[6]) P. KARRER und Mitarbeiter, Helv. chim. Acta *14*, 623 (1931); Z. angew. Chem. *12*, 918 (1929).
[7]) R. KUHN und A. WINTERSTEIN, Ber. *64*, 326 (1931).
[8]) J. M. HEILBRON und R. F. PHIPERS, Biochem. J. *29*, 1373 (1935).
[9]) J. M. HEILBRON und Mitarbeiter, Proc. Roy. Soc. (London), Ser. B, *128*, 82 (1939).

Darstellung[1])

Lufttrockene, in der Fleischhackmaschine zerkleinerte Braunalgen werden erschöpfend mit 90%igem Äthanol bei Raumtemperatur extrahiert, aus diesem Extrakt, nach Verdünnen mit Wasser, das Chlorophyll mit Petroläther ausgezogen und die Mutterlaugen nach erneutem Wasserzusatz mit wenig Petroläther überschichtet und 24 Stunden stehen gelassen. Nach Verlauf dieser Zeit hat sich der größte Teil des Fucoxanthins als brauner Niederschlag an der Grenzschicht abgeschieden und kann abgenutscht werden. Die Mutterlaugen enthalten beinahe keinen Farbstoff mehr und werden verworfen. Zur Reinigung kristallisiert man das Pigment aus Methanol und wenig Wasser um und ein zweites Mal aus Methanol allein. Die Reinausbeute aus 15 kg lufttrockenen Algen beträgt etwa 2 g. Ist dagegen das Algenmaterial mehrere Wochen alt, so gelingt die Isolierung des Farbstoffes nicht mehr, oder man erhält nur sehr wenig unreines Pigment[2]).

Nach der wiedergegebenen Vorschrift von P. KARRER und Mitarbeitern[1]) wird von den Carotinoiden der Braunalgen nur das Fucoxanthin gewonnen. R. WILLSTÄTTER und H. J. PAGE[2]) geben eine bedeutend umständlichere Darstellungsmethode an, nach welcher auch das Xanthophyll mitisoliert und anschließend von Fucoxanthin getrennt wird.

Chemische Konstitution

P. KARRER und Mitarbeiter[1]) ermittelten die Bruttoformel $C_{40}H_{56}O_6$ für Fucoxanthin, wogegen J. M. HEILBRON und R. F. PHIPERS[3]) $C_{40}H_{60}O_6$ fanden. Über die Natur der Sauerstoffatome in der Fucoxanthinmolekel besteht noch keine Klarheit. P. KARRER und Mitarbeiter[4]) stellten 4–5 Hydroxylgruppen, R. KUHN und A. WINTERSTEIN[5]) hingegen deren 6 fest. Bei der katalytischen Hydrierung werden 10 Mol Wasserstoff aufgenommen[4]); die Analyse der Perhydroverbindung ergab hingegen auf die Formel $C_{40}H_{78}O_2$ stimmende Werte[3]). Bei der energischen Oxydation mit Permanganat werden 4, bei einer solchen mit Chromsäure 7 Mol Essigsäure gebildet, woraus die Anzahl der seitenständigen Methylgruppen hervorgeht. Oxydiert man hingegen das Pigment vorsichtig mit sodaalkalischer Permanganatlösung, so läßt sich αα-Dimethylmalonsäure fassen (P. KARRER und Mitarbeiter[4])). Die Tatsache, daß keine αα-Dimethylbernsteinsäure und αα-Dimethylglutarsäure gebildet werden, weist darauf hin, daß die beiden Enden der Fucoxanthinmolekel stark mit Hydroxylen beladen sind (vgl. S. 206).

Die aufgezählten Befunde vermögen jedoch nicht ein eindeutiges Bild vom Bau des Farbstoffes zu vermitteln.

---

[1]) P. KARRER und Mitarbeiter, Helv. chim. Acta *14*, 628 (1931).
[2]) R. WILLSTÄTTER und H. J. PAGE, A. *404*, 253 (1914).
[3]) J. M. HEILBRON und R. F. PHIPERS, Biochem. J. *29*, 1369 (1935).
[4]) P. KARRER und Mitarbeiter, Helv. chim. Acta *14*, 623 (1931).
[5]) R. KUHN und A. WINTERSTEIN, Ber. *64*, 326 (1931).

J. M. Heilbron und R. F. Phipers[1]) schlagen für Fucoxanthin folgende Formel vor:

$$
\begin{array}{l}
\text{CH}_3 \quad \text{CH}_3 \\
\backslash \quad / \\
\text{C} \qquad\qquad\qquad \text{CH}_3 \qquad\qquad \text{CH}_3 \qquad\qquad \text{CH}_3 \qquad\qquad \text{CH}_3 \\
| \qquad\qquad\qquad\quad | \qquad\qquad\qquad | \qquad\qquad\qquad | \qquad\qquad\qquad | \\
\text{CH}_2 \quad \text{CO·CH=CH·C=CHCH=CH·C=CHCH=CHCH=C·CH=CHCH=C·CH=CH·CO} \quad \text{CH}_2 \\
| \\
\text{HOCH} \quad \text{CH·OH} \qquad\qquad\qquad\qquad\qquad\qquad\qquad\qquad\qquad\qquad \text{HO·CH} \quad \text{HCOH} \\
\backslash \quad\quad / \qquad\qquad\qquad\qquad\qquad\qquad\qquad\qquad\qquad\qquad\qquad\quad \backslash \quad / \\
\text{CH}_2 \quad \text{CH}_3 \qquad\qquad\qquad \text{Fucoxanthin (?)} \qquad\qquad\qquad\qquad \text{CH}_3 \quad \text{CH}_2
\end{array}
$$

Es ist aber festzustellen, daß eine Verbindung dieser Art andere Eigenschaften als Fucoxanthin besitzen müßte. Das chromophore System dieser Substanz stimmt mit demjenigen des β-Carotinons (vgl. S. 144) überein, die optischen Schwerpunkte müßten also bedeutend längerwellig liegen. Ferner müßte ein Diketon dieser Art durch Zink und Eisessig zum Dihydroprodukt reduzierbar sein, wie dies bei β-Carotinon der Fall ist; Fucoxanthin zeigt dieses Verhalten aber nicht. Aus diesen Gründen kann die vorgeschlagene Formulierung des Pigmentes nicht zutreffen.

Eigenschaften

Kristallform: Aus Methanol kristallisiert Fucoxanthin in bläulichglänzenden, braunroten Prismen, die 3 Mol Methanol enthalten. Aus verdünntem Äthanol oder Aceton erhält man das Pigment in sechsseitigen, dunkelroten Tafeln mit 2 Mol Wasser. Lösungsmittelfrei kristallisiert der Farbstoff aus einem Gemisch von Äther und Petroläther (Nadeln).

Schmelzpunkt: 159,5–160,5° C (korr.) (R. Willstätter und H. J. Page[2])), 166–168° C (unkorr.)[3]).

Löslichkeit: Fucoxanthin ist in Äthanol leicht löslich, etwas weniger in Schwefelkohlenstoff, ziemlich schlecht löslich in Äther und ganz unlöslich in Petroläther. 100 g Methanol lösen in der Hitze 1,66 g Farbstoff.

Absorptionsmaxima: Fucoxanthin zeigt ein ähnliches Absorptionsspektrum wie Xanthophyll, nur sind die Banden verschwommener.

In CS$_2$ 510   477   445 mμ (unscharf)
In Chloroform   492   457   mμ in einer Schichtdicke von 2 mm[4])

Farbreaktionen: Schüttelt man eine ätherische Lösung des Fucoxanthins mit 25%iger, wäßriger Salzsäure, so färbt sich letztere tiefblau.

---

[1]) J. M. Heilbron und R. F. Phipers, Biochem. J. 29, 1369 (1935).
[2]) R. Willstätter und H. J. Page, A. 404, 253 (1914).
[3]) J. M. Heilbron und R. F. Phipers, Biochem. J. 29, 1369 (1935).
[4]) H. v. Euler, P. Karrer, E. Klussmann und R. Morf, Helv. chim. Acta 15, 502 (1932).

Lösungsfarben: Die Lösung des Fucoxanthins in Äther ist orangegelb, diejenige in Äthanol rotstichiger und jene in Schwefelkohlenstoff rot.

Optisches Verhalten: Nach P. KARRER und Mitarbeitern[1]) besitzt Fucoxanthin die spezifische Drehung von $[\alpha]_D^{18} = +72{,}5^0 \pm 9^0$ (in $CHCl_3$). J. M. HEILBRON und R. F. PHIPERS[2]) finden, daß der Farbstoff keine Drehung des polarisierten Lichtes aufweist.

Chromatographisches Verhalten: Über die chromatographische Adsorption des Fucoxanthins liegen fast keine Angaben vor[3]). Zwecks Aufklärung der Frage, ob der von verschiedenen Forschern untersuchte Farbstoff identisch war und nicht unter Umständen komplexe Zusammensetzung zeigte, wäre eine erneute eingehende Untersuchung des chromatographischen Verhaltens wünschenswert.

Nachweis und Bestimmung: Nach dem heutigen Stand der Fucoxanthinuntersuchungen kommt das Pigment hauptsächlich in Braunalgen vor. Seine Carotinoidbegleiter sind β-Carotin, Zeaxanthin und Xanthophyll, von denen es leicht mit Hilfe der Absorptionsmaxima und der Farbreaktion gegenüber Salzsäure unterschieden werden kann.

Chemisches Verhalten: Obwohl Fucoxanthin keine sauren Eigenschaften besitzt, verhält es sich gegen alkoholische Lauge nicht indifferent, denn methanolische Kalilauge vermag den Farbstoff viel schneller als Methanol allein zu lösen. Aus dieser Lösung kann durch Ansäuern kein Fucoxanthin regeneriert werden, sondern man erhält neue Stoffe, die nach J. M. HEILBRON und R. F. PHIPERS als Isofucoxanthine bezeichnet werden[2]). Über die Natur dieser Verbindungen lassen sich mit Sicherheit noch keine Aussagen machen. J. M. HEILBRON vermutet, daß Isofucoxanthine ihren Ursprung einer Aldolkondensation verdanken, doch ist diese Annahme nicht bewiesen. Isofucoxanthine zeigen eine gegenüber Fucoxanthin außerordentlich verstärkte Basizität. Schon 0,001%ige Salzsäure vermag einer ätherischen Lösung dieser neuen Pigmente diese mit blauer Farbe zu entziehen. Die Absorptionsmaxima der Isofucoxanthine sind gegenüber Fucoxanthin nach dem kürzerwelligen Spektralbereich verschoben.

Das Verhalten des Fucoxanthins gegenüber Salzsäure ist schon auf Seite 320 geschildert worden. R. WILLSTÄTTER und H. J. PAGE[4]) konnten zeigen, daß bei diesem Vorgang eine bestimmte Menge, und zwar 4 Mol, HCl aufgenommen werden. Die entstandene Verbindung besitzt die Formel $C_{40}H_{54}O_6$, 4 HCl.

---

[1]) P. KARRER und Mitarbeiter, Helv. chim. Acta *14*, 623 (1931).
[2]) J. M. HEILBRON und R. F. PHIPERS, Biochem. J. *29*, 1369 (1935).
[3]) M. TSWETT, Ber. dtsch. bot. Ges. *24*, 234 (1906). – J. M. HEILBRON und R. F. PHIPERS, Biochem. J. *29*, 1373 (1935).
[4]) R. WILLSTÄTTER und H. J. PAGE, A. *404*, 253 (1914).

An der Luft ist kristallisiertes Fucoxanthin relativ beständig. Während mehreren Wochen konnte keine Sauerstoffzunahme beobachtet werden, hingegen nimmt das Pigment aus der Luft Wasser auf und bildet verschiedene Hydrate.

Läßt man eine ätherische Lösung des Farbstoffs mit Jodzusatz stehen, so kristallisiert bald ein Tetrajodid des Fucoxanthins aus. Die Verbindung bildet violettschwarze, kurze, zugespitzte Prismen mit Kupferglanz. Smp. 134 bis 135⁰ C (korr., nach kurzem Sintern).

11. *Gazaniaxanthin*

Geschichtliches und Vorkommen

1938 K. Schön isoliert aus den Blüten von *Gazania rigens* ein neues Phytoxanthin, das Gazaniaxanthin[1]).

1943 L. Zechmeister und W. A. Schroeder[2]) stellen eine vorläufige Formel für Gazaniaxanthin auf.

Darstellung[2])

1 kg Blütenblätter von *Gazania rigens* wurden bei 40–50⁰ C getrocknet und bei Raumtemperatur mit Petroläther extrahiert. Nach der Verseifung mit methanolischer Kalilauge wurde das Farbstoffgemisch aus petrolätherischer Lösung an Calciumhydroxyd chromatographiert. Je nach dem Alter der Blüten schwankte die Ausbeute an Gazaniaxanthin zwischen 380 und 620 mg.

Chemische Konstitution

Gazaniaxanthin(?)

Nach K. Schön[1]) kommt dem Phytoxanthin die Bruttoformel $C_{40}H_{54}O$ oder $C_{40}H_{56}O$ zu. Der Sauerstoff liegt als Hydroxyl vor, was durch die Zerewitinoff-Bestimmung und die Herstellung eines Acetates bewiesen wurde. Bei der katalytischen Hydrierung nimmt Gazaniaxanthin 11 Mol Wasserstoff auf[2]). Die Bruttoformel wurde von L. Zechmeister und W. A. Schroeder[2]) als $C_{40}H_{58}O$ angegeben, und beim Ozonabbau erhielten sie 0,85 Mol Aceton. Auf Grund dieser Befunde stellten L. Zechmeister und W. A. Schroeder die oben wiedergegebene Formel für Gazaniaxanthin auf. Abgesehen von der Un-

---

[1]) K. Schön, Biochem. J. *32*, 1566 (1938).
[2]) L. Zechmeister und W. A. Schroeder, Am. Soc. *65*, 1535 (1943).

sicherheit, welche der Stellung der Hydroxylgruppe noch anhaftet, steht die Formel für Gazaniaxanthin in teilweisem Widerspruch mit den experimentellen Befunden. So spricht das Absorptionsspektrum von 531, 494,5 mμ (in CS_2) eher für das Vorliegen von 11 konjugierten und 1 isolierten Doppelbindung. (11 konjugierte Doppelbindungen bewirken ein Absorptionsmaximum bei 520 mμ, wie dies bei β-Carotin der Fall ist). Nach allen bisherigen Beobachtungen aus der Carotinoidreihe entsteht aus einer Isopropylidengruppierung $(CH_3)_2C = C\ldots$ beim Ozonabbau Aceton. Es ist nicht ganz leicht verständlich, weshalb auch die Gruppe $(CH_3)_2CH-CH_2\ldots$ bei der Ozonisierung fast ein Mol (0,85) Aceton ergeben sollte. (L. ZECHMEISTER und W. A. SCHROEDER[1]) führen als analogen Fall das Thymol an, welches beim Ozonabbau 0,3 Mol Aceton liefert.) Die Aufklärung der Konstitution des Gazaniaxanthins wird weitere experimentelle Untersuchungen erfordern.

Eigenschaften

Gazaniaxanthin kristallisiert aus einem Gemisch von Benzol und Methanol in glänzenden roten Plättchen, welche bei 133–134°C schmelzen[1]). In der Chromatogrammsäule $(Ca(OH)_2)$ liegt es unterhalb Rubixanthin und oberhalb Kryptoxanthin. Bei der Verteilungsprobe verhält es sich gleich wie alle Phytoxanthine mit einer Hydroxylgruppe.

Absorptionsmaxima in:

CS_2	531	494,5	461	mμ
Benzol	509	476	447,5	mμ
Petroläther	494,5	462,5	434,5	mμ
Äthanol	494,5	462	434,5	mμ

Nach Versuchen von L. ZECHMEISTER und W. A. SCHROEDER[1]) besitzt Gazaniaxanthin keine Vitamin-A-Wirkung, woraus der Schluß gezogen wird, daß das Hydroxyl am β-Iononring haftet.

Gazaniaxanthin-mono-acetat:

Entsteht beim Behandeln von Gazaniaxanthin in Pyridin mit Essigsäureanhydrid. Dicke Nadeln (aus Benzol und Methanol). F: 83–85°C. Aus einem Gemisch von Petroläther und Methanol kristallisiert das Acetat in gebogenen Nadeln. Das spektrale Verhalten stimmt mit demjenigen des Gazaniaxanthins überein.

Cis-trans-Isomere

Gazaniaxanthin wurde von L. ZECHMEISTER und W. A. SCHROEDER[1]) mittelst der üblichen Eingriffe (S. 46) in ein kompliziertes Gemisch von Isomeren umgelagert. Diese Verbindungen konnten aber bisher nicht in kristallinem Zustande gefaßt und näher untersucht werden.

---

[1]) L. ZECHMEISTER und W. A. SCHROEDER, Am. Soc. *65*, 1535 (1943).

12. *Celaxanthin* $C_{40}H_{56}O^{1}$)

Geschichtliches und Vorkommen

A. L. LE ROSEN und L. ZECHMEISTER[2]) fanden bei der Untersuchung der roten Beeren von *Celastrus scandens* neben β-Carotin, Kryptoxanthin, Zeaxanthin, Rubixanthin(?) und 2 unbekannten, in sehr geringer Menge anwesenden Pigmenten, ein neues Phytoxanthin, für das sie die Bezeichnung Celaxanthin vorschlagen. Der neue Farbstoff zeigt weitgehende Übereinstimmung im spektralen Verhalten mit Rhodoviolascin (S. 304) und Torulin (S. 340), so daß auf nahe Verwandtschaft dieser drei Pigmente geschlossen werden kann.

Darstellung[2])

Das lufttrockene, intensiv rot gefärbte Fleisch von *Celastrus*-Beeren (230 g) wurde kurze Zeit auf der Schüttelmaschine mit einem Gemisch von Petroläther und Methanol (8:1,5) extrahiert, anschließend bei 40° C getrocknet, fein gemahlen und mit frischem Lösungsmittelgemisch gleicher Zusammensetzung erschöpfend ausgezogen. Man führte die Farbstoffe der vereinigten Extrakte in Petroläther über, wusch diese Lösung methanolfrei, trocknete sie über Natriumsulfat und chromatographierte die Pigmente an Calciumhydroxyd. Zur Entwicklung des Chromatogramms diente entweder Benzol oder Benzol-Aceton-Gemisch. Celaxanthinester befanden sich in der zweitobersten Schicht der Säule, unterhalb eines Phytoxanthins mit sehr langwelligen Absorptionsmaxima (in CS_2: 587, 547,5 mμ). Die Celaxanthinzone wurde empirisch in 2 Schichten geteilt und die Farbstoffe, jeder für sich, erneut chromatographiert. Anschließend eluierte man mit Benzol-Methanol-Gemisch (3:1), verdampfte das Lösungsmittel und fällte den Farbstoff aus petrolätherischer Lösung mit Methanol. Der auf diese Weise erhaltene Celaxanthinester wurde mit methanolischer Kalilauge bei Raumtemperatur verseift, die Reaktionslösung wie üblich aufgearbeitet, der gewonnene Farbstoff zur Reinigung aus wenig Benzol an eine Calciumhydroxydsäule adsorbiert und mit einem Gemisch von Petroläther und Aceton (10:1) gewaschen. Nach Elution und Abdestillieren des Lösungsmittels kristallisierte man das Celaxanthin aus einem Gemisch von Schwefelkohlenstoff (oder Benzol) und Äthanol um.

Chemische Konstitution

Celaxanthin (?)

---

[1]) Oder $C_{40}H_{54}O$.
[2]) A. L. LE ROSEN und L. ZECHMEISTER, Arch. Biochem. *1*, 17 (1943).

Die Ergebnisse der Elementaranalyse sprechen für eine Bruttoformel $C_{40}H_{54}O$ oder $C_{40}H_{56}O$. Der Sauerstoff liegt als Hydroxyl vor, was durch das Vorliegen eines natürlichen Celaxanthinesters bewiesen wird. Da der Farbstoff keine Enolisierung zeigt, ist die Gruppierung $=C(OH)$ auszuschließen. Beim Ozonabbau erhielten A. L. LE ROSEN und L. ZECHMEISTER 0,55 Mol Aceton pro 1 Mol Pigment (nach Abzug des blinden Wertes), was für die Anwesenheit einer Isopropylidengruppierung spricht. Und schließlich zeigt das langwellige Absorptionsspektrum das Vorliegen von 13 konjugierten Doppelbindungen an. Die Stellung der Hydroxylgruppe ist nicht gesichert; sie wurde aus Analogiegründen am C-Atom 3' angenommen.

Diese Ergebnisse der Konstitutionsaufklärung stehen in Übereinstimmung mit der vorgeschlagenen Formel des Celaxanthins, schließen jedoch andere Strukturmöglichkeiten nicht aus.

Eigenschaften

Kristallform: Celaxanthin kristallisiert aus Petroläther und Äthanol in langen Nadeln, welche zu Rosetten oder Büscheln vereinigt sind. Makroskopisch bildet der Farbstoff ein dunkelrotes Kristallpulver, das mit Lycopin gewisse Ähnlichkeit besitzt.

Schmelzpunkt: 209–210⁰ C (korr. im Berl-Block, in einem geschlossenen, mit CO_2 gefüllten Röhrchen). Eine andere Farbstoffprobe schmolz bei 204 bis 205⁰ C.

Löslichkeit: In Schwefelkohlenstoff oder Benzol ist Celaxanthin bei Raumtemperatur mäßig löslich, nur wenig löst es sich in Petroläther und ist in Methanol oder Äthylalkohol praktisch unlöslich.

Verteilungsprobe: Bei der Verteilung zwischen Petroläther und 85%igem Methanol verhält sich der Farbstoff rein epiphasisch; ist das Methanol 95%ig, so wird auch die untere Schicht angefärbt.

Optische Aktivität konnte infolge der Farbintensität nicht ermittelt werden.

Absorptionsmaxima in:

CS₂	562	521	487	455 mμ
Äthanol	520,5	488	455	mμ
Petroläther	520	486,5	456	(429) mμ

Chromatographisches Verhalten: Celaxanthin haftet aus Petroläther oder Petroläther-Aceton-Gemisch an Calciumhydroxyd sehr gut. Auch Benzol oder Benzol-Aceton-Gemisch kann für dasselbe Adsorbens verwendet werden. Die Elution des Farbstoffes erfolgt leicht durch Zugabe von wenig Methanol zu einem der oben erwähnten Lösungsmittel.

Cis-trans-Isomere

A. L. LE ROSEN und L. ZECHMEISTER haben festgestellt, daß Celaxanthin in gleicher Weise wie Torulin (vgl. S. 339) durch Wärme reversibel isomerisiert wird. Die Autoren machen hiefür cis-trans-Umlagerungen verantwortlich und unterscheiden drei Neocelaxanthine[1]:

		Absorptionsmaxima in Petroläther			
Neocelaxanthin A	. . . . .	534	497	464	(433,5) mμ
Neocelaxanthin B	. . . . .	530	493,5	460	(431,5) mμ
Neocelaxanthin C	. . . . .	536	496,5	461	(432) mμ

Neotoruline, welche von A. L. LE ROSEN und L. ZECHMEISTER ebenfalls hergestellt worden sind, zeigen ähnliches spektrales Verhalten wie die Neocelaxanthine, lassen sich aber von diesen im Calciumhydroxydchromatogramm leicht trennen. (Dasselbe Verhalten zeigen auch die beiden natürlichen Pigmente.)

13. *Petaloxanthin* $C_{40}H_{56}O_3$[2])

Geschichtliches und Vorkommen

L. ZECHMEISTER, T. BÉRES und E. UJHELYI[3] fanden in den Blüten von *Cucurbita Pepo*, die schon 1914 von G. MICHAUD und J. F. TRISTAN[4] auf Carotinoide untersucht worden waren, ein neues Phytoxanthin, für das sie die Bezeichnung Petaloxanthin vorschlagen. (Die naheliegende Bezeichnung Cucurbitaxanthin konnte nicht verwendet werden, da H. SUGINOME und K. UENO diesen Namen für Lutein aus *Cucurbita maxima* Duch. verwendet haben[5]).) Der neue Farbstoff wurde außer in den Kürbisblüten bisher nirgends gefunden.

Darstellung[3]

1 kg Drogenmehl (aus männlichen Kürbisblüten) wird in der Kälte mit Äther erschöpfend ausgezogen, das Lösungsmittel der vereinigten Extrakte abdestilliert und der Rückstand bei Raumtemperatur mit methanolischer Kalilauge verseift. Anschließend überschichtet man das Verseifungsgemisch mit Petroläther und trennt die Farbstoffe durch Zusatz von wenig Wasser in eine epiphasische und eine hypophasische Fraktion. Die Pigmente der letzteren werden in Äther übergeführt, diese Lösung gewaschen und getrocknet und das Lösungsmittel verdampft. Den Rückstand nimmt man in wenig Schwefelkohlenstoff auf, wobei ein Teil ungelöst bleibt. Diese schwerer lösliche Fraktion löst man in mehr Schwefelkohlenstoff, kühlt diese Lösung etwas ab, wobei farblose Begleitstoffe ausfallen, und chromatographiert die Mutterlaugen zweimal an Calciumcarbonat. Nach

---

[1]) Keines dieser Umwandlungsprodukte wurde in kristallinem Zustande erhalten.

[2]) Für Petaloxanthin kommt auch die um 2 Wasserstoffatome reichere Formel $C_{40}H_{58}O_3$ in Frage.

[3]) L. ZECHMEISTER, T. BÉRES und E. UJHELYI, Ber. *69*, 573 (1936). – Vgl. auch Ber. *68*, 1321 (1935).

[4]) G. MICHAUD und J. F. TRISTAN, Arch. Sci. phys. nat. Genève *37*, 47 (1914).

[5]) H. SUGINOME und K. UENO, Bull. Soc. chem. Jap. *6*, 221 (1931).

Elution des Petaloxanthins mit methanolhaltigem Äther kristallisiert man es aus einem Gemisch von Schwefelkohlenstoff und Petroläther um. Aus 1 kg Blütenmehl gewinnt man auf diese Weise 20 mg Farbstoff.

Chemische Konstitution

Über den Bau des Petaloxanthins weiß man bis jetzt sehr wenig. Die Bruttoformel $C_{40}H_{56}O_3$ oder $C_{40}H_{58}O_3$, das Absorptionsspektrum (in CS_2: 514,5 481 mμ), das chromatographische Verhalten, die Blaufärbung mit konzentrierter Salzsäure und der Schmelzpunkt sprechen für eine nahe Verwandtschaft oder Identität des Petaloxanthins mit Antheraxanthin (vgl. S. 195), doch ließen sich beide Pigmente im Mischchromatogramm trennen, wobei sich der letztere Farbstoff in der oberen Zone befand. Diese Verhältnisse erinnern an das Isomerenpaar Flavoxanthin und Chrysanthemaxanthin, die auch weitgehend übereinstimmende Eigenschaften haben, sich aber im Zinkcarbonat-Chromatogramm trennen lassen und sich in der Reaktion mit Salzsäure unterscheiden, indem nur Flavoxanthin eine Blaufärbung gibt (vgl. S. 215). (Die Blaufärbung des Petaloxanthins, welche beim Schütteln seiner ätherischen Lösung mit konzentrierter, wäßriger Salzsäure entsteht, ist schwächer als diejenige des Antheraxanthins.)

Eine erneute, vergleichende Prüfung des Petaloxanthins erscheint aus diesem Grund wünschenswert.

Die Funktion seiner drei Sauerstoffatome ist ebenfalls noch unbekannt; aus der guten Haftfähigkeit des Farbstoffes an Calciumcarbonat kann man jedoch schließen, daß 2 Hydroxylgruppen vorhanden sind. Drei Hydroxyle sind mit großer Wahrscheinlichkeit auszuschließen, denn eine solche Verbindung müßte größere Haftfähigkeit besitzen als Antheraxanthin (2 OH-Gruppen und eine Epoxydgruppe), was aber nicht der Fall ist.

Eigenschaften

Kristallform: Aus einem Gemisch von Schwefelkohlenstoff und Petroläther kristallisiert der Farbstoff in langen Spießen, die einseitig schräg abgeschnitten sind. Aus Äthanol erhält man seidenartig glänzende, hellgelbe, feine Täfelchen, die unter dem Mikroskop wie dünne, längliche Vierecke von strohgelber Farbe aussehen (Mikrophotographie befindet sich in der Mitteilung von L. ZECHMEISTER und Mitarbeitern)[1].

Löslichkeit: Petaloxanthin löst sich nur mäßig in Schwefelkohlenstoff, recht gut in Benzol, spärlich in kaltem Äthanol (besser in der Siedehitze) und ist in Petroläther oder Benzin fast unlöslich.

Schmelzpunkt: 211–212° C (korr. im Ölbad), 202° C (im Berl-Block mit einem abgekürzten Thermometer).

---

[1] L. ZECHMEISTER und Mitarbeiter, Ber. *69*, 573 (1936).

Absorptionsmaxima in:

CS$_2$.	514,5	481 mμ
Chloroform	492	460,5 mμ
Benzol	494	460,5 mμ
Äthanol	483	451,5 mμ

Optische Aktivität: Es liegen keine diesbezüglichen Angaben vor.

Verteilungsprobe: Petaloxanthin ist rein hypophasisch.

Chromatographisches Verhalten: An Calciumcarbonat (aus Schwefelkohlenstoff) oder an Calciumhydroxyd (aus Benzol) haftet der Farbstoff gut und befindet sich im Rohr unterhalb des Antheraxanthins, aber oberhalb des Zeaxanthins.

Farbreaktionen: Beim Schütteln einer ätherischen Lösung des Petaloxanthins mit 37%iger, wäßriger Salzsäure tritt nur mäßige Blaufärbung auf, die später nach Violettstichigblau umschlägt.

Nachweis und Bestimmung: Die Trennung des Petaloxanthins von anderen Phytoxanthinen geschieht mittelst Adsorption an Calciumcarbonat oder Calciumhydroxyd, sein Nachweis durch Bestimmung der Absorptionsmaxima und durch die Salzsäurereaktion.

Tabelle 53

Vergleich einiger Eigenschaften von Petaloxanthin und Antheraxanthin

	Petaloxanthin	Antheraxanthin
Bruttoformel	$C_{40}H_{56}O_3$[1])	$C_{40}H_{56}O_3$
Anzahl der OH . . .	wahrscheinlich 2	2
Anzahl der Doppelbindungen	?	10, alle konjugiert
Schmelzpunkt . . .	202^0 C (unkorr.)[2])	205^0 C (unkorr.)
Mischschmelzpunkt .	198^0 C (unkorr.)[2])	
Lage im Chromatogramm	unten	oben
Blaufärbung mit konzentrierter HCl . . .	mäßig blau, bald nach violettstichigblau umschlagend	blau, bald verblassend
Absorptionsmaxima in CS$_2$	514,5 481 mμ	510 475 mμ
Absorptionsmaxima in C$_2$H$_5$OH	483 451,5 mμ	479 449 mμ

[1]) Es kommt evtl. noch die Formel $C_{40}H_{58}O_3$ in Frage.

[2]) Der Schmelzpunkt wurde im Berl-Block mit einem abgekürzten Thermometer bestimmt.

14. *Sarcinin und Sarcinaxanthin*

E. CHARGAFF und J. DIERYCK[1]) sowie E. CHARGAFF[2]) untersuchten die Farbstoffe von *Sarcina lutea* und isolierten daraus ein neues Carotinoid, das sie mit dem Namen Sarcinin belegten. Die Konstitution dieses Pigmentes ist noch vollständig unerforscht. Vielleicht handelt es sich um einen Kohlenwasserstoff, die isolierte Menge war jedoch so gering, daß keine eindeutigen Angaben gemacht werden konnten. In Petroläther absorbiert Sarcinin bei 469, 440 und (415) mμ. Neben Sarcinin kommt in *Sarcina lutea* ein – ebenfalls neues – Phytoxanthin vor, das die gleichen optischen Eigenschaften wie das erstere zeigt.

1936 isolierte T. NAKAMURA[3]) aus *Sarcina lutea* ein gelbes Carotinoid, das er für einen Phytoxanthinester hält. In Schwefelkohlenstoff absorbiert dieser Farbstoff bei: 490, 460 und 433 mμ. Offenbar handelt es sich *nicht* um das hypophasische Pigment von E. CHARGAFF, denn dieses besitzt ein längerwelliges Absorptionsspektrum.

In neuester Zeit haben YOSHIHARU TAKEDA und TATUO OHTA[4]) die Pigmente der *Sarcina lutea* erneut bearbeitet und berichten über die Isolierung eines neuen Carotinoids, das sie Sarcinaxanthin nennen. Aus 385 g getrockneten Bakterien konnte man 3,4 mg Sarcinaxanthin gewinnen, das aus Benzol-Benzin-Gemisch in am Rande feinstacheligen Sphäroiden von mennigroter Farbe kristallisiert. Smp. 149–150° C (im Mikroschmelzpunktapparat nach KOFLER-HILBCK). Bei der Verteilung zwischen Petroläther und Methanol verhält sich Sarcinaxanthin wie ein Phytoxanthin mit einer Hydroxylgruppe. Aus Benzinlösung haftet es an Aluminiumoxyd ziemlich stark und läßt sich mit äthanolhaltigem Benzin nur schwer eluieren.

Absorptionsmaxima in:

CS$_2$.	499	466,5	436 mμ
Chloroform	480	451	423 mμ
Benzin	469	440	(415) mμ
Benzol	481	451	424 mμ
Äthanol	469,5	441	(415) mμ

Es scheint, daß Sarcinaxanthin mit dem hypophasischen Carotinoid, über welches E. CHARGAFF berichtet[1])[2]) – ohne es indessen isoliert zu haben – identisch ist.

---

[1]) E. CHARGAFF und J. DIERYCK, Naturw. *20*, 872 (1932).

[2]) E. CHARGAFF, C. r. *197*, 946 (1933).

[3]) T. NAKAMURA, Bull. chem. Soc. Japan *11*, 176 (1936).

[4]) YOSHIHARU TAKEDA und TATUO OHTA, H. *268*, I–II (1941).

15. *Taraxanthin* $C_{40}H_{56}O_4$

Geschichtliches und Vorkommen

R. Kuhn und E. Lederer[1]) fanden bei der Untersuchung der Carotinoide aus Blüten von *Taraxacum officinale* (Löwenzahn) ein neues Pigment, welches sie Taraxanthin nannten. Spätere Untersuchungen von P. Karrer und J. Rutschmann[2]), die sich ebenfalls mit Farbstoffen der Löwenzahnblüten befaßten, zeigten, daß Taraxanthinbildung offenbar an örtliche und klimatische Einflüsse gebunden ist, denn die von den letztgenannten Autoren untersuchten Blüten enthielten den Farbstoff nicht.

In der Literatur findet man zahlreiche Angaben über Vorkommen des Taraxanthins, doch kommt der Farbstoff nirgends in größerer Konzentration vor, so daß seine Gewinnung relativ mühsam ist.

Tabelle 54

Vorkommen von Taraxanthin[3])

Blüten: Ausgangsmaterial	Literaturangaben
Taraxacum officinale . .	R. Kuhn und E. Lederer, H. *200*, 108 (1931).
Ranunculus acer	R. Kuhn und H. Brockmann, H. *213*, 192 (1932). – P. Karrer, E. Jucker, J. Rutschmann und K. Steinlin, Helv. chim. Acta *28*, 1146 (1945).
Tussilago Farfara . . .	P. Karrer und R. Morf, Helv. chim. Acta *15*, 863 (1932).
Helianthus annuus . . .	L. Zechmeister und P. Tuzson, Ber. *67*, 170 (1934).
Impatiens noli tangere .	R. Kuhn und E. Lederer, H. *213*, 188 (1932).
Leontodon autumnalis . .	do.
Ulex europaeus	K. Schön, Biochem. J. *30*, 1960 (1936).
Hagebutten von:	
Rosa canina	R. Kuhn und Ch. Grundmann, Ber. *67*, 339, 1133 (1934).
Rosa rubiginosa	do.
Rosa damascena Mill. . .	do.
Algen:	
Oedogonium	J. M. Heilbron, E. G. Parry und R. F. Phipers, Biochem. J. *29*, 1376 (1935).
Cladophora Sauteri . . .	do.
Nitella opaca	do.
Rhodymenia palmata . .	do.
Leber des Seeteufels (*Lophius piscatorius*) . .	N. A. Sörensen, C. *1934*, II, 682. – J. M. Heilbron und Mitarbeiter, Biochem. J. *29*, 1379 (1935).

---

[1]) R. Kuhn und E. Lederer, H. *200*, 108 (1931).

[2]) P. Karrer und J. Rutschmann, Helv. chim. Acta *25*, 1144 (1942).

[3]) Nach E. Lederer, Bull. Soc. Chim. biol. *20*, 554 (1938), sollen verschiedene Fische in der Haut Taraxanthin enthalten, doch bedürfen diese Angaben weiterer Bestätigung.

Darstellung[1])

Die getrockneten und feingemahlenen Löwenzahnblüten werden mit einem Gemisch von Aceton und Petroläther (1:1) bei Raumtemperatur extrahiert, die Farbstoffe durch Wasserzusatz in die Petrolätherschicht übergeführt und mit äthanolischer Kalilauge verseift.

Die freien Phytoxanthine nimmt man in Methanol auf, überschichtet diese Lösung mit Petroläther und fällt die Pigmente durch sehr vorsichtigen Wasserzusatz aus. Um die Farbstoffe zum Teil von den farblosen Begleitstoffen zu befreien, kristallisiert man sie aus Methanol um. Auf diese Art gewinnt man aus 15 000 Löwenzahnblüten (ohne Kelche) etwa 400 mg ziemlich reine Phytoxanthine. Die Trennung geschieht durch chromatographische Adsorption an Calciumcarbonat aus Benzol-Benzin-Gemisch. Taraxanthin haftet im obersten Teil der Röhre und kann durch Elution mit Äther-Methanol-Gemisch herausgelöst werden. Zur Reinigung fällt man Taraxanthin aus Methanol (unter Petroläther) mit Wasser aus und kristallisiert es aus Methanol um. Aus 200 mg Phytoxanthingemisch erhielt man etwa 40 mg Taraxanthin.

Einfacher ist die Isolierung des Taraxanthins aus Springkraut[2]). Getrocknete und feingemahlene Blüten werden mit Petroläther bei Raumtemperatur extrahiert, die Phytoxanthinester mit äthanolischer Kalilauge verseift, die Farbstoffe in eine epiphasische und eine hypophasische Fraktion getrennt und aus der letzteren nach Überschichten mit Petroläther die freien Phytoxanthine durch Wasser ausgefällt. Der so erhaltene Farbstoff wurde erneut in Methanol gelöst, mit Wasser gefällt und anschließend aus Methanol umkristallisiert. Auf diese Weise erhielt man aus 500 Springkrautblüten 4 mg reines Taraxanthin.

Chemische Konstitution

Die Konstitution des Taraxanthins ist noch unbekannt. Die Bruttoformel $C_{40}H_{56}O_4$ zeigt, daß der Farbstoff mit Violaxanthin (vgl. S. 196) isomer ist. Das übereinstimmende spektrale Verhalten beider Pigmente deutet auf ein ähnliches chromophores System hin. Bei der Zerewitinoffbestimmung erhielten R. KUHN und E. LEDERER[1]) Werte, die auf 3–4 aktive Wasserstoffatome schließen lassen. Bei der katalytischen Hydrierung nimmt Taraxanthin 11 Mol Wasserstoff auf, und die Zusammensetzung der Perhydroverbindung zeigt das Vorliegen von 2 Ringen in der Farbstoffmolekel an.

Eigenschaften

Kristallform: Taraxanthin kristallisiert aus Methanol in kupferglänzenden, feinen Prismen oder Tafeln.

Schmelzpunkt: 185–186⁰ C (unkorr.)[3]), 184–185⁰ C (korr.)[4]).

[1]) R. KUHN und E. LEDERER, H. *200*, 108 (1931).
[2]) R. KUHN und E. LEDERER, H. *213*, 188 (1932).
[3]) K. SCHÖN, Biochem. J. *30*, 1960 (1936).
[4]) R. KUHN und H. BROCKMANN, H. *206*, 41 (1932).

Löslichkeit: Das Pigment löst sich gut in Benzol, Äther, Äthanol und Methanol. Unlöslich ist es in Petroläther.

Absorptionsmaxima in[1]):

CS_2.	501	469	441 mμ
Benzin	472	443	mμ

Optische Aktivität: $[\alpha]_{643,8}^{22} = +200^0$ (Essigester).

Verteilungsprobe: Taraxanthin verhält sich rein hypophasisch.

Chromatographisches Verhalten: Der Farbstoff haftet aus benzolischer Lösung gut an Zinkcarbonat (vgl. die Mitteilung von R. KUHN und H. BROCKMANN[2])).

Farbreaktionen: Im Gegensatz zu Violaxanthin tritt beim Schütteln einer ätherischen Lösung des Taraxanthins mit konzentrierter, wäßriger Salzsäure keine Blaufärbung auf.

Nachweis und Bestimmung: Die Trennung des Taraxanthins von anderen Phytoxanthinen geschieht durch Adsorption aus Benzol an Zinkcarbonat, sein Nachweis durch Bestimmung der Absorptionsmaxima und durch den negativen Ausfall der Salzsäurereaktion.

Über die kolorimetrische Bestimmung geben die Untersuchungen von R. KUHN und H. BROCKMANN Aufschluß[2]).

Cis-trans-Isomere des Taraxanthins

L. ZECHMEISTER und P. TUZSON[3]) haben das Verhalten von Taraxanthin gegenüber Jod untersucht und stellen fest, daß im Chromatogramm der Reaktionsprodukte mehrere Zonen auftreten, die nach der Ansicht der Autoren cis-trans-Isomere des natürlichen Taraxanthins darstellen.

Es werden auf diese Weise drei Neotaraxanthine unterschieden, die durch ihre Absorptionsspektren (in CS_2) charakterisiert sind:

Neotaraxanthin A	494,5	464	434 mμ
Neotaraxanthin B	497	470,5	443 mμ
Neotaraxanthin C	480	449	mμ
Taraxanthin (natürlich)	501	469	440 mμ

Keiner dieser Farbstoffe wurde bisher in kristallinem Zustand erhalten.

---

[1]) Angaben über die quantitative Extinktionsmessung machen K. W. HAUSSER und A. SMAKULA, Z. angew. Chem. *47*, 663 (1934); *48*, 152 (1935). – K. W. HAUSSER, Z. techn. Phys. *15*, 13 (1934).

[2]) R. KUHN und H. BROCKMANN, H. *206*, 41 (1932).

[3]) L. ZECHMEISTER und P. TUZSON, Ber. *72*, 1340 (1939).

16. *Eschscholtzxanthin*

Bei der Untersuchung der Blütenfarbstoffe von *Eschscholtzia californica* fand H. H. STRAIN[1]) ein bisher unbekanntes Carotinoid, für welches er die Bezeichnung Eschscholtzxanthin vorschlägt.

Zur Isolierung des Farbstoffes werden die Blüten bei 45–47⁰ C getrocknet, anschließend fein gemahlen und mit Petroläther extrahiert. Nach dem Einengen des Extraktes schließt man eine Verseifung mit methanolischer Kalilauge an, trennt die Pigmente in eine epiphasische und eine hypophasische Fraktion und führt letztere in Äther über. Diese Lösung engt man im Vakuum stark ein und kühlt sie ab, worauf eine größere Menge Eschscholtzxanthin (aus 1,15 kg getrockneter Blüten etwa 4 g Rohprodukt) auskristallisiert. Der Farbstoff wird durch mehrmalige Umkristallisation aus Aceton oder mittelst chromatographischer Adsorption gereinigt. (Beide Methoden führen zu gleich reinem Produkt.)

Die Konstitutionsaufklärung des Eschscholtzxanthins steckt noch im Anfangsstadium. Die Bruttoformel ist $C_{40}H_{54}O_2$ ($\pm H_2$)[2]). Die beiden Sauerstoffatome liegen als Hydroxyle vor. Bei der Mikrohydrierung nimmt der Farbstoff 12 Mol Wasserstoff auf; aus dem langwelligen Absorptionsspektrum kann geschlossen werden, daß die 12 Doppelbindungen in Konjugation liegen.

Eschscholtzxanthin ist an der Luft außerordentlich unbeständig. Die Sauerstoffaufnahme ist in verschiedenen organischen Lösungsmitteln verschieden groß und wird im Gegensatz zu Lycopin durch Hämin[3]) nicht beschleunigt. Setzt man Eschscholtzxanthinlösungen der Wärmeeinwirkung aus, so zeigt sich eine Verschiebung der Absorptionsbanden.

Smp. 185–186⁰ C (korr. Berl-Block).

$[\alpha]_{6678}^{18} = +225^0 \pm 12^0$ (in Chloroform).

Absorptionsmaxima in:

CS$_2$	536	502	475 mμ
Benzol	516	485	458 mμ
Chloroform	513	484	456 mμ
Äthanol	503	472	446 mμ
Pyridin	521	489	463 mμ

Beim Zufügen von konzentrierter Schwefelsäure zu einer Chloroformlösung des Farbstoffes färbt sich die Flüssigkeit blau. Konzentrierte Salzsäure bewirkt keine Blaufärbung.

Eschscholtzxanthin kann an Magnesiumcarbonat oder Calciumcarbonat aus Schwefelkohlenstoff- oder Benzollösung chromatographiert werden, wobei es

---

[1]) H. H. STRAIN, J. biol. Chem. *123*, 425 (1938).

[2]) Die Ergebnisse der Elementaranalyse stimmen besser auf die Formel $C_{40}H_{56}O_2$ als auf $C_{40}H_{54}O_2$, doch sind die Unterschiede zu gering, um eine eindeutige Entscheidung treffen zu können.

[3]) Vgl. W. FRANKE, H. *212*, 234 (1932).

oberhalb des Zeaxanthins, aber unterhalb des Capsanthins haftet. Im Zusammenhang mit den oben mitgeteilten Ergebnissen der Konstitutionsaufklärung wäre man versucht, an ein Dihydroxy-γ-carotin zu denken; alle Eigenschaften des Eschscholtzxanthins würden mit dieser Annahme harmonieren.

Ester des Eschscholtzxanthins

1. *Diacetat:*   Smp. bei 200–240⁰ C findet Zersetzung statt.

                           $[\alpha]_{6678}^{20}$: $+132^0$ (in Chloroform).

2. *Dipalmitat:*   Smp. 100–110⁰ C.

3. *Dibenzoat:*   Smp. 133⁰ C. $[\alpha]_{6678}^{20} = -142^0$.

4. *Di-p-nitro-benzoat:*   Smp. 260⁰ C. $[\alpha]_{6678}^{20} = -234^0$.

5. *Dioleat:*   Konnte nicht in kristallinem Zustand erhalten werden.

17. *Echinenon*

Bei der Untersuchung der Pigmente aus Seeigel (*Strongylocentrotus lividus*[1])) konnte E. LEDERER[2]) ein neues Carotinoid, Echinenon, isolieren.

Zur Darstellung des Echinenons werden Geschlechtsdrüsen von Seeigeln mit Sand verrieben und bei Raumtemperatur mit Aceton ausgezogen. Diese Auszüge vereinigt man mit denjenigen aus den Rückenschildern der Tiere und engt sie im Vakuum ein. Anschließend versetzt man den wäßrig-acetonischen Rückstand mit Wasser und extrahiert daraus die Farbstoffe zuerst mit Petroläther und dann mit Benzol. Aus der petrolätherischen Lösung gewinnt man vor allem die Polyenkohlenwasserstoffe, während der benzolische Auszug namentlich Phytoxanthine enthält und auf Pentaxanthin (S. 336) aufgearbeitet wird. Die Petrolätherlösung wird mit 90%igem Methanol ausgeschüttelt und die Phytoxanthine, welche dabei in Lösung gehen, mit der Benzollösung aufgearbeitet.

Um das Echinenon zu isolieren, wäscht man den petrolätherischen Auszug mit Wasser und verseift ihn anschließend mit methanolischer Kalilauge. Nach der üblichen Aufarbeitung und dem Ausfrieren der Sterine adsorbiert man die Farbstoffe aus Petroläther an eine Säule von Calciumcarbonat, trennt die Echinenonfraktion ab und chromatographiert sie an Aluminiumoxyd, wobei aus dem unteren Teil des Chromatogramms α- und β-Carotin isoliert werden. Die im oberen Teil der Säule haftende Echinenonfraktion ist noch nicht homogen, so daß der Farbstoff wiederholt an Aluminiumoxyd und an Calciumcarbonat chromatographiert werden muß. Schließlich kristallisiert man ihn aus Benzol-Methanol-Gemisch um. Aus 400 Seeigeln konnten auf diese Weise etwa 4 mg Echinenon gewonnen werden.

---

[1]) In seiner ersten Mitteilung über Echinenon bezeichnete E. LEDERER, C. r. *201*, 300 (1935), den Seeigel irrtümlicherweise als *Echinus esculentus*, worauf er in seinem 2. Bericht (vgl. E. LEDERER[2])) aufmerksam macht.

[2]) E. LEDERER, «Recherches sur les Caroténoides des Animaux...», Thèse, Paris 1938, S. 40.

Über die chemische Konstitution lassen sich verschiedene Angaben machen; die Struktur[1]) des Farbstoffes ist jedoch noch nicht aufgeklärt. Die Elementaranalyse des Echinenons ergab die Bruttoformel $C_{40}H_{58}O$ ($\pm H_2$). Es entfaltet bei Ratten starke Vitamin-A-Wirkung, woraus auf einen unsubstituierten β-Iononring geschlossen werden darf. Das einbandige (?) Spektrum[2]) deutet auf das Vorliegen einer Carbonylgruppe hin. Auch das epiphasische Verhalten des Farbstoffes schließt eine Hydroxylgruppe aus. Seinem ganzen Verhalten nach erinnert Echinenon an β-Semicarotinon (S. 142). E. Lederer hält es für möglich, daß Echinenon mit Myxoxanthin (S. 228) identisch ist. In der Tat stimmen manche Eigenschaften beider Verbindungen gut überein; J. M. Heilbron hält indessen die Identität beider Verbindungen für unwahrscheinlich (private Mitteilung an E. Lederer).

Aus Petroläther oder aus einem Gemisch von Benzol und Methanol kristallisiert Echinenon in metallisch glänzenden, violetten Nadeln, welche bei 178 bis 179° C schmelzen. (Ein einziges Mal erhielt E. Lederer Kristalle, welche bei 193° C schmolzen, so daß der Smp. 178–179° C als wahrscheinlicher angesehen werden muß.) Die Absorptionsmaxima des Pigmentes wurden in Schwefelkohlenstoff bei (520), 488, (450) mμ bestimmt[2]).

Bei der Verteilung zwischen Methanol und Petroläther zeigt Echinenon rein epiphasisches Verhalten. Aus petrolätherischer Lösung läßt sich der Farbstoff durch Jod als Jodid fällen. Durch Einwirkung von Thiosulfat kann Echinenon aus seinem Jodid regeneriert werden. In ätherischer Lösung gibt es mit konzentrierter, wäßriger Salzsäure keine Blaufärbung.

18. *Pectenoxanthin*

E. Lederer[3]) untersuchte die Pigmente, welche bei der Entwicklung der Geschlechtsorgane der St-Jacques-Muschel (*Pecten maximus*) auftreten, und fand darin ein neues Carotinoid, für das er die Bezeichnung Pectenoxanthin vorschlug.

Zur Gewinnung des Pectenoxanthins behandelt man die zerkleinerten Geschlechtsorgane der Muscheln mit Aceton, führt anschließend durch Zusatz von Wasser die Farbstoffe in Petroläther über, entzieht dieser Lösung den Farbstoff

---

[1]) Über eine mögliche Echinenonformel berichten E. Lederer und T. Moore, Nature, London, *137*, 996 (1936).

[2]) E. Lederer, l. c., konnte im Spektroskop eine einzige Bande bei 488 mμ feststellen. Nach Bestimmungen, welche R. Kuhn auf photoelektrischem Wege ausgeführt hat, besitzt Echinenon noch zwei schwache Banden bei 520 und 450 mμ. E. Lederer hält es für möglich, daß diese Banden nicht Echinenon, sondern einem Begleitcarotinoid gehören. Diese Frage bedarf weiterer Überprüfung.

[3]) E. Lederer, C. r. Soc. Biol. *116*, 150 (1934); *117*, 411 (1934). – P. Karrer und U. Solmssen, Helv. chim. Acta *18*, 915 (1935), fanden in *Pecten jacobaeus* ein Carotinoid mit ähnlichen Absorptionsmaxima wie sie Pectenoxanthin aufweist. Möglicherweise sind die beiden Pigmente identisch.

mit 90%igem Methanol und engt im Vakuum stark ein. Der methanolhaltige Rückstand wird mit wenig Petroläther versetzt, worauf Pectenoxanthin auskristallisiert. Zur weiteren Reinigung adsorbiert man den Farbstoff an einer Säule von Calciumcarbonat und kristallisiert ihn anschließend aus einem Gemisch von Pyridin und Wasser um. Aus 500 Geschlechtsorganen konnten auf diese Weise 50 mg reines Pectenoxanthin gewonnen werden.

Über die chemische Konstitution des Pectenoxanthins läßt sich noch nichts Abschließendes aussagen. Die Bruttoformel scheint $C_{40}H_{54}O_2$ ($\pm H_2$) zu sein. Die Mikrohydrierung ergab das Vorliegen von 11 Doppelbindungen. Bei der ZEREWITINOFF-Bestimmung erhielt man eine 2 Atomen aktiven Wasserstoff entsprechende Menge Methan. Zwei Sauerstoffatome liegen somit als Hydroxyle vor; die Natur des dritten ist noch unbekannt. Ein unsubstituierter β-Iononring ist in der Pectenoxanthinmolekel nicht vorhanden, da die Verbindung keine Vitamin-A-Wirkung besitzt.

Absorptionsmaxima des Pectenoxanthins in:

CS_2.	518	488	454 mμ
Benzol	496	464	434 mμ
Petroläther	488	458	mμ

Aus verdünntem Pyridin kristallisiert es in länglichen, gelbbraunen Prismen, welche bei 182° C schmelzen. Im Calciumcarbonat-Chromatogramm haftet Pectenoxanthin oberhalb des Zeaxanthins. In 90%igem Methanol löst sich der Farbstoff viel besser als in Petroläther. In Benzol, Schwefelkohlenstoff und Pyridin löst er sich sehr leicht.

Mit konzentrierter Schwefelsäure entsteht eine tiefblaue Färbung, wäßrige Salzsäure bewirkt hingegen keine Farbveränderung.

19. *Pentaxanthin*

Aus Seeigeln (*Strongylocentrotus lividus*) konnte E. LEDERER außer Echinenon ein weiteres, bis dahin unbekanntes Pigment, Pentaxanthin, isolieren[1]).

Die bei der Darstellung des Echinenons erhaltenen Phytoxanthinlösungen (vgl. S. 334) werden mit Wasser gewaschen, getrocknet und an Aluminiumoxyd adsorbiert. Pentaxanthin, das von anderen Phytoxanthinen begleitet ist, wird nach der Elution erneut an Calciumcarbonat chromatographiert und nach Wiederholung dieser Operation aus Benzol umkristallisiert. Aus 400 Seeigeln erhielt man 40 mg reinen Farbstoff.

Über die chemische Konstitution des Pentaxanthins ist man noch im Ungewissen. Die Bruttoformel lautet $C_{40}H_{56}O_5$ ($\pm H_2$); von den 5 Sauerstoffatomen scheinen aber nur 3 Hydroxylfunktion zu besitzen. Mit Hilfe der Mikrohydrie-

---

[1]) E. LEDERER, C. r. *201*, 300 (1934); Thèse, Paris 1938.

rung wurden 12,3 Doppelbindungen in der Farbstoffmolekel ermittelt. E. LEDERER nimmt an, daß 11 Doppelbindungen in Konjugation vorliegen, während der Rest des Wasserstoffes zur Absättigung von Ketongruppen oder von isolierten Doppelbindungen verbraucht wurde. Hierzu ist indessen zu sagen, daß 11 konjugierte Doppelbindungen allein als längstwelliges Absorptionsmaximum in CS_2 ein solches bei 520 mμ verursachen würden (β-Carotin), während die Absorptionsmaxima des Pentaxanthins bei 506, 474 und 444 mμ liegen.

Aus Benzol kristallisiert der Farbstoff in roten Nadeln, welche bei 209 bis 210° C schmelzen. Im Calciumcarbonat-Chromatogramm haftet Pentaxanthin stärker als Xanthophyll.

Absorptionsmaxima in:

CS_2.	506	474	444 mμ
Benzol	487	456	424 mμ
Methanol	(445)	475	(505) mμ[1])

In Äther und Petroläther löst sich der Farbstoff sehr schlecht, etwas größer ist die Löslichkeit in Benzol und sehr gut in Schwefelkohlenstoff und Chloroform.

20. *Sulcatoxanthin*

Aus *Anemonia sulcata* konnten J. M. HEILBRON und Mitarbeiter[2]) ein bisher unbekanntes Carotinoid, Sulcatoxanthin, isolieren. 500 Meeresanemonen (*Anemonia sulcata*) wurden nach dem Zerkleinern mit Aceton-Äther-Gemisch 1:1 extrahiert, die vereinigten Extrakte im Vakuum eingeengt, der Farbstoff in Petroläther übergeführt und diese Lösung mit 65%igem Methanol wiederholt ausgeschüttelt. In ersterem verblieb nur wenig Farbstoff, der in CS_2 Absorptionsmaxima bei 478 und 450 mμ besaß. Das Sulcatoxanthin wurde aus der methanolischen Lösung in Petroläther übergeführt und an Aluminiumoxyd chromatographiert. Anschließend hat man es aus Schwefelkohlenstoff an Calciumcarbonat adsorbiert und schließlich aus einem Gemisch von Äther und Petroläther umkristallisiert. Die Ausbeute betrug etwa 50 mg.

Über die chemische Konstitution des Sulcatoxanthins weiß man sehr wenig. Die Bruttoformel scheint $C_{40}H_{52}O_8$ zu sein. Schon die Löslichkeit in 65%igem Methanol spricht für einen hohen Sauerstoffgehalt.

In Petroläther ist der Farbstoff unlöslich, spärlich löst er sich in Schwefelkohlenstoff und leicht in Benzol und Äthanol. Aus einem Gemisch von Äther und Petroläther kristallisiert Sulcatoxanthin in tief scharlachroten Nadeln,

---

[1]) In Methanol sind die Maxima verschwommen.
[2]) J. M. HEILBRON, H. JACKSON und R. N. JONES, Biochem. J. *29*, 1384 (1935).

welche keinen scharfen Schmelzpunkt zeigen, sondern bei 110° C schrumpfen, bei 125° C erweichen und bei 130° C geschmolzen sind. Durch Einwirkung von Alkali wird der Farbstoff zersetzt. Konzentrierte Schwefelsäure bewirkt Blaufärbung.

Absorptionsmaxima in:

CS$_2$ 516   482   (450) mμ.

21. *Glycymerin*

Dieses Carotinoid wurde von E. LEDERER[1]) sowie von R. FABRE und E. LEDERER[2]) aus den Geschlechtsorganen der Muschel *Pectunculus glycimeris* isoliert. Bei der Aufarbeitung einer größeren Anzahl Muscheln konnte man später Glycymerin nicht mehr erhalten[3]); es war an seiner Stelle ein Gemisch von mehreren Phytoxanthinen vorhanden. Da der Farbstoff seither nicht mehr isoliert und untersucht worden ist, und E. LEDERER selbst, der nur mit sehr geringen Mengen gearbeitet hat, ihn nicht für ganz rein hält, muß die Frage seiner Existenz offen bleiben.

Glycymerin kristallisierte in braunvioletten, unregelmäßigen Kristallhaufen vom Schmelzpunkt 148–153° C. Es löste sich fast nicht in Petroläther, dagegen ziemlich gut in Methanol. In Schwefelkohlenstoff zeigte der Farbstoff eine einzige Absorptionsbande bei 495 mμ. Saure Eigenschaften konnten nicht festgestellt werden, wodurch sich Glycymerin deutlich von Astacin unterscheidet. In der Muschel soll der Farbstoff zum Teil verestert vorliegen.

Auch im Mantel von *Pectunculus Glycymeris* und in der Leber von *Mytilus edulis* wurde Glycymerin beobachtet[1]) [2]).

22. *Cynthiaxanthin*

Im Zuge seiner Untersuchungen über die Farbstoffe verschiedener Ascidienarten fand E. LEDERER in der *Halocynthia papillosa* außer Astacin ein neues Pigment, für das er die Bezeichnung Cynthiaxanthin vorschlägt[4]). Das gleiche Material wurde später von P. KARRER und U. SOLMSSEN[5]) untersucht, Cynthiaxanthin jedoch nicht festgestellt.

Cynthiaxanthin besitzt zum Teil sehr ähnliche Eigenschaften wie Zeaxanthin. Ein Mischchromatogramm beider Pigmente zeigte jedoch 2 Zonen, deren untere Cynthiaxanthin enthielt. Die Identität beider Farbstoffe ist daher unwahrscheinlich. Von Pectenoxanthin unterscheidet sich Cynthiaxanthin ebenfalls in der Haftfestigkeit an Calciumcarbonat, da ersteres oberhalb des Zeaxanthins liegt.

---

[1]) E. LEDERER, C. r. Soc. Biol. *113*, 1391 (1933).
[2]) R. FABRE und E. LEDERER, Bull. Soc. Chim. Biol. *16*, 105 (1934).
[3]) E. LEDERER, Thèse, Paris 1938, S. 27.
[4]) E. LEDERER, C. r. Soc. Biol. *116*, 150 (1934); *117*, 1086 (1934).
[5]) P. KARRER und U. SOLMSSEN, Helv. chim. Acta *18*, 915 (1935).

Zur Darstellung des Cynthiaxanthins wurden die ganzen Tiere zerschnitten (15 Stück, welche 120 g wogen) und mit Aceton extrahiert. Durch Verdünnen mit Wasser trieb man die Farbstoffe in Petroläther und schüttelte diese Lösung mit 90%igem Methanol aus. Im Petroläther verblieben α-Carotin, β-Carotin und verestertes Astacin (Astaxanthin?). Die hypophasischen Farbstoffe wurden in Benzol aufgenommen und an Calciumcarbonat chromatographiert. Es bildeten sich in der Hauptsache 2 Zonen aus, deren obere nach entsprechender Aufarbeitung und Verseifung Astacin lieferte, die untere dagegen das neue Pigment, Cynthiaxanthin enthielt. Dieses wurde durch Elution und Kristallisation aus wäßerigem Methanol (unter Petroläther) in kleinen, gelborangen Nädelchen erhalten. Nach Umkristallisation aus verdünntem Äthanol schmolz der Farbstoff bei 188–190⁰ C. Die Ausbeute betrug 1 mg. Konzentrierte, wäßrige Salzsäure wurde von dem Pigment nicht blau gefärbt.

Absorptionsmaxima in:

CS$_2$.	517	483	451 mμ
Petroläther	482	452	mμ

23. *Torulin*

Bei der Untersuchung der Carotinoide aus *Torula rubra* fand E. LEDERER[1])[2]) neben β-Carotin und zwei unbekannten, in sehr geringer Menge anwesenden Farbstoffen, ein neues Carotinoid, für welches er die Bezeichnung *Torulin* vorschlägt. Später konnten P. KARRER und J. RUTSCHMANN[3]) aus dem gleichen Material neben Torularhodin (S. 340) auch Torulin isolieren.

Torulin scheint in der Natur ziemlich weite Verbreitung zu besitzen. Außer in *Torula rubra* wurde es in *Sporobolomyces roseus, Sporobolomyces salmonicolor, Lycogala epidendron*[1]) und *Rhodotorula Sanniei*[4]) festgestellt.

Zur Isolierung des Torulins wird der Brei der roten Hefe mit Aceton extrahiert, das Farbstoffgemisch mittelst Wasserzusatz in Petroläther übergeführt, die Lösung im Vakuum eingeengt und mit äthanolischer Kalilauge verseift. Nach üblicher Aufarbeitung werden die epiphasischen Farbstoffe in wenig Petroläther aufgenommen und die Lösung in die Kälte gestellt, worauf größere Sterinmengen auskristallisieren. Die Mutterlaugen chromatographiert man an Aluminiumoxyd, trennt aus dem unteren Teil des Chromatogramms β-Carotin ab und kristallisiert Torulin, das oberhalb des Letzteren haftet, in der Kälte aus Petroläther aus. Die weitere Reinigung des Pigmentes erfolgt durch Kristallisation aus einem Gemisch von Benzol und Methanol.

[1]) E. LEDERER, C. r. *197*, 1694 (1933); C. r. Soc. Biol. *117*, 1083; Thèse, Paris 1938, S. 66; Bull. Soc. Chim. Biol. *20*, 554 (1938).

[2]) Vgl. H. FINK und E. ZENGER, Wschr. Brauerei, *51*, 89 (1934).

[3]) P. KARRER und J. RUTSCHMANN, Helv. chim. Acta *29*, 355 (1946).

[4]) C. FROMAGEOT, JOUÉ LÉON TCHANG, Arch. Mikrobiol. *2*, 424 (1938).

Torulin schmilzt bei 185⁰ C.

Absorptionsmaxima in[1]):

CS_2.	565	525	491 mμ[2])
Pyridin	545	508	475 mμ
Benzol	541	503	470 mμ
Äthanol	520	486	456 mμ
Chloroform	539	501	469 mμ

Über die chemische Konstitution des Farbstoffes läßt sich zur Zeit noch nichts aussagen. E. Lederer[3]) stellte eine gewisse Ähnlichkeit zwischen Torulin und Rhodoviolascin (S. 302) fest und vermutete, daß ersteres aus Rhodoviolascin durch Ringschluß einer Molekelhälfte entstanden sein könnte, wodurch das etwas kürzerwellige Absorptionsspektrum erklärt würde. Diese Annahme entbehrt jedoch der experimentellen Grundlage.

24. *Torularhodin* $C_{37}H_{48}O_2$

Geschichtliches und Vorkommen

1933 hat E. Lederer[4]) die Carotinoide aus *Torula rubra* untersucht. Er fand darin neben β-Carotin ein bisher unbekanntes Pigment, *Torulin*, ferner zwei weitere Polyenfarbstoffe, von denen der eine Kohlenwasserstoffnatur, der andere Säureeigenschaften zeigte.

Später haben H. Fink und E. Zenger[5]) analoge Untersuchungen durchgeführt und die beiden letztgenannten Farbstoffe ebenfalls festgestellt.

P. Karrer und J. Rutschmann[6]) setzten die Bearbeitung der *Torula rubra*-Farbstoffe – namentlich des sauren Pigmentes, das sie *Torularhodin* nennen – fort und konnten die Konstitution des letzteren im wesentlichen aufklären.

Torularhodin wurde bis jetzt nur in den roten Hefen, *Torula rubra*, festgestellt.

Darstellung[6]) [7])

Die Hefezellen werden nach Vorextrahieren mit Äthanol (unter Kohlensäure) in einem großen Porzellanmörser mit Quarzsand zerrieben und anschließend im Vakuum mit Aceton ausgezogen. Man versetzt diesen Extrakt mit Wasser und

[1]) P. Karrer und J. Rutschmann, Helv. chim. Acta, *29*, 355 (1946).

[2]) E. Lederer gibt in CS_2 folgende Absorptionsbanden an: 563, 520 und 488 mμ.

[3]) E. Lederer, Thèse, Paris 1938, S. 68.

[4]) E. Lederer, C. r. *197*, 1694 (1933).

[5]) H. Fink und E. Zenger, Wschr. Brauerei, *51*, 89 (1934).

[6]) P. Karrer und J. Rutschmann, Helv. chim. Acta *26*, 2109 (1943); *28*, 795 (1945); *29*, 355 (1946).

[7]) J. Rutschmann, Diss., Univ. Zürich, 1946.

führt die Farbstoffe in wenig Petroläther über. Diese Lösung wird zwecks Trennung der Pigmente an eine Säule von Aluminiumoxyd adsorbiert und das Chromatogramm mit einem Gemisch von Äther und Methanol entwickelt. Torularhodin bildet im Chromatogramm zuoberst eine hellrote Zone, welcher der Farbstoff durch Elution mit Äther-Eisessig 10:1 entzogen wird. Man wäscht diese Lösung säurefrei, dampft den Äther ab und nimmt den öligen Rückstand in wenig Methanol auf. Diese Lösung läßt man in einer evakuierten Ampulle 2–3 Wochen bei Zimmertemperatur stehen, wobei Torularhodin zusammen mit einer bedeutenden Menge Fettsäuren auskristallisiert. Letztere lassen sich durch Waschen mit Petroläther entfernen, während Torularhodin ungelöst bleibt und nach dem Auskochen mit Petroläther und Methanol schon ziemlich rein ist. Die Ausbeute beträgt etwa 3–5 mg aus 1 kg Hefebrei. Zur Analyse wird das Pigment mehrmals aus Benzol-Methanol umgelöst, enthält aber trotzdem wechselnde Menge Asche.

Chemische Konstitution[1])

Torularhodin besitzt wahrscheinlich die Bruttoformel $C_{37}H_{48}O_2$ und 12 konjugierte Doppelbindungen. Es ist eine Monocarbonsäure, was durch sein Verhalten gegenüber Alkalien und die Herstellung eines gut kristallisierten Monomethylesters bewiesen wird. Letzterer besitzt Vitamin-A-Wirkung, die aber bedeutend schwächer ist als diejenige des β-Carotins. Da die Zuwachswirkung an das Vorliegen eines unsubstituierten β-Iononringes gebunden ist, erscheint es wahrscheinlich, daß auch im Torularhodin ein solcher vorhanden ist. Aus diesen Tatsachen ergibt sich für den Farbstoff die folgende mögliche Strukturformel, welche mit den Analysen, der Zahl der Doppelbindungen und dem Absorptionsspektrum in Übereinstimmung steht.

Torularhodin (?)

Chemisches Verhalten

Gemäß seiner Säurenatur läßt sich Torularhodin durch Alkalien in Salze überführen. Diese zeigen das gleiche optische Verhalten wie der freie Farbstoff, woraus der Schluß gezogen werden kann, daß bei der Salzbildung keine konstitutionelle Änderung erfolgt. Gegen Hydroxylamin in siedendem Alkohol, sowie gegen kochende alkoholische Kalilauge ist der Farbstoff völlig indifferent.

Interessant ist das Verhalten des Torularhodins bei der Reduktion mit Zinkstaub und Eisessig in Pyridin. Diese Reduktion war früher nur an Caro-

---

[1]) P. Karrer und J. Rutschmann, Helv. chim. Acta *29*, 355 (1946).

tinoiden beobachtet worden, deren System von konjugierten Kohlenstoff-Doppelbindungen durch zwei Carbonyl- oder Carboxylgruppen abgeschlossen wird. (Bixin, Crocetin, Rhodoxanthin, β-Carotinon usw.) Torularhodin wird unter den gleichen Bedingungen schnell zu einem hellgelben Produkt reduziert, welches folgende Absorptionsmaxima besitzt:

CS_2.	482	453 mμ
Petroläther	453	mμ

Diese Verbindung reagiert sauer und verhält sich gegenüber einem Methanol-Petroläther-Gemisch hypophasischer als Torularhodin. Die Verschiebung der Absorptionsbanden in Richtung Violett gegenüber dem Ausgangspigment ist für ein Dihydroderivat außergewöhnlich stark.

Eigenschaften

Kristallform: Beim langsamen Eindunsten einer Torularhodinlösung in Methanol-Äther-Gemisch kristallisiert der Farbstoff in feinen, roten Nädelchen. Aus einem Gemisch von Benzol und Methanol erhält man die Verbindung in Form eines violettschwarzen Kristallpulvers.

Schmelzpunkt: 201–203° C (unter Zersetzung, unkorr. im Vakuum).

Löslichkeit: Torularhodin ist leicht löslich in Schwefelkohlenstoff, Chloroform und Pyridin, schwerer in Äther, Benzol und heißem Äthanol, sehr schwer in Methanol und fast gar nicht in Petroläther.

Absorptionsmaxima in:

CS_2.	582	541	502 mμ
Benzol	557	519	485 mμ
Benzin	537	501	(467) mμ
Pyridin	558	518	485 mμ
Chloroform	554	515	(483) mμ
Methanol	529	493	(460) mμ
Äthanol	532	495	463 mμ

Auffallend ist der große Unterschied in der Lage der Absorptionsmaxima in Schwefelkohlenstoff einerseits und in Benzin oder Alkohol anderseits. Die Differenzen in der Lage der langwelligen Banden betragen im Fall des Torularhodins 45–50 mμ, während sie bei anderen Carotinoiden meistens nur 30 bis 40 mμ ausmachen.

Optische Aktivität: Es liegen diesbezüglich keine Angaben vor.

Verteilungsprobe: Bei der Verteilungsprobe zwischen Petroläther und 95%-igem Methanol werden beide Zonen etwa gleich stark angefärbt.

Chromatographisches Verhalten: Aus benzolischer Lösung haftet Torularhodin sehr stark an Zinkcarbonat und bildet im obersten Teil der Röhre eine tiefviolette Zone. An Aluminiumoxyd haftet der Farbstoff mit hellroter Farbe.

Das Entwickeln des Chromatogramms geschieht im ersten Fall mit Benzol, im zweiten mit einem Gemisch von Äther und Methanol. Nach beendetem Waschen eluiert man das Pigment mit Äther-Eisessig-Gemisch 10:1.

Farbreaktionen: Torularhodin verhält sich gegen Antimontrichlorid und starke Säuren anders als alle andern bekannten Carotinoide. Mit Antimontrichlorid entsteht im ersten Moment eine permanganatrote Färbung, die aber sofort völlig ausbleicht; nach einiger Zeit nimmt die Lösung einen schwach blauen Farbton an. Auch wasserfreie Ameisensäure und konzentrierte Schwefelsäure bewirken Entfärbung der gelbroten Torularhodinlösung. Erst nach einigem Stehen wird diese schwach blau. Fügt man zur Chloroformlösung des Pigmentes Trichloressigsäure hinzu, so tritt nach dem Ausbleichen schwache grünliche Färbung auf.

Nachweis und Bestimmung: Der Nachweis des Torularhodins geschieht auf Grund seines Säurecharakters und des langwelligen Spektrums.

Torularhodin-methylester $C_{36}H_{47}COOCH_3$

Bei der Einwirkung von Diazomethan auf in Benzol gelöstes Torularhodin bildet sich der Methylester, welcher aus einem Gemisch von Benzol und Methanol in dunkelroten Nädelchen kristallisiert. Smp. 172–173° C (unkorr.). Das Absorptionsspektrum des Esters ist gegenüber demjenigen der freien Säure leicht verändert:

CS_2 .	581	541	502 mμ
Benzol	554	517	484 mμ
Benzin	533	498	468 mμ
Pyridin	560	519	485 mμ
Äthanol	533	496	464 mμ

25. *Actinioerythrin*

Dieser Farbstoff wurde erstmals von E. Lederer[1]) aus der Meeresanemone *Actinia equina* gewonnen und bald darauf von J. M. Heilbron und Mitarbeitern[2]) aus demselben Material isoliert.

Zur Darstellung des Pigmentes[2]) [3]) werden die zerkleinerten Anemonen mit einem Gemisch von Äther und Aceton 1:1 ausgezogen, dieser Extrakt im Vakuum eingeengt, die Farbstoffe in Petroläther übergeführt und das Lösungsmittel größtenteils abdestilliert. Durch Versetzen des Rückstandes mit Aceton kann ein Teil der mitextrahierten Phosphatide und Sterine ausgefällt werden; der Rest wird ausgefroren. Man nimmt die Farbstoffe, die in der Mutterlauge verbleiben, in

---

[1]) E. Lederer, C. r. Soc. Biol. *113*, 1391 (1933).

[2]) J. M. Heilbron, H. Jackson und R. N. Jones, Biochem. J. *29*, 1384 (1935).

[3]) R. Fabre und E. Lederer, Bull. Soc. Chim. Biol. *16*, 105 (1934).

Petroläther auf und chromatographiert sie an eine Säule von Aluminiumoxyd. Actinioerythrin bildet im oberen Teil des Chromatogramms eine violettschwarze Zone. Nach der Elution adsorbiert man den Farbstoff erneut an Calciumcarbonat und kristallisiert ihn anschließend aus absolutem Äthanol um. Aus 500 Anemonen konnten 30 mg Actinioerythrin erhalten werden.

Über die Konstitution des Actinioerythrins weiß man noch sehr wenig; auch seine Zugehörigkeit zu der Klasse der Carotinoide ist fraglich. Nach E. LEDERER[1]) soll Actinioerythrin ein Ester einer farbkräftigen Säure sein. Dafür spricht der tiefe Schmelzpunkt, sowie die leichte Löslichkeit in Petroläther. J. M. HEIL-BRON und Mitarbeiter[2]) konnten indessen mittelst alkalischer Hydrolyse aus dem nativen Pigment eine Verbindung, *Violerythrin*, erhalten, die gegenüber verdünnten Alkalien keine sauren Eigenschaften aufwies (vgl. weiter unten). Sie vermuten daher, daß letzteres eine oder mehrere Enolgruppen enthalte, die aber in eine stabile Ketonform umgelagert worden sind.

Aus Äthanol kristallisiert Actinioerythrin in braunvioletten Rhomboedern, die bei 85º C schmelzen. Es löst sich schwer in Äthanol, leicht dagegen in Petroläther, Schwefelkohlenstoff, Chloroform und Pyridin.

Absorptionsmaxima in:

CS_2.	574	533	495 mμ
Petroläther	534	497	470 mμ
Äthanol		577–518 mμ (eine Bande)	

26. *Violerythrin*

J. M. HEILBRON, H. JACKSON und R. N. JONES[2]) erhielten Violerythrin bei der alkalischen Hydrolyse des Actinioerythrins (vgl. weiter oben). Schon R. FABRE und E. LEDERER[3]) haben beobachtet, daß beim Schütteln von Actinioerythrin mit Laugen Hydrolyse eintritt, konnten aber keine einheitlichen Verbindungen isolieren. Sie vermuteten deshalb, daß eine Zersetzung des Farbstoffes stattgefunden habe.

Nur durch Einhalten ganz genauer Reaktionsbedingungen gelingt es, Violerythrin in relativ zufriedenstellenden Ausbeuten durch diese Hydrolyse zu erhalten. J. M. HEILBRON und Mitarbeiter[2]) schüttelten eine petrolätherische Actinioerythrinlösung bei Raumtemperatur mit 2,5%iger methanolischer Natronlauge, bis der Farbstoff ganz in die untere Schicht gewandert war (etwa nach 1 Stunde). Das Reaktionsgemisch wurde anschließend mit Wasser verdünnt, angesäuert (mit Essigsäure), in Äther übergeführt, diese Lösung gewaschen, getrocknet und nach dem Abdestillieren des Lösungsmittels der

---

[1]) E. LEDERER, C. r. Soc. Biol. *113*, 1391 (1933).

[2]) J. M. HEILBRON, H. JACKSON und R. N. JONES, Biochem. J. *29*, 1384 (1935).

[3]) R. FABRE und E. LEDERER, Bull. Soc. Chim. Biol. *16*, 105 (1934).

Rückstand aus verdünntem Pyridin kristallisiert. Aus 5 mg Actinioerythrin konnte auf diese Weise 1 mg Violerythrin gewonnen werden.

Über den Bau dieses Farbstoffes kann man noch nichts aussagen. Seine Zugehörigkeit zur Carotinoidreihe ist fraglich.

Aus wäßrigem Pyridin kristallisiert der Farbstoff in dunkelvioletten Mikrokristallen, welche bei 191–192⁰ C schmelzen. In Schwefelkohlenstoff löst er sich purpurrot, in Alkohol und Äther violettrot, in Aceton und Pyridin blau und in Benzol tiefblau. In CS_2 liegen die Absorptionsmaxima bei: 625, 576 und 540 mμ.

27. δ-Carotin

A. WINTERSTEIN[1]) untersuchte Schalen von *Gonocaryum pyriforme* auf Carotinoide und fand darin außer Lycopin, α-Carotin, β-Carotin und γ-Carotin ein neues Pigment, für welches er die Bezeichnung δ-Carotin vorschlägt. Im Chromatogramm haftet δ-Carotin zwischen γ-Carotin und β-Carotin. Es konnte nicht in kristallinem Zustand gefaßt werden, so daß seine Existenz nicht als bewiesen gelten kann.

Absorptionsmaxima in:

CS_2.	526	490	457 mμ
Chloroform	503	470	440 mμ
Hexan	490	458	428 mμ

A. WINTERSTEIN[1]) vermutete im δ-Carotin das bisher unbekannte Carotinisomere, dessen eine Hälfte sich vom γ-Carotin, und dessen andere sich vom α-Carotin ableitet.

28. Fenicotterin

CARMELA MANUNTA[2]) fand bei der Untersuchung der Farbstoffe, welche dem Fett der Flamingo die rötliche Farbe verleihen, ein Carotinoid, welches dem Astacin nahesteht, sich von ihm aber durch das kürzerwellige Absorptionsmaximum (487 mμ in CS_2) unterscheidet. Da diese Verbindung nicht in reiner Form gefaßt und analysiert werden konnte, darf die Frage ihrer Existenz nicht als gesichert gelten.

29. Oscillaxanthin

P. KARRER und J. RUTSCHMANN[3]) fanden bei der Untersuchung der Carotinoide von *Oscillatoria rubescens* neben Myxoxanthin, Myxoxanthophyll, Zeaxanthin[4]) und β-Carotin ein bisher unbekanntes Pigment, für welches sie die Bezeichnung Oscillaxanthin vorschlagen.

---

[1]) A. WINTERSTEIN, H. *219*, 249 (1933).

[2]) CARMELA MANUNTA, Helv. chim. Acta *22*, 1153 (1939).

[3]) P. KARRER und J. RUTSCHMANN, Helv. chim. Acta *27*, 1691 (1944).

[4]) J. M. HEILBRON und B. LYTHGOE, Soc. *1936*, 1376, fanden in *Oscillatoria rubescens* außer Myxoxanthin, Myxoxanthophyll und β-Carotin Xanthophyll, aber kein Zeaxanthin.

Zur Isolierung des Farbstoffes werden die Algen mit Äthanol entwässert, getrocknet und in der Wärme mit Methanol extrahiert. Dieser Auszug wird mit demjenigen, der von der Entwässerung her stammt, vereinigt und stark eingeengt. Man schließt eine Verseifung mit wäßriger Kalilauge an, schüttelt die Lösung mit viel Äther aus und stumpft den größten Teil der Lauge der wäßrigen Phase mit verdünnter Schwefelsäure ab. Aus dieser Lösung destilliert man das Methanol ab, säuert den verbleibenden, wäßrigen Anteil mit verdünnter Schwefelsäure schwach an (p_H 4–5) und zieht erneut mit Äther aus, wodurch der größte Teil der Verseifungsprodukte des Chlorophylls entfernt wird. Aus den Mutterlaugen läßt sich nun Oscillaxanthin mittels Essigester ausziehen. Nach dem Verdampfen des Lösungsmittels nimmt man den Farbstoff in Aceton auf und chromatographiert ihn an einer Säule von Zinkcarbonat. Die weitere Reinigung des Oscillaxanthins geschah nach der Elution durch Umfällen aus Essigester mit Äther. Der Farbstoff konnte wegen Materialmangel nicht in reiner Form erhalten werden.

Oscillaxanthin besitzt saure Eigenschaften. Es löst sich leicht in Alkoholen, Pyridin und Aceton. In Äther, Benzol, Schwefelkohlenstoff und Petroläther ist der Farbstoff fast unlöslich. Oscillaxanthinester lösen sich gut in Äther, Benzol, Pyridin und Chloroform, dagegen kaum in Äthanol. Über die Konstitution läßt sich zur Zeit noch nichts aussagen.

Absorptionsmaxima in:

CS$_2$.	568	528	494 mμ[1])
Methanol	531	496	464 mμ
Pyridin	552	514	483 mμ

Antimontrichlorid ruft eine blaugrüne, konzentrierte Schwefelsäure eine blaue, konzentrierte Salzsäure eine unbeständige blaue Färbung hervor.

30. *Trollixanthin und Trollichrom* C$_{40}$H$_{56}$O$_4$

Bei der Untersuchung der Carotinoide aus *Trollius europaeus* fanden P. KARRER und E. JUCKER[2]) ein bisher der Beobachtung[3]) entgangenes Pigment, für das sie die Bezeichnung Trollixanthin vorschlagen. Es besitzt den Charakter eines Epoxydes. Außerdem wurden in Trollblumen β-Carotin, Xanthophyll, Xanthophyllepoxyd und ein neues Carotinoid von ebenfalls epoxydischem Charakter festgestellt. Für die nähere Untersuchung des letzteren war jedoch die vorhandene Menge zu gering.

Zur Trollixanthindarstellung werden die Blüten bei etwa 40° C getrocknet, bei Raumtemperatur erschöpfend mit Petroläther ausgezogen, die vereinigten Extrakte im Vakuum auf ein kleines Volumen eingeengt und der Rückstand mit

---

[1]) Die Absorptionsmaxima in CS$_2$ wurden in einer Lösung gemessen, die durch Verdünnen eines Tropfens der alkoholischen Lösung mit viel Schwefelkohlenstoff bereitet worden war.

[2]) P. KARRER und E. JUCKER, Helv. chim. Acta *29*, 1539 (1946).

[3]) P. KARRER und A. NOTTHAFFT, Helv. chim. Acta *15*, 1195 (1932).

methanolischer Kalilauge bei Zimmertemperatur verseift. Nach der Trennung der Farbstoffe in eine epiphasische und eine hypophasische Fraktion werden diejenigen der Letzteren zwecks Befreiung von farblosen Begleitstoffen wiederholt mit Ligroin ausgekocht und der ungelöste Teil an Zinkcarbonat chromatographiert. Im oberen Teil der Säule haftet Trollixanthin und kann von dem darunter liegenden Xanthophyllepoxyd getrennt und nach der Elution mit methanolhaltigem Äther aus Benzol umkristallisiert werden.

Über die Konstitution des Farbstoffs läßt sich zur Zeit noch nichts aussagen. Die Bruttoformel des Trollixanthins ist $C_{40}H_{56}O_4$[1]). Trollixanthin ist ein Monoepoxyd; denn durch verdünnte mineralische Säure läßt es sich in eine furanoide Verbindung, Trollichrom, umlagern, deren Absorptionsmaxima um 22 mμ nach dem kürzerwelligen Spektralbereich verschoben sind (in CS_2).

Die restlichen Sauerstoffatome gehören Hydroxylgruppen an, was in der größeren Haftfestigkeit im Zinkcarbonatchromatogramm gegenüber Xanthophyllepoxyd zum Ausdruck kommt. Auf Grund der guten Übereinstimmung der Absorptionsmaxima von Trollixanthin mit Xanthophyllepoxyd und von Trollichrom mit Flavoxanthin und Chrysanthemaxanthin darf auf ein ähnliches chromophores System geschlossen werden.

Trollixanthin besitzt folgende Eigenschaften:

Aus Benzol kristallisiert es in hellgelben, dünnen, zu Drusen vereinigten Blättchen, welche bei 143⁰ C (unkorr. im Vakuum) schmelzen. Schüttelt man die ätherische Lösung des Pigmentes mit konzentrierter, wäßriger Salzsäure, so färbt sich diese, wie bei den meisten Monoepoxyden, nur schwach blau.

Absorptionsmaxima in:

CS_2.	501	473 mμ
Äthanol	474	447 mμ
Benzol	483	457 mμ
Chloroform	482	455 mμ

Bei der Verteilung zwischen Methanol und Petroläther verhält sich Trollixanthin rein hypophasisch.

Eigenschaften des Trollichroms:

Hellgelbe Kristalle (aus Benzol). Smp. 206–208⁰ C (unkorr. im Vakuum). Salzsäurereaktion und Verteilungsprobe: gleich wie beim Trollixanthin.

Absorptionsmaxima in:

CS_2.	479	450 mμ
Äthanol	451	424 mμ
Benzol	459	432 mμ
Chloroform	458	430 mμ

---

[1]) P. KARRER und E. KRAUSE-VOITH, Helv. chim. Acta *30*, 1772 (1947).

31. *Hämatoxanthin*

Bei der Untersuchung der Dauersporen von *Haematococcus pluvialis* fand J. Tischer[1]) außer β-Carotin, α-Carotin[2]), Xanthophyll, Zeaxanthin und Astacin[3]) ein bisher unbekanntes Carotinoid, für das er die Bezeichnung Hämatoxanthin vorschlug.

Für die Isolierung der genannten Carotinoide standen etwa 6 g der roten Aplanosporen von *Haematococcus pluvialis* zur Verfügung. Sie wurden unter Aceton mit Quarzsand verrieben und mit dem gleichen Lösungsmittel bei Raumtemperatur erschöpfend ausgezogen. Dieser Extrakt wurde mit Wasser versetzt und die Farbstoffe in Petroläther übergeführt. Nach Abdestillieren des Lösungsmittels verblieb ein roter, harziger Rückstand, der in wenig Benzin aufgenommen und mit methanolischer Kalilauge verseift wurde. Man trennte die Farbstoffe auf die übliche Art in eine epiphasische und eine hypophasische Fraktion und adsorbierte die Erstere an einer Säule von Calciumhydroxyd. Aus dem oberen Teil des Chromatogramms konnte eine sehr geringe Menge Hämatoxanthin mittelst alkoholhaltigen Benzins eluiert und aus Benzin kristallisiert werden. Der Farbstoff ließ sich wegen Materialmangels nicht in ganz reinem Zustand erhalten.

Ob das Hämatoxanthin in den Algen in verestertem Zustand vorliegt, ist noch unbekannt[4]), auch über die Konstitution des Farbstoffes kann man noch keine Aussagen machen.

Hämatoxanthin zeigt bei der Verteilung zwischen Petroläther und 90%igem Methanol rein epiphasisches Verhalten; bei Anwendung von 95%igem Methanol färbt sich auch die Unterschicht schwach an. Smp. 205° C (Rohprodukt). Aus Benzinlösung kristallisiert der Farbstoff in braunvioletten Blättchen.

Absorptionsmaxima in:

Lösungsmittel	*Abs.-Bezirk*	*Abs.-Maximum*
CS$_2$.	463–563	513 mμ
Benzin (Kp. 70–80° C) . . . , . .	450–515	478 mμ
Äthyläther	445–515	480 mμ

32. *Kanarienxanthophyll und Picofulvin*

H. Brockmann und O. Völker[5]) konnten im Verlauf ihrer Untersuchungen über die gelben Farbstoffe verschiedener Vögel feststellen, daß sie sich, wenn

[1]) J. Tischer, H. *250*, 147 (1937).

[2]) α-Carotin konnte erst aus einem größeren Ansatz von Dauersporen isoliert werden; J. Tischer, H. *252*, 225 (1938).

[3]) In dieser Mitteilung berichtet J. Tischer über die Isolierung von «Euglenarhodon». Es hat sich später gezeigt (vgl. S. 236), daß dieses Carotinoid mit Astacin identisch ist, somit keiner eigenen Bezeichnung bedarf.

[4]) J. Tischer, H. *252*, 225 (1937).

[5]) H. Brockmann und O. Völker, H. *224*, 193 (1934).

sie Polyennatur haben, von Xanthophyll und zum Teil von Zeaxanthin ableiten[1]). Durch entsprechende Fütterungsversuche erbrachten die genannten Autoren den Beweis, daß Kanarienvögel ihre gelbe Gefiederfarbe nur durch Verfütterung von Xanthophyll oder von Zeaxanthin erlangen können[2]). Im Verdauungstrakt werden dabei aus dem ersteren das Kanarienxanthophyll und sehr wahrscheinlich auch das von KRUKENBERG schon beobachtete Picofulvin gebildet.

Weder das Kanarienxanthophyll noch das Picofulvin konnten in kristallinem Zustand erhalten und näher untersucht werden, so daß über ihre Natur noch keine Aussagen gemacht werden können. Bei der Verfütterung von Zeaxanthin nehmen die Federn ebenfalls gelbe Farbe an, doch sind die entstandenen Pigmente nicht identisch mit denjenigen, welche bei Verfütterung von Xanthophyll auftreten. Vielmehr handelt es sich in diesem Fall um Zersetzungsprodukte des Zeaxanthins, welche keine scharfen Absorptionsmaxima aufweisen.

Im folgenden seien kurz die Ergebnisse über die Gefiederfarbstoffe einiger Vögel aufgezählt[3]):

Vogel	Farbstoffe
Pirol	Xanthophyll, Kanarienxanthophyll.
Gimpel	Rote Zersetzungsprodukte.
Bergstelze . . .	Xanthophyll.
Kanarienvogel .	Kanarienxanthophyll.
Spechte	Picofulvin, Xanthophyll.
Grünfink	Kanarienxanthophyll, Xanthophyll.
Feuerweber . . .	Xanthophyll, Kanarienxanthophyll, Zersetzungsprodukte.

Kanarienxanthophyll absorbiert in Äthanol bei 472, 443 und 418 mμ. Beim Unterschichten einer ätherischen Lösung des Farbstoffes mit 25%iger Salzsäure tritt keine Verschiebung der Absorptionsmaxima nach dem kürzerwelligen Spektralbereich ein.

Picofulvin besitzt Absorptionsmaxima in Äthanol bei 450 und 424 mμ. Von Flavoxanthin unterscheidet sich das Pigment durch den negativen Ausfall der Salzsäurereaktion.

Im Calciumcarbonat-Chromatogramm haftet das Kanarienxanthophyll stärker als Xanthophyll.

---

[1]) Das gelbe Pigment des Wellensittichs (*Melopsittacus undulatus*) hat mit Carotinoiden nichts gemeinsam.

[2]) Polyenkohlenwasserstoffe, wie β-Carotin und Lycopin, sowie Violaxanthin und Taraxanthin, sind zur Ablagerung im Organismus des Vogels ungeeignet. Bei Kanarienvögeln, welche durch entsprechende Fütterung weiß geworden sind, tritt die gelbe Farbe nur nach Verabreichung von Xanthophyll oder Zeaxanthin wieder auf, nicht aber durch einen der genannten Kohlenwasserstoffe oder durch Violaxanthin oder Taraxanthin.

[3]) Weitere Angaben befinden sich auf S. 98 und 100.

33. Leprotin $C_{40}H_{54}$

Leprotin wurde aus einem rein gezüchteten Stamm von säurefesten Bakterien eines Leprakranken von CH. GRUNDMANN und Y. TAKEDA[1]) isoliert. Später wurde dieser Farbstoff von Y. TAKEDA und T. OHTA[2]) in *Mycobacterium phlei* aufgefunden.

Zur Isolierung des Leprotins werden die Bakterien getrocknet und mit Aceton extrahiert. Man schließt eine Verseifung an und chromatographiert die Farbstoffe der Epiphase an einer Säule von Aluminiumoxyd. Nach Elution und Verdampfen des Lösungsmittels wird Leprotin aus einem Gemisch von Benzol und Methanol kristallisiert. Der Farbstoff besitzt mit β-Carotin große Ähnlichkeit, doch unterscheidet er sich von ihm im Schmelzpunkt, der größeren Haftfestigkeit an Aluminiumoxyd und im Fehlen der Vitamin-A-Wirkung[3]). Die Bruttoformel des Leprotins scheint $C_{40}H_{54}$ zu sein[2]), bei der Mikrohydrierung konnte die Aufnahme von 12 Mol Wasserstoff beobachtet werden[2]).

Leprotin kristallisiert aus Benzol-Methanol-Gemisch in feinen, verfilzten Nadeln von kupferroter Farbe, welche im Kofler-Hilbek-Apparat bei 198 bis 200° C schmelzen. Antimontrichlorid ruft in einer Chloroformlösung des Farbstoffes eine beständige Blaufärbung hervor.

Absorptionsmaxima in:

CS_2	517	479	447 mμ
Chloroform	495	460	428 mμ
Benzin	484	452	425 mμ

34. Salmensäure

Über die Farbstoffe, welche dem Fleisch des Salms (*Salmo salar*) die rötliche Färbung verleihen, liegen verschiedene, einander zum Teil widersprechende Untersuchungen vor.

1885 ermittelten KRUKENBERG und WAGNER[4]) das Vorliegen von 3 Carotinoiden, nämlich Xanthophyll, Carotin und einem unbekannten Pigment. 1933 konnten H. v. EULER, H. HELLSTRÖM und M. MALMBERG[5]) diese Verbindung, der sie die Bezeichnung Salmensäure zuerteilen, in kristallinem Zustand fassen. Später befaßten sich A. EMMERIE, M. VAN EEKELEN, B. JOSEPHI und L. K. WOLFF[6]) mit der Salmensäure.

Über die chemische Natur der Salmensäure läßt sich zur Zeit noch nichts aussagen. Nach H. v. EULER und Mitarbeitern[5]) ist sie in Eisessig leicht löslich und

---

[1]) CH. GRUNDMANN und Y. TAKEDA, Naturw. *25*, 27 (1937).

[2]) Y. TAKEDA und T. OHTA, H. *258*, 6 (1939).

[3]) Y. TAKEDA und T. OHTA, H. *267*, 171 (1941).

[4]) C. FR. W. KRUKENBERG und H. WAGNER, Z. Biol. *21*, 25 (1885). – Vgl. NEWBIGIN, «Colour in nature, a study in biology», London 1898, S. 1–344.

[5]) H. v. EULER, H. HELLSTRÖM und M. MALMBERG, Svensk Kem. Tidskr. *45*, 151 (1933).

[6]) A. EMMERIE, M. VAN EEKELEN, B. JOSEPHI und L. K. WOLFF, Acta. Brev. neerl. Physiol. Pharm. Microbiol. *4*, 139 (1934).

kann daraus mit Lauge gefällt werden. In kristallinem Zustand bildet sie blauschwarze Kristalle. In Pyridinlösung besitzt der Farbstoff ein einziges breites Absorptionsmaximum bei 485 mμ; ein ganz schwaches Nebenmaximum ist bei 525 mμ angedeutet. Im Gegensatz dazu stellen A. EMMERIE und Mitarbeiter fest, daß dem Pigment in Pyridin eine Absorptionsbande bei 500 mμ zukommt. Bei der Verteilungsprobe geht Salmensäure in 90%iges Methanol.

35. *Asterinsäure*

H. v. EULER und Mitarbeiter[1]) fanden bei der Untersuchung der Carotinoide aus der Rückenhaut des Seesternes *Asterias rubens* und der Eier von *Coregonus albula*[2]) einen bisher unbekannten Polyenfarbstoff, den sie als Asterinsäure bezeichnen. Die Verbindung hat ähnliche Eigenschaften wie Astacin (bzw. Astaxanthin); P. KARRER und F. RÜBEL[3]) haben in einer späteren Untersuchung in *Asterias rubens* Astacin festgestellt, was die Identität beider Verbindungen wahrscheinlich macht.

36. *Mytiloxanthin*

Zur Aufklärung der Frage, welche Rolle beim Metabolismus der Muschel *Mytilus californianus* den Carotinoiden zukommt, hat B. T. SCHEER[4]) ausgedehnte Untersuchungen durchgeführt, in deren Verlauf er Zeaxanthin und ein neues Pigment, Mytiloxanthin, ermittelte. Letzteres kommt in der Seemuschel in freier Form vor und scheint im Stoffwechsel eine Rolle zu spielen.

Über den Bau des Mytiloxanthins können zur Zeit noch keine Aussagen gemacht werden. Es scheint eine Säure oder ein Enol zu sein, da sich seine Farbe durch Zusatz von Alkalien reversibel verändert. Dieses Verhalten, sowie das einbandige Absorptionsspektrum (in CS_2 500 mμ) erinnern an Astacin, doch schmilzt der Farbstoff schon bei 140–144º C (Astacin Smp. 228º C).

37. *Neues Carotinoid aus den Blüten der Seideneiche (Grevillea robusta)*

In den Blüten der Seideneiche *Grevillea robusta* fanden L. ZECHMEISTER und A. POLGÁR[5]) außer β-Carotin, Kryptoxanthin und Xanthophyll ein bisher unbekanntes, hypophasisches Carotinoid. Die Verbindung ist in den Blüten in sehr geringer Menge enthalten, so daß weder über die physikalischen Eigenschaften noch über die Konstitution Aussagen gemacht werden können. Kristallform: Lange Platten.

Absorptionsmaxima in:

CS₂	490,5	457　mμ
Benzol	479,5	440,5 mμ
Benzin	457,5	430　mμ

[1]) H. v. EULER und Mitarbeiter, H. *223*, 89 (1934).

[2]) H. v. EULER und Mitarbeiter, H. *228*, 77 (1934).

[3]) FRITZ RÜBEL, Diss., Univ. Zürich, 1936.

[4]) B. T. SCHEER, J. biol. Chem. *136*, 275 (1940).

[5]) L. ZECHMEISTER und A. POLGÁR, J. biol. Chem. *140*, 1 (1941).

Tafel 1. Kristallformen einiger Carotinoide

β-Carotin aus Petroläther

α-Carotin aus Petroläther

Lycopin aus Ligroin

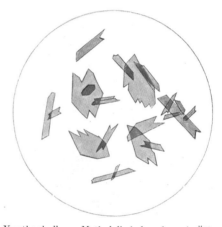

Xanthophyll aus Methylalkohol und wenig Äther

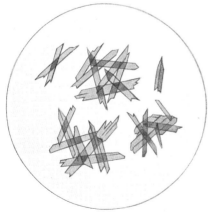

Zeaxanthin aus Methylalkohol und wenig Äther

Violaxanthin aus Methylalkohol und wenig Äther

Tafel 2. Kristallformen einiger Carotinoide

Taraxanthin aus Methylalkohol und wenig Äther

Fucoxanthin aus Methylalkohol und wenig Äther

Capsanthin aus Schwefelkohlenstoff
und Petroläther

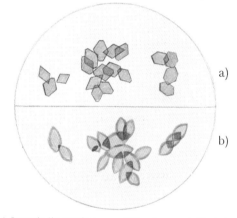

a)

b)

a) Crocetindimethylester aus Chloroform und Alkohol
b) Crocetin aus Pyridin

Bixin aus Äthylacetat

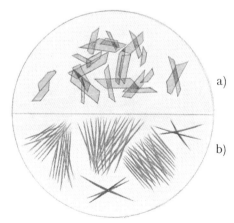

a)

b)

a) Azafrinmethylester   b) Azafrin aus Toluol

Absorptionsspektren einiger Carotinoide

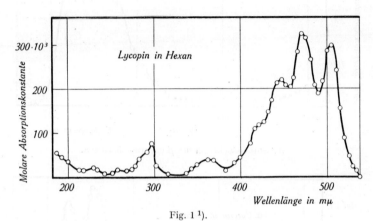

Fig. 1 [1]).

Absorptionsspektrum des Lycopins in Hexan.

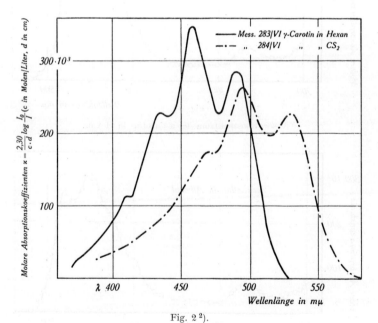

Fig. 2 [2]).

Absorptionsspektrum des γ-Carotins in Hexan.

[1]) Z. angew. Chem. *47*, 664 (1934).
[2]) Ber. *66*, 408 (1933).

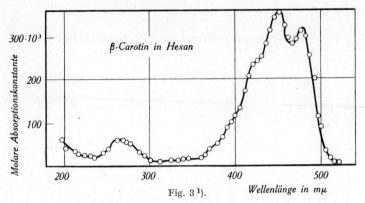

Fig. 3 [1]).

Absorptionsspektrum des β-Carotins in Hexan.

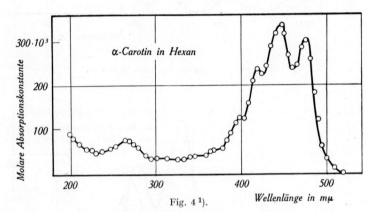

Fig. 4 [1]).

Absorptionsspektrum des α-Carotins in Hexan.

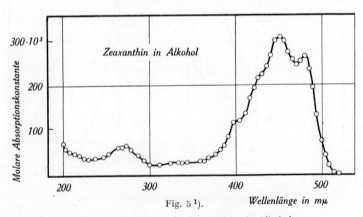

Fig. 5 [1]).

Absorptionsspektrum des Zeaxanthins in Alkohol.

[1]) Z. angew. Chem. *47*, 664 (1934).

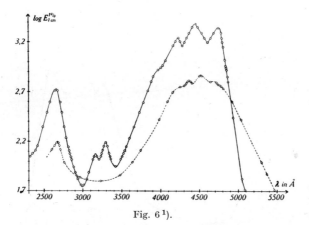

Fig. 6 [1]).

———— Violaxanthin in Alkohol.   ————— Fucoxanthin in Hexan.

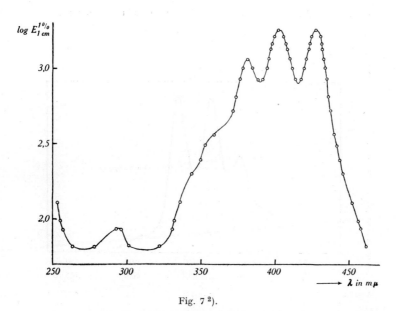

Fig. 7 [2]).

Absorptionskurve des Auroxanthins in Äthanol.

---

[1]) Helv. chim. Acta *26*, 117 (1943).
[2]) Helv. chim. Acta *25*, 1624 (1942).

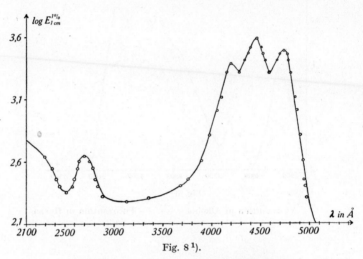

Fig. 8 [1]).

Absorptionsspektrum des Xanthophylls in Hexan.

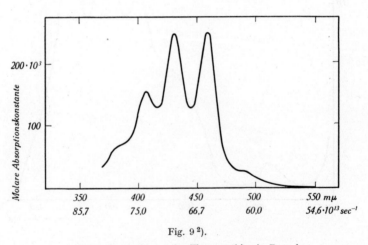

Fig. 9 [2]).

Absorptionsspektrum des Flavoxanthins in Benzol.

[1]) Helv. chim. Acta *26*, 117 (1943).
[2]) Z. physiol. Ch. *213*, 194 (1932).

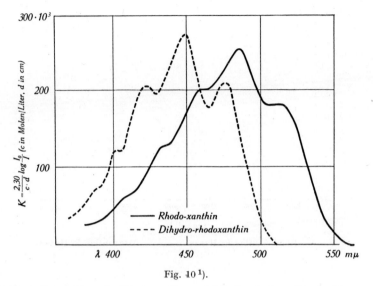

Fig. 10 [1]).

Absorptionsspektren des Rhodoxanthins und Dihydro-rhodoxanthins in Hexan.

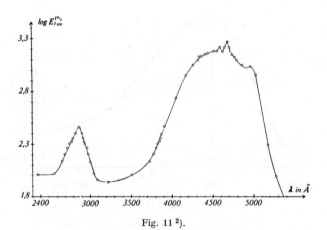

Fig. 11 [2]).

Absorptionsspektrum des Capsanthins in Hexan.

[1]) Ber. *66*, 828 (1933).
[2]) Helv. chim. Acta *26*, 117 (1943).

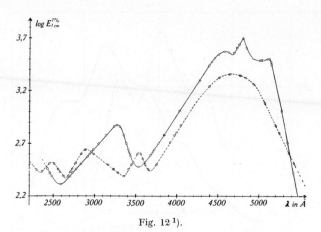

Fig. 12 [1]).

——— Rhodoxanthin in Hexan.   – – – – Astaxanthin in Hexan.

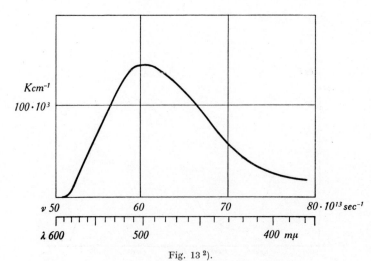

Fig. 13 [2]).

Absorptionsspektrum des Astacins in Pyridin.

Ordinaten: $\varkappa = \dfrac{2,30}{c \cdot d} \log \dfrac{I_0}{I}$ (d in cm, c in Molen/Liter für Mol.-Gew. = 400).

[1]) Helv. chim. Acta *26*, 118 (1943).
[2]) Ber. *66*, 492 (1933).

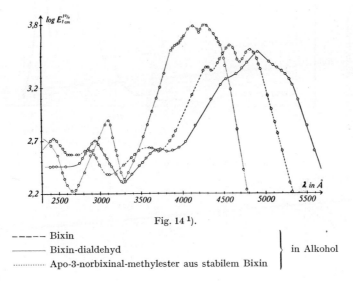

Fig. 14 [1]).

————— Bixin
——————— Bixin-dialdehyd   } in Alkohol
················· Apo-3-norbixinal-methylester aus stabilem Bixin }

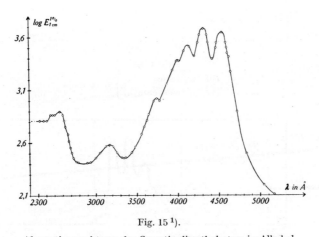

Fig. 15 [1]).

Absorptionsspektrum des Crocetin-dimethylesters in Alkohol.

[1]) Helv. chim. Acta *26*, 120 (1943).

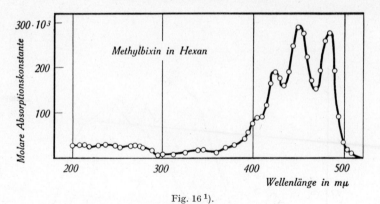

Fig. 16 [1]).

Absorptionsspektrum des Methylbixins in Hexan.

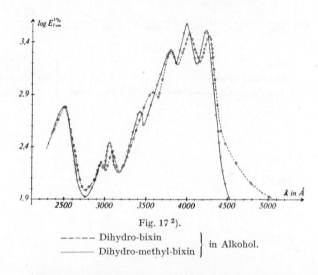

Fig. 17 [2]).

- - - - Dihydro-bixin
———— Dihydro-methyl-bixin } in Alkohol.

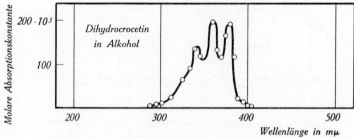

Fig. 18 [1]).

Absorptionsspektrum des Dihydrocrocetins in Hexan.

[1]) Z. angew. Chem. *47*, 662 (1934).
[2]) Helv. chim. Acta *26*, 120 (1943).

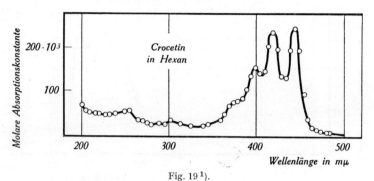

Fig. 19 [1]).

Absorptionsspektrum des Crocetins in Hexan.

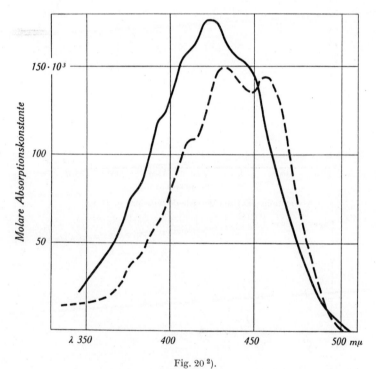

Fig. 20 [2]).

Absorptionsspektren in absol. Alkohol:

———— Methylazafrin   – – – – Methylazafrinon

Abszissen: Wellenlängen in mμ, Ordinaten: $\varkappa = \dfrac{2.30}{c \cdot d} \times \ln\dfrac{I_0}{I}$ (d in cm, c in Molen/Liter).

[1]) Z. angew. Chem. *47*, 662 (1934).

[2]) Ber. *66*, 890 (1933).

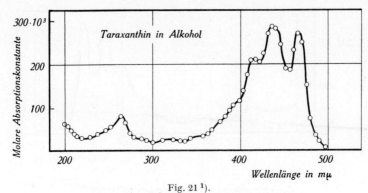

Fig. 21 [1]).

Absorptionsspektrum des Taraxanthins in Alkohol.

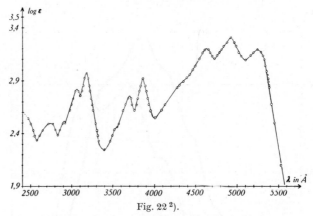

Fig. 22 [2]).

Absorptionsspektrum des Rhodoviolascins in Hexan.

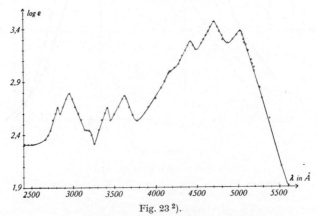

Fig. 23 [2]).

Absorptionsspektrum des Rhodopins in Alkohol.

---

[1]) Z. angew. Chem. *47*, 664 (1934).

[2]) Helv. chim. Acta *26*, 118 (1943).

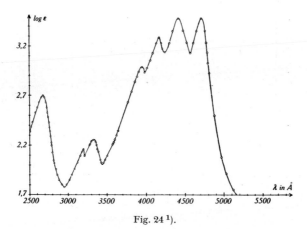

Fig. 24 [1]).

Absorptionsspektrum des Flavorhodins in Hexan.

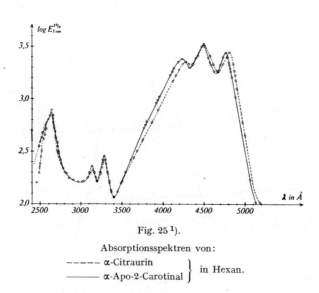

Fig. 25 [1]).

Absorptionsspektren von:

- - - - - α-Citraurin
————— α-Apo-2-Carotinal } in Hexan.

[1]) Helv. chim. Acta 26, 119 (1943).

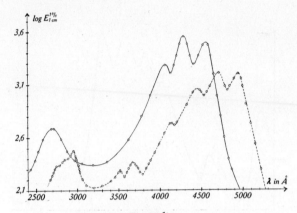

Fig. 26 [1]).

Absorptionsspektren von:

——— β-Apo-2-Carotinol $\Big\}$ in Hexan.
- - - - Carotinon

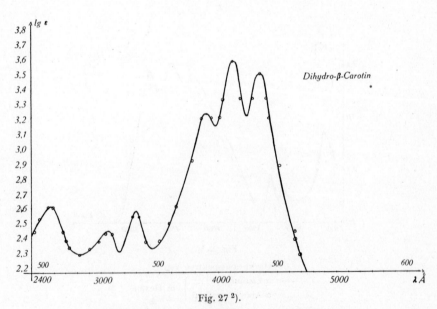

Fig. 27 [2]).

Absorptionsspektrum des Dihydro-β-carotins in Hexan.

[1]) Helv. chim. Acta *26*, 119 (1943).

[2]) Helv. chim. Acta *23*, 958 (1940).

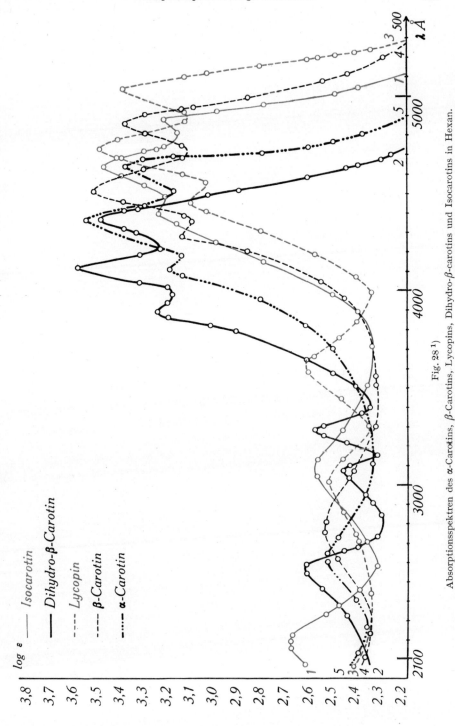

Fig. 28 [1]

Absorptionsspektren des α-Carotins, β-Carotins, Lycopins, Dihydro-β-carotins und Isocarotins in Hexan.

[1]) Helv. chim. Acta *23*, 956 (1940).

VERZEICHNIS CAROTINOIDFÜHRENDER PFLANZEN UND TIERE

*

SACHVERZEICHNIS